棉花轻简化栽培

董合忠　杨国正　田立文　郑曙峰 等 著

科学出版社

北京

内 容 简 介

本书是在总结作者多年研究成果的基础上，结合国内外现有轻简化、机械化植棉的理论与技术成果编写而成的。全书共 6 章，第一章论述了棉花轻简化栽培的概念、理论基础和实现途径；第二章论述了棉花轻简化栽培的关键技术；第三章介绍了支撑棉花轻简化栽培的物质装备与利用技术；最后三章分别论述了黄河流域棉区、长江流域棉区和西北内陆棉区的棉花轻简化栽培技术。

全书结构完整、内容丰富、重点突出、特色鲜明，学术性与实用性兼顾，适于农业科技工作者、农业技术推广工作者阅读参考，也可作为农业院校师生的参考资料。

图书在版编目（CIP）数据

棉花轻简化栽培/董合忠等著. —北京：科学出版社，2016.9
ISBN 978-7-03-050005-2

Ⅰ. ①棉… Ⅱ. ①董… Ⅲ. ①棉花–栽培技术 Ⅳ. ①S562

中国版本图书馆 CIP 数据核字(2016)第 230581 号

责任编辑：王海光 王 好 / 责任校对：张怡君
责任印制：赵 博 / 封面设计：北京图阅盛世文化传媒有限公司

科 学 出 版 社 出版

北京东黄城根北街 16 号
邮政编码：100717
http://www.sciencep.com

北京华宇信诺印刷有限公司印刷
科学出版社发行 各地新华书店经销

*

2016 年 9 月第 一 版 开本：787×1092 1/16
2025 年 1 月第三次印刷 印张：20 1/2
字数：486 000

定价：138.00 元
(如有印装质量问题，我社负责调换)

作 者 简 介

　　董合忠，男，1965 年 9 月生，博士，博士生导师，山东棉花研究中心二级研究员，泰山学者攀登计划专家。兼任国际棉花学会（ICRA）常委，农业部棉花专家指导组成员，国家农业产业技术体系岗位科学家。长期从事棉花栽培、育种和生理生态研究，以第一作者或通讯作者发表论文 200 余篇，其中 SCI 论文 40 余篇，出版著作 10 部。作为主要完成人获国家科学技术进步奖二等奖 4 项。先后获得政府特殊津贴、新世纪百千万人才工程国家级人选、全国先进工作者和农业部杰出人才等荣誉。

　　杨国正，男，1961 年 8 月生，博士，华中农业大学教授，博士生导师。兼任中国棉花学会理事，湖北省优质棉产业协会常务理事、副秘书长。长期从事棉花栽培学教学与科研工作，主要研究方向为棉花高效生产理论与技术，棉花氮素代谢与氮肥高效利用机制。培养研究生近 50 人，发表论文 50 多篇，其中 SCI 论文 10 余篇，出版著作 5 部。获国家科学技术进步奖二等奖、湖北省科技进步奖一等奖各 1 项，发明专利 3 项。

　　田立文，男，1965 年 5 月生，硕士，新疆农业科学院经济作物研究所研究员。长期从事棉花高产栽培生理与技术研发工作，主持或承担完成多个国家及自治区棉花重大课题，主持获得授权专利 7 个，制定地方标准 6 个，以第一作者或通讯作者发表论文 30 余篇，参编著作 4 部。近 5 年获自治区科技进步奖二等奖 1 项（列第一位）、新疆维吾尔自治区"十佳"科技特派员 1 次、国家科学技术进步奖（集体）二等奖 1 项。

　　郑曙峰，男，1968 年 10 月生，博士，安徽省农业科学院棉花研究所研究员，安徽省学术和技术带头人，国家棉花改良中心安庆分中心主任，安徽省棉花专用新型肥料工程技术研究中心主任。长期从事棉花栽培、植物营养与专用新型肥料、棉业经济与信息化等研究，发表论文 100 余篇，出版著作 10 余部。获省部级科技奖二等奖 3 项、三等奖 7 项。

《棉花轻简化栽培》著者名单

主编： 董合忠 杨国正 田立文 郑曙峰

编写人员（按章节排序）：

董合忠　山东棉花研究中心

白　岩　全国农业技术推广服务中心

李　莉　全国农业技术推广服务中心

田立文　新疆农业科学院经济作物研究所

郑曙峰　安徽省农业科学院棉花研究所

杨铁钢　河南省农业科学院经济作物研究所

杨国正　华中农业大学

代建龙　山东棉花研究中心

王　峰　中国农业科学院农田灌溉研究所

刘　浩　中国农业科学院农田灌溉研究所

邓　忠　中国农业科学院农田灌溉研究所

陈传强　山东省农业机械技术推广站

何　磊　新疆农垦科学院机械装备研究所

徐志民　济南三塑历山薄膜有限公司

李维江　山东棉花研究中心

序

　　基于人多地少和原棉需求不断增加的基本国情，以高产为目标，经过新中国成立以后 40 多年的研究与实践，我国于 20 世纪 90 年代建立了比较完善的适合我国国情、特色鲜明的基于精耕细作的棉花栽培技术体系，并形成了相对完整的棉花栽培理论体系，为奠定世界第一产棉大国的地位作出了重要贡献。但是，进入 21 世纪以来，这种基于精耕细作的栽培技术体系遭遇严峻挑战。一方面，棉花种植管理复杂，从种到收包括 40 多道工序，每公顷用工 300 多个，是粮食作物的 3 倍，属于典型的劳动密集型产业。另一方面，随着城市化进程加快，中国农村劳动力数量和质量均发生了巨大变化。自 1990 年以来，每年从农村向城市转移约 2000 万劳动力，农村青壮年劳动力锐减，导致农村劳动力结构呈现老龄化、妇女化和兼职化的特征。

　　面对这一挑战，我们提出轻简植棉，并组织全国主要棉花科研力量开展了公益性行业（农业）科研专项"棉花简化种植节本增效生产技术研究与应用"和国家棉花产业技术体系建设等项目，贯彻了"轻简植棉"的理念，其中在棉花精量播种（或轻简育苗）、简化整枝（或化学整枝）、一次施肥（或水肥一体化）、集中收花（或机械采收）等关键技术及配套物质装备研究等方面取得了一系列重要进展甚至突破。将这些关键技术及其物质装备有机结合，形成了具有核心推广价值、操作性强、普适性好的现代植棉技术体系，为"快乐植棉"提供了新技术、新方法、新理念，是促进棉花生产从传统劳动密集型向轻简快乐型转变的重要保障。

　　值此重要转折时期，我非常高兴的是，董合忠研究员率领国内从事棉花农艺与工程的优秀科技人员编写了《棉花轻简化栽培》一书。这部著作不仅全面总结了棉花轻简化栽培的关键技术和物质装备，而且集成了以"精量播种、简化整枝、集中收获"为主要内容的适合黄河流域一熟制棉区的棉花轻简化栽培技术，以"轻简育苗、适当稀植、一次施肥"为主要内容的适合两熟制棉区的棉花轻简化栽培技术，以"精量点播、水肥一体化、机械采收"为主要内容的适合西北内陆棉区的棉花轻简化、机械化高产栽培技术。该书的出版标志着我国已经初步走出了一条适合中国国情和符合"快乐植棉"理念的轻简化植棉路子，必将为"快乐植棉"的全面实现发挥重要作用。

　　该书作者都是从事农艺与工程研究的优秀中青年专家、学者，大都参与了公益性行业（农业）科研专项（3-5）和国家农业产业技术体系（CARS-18）等项目的实施，是我国"快乐植棉"的重要践行者和轻简化栽培技术的重要贡献者。在著作过程中，作者始终坚持科学发展观，较好地处理了继承与发展、知识与技术、自创与引用的关系。全书结构完整、内容丰富，理论知识与生产实际结合紧密，是一部极具科学性、实践性和学科特色的优秀专著，相信会为我国轻简植棉、快乐植棉提供有力的理论和技术支撑。

中国工程院院士

2016 年 4 月 6 日

前　　言

　　基于人多地少和原棉消费量不断增加的国情，中国于2000年前后建立了特色鲜明、相对完整的棉花高产栽培理论和技术体系，为奠定世界第一产棉大国的地位作出了重要贡献。但这种高产栽培技术体系一直依赖于传统的精耕细作，我国的棉花种植业也就成为典型的劳动密集型产业，种植管理复杂，劳动力成本极高。而随着城市化进程的加快，我国农村劳动力数量骤减，劳动力质量下降，传统的棉花高产栽培技术已不再适用于当前国情，面临严峻挑战。

　　为应对这一挑战，近10多年来，我国棉花科技工作者，根据不同产棉区的生态和生产特点，以"轻简植棉、快乐植棉"为目标，在棉花精量播种（或轻简育苗）、简化整枝（或化学整枝）、一次施肥（或水肥一体化）、集中收花（或机械采收）等关键技术及配套物质装备研究等方面取得了一系列重大进展。《棉花轻简化栽培》一书，就是在总结现有研究成果的基础上，促进轻简化栽培关键技术与配套物质装备有机结合，形成具有核心推广价值的操作性强、普适性好的现代植棉技术体系，为实现棉花生产从传统劳动密集型向轻简快乐型转变提供理论和技术支撑。

棉花轻简化栽培的概念和内涵

　　棉花具有喜温好光、无限生长、自动调节和自我补偿能力强等生物学特点，是典型的精耕细作作物；加之我国人多地少、过去人工成本低廉的国情，使得我国棉花栽培工序繁多、费工费时。特别是营养钵育苗移栽和地膜覆盖栽培及棉田立体种植技术的推广应用，使得棉花种植管理更加复杂烦琐。和其他作物栽培技术的发展历程一样，棉花栽培技术也经历了由粗放到精细，再由精细到轻简的过程。实际上，新中国成立之初我国就开始注重研发省工省时的栽培技术措施，如20世纪50年代就对是否去除棉花营养枝的措施开展讨论研究，为最终明确营养枝的功能和简化整枝、利用叶枝打下了基础；20世纪80年代推广以缩节胺为代表的植物生长调节剂，促进了化控栽培技术在棉花生产中的推广普及，不仅提高了调控棉花个体和群体的能力与效率，也简化了栽培管理过程。2001~2005年，山东棉花研究中心在承担"十五"全国优质棉花基地科技服务项目——"山东省优质棉基地棉花全程化技术服务"的过程中，根据当时推广杂交抗虫棉和在盐碱地发展棉花生产的实际需要，研究建立了杂交棉"精稀简"栽培和"短季棉晚春播"栽培两套简化栽培技术。前者选用高产早熟的抗虫杂交棉一代种，采用营养钵育苗移栽或地膜覆盖点播，降低杂交棉的种植密度，减少用种量，降低用种成本，充分发挥杂交棉个体生长优势；应用化学除草剂定向防除杂草，采用植物生长调节剂简化修棉或免整枝，减少用工，提高植棉效益，达到高产、优质、高效的目的，重点在鲁西南和附近两熟棉区推广。后者选用短季棉品种，晚春播种，提高种植密度，以群体争产量，正常条件下可以达到每公顷1125 kg以上的皮棉产量，主要在旱地和盐碱地及水浇条件较差的地区推广，二者皆取得了良好效果。这之后，国内对省工省力棉花简化栽培技术更加注重，取得了一系列研究进展，包括轻简育苗代替传统营养钵育苗，杂交棉稀植免整枝，采用缓控释肥深施代替多次施用速效肥等。但限于当时的条件和意识，对棉花轻简化栽培的概念和内涵并不清晰。

"十一五"期间中国农业科学院棉花研究所牵头实施了公益性行业（农业）科研专项"棉花简化种植节本增效生产技术研究与应用"（3-5），组织国内主要科研力量研究棉花简化栽培技术及相关物质装备。项目负责人毛树春研究员指出，该项目主要研究棉花栽培方式、种植密度、适宜品种、科学施肥、控制三丝污染等重大课题，充分发挥教学、科研、推广等部门的联合优势，集中精力解决全国性（共性）和区域性（个性）的理论与技术问题，并在此基础上形成创新技术（集成），以促进棉花种植技术的变革。在 2009 年项目年度总结会上，项目主持人喻树迅院士认为，当前我国棉花生产正面临着从传统劳累型植棉向快乐科技型植棉的重大转折机遇，要使劳累烦琐的棉花栽培管理轻简化，并形成符合现代农业理念的"傻瓜技术"，从而使棉农从繁重的体力劳动中解脱出来，并在实现高产高效中体验"快乐植棉"的真谛，将各自的技术创新有机合成，形成具有核心推广价值的普适性植棉技术。之后不久，国家棉花产业技术体系成立，棉花高产简化栽培技术被列为体系的重要研究内容。2011 年 9 月，在湖南农业大学召开的"全国棉花高产高效轻简化栽培研讨会"上，官春云院士提出了"作物轻简化生产"的概念，喻树迅院士正式提出了"快乐植棉"的理念，毛树春和陈金湘提出了"轻简育苗"的概念。从此，"轻简植棉、快乐植棉"的理念深入人心。受以上专家报告的启发，结合我们在山东等地多年的探索和实践，经与国内多位同行专家讨论，特别是在 2015 年12 月 6 日，山东棉花研究中心邀请华中农业大学、安徽省农业科学院棉花研究所、河南省农业科学院经济作物研究所、新疆农业科学院经济作物研究所等单位的相关专家，在济南市召开了棉花轻简化生产论坛，进一步明确了棉花轻简化栽培的概念、内涵和技术途径。

棉花轻简化栽培是指采用现代农业装备代替人工作业、减轻劳动强度，简化种植管理、减少田间作业次数，农机农艺融合，实现棉花生产轻便简捷、节本增效的栽培技术体系。广义而言，棉花轻简化栽培是以科技为支撑、以市场为先导的规模化、机械化、轻简化和集约化棉花生产方式与技术的统称，是与以手工劳动为主的传统精耕细作相对的概念。棉花轻简化栽培首先是观念上的，它体现在栽培管理的每一个环节、每一道工序之上；同时也是相对的、建立在现有条件水平之上的，其内涵和标准在不同时期有不同的约定。基于此，轻简化栽培还是动态的、发展的，其具体的管理措施、物质装备、保障技术等都在不断提升、完善和发展之中。轻简化栽培是精耕细作栽培的精简、优化、提升，绝不是粗放管理的回归。

棉花轻简化栽培具有丰富的内涵。"轻"是机械代替人工，减轻劳动强度；"简"是减少作业环节和次数，简化种植管理；"化"则是农机与农艺融合、技术与物质装备融合、良种良法配套的过程。轻简化栽培必须遵循"既要技术简化，又要高产、优质，还要对环境友好"的原则。技术的简化必须与科学化、规范化、标准化结合。轻简化栽培不是粗放栽培，粗放的、不科学的简化栽培与高产背道而驰，绝不是棉花轻简化栽培的目标。轻简化栽培是对技术进行精简优化，用机械代替人工，用物质装备予以保障，以此解决技术简化与高产的矛盾。轻简化栽培的途径是，尽可能使用机械，用机械代替人工；尽可能简化管理，减少工序，减少用工；提高社会化服务水平，提高棉花种植规模化、标准化水平是实现棉花轻简化栽培的根本保证。

棉花轻简化栽培的理论基础

棉花具有子叶全出土特性，一方面，对播种要求严格，只有严格播种技术才能实现一播全苗；另一方面，棉花精量播种较之传统播种容易获得壮苗。棉花种子粒大，利于机械单粒精量点播；棉花发芽出苗时，下胚轴在重力作用下弯曲成钩状（弯钩），且弯曲部分朝上，以最小的受力面积逐渐推进到土面，然后弯钩伸直，棉壳留在土中，两片子叶顶出土面并展开，完成出苗过程。正常条件下，单粒播种与多粒播种的田间出苗率没有显著差异；在精细整地和地膜覆盖栽培条件的保障下，顶土出苗并不因多粒种子"群体"效应而促进，也不因单粒种子的"个体"而弱化；单粒播种后每粒种子个体有独立的空间，互相影响小，与多粒播种相比，苗病反而轻，保苗能力增强，易形成壮苗。这些特性为精量播种减免间苗和定苗提供了坚实的理论支撑。

棉花是一种适应能力很强的大田作物。①种植区域广，从海拔 1000 多米的高地，到低于海平面的洼地均可种植；②对土壤适应性强，黄壤、红壤，中度、轻度盐碱地均可种植，不适合种植粮食和蔬菜等作物的旱、薄地也可种植；③既适合单作、连作，也可以套种、间作、轮作，是我国作物种植体系的重要组成部分；④株型可塑性强，对稀植和一穴多株的密植都有较好的适应性，在肥水条件差、无霜期较短的地区，可采用早熟品种，走小株、密植、早打顶（"密矮早"）的增产途径，充分发挥群体的增产潜力；在肥水条件较好的地区，采用稀植、大株，充分发挥个体的增产潜力，不仅同样能获取较高产量，还能节省用种。棉花与生俱有宽泛的适应性，一方面，棉花可以通过调整产量构成因素间的平衡维持棉花产量的相对稳定，在一定范围内随密度升高，虽然铃重略有降低，但成铃数增加；另一方面，棉花可以通过干物质积累和分配生物产量维持棉花产量的相对稳定，在一定范围内随密度升高，虽然经济系数有所降低，但棉花干物质积累增加，最终稳定了棉花产量。棉花对于"1 穴 2 株或 3 株"也有一定的调节适应能力，但所占比例不能超过 50%。

棉花具有无限生长习性。棉花属多年生植物，只要温度、光照等环境条件适宜，植株就可以不断进行纵向和横向生长，不断地生枝、长叶、现蕾、开花、结铃、吐絮。基于无限生长习性建立的株高控制标准是：密度 3 万～4.5 万株/hm²、平均行距 100～120 cm 时，株高 150～170 cm；密度 4.5 万～6 万株/hm²、平均行距 80～100 cm 时，株高 130～150 cm；密度 7.5 万～9 万株/hm²、平均行距 70～80 cm 时，株高 100～120 cm；密度 10 万～12 万株/hm²、平均行距 66 cm+10 cm 时，株高 90～100 cm；密度 15 万株/hm² 以上、平均行距 66 cm+10 cm 时，株高 70～90 cm。基于无限生长习性建立的黄河流域棉区棉花适时、适度封行的指标（叶面积指数）是：等行距 7 月 25～30 日封行；大小（宽窄）行 7 月 20 日左右封小行，8 月 5 日左右封大行；皆达到"下封上不封、中间一条缝"的程度；初花期 0.5～0.6、盛花期 2.7～2.9、盛铃期 3.5～4.0、始絮期 2.5～2.7。

棉花具有营养生长和生殖生长并进、重叠时间长的特性。棉花从 2~3 叶期开始花芽分化到停止生长，都是营养生长与生殖生长的并进阶段，约占整个生育期的 80%。营养生长与生殖生长矛盾大，库源关系难协调，进而出现早衰或贪青晚熟的熟相。熟相是棉株吐絮成熟期的表现，是基因型与环境互作的结果。选用稳发型棉花品种、合理使用植物生长调节剂，并综合运用农艺栽培措施调控棉株生长发育和衰老，是实现正常熟相，进而提高棉花产量和品质的有效途径。

棉花自我调节和补偿能力强，是实现简化整枝和集中成铃的依据。棉花主茎上生有叶枝、赘芽等。传统精细整枝技术要求，自 6 月中旬现蕾后开始去叶枝、抹赘芽；之后要根据棉田密度和品种特性，按照"时到不等枝，枝到不等时"的原则，及时打顶。但根据现有研究，叶枝可以去掉，也可以保留利用，只要措施合理，棉花就不会减产，说明棉花具有很强的自我调节能力。根据这一原理，低密度条件下可以采取留叶枝栽培；高密度条件下可进行免整枝栽培；中等密度条件下可进行粗整枝栽培。棉花在结铃习性上具有很强的时空调节能力和补偿能力。若前期结铃少，可利用中后期成铃进行补偿；内围铃少的棉株，外围铃就会增多，反之亦然；还可以利用去早果枝或去早蕾的办法，减少前期结铃，增加中后期的结铃量。即棉花成铃在不同情况下，通过合理运用栽培措施，能够得到补偿和调节。因此对于不同长势的棉株，通过合理的技术调节，就能塑造大容量成铃的理想株型，改变棉花的成铃分布，特别是通过种植密度和化学调控，可以实现集中成铃、集中收花，为机械化采收打下基础。

轻简化栽培的关键技术

实现棉花生产的轻便简捷、节本增效，依赖于轻简化栽培的关键技术，包括精量播种技术、轻简育苗技术、轻简经济施肥技术、轻简节水灌溉技术等。

棉花精量播种技术是轻简化栽培的核心和基础，是指选用优质种子，精细整地，合理株行距配置，机械播种，不疏苗、不间苗、不定苗，保留所有成苗的大田棉花播种技术。在西北内陆棉区，采用精量播种机可以将预定数量的高质量种子播到棉田土壤中预定的位置，实现棉花种子在田间三维坐标空间和数量上的准确分布，即实现了株距、行距、播种深度和播种量的最佳配置。精量播种技术与传统播种技术相比：一是显著减少用种量。精量播种的用种量在 15~30 kg/hm^2，而传统播种技术一般在 45~75 kg/hm^2。二是无需间苗、定苗，节约间苗、定苗用工，减少用工成本。三是减少个体间的竞争。每穴单粒，且株距和行距均匀配套，可减少植株间水分与营养竞争，有利于构建棉花高产群体，解决了常规播种或非精量播种株间竞争苗弱的问题。在精量播种的基础上，我们还根据具体条件需要，研究应用了干播湿出、预覆膜栽培、双膜覆盖等逆境成苗技术，确保了精量播种条件下的一播全苗。黄河流域和长江流域棉区由于生产方式、整地水平、种子质量及生态条件等的差异，目前尚难以达到西北内陆棉区精量播种的水平，但其因地制宜，也形成了符合本区需要的精量播种技术。

棉花轻简育苗移栽技术是替代传统营养钵育苗移栽的新技术，包括苗床基质育苗、穴盘基质育苗和水浮育苗。这些育苗方式虽然也遵循了传统营养钵育苗移栽的一般程序，但创造性地用基质或营养液替代营养土，并配合使用促根剂、保叶剂等植物生长调节剂，大大简化了程序，降低了劳动强度，特别是研制应用育苗成套设备和棉苗移栽机，在一定程度上实现工厂化育苗和机械化移栽。在此基础上，我们发明了两苗互作穴盘育苗技术，是指在播种时将小麦种子和棉花种子同时播种在同一育苗盘孔穴内，经过一定时间，麦苗根系和棉苗根系一起将基质结成一微钵体。两苗互作使土壤团根好，无需打钵，不散钵，钵体小，可轻便移栽，且适合机械化移栽，栽后无需马上浇水，作物根系自毒作用减弱，种苗素质得到提高，种苗离床可以存活 1 周多，便于种苗的储放和运输。

棉花轻简高效施肥是我国三大主要产棉区棉花轻简化栽培的另一关键技术。联合试验证明，长江流域棉区最佳施氮量为 254～288 kg/hm²，籽棉产量 3651～4476 kg/hm²，施氮量平均 270 kg/hm²，每公顷平均产籽棉 4065 kg。结合生产实践和节本增效的要求，施氮量以 240～270 kg/hm² 为好，N：P_2O_5：K_2O 以 1：0.6：(0.6～0.8)为宜。长江流域棉区多是两熟制和多熟制，具体施肥量还要根据间套作物的施肥量加以调整。黄河流域棉区最佳施氮量为 254～267 kg/hm²，籽棉产量 3450～3885 kg/hm²，平均经济最佳施氮量 260 kg/hm²，籽棉产量 3675 kg/hm²。结合生产实践和节本增效的要求，黄河流域棉区氮肥使用量以 233 kg/hm²(195～270 kg/hm²)为宜，其中每公顷籽棉产量目标 3000～3750 kg 时，施氮量为 195～225 kg；每公顷籽棉产量目标 3750 kg 以上时，施氮量为 240～270 kg。N：P_2O_5：K_2O 为 1：0.6：(0.7～0.9)。西北内陆棉区最佳施氮量 293～389 kg/hm²，籽棉产量 4964～5618 kg/hm²。平均经济最佳施氮量 350 kg/hm²，籽棉产量 5262 kg/hm²。结合生产实践和节本增效的要求，氮肥施用量为 300～375 kg/hm²，N：P_2O_5：K_2O 为 1：0.6：0.8。进一步研究发现，现有棉花施肥量和施肥次数可以进一步减少，在长江流域常规 3 次施氮（底肥 30%，初花肥 40%，盛花肥 30%）的基础上，尽管施氮水平相差很大（150～600 kg/hm²），但各处理棉株（整个生长期）吸收的总氮中近 60% 是在出苗后 60～80 d 吸收的，而且棉株对底肥吸收比例最小，主要用于营养器官生长，对初花肥利用效率最高。因此氮肥后移（降低底肥比例、增加初花肥比例）有利于提高肥料利用效率，而且在晚播高密度条件下，降低氮用量至 225 kg/hm²，并且在见花期一次施用全部肥料不影响棉花产量，为简化施肥提供了理论基础。多种高效缓控释肥的研制和应用为一次施肥提供了保证，膜下滴灌条件下水肥一体化技术进一步提高了肥料利用效率。

棉花节水灌溉技术是指灌溉水（包括降水）进入棉田后，通过采用良好的灌溉方法，最大限度地提高灌溉水利用率的灌水技术。好的灌水技术不仅灌水均匀，还要达到简化、省工、节水、节能效果，使土壤保持良好的物理化学性状，提高土壤肥力，从而获得最佳效益。在以新疆为主的西北内陆棉区，膜下滴灌是最典型的节水灌溉技术，它将地膜覆盖栽培与地表滴灌相结合，且特别适用于机械化大田作业，是新型田间灌溉技术。膜下滴灌技术利用低压管道系统供水，将加压的水经过过滤设施滤"清"后，和水溶性肥料充分融合，形成肥水溶液，进入输水干管—支管—毛管，使滴灌水通过毛管上的滴水器（滴头）成点滴、缓慢、均匀而又定量地浸润作物根系最发达的区域，使作物主要根系活动区的土壤始终保持在最优含水状态，是目前最先进的灌水方法之一，新疆是国内滴灌面积最大、技术最成熟的地区。与传统地面灌溉相比，膜下滴灌节水效果明显，平均用水量是传统灌溉方式的 12%，是喷灌的 50%，是一般滴灌的 70%。黄河流域棉区则在淘汰漫灌的基础上，一方面，改长畦为短畦，改宽畦为窄畦，改大畦为小畦，改大定额灌水为小定额灌水，整平畦面，保证灌水均匀，大大改善了畦灌技术；另一方面，在现行沟灌技术的基础上，发展部分根区灌溉和隔沟交替灌溉，节水效果明显。另外，还发展了轻简化微喷带灌溉技术，将压力水由输水管和微喷带送到田间，通过微喷带上的出水孔，在重力和空气阻力的共同作用下，形成细雨般的喷洒效果；普通滴灌及移动式滴灌技术也得到了研究应用。

支撑轻简化栽培的物质装备

实现棉花生产的轻便简捷、节本增效，不仅依赖于关键农艺技术，还依赖于品种、新型肥料、农业机械等物质装备及其与农艺技术的高度融合。

植物生长调节剂（PGR）是一类与植物激素具有相似生理和生物学效应的物质，包括人工合成的对植物生长发育有调节作用的化学物质和从生物中提取的天然植物激素。应用植物生长调节剂调控棉花生长发育，塑造合理株型，控制蕾铃脱落，促进成熟脱叶，是实现棉花轻简化栽培的重要途径。在 20 世纪 50 年代初，我国就将植物生长调节剂应用到了棉花生产中，利用类生长素化合物控制蕾铃脱落；20 世纪 60 年代初开始试用矮壮素（CCC）控制棉花徒长；20 世纪 70 年代后期，研究使用乙烯利（ET）促进晚期棉铃提早吐絮，取得良好效果；自 1983 年开始，在棉花上大面积推广使用缩节胺，成效显著，已成为棉花生产过程中必不可少的技术措施；进入 20 世纪 90 年代以来，随着机采棉的快速发展，收获辅助类调节剂得以大面积应用，并成为机械采收前必不可少的环节。当前用于棉花生产上的植物生长调节剂主要有营养型生长调节剂、生理延缓型生长调节剂和脱叶催熟型生长调节剂 3 类。

缓控释肥是一类通过物理、化学、生物等手段，延缓肥料养分在土壤中的释放速率，使其养分按照设定的释放率和释放期缓慢或有控制地释放肥料，成为减少施肥次数、提高肥料利用率的重要物质支撑。在现有缓控释肥技术水平下，棉花专用配方缓控释肥在黄河流域棉区可采用一次性基施的方法，而在长江流域，需根据情况采用"一次性基施"、"一基一追"或"一基多喷"的办法，以"一基一追"为主。黄河流域棉区的一次性基施是指将全部缓控释肥料作为基肥使用，是轻简化施肥的重要表现形式。

棉花生产机械包括机械整地、机械铺膜播种、机械植保、机械中耕施肥、机械收获、机械拔柴和秸秆还田，以及种子加工机械化等内容。在目前条件下，核心内容是播种、中耕追肥、植保和收获等环节的机械化。采用机械把整地、施肥、喷除草剂一体化作业，省工省时节本。例如，新疆生产建设兵团用旋耕机器翻地和耙地，先进的旋耕机翻和耙磨没有脊、沟，高差不超过 3 cm，地平土细，大大提高了整地水平，也方便了灌溉，为精量播种减免间定苗打下了基础；采用大型精量播种机播种，实现了播种、施肥、施除草剂、铺设滴灌管和地膜等多道程序的联合作业，一次完成，大大简化了播种程序。当前，各类机引（挂）式喷药机械在新疆和华北棉田应用。新疆生产建设兵团还采用农用飞机或无人机喷洒农药和脱叶剂，具有快速、及时、均匀、效率高和不损伤农作物、不受地形条件限制等特点，提高了防效，节省了人工。

地膜残留引起了国家的高度重视，国家已经采取了积极有效的应对措施。我国已将残膜污染治理作为今后一段时间农业环境治理的重要内容之一。目前解决地膜残留污染的途径有两种:一是使用可降解地膜,解决传统地膜不能自行降解的弊端;二是使用可回收地膜,使用后回收,减少对土壤环境的污染。生物降解地膜是指一类在自然环境条件下可被微生物作用而发生降解的塑料地膜。从当前试验结果来看,与普通地膜相比,全生物降解地膜还存在着降解过程不稳定、降解时间可控性差、成本过高、物理力学性能指标低导致农机作业适应性差等具体问题,尚难以在生产中大面积推广应用。解决地膜残留污染的另一个重要途径是使用易回收地膜,使用以后进行回收。易回收地膜采用聚乙烯材料生产,要做到易回收,需要具备两个条件:一是地膜使用后形态要保持相对完整,大面积破裂的地膜很难回收;二是要有足够的强度,保证残膜回收机从土壤中连续起膜和卷收,即使人工回收也能连续从土壤中将膜拉出。针对农业生产需要,济南三塑历山薄膜有限公司和山东棉花研究中心合作,通过调整配方,运用聚乙烯材料的防老化技术,在配方中添加光稳定剂、抗氧剂等,减少聚乙烯地膜的老化,配合高强度的茂金属聚乙烯材料或者碳八碳六线性,研发的强度高、耐老化性能好的易回收地膜,覆盖作物使用完成以后,地膜形态完整、残留强度高。用地膜回收机回收时可以连续起膜和卷收,回收率高,土壤残留少。人工捡拾可以连续从覆土中拉出,断膜少,回收方便,省工省时。

不同棉区的轻简化栽培技术体系

在突破关键技术和研制出一系列关键物质装备的基础上,我们根据西北内陆、黄河流域和长江流域棉区的生态条件、生产条件和现实需要,研究建立了针对性强、各具特色、先进适用的轻简化栽培技术。

针对黄河流域棉区一熟棉田,建立了以"精量播种、简化整枝、集中收获"为主要内容的棉花轻简化栽培技术,主要内容包括精量、半精量播种,减免间苗、定苗,合理密植、化学调控实行简化整枝,精简中耕与缓控释肥深施简化施肥,集中成铃结合脱叶催熟实现集中收花。在此基础上,针对控制烂铃和发展机采棉的需要,建立了符合机械采收需要的"晚密简"栽培技术,即改早播种为适当晚播,播种期由4月中下旬推迟到5月上旬;合理密植,种植密度由4.5万~6.0万株/hm^{2}提高到7.5万~9.0万株/hm^2,行距由大小行改为等行距76 cm;精细整枝改为简化整枝,通过高密度对叶枝的抑制和化学调控的作用,实现简化整枝。

针对长江流域和黄河流域棉区的套作杂交棉,在不改变"精稀简"基本栽培路线下,改传统营养钵育苗移栽为轻简育苗,特别是穴盘基质育苗移栽;改速效肥多次施用为速效肥与控释肥结合实现一次施肥;改稀植为合理密植,密度由1.5万~2.25万株/hm^{2}提高到3万株/hm^{2}左右;改早拔秆为适当推迟(机械)秸秆粉碎还田,特别是蒜套棉条件下,将拔棉柴时间由9月下旬推迟到10月上旬,在产量不减或增加的前提下,大幅度减少了用工,提高了棉花的早熟性。针对棉麦、棉油、棉蒜套作条件下难以实现机械化的难题,建立了蒜后直播短季棉栽培技术,内容包括早熟品种晚播种,选用生育期短、株型紧凑、适合高密度种植的短季棉品种,5月底以前播种;合理密植早打顶,开花后及时打顶;化控、肥控相结合,施足底肥,在盛蕾期或初花期追肥,及时争取棉花适时"封行"。

针对西北内陆棉区热量和水资源不足的现实，建立了旨在充分利用"温、光、水"资源的轻简化高产技术。一是促早栽培，向"温"要棉：选择熟性对路的棉花品种，地膜覆盖，特别是宽膜覆盖和双膜覆盖，适期早播种，密植早打顶，促进棉花早发早熟，充分利用有限的热量资源。二是塑造合理群体，向"光"要棉：密植能促早发早熟，但密植条件下，个体间相互影响、相互竞争程度加剧，个体发育自然会受到严重不利影响，若是导致群体结构不合理，则会严重影响光能的利用。因此必须在早发早熟、用好有限积温的基础上，按照高光效群体指标的要求，综合运用行株距配置、肥水运筹、化学调控等手段，塑造合理群体，再充分利用好光能。三是节水灌溉，向"水"要棉：通过膜下滴灌，以及在此基础上发展起来的干播湿出技术、水肥一体化技术、调亏灌溉技术等，大幅度减少用水量，显著提高水分利用效率。四是农艺技术与物质装备的有机融合，向轻简化要效益：机械精量播种、机械化植保、机械化采收等的实现，标志着西北内陆棉区轻简化、机械化植棉进入了一个更高的阶段。

进一步发展棉花轻简化栽培技术体系

我国已经初步形成了符合国情、操作性强的轻简化栽培技术体系，并在生产中发挥了重要作用。但仍存在突破性关键技术和物质装备少、农艺技术与物质装备融合度差、轻简化植棉水平地区间不平衡等突出问题。针对这些问题，必须以规模化、规范化植棉为保障，进一步改革和优化种植制度，创新关键栽培技术，研制包括机械和专用肥在内的相应物质装备，实现最大限度的农艺技术和物质装备的有机融合。

要优化种植制度和种植模式。在热量和水浇条件较差的地区，继续推行一熟种植，不要盲目推行两熟或多熟种植。在稳定麦棉两熟和麦油两熟制的基础上，稳步发展棉花与大蒜等高效作物的两熟制。种植模式要做进一步调整：一是改麦（油、蒜）棉套种为麦后或者油后、蒜后移栽棉；二是改麦（油、蒜）棉套种为油（麦、蒜）后直播棉连作。目前，无论在长江流域还是黄河流域棉区，已经有示范成功例子，说明油套棉和蒜套棉改为油后或蒜后直播棉连种模式是可行的，种植方式发生了变化，栽培管理技术也变得简化了。今后要继续加强棉田种植制度和种植模式的研究与优化。要结合气候变化，研究形成一个生态区、一个地区稳定的种植模式，实现种植模式的优化和简化；要以棉田两熟、多熟持续高产高效为目标，研究提出麦棉、油棉套种（栽）和接茬复种的新型种植制度，创建优化田间结构配置，优化棉田周年的配置组合，合理衔接茬口和季节，优化作物品种搭配，合理密植，机械化作业管理；深化研究棉田两熟、多熟制光热水土肥和病虫害的竞争、协同、补偿和利用机制，研究两熟种植制度周年多作物调控的理论和方法，提高复种指数，提高周年产出和效益，进一步提高资源利用和转化的效率。

要完善提升精量播种技术水平。棉花是大粒种子类型，适合精量播种。长江流域棉区通过育苗移栽，自然实现了精量播种和减免间苗；黄河流域棉区通过精量播种机精播，减免间苗，完全可以实现 5 万～9 万株/hm² 的密度；西北内陆棉区，特别是新疆生产建设兵团已经实行了大型机械膜上精量定位点播，精量播种技术在三大植棉区皆有不同程度的应用。新疆生产建设兵团在棉花机械精量播种方面已经做得比较到位，不仅实现了机械化精量和准确定位播种，还实现了播种、施肥、喷除草剂、铺设滴灌管和地膜等多道程序的联合作业。黄河和长江流域棉区要在学习、借鉴新疆精量播种技术的基础上，尽快研究优化适合本地生态和生产条件要求的精量播种和减免间定苗技术，在确保苗全苗壮和早发前提下减少用工投入。

研究完善机械打顶或化学封顶技术。目前条件下打顶尚不能减免，特别是西北内陆棉区和黄河流域棉区的机采棉，种植密度都非常高，人工打顶费工费时。因此，探索机械打顶或化学封顶技术和配套物质装备显得十分必要，当是今后棉花轻简化栽培研究的重要内容之一。化学封顶作为一项新型简化植棉的措施，对棉花全程机械化发展具有重要的现实意义，在进一步明确其技术效果的同时需要综合考虑气候、品种等多个因素，以提高产量和不影响品质为目标，完善配套技术规程，使其早日成为棉花全程机械化的常规措施。

继续研制新型肥料及其施用技术，进一步简化施肥和提高肥料利用率。棉花的生育期长、需肥量大，采用传统速效肥一次施下，会造成肥料流失，利用率降低；多次施肥虽然能提高肥料利用率，但费工费时。从简化施肥来看，速效肥与缓控释肥配合施用是棉花生产与简化管理的新方向。对于盐碱地植棉，更应提倡施用缓控释肥，以提高肥料利用率，降低成本。从肥料品种来看，专用缓控释肥品种是一个重要的发展方向。缓控释肥的养分随着生育期进程而释放加快，这样多次施肥就简化为 1～2 次。为确保一次施肥的效果，必须加强成本低、效果好的缓控释肥的研制，制定与之配套的科学施肥技术。

要因地制宜发展棉花生产机械化。西北内陆棉区棉花生产全程机械化的条件基本具备，仅需在政策上给予扶持和优惠，即可快速推进。黄河流域棉区一熟棉田，棉田单块面积较大，地表平整，气候特点适宜，农田基本设施适当建设后能满足大型农业机械作业的要求，因此具备棉花机械化收获的基本硬性条件。应选用适宜机械化收获的棉花品种，在保证棉花单产的前提下改进棉花种植模式、加强棉田管理，协调和扶持棉花加工企业升级改造机采棉生产线，先进行机械化采收试点示范，然后再逐步推进。黄河流域棉区的两熟或多数棉田和长江流域棉区，由于种植规模小，且采用麦棉、油棉套种的栽培模式，实现机械化的难度很大。因此，应该首先改革种植模式，实现麦后、油后棉花机械化直播；其次研制适用于南方的小型机械，包括采收机械。

加快选育适宜轻简化栽培、机械化收获的棉花品种。生长发育稳健、叶枝弱、赘芽少、适应性和抗逆性强、品质好、易栽培管理的棉花品种适合轻简化栽培，也受农民欢迎。棉花收获机械在作业过程中会对吐絮棉株产生挤压、缠绕、抽拉、碰撞等作用，对棉花品种的要求也较高。要求棉铃含絮力适中，含絮力过大，则摘锭采收不充分，采净率降低；含絮力过小，则絮棉易撞落，造成挂枝棉和落地棉增加。棉铃在棉株的空间分布要均匀，最低结铃部位离地高度不低于 20 cm。棉叶背毛短，以免脱叶后挂在吐絮棉上，造成籽棉含杂量增加。目前我国各棉区种植品种较多、性状多样，各地区土壤气候的条件差异性较大，均对棉花的生长造成影响。因此，适宜不同棉区机械化采收作业的棉花品种需要进一步筛选和培育。

研究建立适宜机械化的农艺栽培技术，实现农机农艺高度融合。目前我国除了新疆生产建设兵团外，各大棉区的种植模式繁多，株距、行距配置不统一，套作、平作、垄作等种植模式复杂多样。各地农艺习惯不同，种植标准化程度普遍较低，加之机播与人工播种混杂，导致了种植方式的多样化，机具难以与农艺需求相适应，给棉花机械化收获造成了较大的困难。现有采棉机主导机型为水平摘锭式，要求棉花采收行距为 76 cm、81 cm、86 cm、91 cm、97 cm、102 cm 等，且为等行距，采棉机采收行距的局限性要求栽培农艺要与其相配套，以利于农机产品的定型、成熟和批量生产，从而降低生产成本、使用成本，提高机械化作业的效益。要研究探索与机械收获相配套的栽培技术，实现农艺与农机的融合。

用机械化、信息化、智能化武装棉花轻简化栽培。精准农业是农业信息技术和现代农业机械化技术的高度融合，具有省种、省工，提高土地利用率，提升水肥作用效果，降低劳动强度，减少生产投入，增加农业收益等优点。传统的机械化作业虽然在某些方面替代了人工作业，提高了作业效率，但是无法将现代化农业生产中的测土配方技术、专家配方施肥技术、变量施肥技术、按需施肥技术等应用于农业生产，会在棉花生产中造成不必要的水肥浪费。因此，利用精准农业理论与技术改造传统棉花产业，在我国棉花生产中发展适合我国国情的精准农业技术，是未来产业发展的一个重要方向。

总之，耕种制度、种植模式的优化，管理程序的简化和多程序合并作业，用机械代替人工，实现棉花轻简化种植和管理是必然的发展方向。要结合生产需求，研究形成一个生态区稳定的种植模式，实现种植模式的简化；重视生产管理程序的减省和简化、农艺操作方法的精确和简化；要依托先进实用农机具，实行多程序的联合作业与合并作业；要正确处理好简化与高产、简化与优质、简化与环境友好的关系，在高产、优质、环境友好的基础上实行简化，力争高产、超高产和双高产，改善品质，增加收益。

结 束 语

我国科技工作者对轻便简捷棉花栽培技术的研究和实践已有 60 多年。在 20 世纪 50 年代研究讨论了棉花营养枝的去留，为最终明确营养枝的功能和简化整枝、利用叶枝打下了基础；20 世纪 80 年代推广以缩节胺为代表的植物生长调节剂，促进了化控栽培技术在棉花上的推广普及，在一定程度上简化了栽培管理。2001～2005 年，山东棉花研究中心在"十五"全国优质棉花基地科技服务项目和农业科技成果转化资金项目"抗虫棉鲁棉研 15 号、16 号生产技术试验与示范"的支持下，研究建立了杂交棉"精稀简"栽培和"短季棉晚春播"栽培两套简化栽培技术，同时研究确定了适于简化栽培的棉花品种指标；2003～2005 年，承担了农业结构调整重大技术研究专项"棉花工厂化育苗、机械化移栽技术与设备的研究（2003-05-03B）"，对传统营养钵育苗移栽技术进行了改进和简化。2005 年以后，国内科技工作者对省工省力棉花简化栽培技术更加重视，并在轻简育苗代替营养钵育苗，杂交棉稀植免整枝，缓控释肥代替多次施用速效肥、精量半精量播种代替传统大播量播种等方面取得重要研究进展。

2007 年，中国农业科学院棉花研究所牵头实施了公益性行业（农业）科研专项"棉花简化种植节本增效生产技术研究与应用"，开始组织全国范围内的科研力量研究棉花简化栽培技术及相关装备。之后不久，国家棉花产业技术体系成立，棉花高产简化栽培被列为体系的重要课题。2011 年 9 月在湖南农业大学召开的"全国棉花高产高效轻简化栽培研讨会"上，官春云院士提出"作物轻简化生产"的概念，喻树迅院士提出"快乐植棉"的理念，毛树春和陈金湘提出"轻简育苗"的概念。在这些专家的启发和指导下，我们不仅在轻简化栽培技术上取得实质性突破，还研制出棉花精量播种机、残膜清理机、新型肥料等物质装备，特别是与济南三塑历山薄膜有限公司合作，在地膜加工过程中添加新型茂金属聚乙烯材料，高强度的材料减少了在铺膜及作物生产管理的各个环节对薄膜的损坏，保持了形态的相对完整；将配方进行优化，配合光稳定剂、抗氧剂对抗地膜的光热老化，配合吸酸剂克服农药对地膜造成的老化。该地膜在使用 7 个月作物收获以后，还能够保持足够的强度，满足残膜回收机从土壤中起膜所需要的强度，提高残膜回收率 30% 以上，有效减少了地膜在土壤中的残留。在此基础上，我们牵头制定了"棉花高产简化栽培技术"，并自 2014 年起被评为全国主推技术，之后又制定了《棉花轻简化栽培技术规程》和《机采棉农艺技术规程》，并作为山东省地方标准发布。2015 年 12 月 6 日山东棉花研究中心邀请国内同行专家在济南市召开了棉花轻简化论坛，华中农业大学杨国正教授报告了棉花氮肥轻简高效利用的原理与技术；河南省农业科学院经济作物研究所杨铁钢研究员报告了棉花轻简育苗技术的最新研究进展；安徽省农业科学院棉花研究所郑曙峰研究员报告了棉花专用缓释肥产品及其减量简施技术；甘肃省农业科学院作物研究所冯克云研究员报告了甘肃河西走廊棉区棉花轻简化栽培技术；新疆农业科学院经济作物研究所崔建平副研究员报告了西北内陆棉区以全程机械化为目标的轻简化栽培技术；山东棉花研究中心董合忠研究员报告了基于精量播种的棉花轻简化生产技术。这次会议进一步明确了棉花轻简化栽培的概念，也同时确定了棉花轻简化栽培的内涵和技术途径。与会专家认为，研究应用棉花轻简化、机械化生产技术，实现棉花生产的轻便简捷、提质增效和快乐植棉，是我国棉花生产可持续发展的必由之路。会议商定，由山东棉花研究中心牵头，组织编写《棉花轻简化栽培》一书，总结我国棉花轻简化栽培研究取得的理论和技术成果，为长江流域、黄河流域和西北内陆三大棉区棉花生产的可持续发展提供指导。

本书由山东棉花研究中心董合忠团队、华中农业大学杨国正团队、新疆农业科学院田立文团队、安徽省农业科学院郑曙峰团队、河南省农业科学院杨铁钢团队、中国农业科学院农田灌溉研究所孙景生团队和新疆农垦科学院周亚立团队的科技人员以总结本团队科研成果为主，结合国内外相关研究成果著作而成，董合忠和杨国正进行了统稿和审查。全书共 6 章，第一章是相关理论和技术概述，在概述作物轻简化生产现状的基础上，重点论述了棉花轻简化栽培的概念、理论基础和实现途径；第二章是关键农艺技术，论述了轻简化栽培的关键技术，包括精量播种技术、轻简育苗技术、轻简经济施肥技术和轻简节水灌溉技术等；第三章是关键物质装备支撑，论述了支撑棉花轻简化栽培的物质装备和使用技术，包括植物生长调节剂、缓控释肥、易回收地膜与降解膜，以及农业机械装备等；第四章到第六章是区域性轻简化植棉技术，论述了黄河流域棉区、长江流域棉区和西北内陆棉区的轻简化栽培技术。章后附有参考文献，供进一步查阅和参考。

本书在编写过程中得到了中国农业科学院棉花研究所喻树迅院士、李付广所长和毛树春研究员，中国农业大学李召虎副校长和段留生教授，农业部种植业管理司龙熹调研员、全国农业技术推广服务中心陈常兵副处长等专家和领导的支持与指导，喻树迅院士更是亲自为本书写序，给予了莫大的关心和鼓励。书中的研究工作得到了公益性行业（农业）科研专项（3-5）、国家现代农业产业技术体系（CARS-18-21）、国家自然科学基金（31271665、31371573）、农业部"引进国际先进农业科学技术"重点项目（G19）、山东省重点研发计划（2015GNC10001）、山东省现代农业产业技术体系棉花创新团队、山东省农业良种工程等项目的支持。在此，深表谢意。最后，特别感谢新疆生产建设兵团第七师的有关领导和专家提供了大量的资料和建议。

棉花轻简化生产是一个长期、艰巨的系统工程，本书只是对现阶段、相关创新团队的科研成果进行了总结和论述，全面性和系统性有限，加之时间仓促，著者水平有限，书中不妥之处在所难免，敬请广大读者批评指正。

董合忠　杨国正

2016 年 4 月 6 日

目　　录

第一章　棉花轻简化栽培及其理论基础概述

受传统文化和人多地少这一基本国情的影响，中国棉花生产一直把高产作为主要目标，把优质、高效作为兼顾目标，为实现这些目标所采取的主要经营模式和生产管理策略便是分散经营和精耕细作。长期以来，一家一户分散经营模式和精耕细作栽培管理技术，作为中国棉花生产的基本技术体系，保障了中国棉花生产的快速发展。但是，近年来随着城市化发展和经济水平的不断提高，我国农村劳动力数量剧减并呈现出老龄化、妇女化和兼职化的特征，农村雇工费用也大幅度增长，一家一户分散的经营模式和劳动密集的精耕细作栽培管理技术体系已不适应当前，更不适应今后棉花生产发展需要。改革传统生产经营方式和栽培管理技术，实行规模化、机械化、轻简化和集约化植棉，通过简化种植管理、减少作业次数、减轻劳动强度，并最大限度地用机械代替人工，实现棉花生产的轻便简捷和节本增效是中国棉花生产持续发展的必由之路。本章在概述作物轻简化生产现状的基础上，重点论述了棉花轻简化栽培的概念、理论基础和实现途径。

第一节　作物轻简化生产现状与发展对策

随着社会经济的发展，中国农村劳动力正在由第一产业向第二产业、第三产业迅猛转移。据统计，农业从业人员所占比例已从 1980 年的 68.7%下降到 2009 年的 38.1%，并以平均每年下降 0.9 个百分点的比例继续下降，特别是农村青壮年劳动力的大量转移，使传统的费工、费时、费力的劳动密集型作物生产受到严重限制和前所未有的挑战，也使节本、省工、高效、轻型化的生产方式越来越受重视。2011 年 9 月 22 日，国家棉花产业技术体系、中国农学会棉花分会联合在湖南农业大学召开了"全国棉花高产高效轻简化栽培研讨会"。官春云院士在会上作了"全球作物轻简化生产发展"的主题报告，提出了作物轻简化生产的概念。作物轻简化生产是与传统复杂的人工操作作物生产相对应的概念。它是利用现代农业科学技术手段，使作物生产变得更加轻便、简捷的生产方式，在实现作物高效生产的前提下，获得高产、优质、生态、安全和可持续发展（官春云，2012）。

一、作物轻简化生产的现状和问题

尽管作物轻简化生产在我国是近年来才被正式提出并受到重视的概念，但实际上在我国已经对其研究和实践多年并取得一系列进展。这些进展包括种植制度、种植模式和种植技术的创新、改革与优化，作物生产机械化水平的不断提高，农机和农艺的不断融合等（官春云，2012）。

（一）生产方式不断变革

随着我国社会经济的发展，农村劳动力日益减少，农业生产的劳动力成本不断增加，土地集约的趋势日益明显，规模化生产与经营正在逐渐取代一家一户的分散生产与经营而成为主要的管理模式；以机械化、简约化、一体化、规范化管理为特征的现代农业生产技术体系正在作物生产中发挥着越来越重要的作用。作物规模化生产的实质，是着力解决在社会主义初级阶段和社会主义市场经济条件下农业小生产和社会化大生产的矛盾；解决农村联产承包责任制与社会主义市场经济体制相衔接的问题；解决增加农产品有效供给与农业比较利益间的矛盾；解决农户分散经营与提高规模效益的矛盾。农业生产发展要运用工业化生产的思维，走工业化的路子，首要问题就是要把基地建设作为整个农业产业化的"第一生产车间"来建，解决农民一家一户生产与规模化的矛盾，从根本上实现和提升农业产业化，推动农业生产可持续发展。

但是，应该看到，中国目前大多数地方仍然是精耕细作的小农经营模式，尤其是在一些欠发达地区。这是中国 20 世纪政策沿用至今的结果。无可否认，这种政策在制定之后的相当长一段时期内，对农业生产的发展起到了很大的促进作用。但是随着市场经济的深入发展，特别是中国加入世界贸易组织（WTO）后，这种模式因为其经营的灵活性不足和低效性，已经越来越难以适应激烈的市场竞争和大量农村劳动力转移的新形势，导致生产和经营面临诸多困难。随着市场经济发展和农村劳动力转移，一方面要求全局考虑农业经营策略，制定合理的生产结构，并能根据市场变化及时改变生产的品种和数量，经得起市场的跌宕起伏；另一方面要进一步节约成本、减少用工，应对农村劳动力转移的挑战。而小农经济经营模式下经营者往往只注重眼前利益，根据目前市场行情来决定生产什么，产品类型非常单一，结构也不合理。这样尽管在短期内收益可能会比较明显，但由于盲目大量生产，产品市场很快出现饱和，价格迅速下降，得不到好收益的经营者只能再投入大量的资金去经营新的目前市场上走俏的产品，出现恶性循环，这必然会严重影响农业的市场竞争力，直至削弱生产者的生产积极性。

（二）耕作制度不断优化

耕作制度作为农作物的种植制度及土地保护和培养制度的一个综合技术体系，是种植制度的基础，不仅包括种植的费用和成熟的制度，还包括农作物的构成和配置方式等土地保护制度，主要是指在种植的过程中对土地保护、土壤的施肥状况、农田作业的整治、土地耕作和田间水分的调节等制度。实行合理的耕作制度是实现农作物全面持续增产、改善品质、增加效益，农民增收，合理利用与保护自然环境，促进农业全面可持续发展的一项重要措施。

农艺技术则主要是指农业生产过程中采取的必要操作措施，为了进一步实现由耕作到栽培再到采用农机化技术实施的一个过程，要想实现优质化、高产化和高效化的农业，就必须将耕作制度与农艺技术和农机化发展有机结合起来，实现其"一体化"建设。

种植制度是指一个地区或生产单位的作物构成、配置、熟制和种植方式组成的相互联系的技术系统，是农业生产的核心。它包括作物布局（作物种类、种植数量、种植区域）、种植模式（作物结构和熟制）和种植体制（轮作、连作）等内容。间混套作有利于充分利用土地和光、热、水资源，可提高单位面积的总产出，但存在田间操作和管理不便，特别是用工多、不便于机械化作业等问题。为适应劳动力减少的形势和农业机械化发展的要求，本着简化作物生产的原则，近年来我国作物种植制度又发生了新的变化。例如，黄河流域棉区改麦套棉为麦后棉（移栽），每公顷小麦产量比套种棉田增加 1125～1500 kg，每公顷籽棉产量达到 3750～4500 kg，与套作水平相当。长江流域已由早期的油菜田套种棉花改为现在的油棉移栽复种，用工减少的同时还提高了油菜和棉花的产量。在此基础上，近几年长江流域棉区正在试行的"油菜-短季棉"双直播、黄河流域正在试行的蒜后短季棉直播（图版 V-7），则进一步解决了移栽费工费时的问题，不仅节省了用工，还提高了机械化水平。少免耕栽培省工省力，是轻简化生产的重要措施之一。我国近年来少免耕栽培有所发展，主要应用于油菜、小麦、玉米、棉花等旱地作物，水稻免耕抛秧栽培、大田直播栽培减少了育苗移栽的工作量，节省了劳动力，减轻了劳动强度。

（三）机械化水平显著提高

在作物生产中使用机器和农机具替代人工劳动，是提高劳动生产力水平和管理效率的重要途径。20 世纪 50 年代，毛泽东同志就提出"农业的根本出路在于机械化"，发达国家的农业生产发展早已证明了这一论断。近年来，我国农业机械化得到快速发展，全国农作物耕种收综合机械化水平 2009 年为 49%，2012 年为 57%，2013 年达到 59.5%。新疆生产建设兵团推行的棉花机械化精量播种技术，采用精量播种机械，一穴播一粒精加工种子，出苗后不需疏苗、间苗和定苗；膜上打孔播种和覆土，自然出苗不需人工放苗；膜下滴灌有效管理水分和养分，简化了播种前灌水造墒和施肥，实现了水肥一体化。该技术不仅实现了精量和精确定位播种，还实现了播种、施肥、施除草剂、铺设滴灌管和地膜等多道程序的联合作业，一次完成，把一播全苗技术组装至极高水准，同时也大大简化了管理程序（图版 Ⅷ-1，2，3）。精量播种是棉花精准农业生产的一个重要环节，推广棉花精量播种技术可以提高产量、效益、品质并降低生产成本，实现棉花增产增收、优质高效，同时提高了国际竞争力。

但是，必须看到我国农业机械化水平总体不高。发达国家的作物生产均经历了由人工操作到部分机械化操作，再到全程机械化操作的发展历程。美国于 20 世纪 40 年代即已实现机械化，劳动生产率显著提高。我国农业生产机械化水平虽然有了较大提高，但仍然存在较多薄弱环节，如水稻机械插秧率很低，2010 年前后，油菜机播、机收水平仅分别为 10.4% 和 8.8%，棉花机收不到 10%，马铃薯播种和收获，甘蔗、花生收获等环节的装备尚处于试制或完善阶段。很多作物生产环节仍主要依靠手工操作，特别是棉花、甘蔗、油菜等主要经济作物及牧草，其生产机械化等仍是薄弱环节，生产效率不高。美国农业从业人员占社会总从业人员的比例不到 2%，却是农产品出口大国，而我国农业从业人员占社会总从业人员的比例虽然已从 1980 年的 68.7% 下降到 2009 年的 38.1%，但仍是美国的近 20 倍。我国作物生产机械化总体水平较低，既是长期以来分散经营的体制所致，也是农业装备研制和生产水平较低所致，更与耕作制度和种植结构复杂，实行机械化收获难度较大有关。

（四）轻简化实用技术推广应用

我国农民和农业科技工作者发明了很多简便实用的农艺生产技术，并在生产中发挥了重要作用。现行轻简化技术主要包括以下几种。

一是轻简化育苗移栽技术。水稻抛秧栽培使水稻移栽环节劳动强度减轻、效率提高。人工抛秧比手工插秧效率提高 5～8 倍，还省却了弯腰曲背的强体力劳动。棉花、烟草等作物的轻简育苗技术，用基质代替传统营养钵进行育苗，减轻了制钵、搬钵移栽的繁重体力劳动，还有利于工厂化或规模化育苗，裸苗移栽较营养钵苗移栽简单轻便，且适应于机械化移栽（图版Ⅱ）。

二是大田管理轻简化技术。通过化学调控取代部分人工操作，简化整枝，使用化学除草等措施代替人工除草，减少生产环节，实现简化管理。例如，杂交棉"精稀简"栽培技术，就是改变过去多次整枝、多次打顶、多次施肥、多次治虫的传统田间管理方式，通过种植抗虫棉、杂交棉、稀植、免整枝、化学除草等方法，减少劳动工序，减轻劳动强度，简化操作过程，同样可获得高产高效（李维江等，2005）。这种轻简化的生产方法在长江流域和黄河流域多熟制棉区已被普遍采纳和运用。油菜"机播机收、适度管理"的栽培方式也得到了大面积推广应用，主要是采取稻板田直播油菜，机械播种，施用控释肥、催熟剂等措施，取代原来精耕细作的传统栽培措施，在生长期间原则上不管理，只在必要时和遇到严重灾害时进行管理，每公顷用工仅需 30～45 个，比传统生产模式节约劳动力成本 80%左右。

三是通过良种良法配套和农机农艺融合简化生产程序，提高作物产量和效益。过去我国长江流域和黄河流域等生产区域虽然在作物高产方面实现了多项关键技术的突破，但由于单项技术与其他技术的整合不到位或受装备的限制，难以发挥应有的节本、增效、增产潜力。近年来，随着"粮丰工程"、"高产创建"等项目的实施，各地十分重视单项关键技术与配套技术的有机结合，重视良种良法配套、农机农艺融合，尤其是随着田间节水灌溉工程技术的推广，农田施肥与用药方式和方法正在发生巨大的变革和优化。作物生产正在向省工、节水、节肥、节药和绿色生产方向发展。

尽管采用了一系列减本增效轻简化栽培技术，但我国劳动力成本比例过高和物化成本投入不合理的问题仍十分突出。当前我国作物生产在很大程度上仍以传统的精耕细作生产方式为主，程序繁多，而且主要是传统的手工操作，生产效率低，不适应现代农业发展要求。例如，长江流域水稻生产一般要经过育秧、耕整、移栽、中耕除草、水分管理、病虫防治、施肥和收割等 20 多道工序，每公顷用工 300 个左右；多熟制棉区棉花生产，从种到收，需经过 40 多道工序，每公顷用工 300～360 个；油菜从种到收用工约每公顷 225 个，用工费用占生产成本的 60%以上，而加拿大等国家油菜生产全程机械化，每公顷用工不到 15 个，是我国的 1/15，澳大利亚油菜生产的劳力成本比例不到 3%。又如我国长江中游棉区棉花生产按当前工价每人每天 60 元计算，则每公顷用工成本为 18 000～21 600 元，再加上种子、农药、化肥等物化成本约 7500 元/hm²，总成本为 25 500～29 100 元。劳动力成本占生产总成本的比例高达 70.59%～74.23%。按正常年景籽棉产量 3750 kg/hm²，价格 8 元/kg 计算，则每公顷植棉收益为 30 000 元，产投比仅（1.03～1.18）∶1（官春云，2012）。

我国是世界上化肥、农药使用最多的国家，耕地面积占世界总量的 9%，但所耗用的化肥、农药却占世界化肥、农药总量的 35% 和 20%，单位面积化学农药的平均用量比世界水平高 2.5～5 倍，每年遭受残留农药污染的农作物面积达 0.8 亿 hm^2。化肥用量由 1980 年的 1269.3 万 t 增加到 2009 年的 5404.4 万 t，增加了 325.8%，而同期农作物播种面积仅增加 8.38%。例如，我国油菜生产每公顷施纯氮 150～225 kg，纯磷 45～75 kg，而澳大利亚一般每公顷施纯氮 45～105 kg，纯磷 15～22.5 kg。联合国粮食及农业组织认定 1 hm^2 水稻化肥安全用量 225 kg，而我国 2000 年 1 hm^2 水稻化肥用量就达到了 339 kg，超标 51%，部分稻区单季稻每公顷化肥用量甚至高达 588 kg。

二、作物轻简化生产发展的对策

实行作物轻简化生产必须首先改变传统的经营方式和精耕细作的栽培习惯。但是，我国应用分散经营、精耕细作作物生产方式和技术的历史很长，短时间内完全改变的难度很大，必须采取合理的对策措施才能保证作物轻简化生产的顺利实行。

（一）继续改革农业生产方式

经过多年持续提高粮食价格，目前国内主要农产品价格已经超过国际市场价格。国内外市场农产品价格倒挂产生了"封顶效应"，继续提价则会遇到"天花板"。按照我国入世时对世界贸易组织承诺的补贴上限，粮食是 27%、油料是 18%、大豆是 10%，现在这些都已"触顶"。与此同时，国内农业生产要素价格还在持续上涨，农业生产成本"地板"刚性抬起，农业比较效益持续下降，调动和保护农民积极性、保障农产品供给将越来越难。

农业可持续发展面临严峻形势。李克强总理在中央农村工作会议上指出，经过长时间的持续高强度开发，生态环境约束和资源条件约束已经成为我国农业持续稳定发展的两道"紧箍咒"。随着化肥、农药、农膜的大量使用，不仅地越种越薄，而且带来了严重的面源污染、白色污染，再加上工业和生活垃圾污染，农村环境问题愈发严峻，资源环境已亮起"红灯"。随着工业化、城镇化快速推进，一方面，对土地、水资源的刚性需求快速上升，供需矛盾十分突出；另一方面，农村劳动力数量减少、质量下降，农业持续稳定发展的难度日益增大。要走出这个困境，必须加快转变农业发展方式，从依靠拼资源消耗、拼农资和劳动力投入、拼生态环境的粗放经营，尽快转到注重轻简化生产，注重提高质量和效益的集约化经营上来。

将实现粮食和大宗农产品稳定发展、促进农业发展方式转变和生产方式转变"一稳两转"作为基本途径，立足做强农业，加快促进"两转"，走产出高效、产品安全、资源节约、环境友好的现代农业发展道路。

1. 继续提升农业经营水平

坚持扶持培育和开放引进两个途径，大力发展各类龙头企业，加快现代农业产业化集群的创新、提升、优化和拓展。一是因地制宜，发挥当地的资源优势，如河南、山东等产粮大省要充分发挥粮食资源优势，大力培育粮食深加工产业集群，不断提升面粉加工集约化水平，拓宽水稻、玉米、大米、杂粮的开发利用渠道，壮大速冻食品、方便食品、休闲食品加工产业。二是启动适宜地区绿色奶牛发展专项规划，支持肉牛肉羊产业发展，持续建设奶牛、肉牛、生猪、家禽等现代畜牧产业化集群。三是积极发展花卉苗木、食用菌、茶叶、中药材、木材加工等特色农业产业化集群。抓好特色高效农产品生产基地布局，重点打造一批规模化、标准化的示范性原料基地。四是鼓励支持集群龙头企业通过联合、兼并、重组、改制、上市等方式，不断扩大企业规模，培育一批产业集团。

2. 积极实施都市和生态农业发展工程

以菜篮子为主，突出产业功能，统筹观光功能和生态功能，各省区可以编制和实施都市生态农业发展规划，构建大中小城市相结合、产业圈层分布特征明显的都市农业发展格局。

一是抓都市生态农业生产功能。研究制定菜篮子市长负责制考核实施办法，确保主要菜篮子产品市场均衡供应。

二是抓都市生态农业生活功能。大力发展休闲观光、创意农业等农业新型业态，创建示范园区，培育知名品牌，挖掘乡土文化，打造精品线路，不断满足城乡居民休闲、娱乐、健身等方面的消费需求。简化用地、规划、建设办理手续，解决发展都市生态农业附属设施用地等突出问题。

三是抓都市生态农业生态功能。

加强农业生态建设，促进农业可持续发展。①开展以农业面源为重点的农业生态治理，继续推进测土配方施肥，推广节地、节水、节肥、节种等先进适用技术和生物有机肥、低毒低残留农药。②落实畜禽规模化养殖环境影响评价制度，开展生态畜牧业示范场创建活动，推广农牧结合循环发展模式。③大力实施林业生态建设提升工程。④积极推进新一轮退耕还林工程。⑤落实湿地生态效益补偿、湿地保护奖励试点政策。

3. 继续发展适度规模经营

一是在坚持和完善农村基本经营制度的基础上，制定有序推进农村土地承包经营权流转具体办法，规范引导农村土地经营权有序流转，发展多种形式的适度规模经营，提高农民组织化程度。土地经营权流转要尊重农民意愿，不得硬性下指标、强制推动。二是严禁擅自改变土地用途，流转土地要用于农业特别是粮食规模化生产，限制非粮化，禁止非农化。三是扶持新型经营主体。制定支持种粮大户、家庭农场发展的政策措施，引导确立以粮食为主的经营方向。重视土地托管经营，创建农民合作社示范社，拓展农业社会化服务领域。积极引导农户以土地经营权入股合作社和龙头企业，建立可靠的利益联结机制，保障农民稳定收益。鼓励工商资本发展适合企业化经营的现代种养业、农产品加工流通和农业社会化服务。

4. 强化农产品质量和食品安全监管

一是狠抓源头治理，加强农业投入品管理，大力推进农业标准化生产。二是加强县乡农产品质量和食品安全监管能力建设，落实重要农产品生产基地、批发市场质量安全检验检测费用补助政策，建设肉类、蔬菜、中药材等主要产品流通追溯体系，建立全程可追溯、互联共享的农产品质量和食品安全信息平台。三是健全食品安全监管综合协调制度，强化政府属地管理和生产经营主体责任，严格责任追究制度，严厉打击各类食品安全违法犯罪行为，坚决遏制重特大安全事故发生。创建农产品质量安全县、食品安全县，提高群众的安全感和满意度。四是大力发展品牌农业。现在人们越来越关注"舌尖上的安全"，为创造更多、更知名的农业品牌提供了重要机遇。要依托各地比较优势，加快推动农产品生产由"生产导向"向"生产与消费导向并重"转变，由"原字号"向"深加工"转变，由"重产量"向"重质量"转变，大力发展无公害农产品、绿色食品、有机食品和地方特色农产品，生产出更多让消费者放心、安心的优质农产品，打造出更多叫响国内外的农业品牌，加快实现由"国人粮仓"到"国人厨房"，再到"世界餐桌"的历史性转变。

5. 创新农产品流通方式

转方式还要从农产品流通方式的转型升级上下功夫。要坚持以农产品流通网络建设为重点，创新流通方式，培育新型流通业态，加快完善农产品现代流通体系。一是加快推进大型农产品批发市场建设，加快培育一批有影响的跨区域农产品流通骨干市场。二是积极推动农产品市场体系转型升级，建设标准化农产品批发市场，实施信息化提升工程，促进农产品交易信息互联互通。探索公益性农产品批发市场建设试点。三是加快建设大宗农产品现代化仓储物流设施，大力发展农产品冷链物流，支持农产品产地集配、加工储运、物流配送、批发零售各环节全程冷链设施建设。四是积极培育现代流通方式和新型流通业态，支持电商、物流、商贸、金融等企业参与涉农电子商务平台建设，支持流通企业开展农产品实体交易和电子商务有机融合的农产品现代交易方式。努力完成国家电子商务进农村综合示范任务。五是推进合作社与超市、学校、企业、社区对接，继续实施新农村现代流通网络工程。六是加快农产品进出口调控，积极支持优势农产品出口。

（二）简化生产环节，降低劳动成本

管理程序的简化和多程序合并作业是作物轻简化生产的发展方向。

1. 培育和应用适宜轻简化栽培的作物品种

适宜轻简化栽培的作物品种通常具有以下几个特点：一是适应性强，对不同地力和不同的生态条件及栽培管理有较强的适应能力，稳产性较好；二是生长发育稳健，易管理；三是对病、虫、草害的抗性强，可以减少病、虫、草害的防治用工。

2. 合理运用调控技术

利用植物生长调节剂和优化水肥等调控手段，塑造理想株型，不仅能够节约成本、提高产量，还能适应机管、机收的要求，为实现机械化提供保障。

3. 简化程序、减少环节

规范生产措施，降低劳动力成本。随着品种和栽培技术的发展，一些措施由以前的必要技术变成了非必要技术。通过免耕、直播、化学除草、少中耕、减少施肥次数和一次性施肥、化学调控取代部分人工操作，来简化管理，减少生产环节，降低生产成本。

（三）加快发展机械化，减轻劳动强度

机械化不仅实现了精量和准确定位播种，还实现了播种、施肥、施除草剂等多道程序的联合作业，一次完成。加快发展农业机械化，用机器和农机具替代人工，是提高作物生产效率、减轻劳动强度的根本途径。当前，我国作物生产中农田耕整机械化比例较高，其他生产环节机械化比例仍较低。平原地区的粮食作物及油料作物生产，实现了一定比例的机播机收。

我国农业机械化发展任重道远，现阶段，一是重点发展中小型多功能农业机械，以适应多生态条件、多耕地类型的耕种与收获；二是积极发展适应于作物工厂化育苗、机械化移栽的新型农机具；三是研究开发成熟期不集中、产量器官空间分布较大的作物轻型收获机；四是进一步提高农田机械耕整水平。现阶段中小型农机具大有作为，可解决管理烦琐、用工多、劳动强度大等实际问题。同时要加强整地、播种、中耕、施肥和病虫防控等农事机械化作业的集成、融合和示范应用。

（四）提高资源利用率，减少物化成本

优化资源配置，降低物化成本投入，是实现作物轻简化生产的有效途径。当前我国作物生产为谋求高产，多采用奢侈施用化肥和无序施用农药的生产方式。化肥、农药的过量使用导致生产成本不断增加、报酬递减、环境遭受严重污染等问题。而实行作物轻简化生产，以提高资源利用率，减少化肥、农药的投入为突破口，通过优化作物生产的资源配置和技术措施，提高肥料利用率和农药的防治效果，既可降低成本，又能减少农业资源的浪费和环境污染，还能减少农产品的化学品残留，提高农产品质量，确保食品安全。

提高资源利用率，减少物化成本投入要在以下几个方面下功夫。一是发展数字农业技术，按土壤肥力、产量水平分布的电子地图，实施变量施肥、配方施肥、一次性施肥，节约施肥成本，提高肥料利用率和肥料报酬；二是保护农田生态环境、保护作物害虫天敌，积极发展害虫的生物防治，减少化学农药施用量，降低病虫防治成本；三是优化资源配置，在可持续发展的前提下，采用最小成本生产方法，以生产资料的报酬率来确定作物生产物化成本投入；四是开发轻简化技术，简化技术规程，实施标准化生产。

（五）提高劳动者素质，促进现代化生产

作物轻简化生产必须提高劳动者素质。当前，我国农村劳动力受教育程度普遍偏低，农民平均受教育年限不足 7 年，农村劳动力中，小学文化程度和文盲半文盲占 40.31%，初中文化程度占 48.07%，高中以上文化程度仅占 11.62%，接受过系统农业职业教育的农村劳动力不到 5%。随着文化水平较高的农村青壮年劳动力的大量转移，农业劳动力的科学文化素质与其他产业的差距越来越大。目前，在棉花市场中，棉农作为交易主体的一方存在严重的不足，成为我国棉花市场发展的一个"短板"，也是经济发展和棉花国际竞争力提高的一个"瓶颈"。主要体现在，棉农文化水平低、市场意识差、合作程

度低。我国农村劳动力的科学文化水平整体偏低，影响新知识的吸收和农业科技的推广，进而影响农业现代化的推进。建设现代农业，最终要靠有文化、懂技术、会经营的新型农民，这样才能使好的技术、方法和设施装备得以更好地应用和实施。因此依靠科技和教育提高农民素质是建设现代农业的重要保证。

1. 开展农业生产技能培训

通过开展农业生产技能培训，提高农民的文化科技素质，努力把广大农民培养成有较高生产技能、较强市场意识并且有一定管理能力的现代农业经营者。要充分利用有限的教育资源，保证农民"学有其所、学其所需、学有所用"。不仅要增加政府办学力量，还必须动员和鼓励社区、企业、私人等其他社会力量共同关心和支持农村教育事业。从棉农的科技文化素质的现状来看，当务之急是要结合目前我国各棉区棉花产业发展特点，有重点有步骤地培养大批懂科技、善经营，能从事专业化棉花生产和产业化经营的知识型棉农，要重点抓好棉农的文化教育和科技教育工作，创新棉农科技教育培训体系。

2. 多形式培养各类人才

以市场需求为导向，多形式、多途径培养农业高新技术产业化所需要的各类人才；要继续改革和完善收入分配、激励机制，吸引科技人员从事农业技术开发和成果转化；大力发展农村教育，通过办农民夜校、技术培训班和农业高新技术示范等多种方式，努力提高农民的科技文化素质和水平。

3. 强化农村留守劳动力的培训

农村留守劳动力的培训不仅事关农民的生活、贫困县脱贫、新农村建设，更关系到我国国民生活、农业发展乃至工业发展等。然而，农村劳动力培训，特别是贫困县农村劳动力培训中，存在培训不足和农村人力资本投资积极性不高等问题。其原因主要是培训形式化、经费支持制度不健全、培训针对性不强、培训人才紧缺、培训管理不到位等。要解决这些问题，一是调动留守劳动者参加培训的积极性；二是应在贯彻一个贫困户培训一人的原则下，采用教练培训法，培训针对性强、实用性强的技术，重点培训基础产业和特色产业技术；三是构建一支专业性强、实干精神强的农村留守劳动力培训师队伍；四是加强管理，建立健全培训体系和考核体系，明确培训经费的支持政策和相关措施。在强化农村留守劳动力技术培训，提高接收和使用新技术、新农机具能力的基础上，提倡大学生进村进组，成为现代农民。

（六）增加投入，联合攻关突破技术瓶颈

目前对作物轻简化生产存在以下几个方面的认识误区：一是作物轻简化生产与传统的精耕细作生产方式是相对立的，相互排斥的；二是作物轻简化生产就是以机械化来替代传统的人工劳动；三是把作物轻简化生产同等于"懒汉生产"或粗放生产。事实上，作物轻简化生产是以现代农业科学技术发展为根本，以传统农业的精华为基础，以作物生产可持续发展为前提，以高产高效为目标的轻型简化的作物生产方式。毫无疑问，这种生产方式吸收了传统精耕细作农业的精华，以机械化作业为主体，以资源高效利用为核心，在实现高产的同时，最大限度地降低作物生产劳动力成本和劳动强度，是传统精耕细作农业的继承和发展（凌启鸿，2010）。

官春云（2012）指出，轻简化生产既可实现作物生产的节本增效，提高农民生产的积极性，又可解放农村部分富余劳动力外出务工以缓解城镇企业"用工荒"的难题，对促进国民经济协调发展和有效解决"三农"问题等具有重要的意义。轻简化生产并非粗放经营，不能以牺牲产量和效益为代价，而应实行作物的规模化经营、标准化生产，既要技术简化，又要高产、优质，还要对环境友好。技术的简化必须与科学化、规范化、标准化结合。研究作物轻简化生产必须从生产工具、肥料、农药等配套物质装备的研制，作物品种选育，实用栽培技术的革新，农民教育培训等多方面着手，多学科联合，才能获得良好的效果。

农业科技进步是发展作物轻简化生产的根本保证。而国家对作物生产应用技术方面的研究投入不够，特别是有关轻简化生产方面的研究投入更少，甚至很难获得资助。应尽快增加投入，组织多学科、多部门联合攻关，结合作物生产机械化、良种化，突破技术瓶颈，加快开发轻型化生产技术体系。重点研究收获部位空间分布差异大且成熟时期不一致的作物的收获机械，如棉花、油菜等作物；对成熟期相对集中的作物，要加快推进机械化作业，最大限度地减轻劳动强度。而对于当前尚不便采用机械化操作的生产环节，应创新实用轻简栽培技术，减轻劳动强度，提高生产效率。

第二节　棉花轻简化栽培技术概述

基于人多地少的国情和原棉消费量不断增长的实际需要，以高产、优质、高效为目标，经过 50 多年的研究与实践，我国于 2000 年前后研究建立了适合国情、特色鲜明的棉花栽培技术体系，并形成了相对完整的棉花栽培理论体系，为奠定世界第一产棉大国的地位作出了重要贡献（毛树春，2010）。但是，一方面，依赖于传统精耕细作栽培技术的我国棉花种植业是一典型的劳动密集型产业，种植管理复杂，从种到收有工序 40 多道，每公顷用工 300 多个，是粮食作物的 3 倍，生产成本很高；另一方面，随着城市化进程的加快，我国农村劳动力的数量和质量都发生了巨大变化：自 1990 年以来，每年农村向城市转移劳动力约 2000 万人，其中 1996～2007 年的 12 年间，共向城市转移农村劳动力约 2.4 亿人。农村劳动力数量剧减并呈现出老龄化、妇女化和兼职化的特征，给新时期的农业生产，特别是棉花生产提出了严峻挑战，传统精耕细作的棉花栽培技术已不符合棉区"老人农业"、"妇女农业"和"打工农业"的现实需要（董合忠，2011，2013a）。为应对这一挑战，近 10 年来，我国棉花科技工作者根据不同产棉区的生态和生产特点，以实现棉花生产的轻便简捷和节本增效为主攻目标，通过机械代替人工、简化种植管理、减少作业次数、减轻劳动强度，分别建立并应用了以"精量播种、简化整枝、集中收获"为主要内容的适合黄河流域一熟制棉区的棉花轻简化栽培技术（代建龙等，2014；董合忠，2013a），以"轻简育苗、适当稀植、一次施肥"为主要内容的适合两熟制棉区的棉花轻简化栽培技术（毛树春，2010），以"精量点播、膜下滴灌、机械采收"为主要内容的适合西北内陆棉区的棉花轻简化、机械化高产栽培技术，并正在向规模化、标准化、全程机械化和信息化方向发展，走出了一条适合中国国情和特色、符合"快乐植棉"理念的轻简化植棉的路子（喻树迅等，2015）。

一、当前棉花生产管理的现状和问题

当前，我国棉花生产管理存在的突出问题是棉花管理烦琐，用工多，机械化程度低，加上种植制度复杂，户均植棉规模小，农机与农艺不配套，急需轻简化、机械化、组织化和社会服务予以破解（毛树春，2012，2013）。

（一）棉花管理复杂烦琐，用工多

我国棉花生产周期长，并一直采用精耕细作的栽培管理技术，管理烦琐，用工多。在黄河流域棉区，棉花生长期达 6 个多月，从种到收有 40 多道工序，管理烦琐、劳动强度大的问题一直十分突出；在长江中游棉区，棉花生产周期长达 8 个月，从种到收有 50 多道工序，包含制作育苗营养钵、播种、苗床管理、大田除草整地、打穴移栽盖膜、补苗定苗、病虫防治、施肥除草、化学调控、整枝打顶、收花晒花、撕膜拔秆等大量程序，不仅费工多而且劳动强度大。美国生产 50 kg 皮棉的平均用工量只要 0.5 个工日，而我国却高达 20～30 个工日，新疆生产建设兵团的平均用工量也达到 4.9 个工日。相比稻、麦等大宗农作物，整个生育期每公顷棉田需要 474 个工日，同期种植水稻仅需要 186 个工日，而小麦仅需 45 个工日。棉田管理烦琐、用工多是制约棉花可持续、健康发展的重要障碍。

（二）棉田种植制度复杂，不利于轻简化和机械化

种植制度是一个地区、一个民族和一个国家的农业基础生产力，也是生产方式和栽培管理技术的决定因素。复种指数是指全年总收获面积占耕地面积的百分率。中国农业科学院棉花研究所毛树春（2013）组织开展的棉情监测结果显示，近些年来，我国棉田多熟制所占比例稳中有降，复种指数有所降低，这无疑是为实现棉花轻简化和机械化生产进行的有效调整。

1. 种植制度和复种指数不断变化

20 世纪末全国棉田两熟和多熟种植面积占总棉田面积的 2/3，复种指数达到 156%；长江流域高效棉田的复种指数达到了 250%～300%。黄河流域耕作制度改革实现了粮棉的"双增双扩"（粮食和棉花面积的双扩大和产量的双增加）。其中，套种是实现"双增双扩"的重要手段。但是套种费工费时，大面积套种也成为棉花机械化和轻简化种植的重要障碍。例如，蒜棉套种，棉花需要 3 月底 4 月初人工制备营养钵，4 月上旬播种，人工管理苗床，4 月底 5 月初，人工在蒜田移栽棉花，同时大蒜还要人工抽薹、人工收获大蒜头；收获大蒜后，棉花要中耕除草、整枝打杈、防病治虫等，用工多、劳动强度大。虽然产出高，但投入也大，扣除物化和人工成本，效益并不高。

据中国农业科学院棉花研究所毛树春组织开展的棉情监测结果，全国棉田平均，2013 年棉田复种指数为 138%，比上年减少 5 个百分点。其中，长江流域棉区复种指数 183%，增加 7 个百分点；黄河流域棉区复种指数 142%，减少 4 个百分点；西北内陆棉区复种指数 110%，减少 3 个百分点。全国一熟制棉田占全国棉花播种总面积的66.9%，增加 3.9 个百分点，面积 320 万 hm^2；两熟制棉田占全国棉花播种总面积的28.7%，减少 2.2 个百分点，面积 137 万 hm^2。多熟棉田（三熟、四熟以上），占全国棉花播种总面积的 4.4%，减少 1.8 个百分点，面积 21 万 hm^2。从变化趋势来看，我国棉田多熟制所占比例稳中有降，复种指数有所降低，这是为实现轻简化和机械化进行的有效调整。

2. 种植模式不断调整

（1）棉田套种（栽）模式

2013 年全国棉田间作套作模式占两熟制棉田总面积的 91.8%，面积 139 万 hm^2。一是麦棉套种（栽）（图版 V-1，2）占全国两熟面积的 5%，分布于长江流域和黄河流域棉区，其中江苏占全省植棉面积的 69.7%，四川占全省植棉面积的 57.8%，河南占全省植棉面积的 38.6%，湖北占全省植棉面积的 21.6%，江西占全省植棉面积的 5.7%，山东占全省植棉面积的 4.1%，安徽占全省植棉面积的 3.2%。二是油套棉，占全国两熟面积的 0.3%，湖南占全省植棉面积的 7.8%，山东占全省植棉面积的 0.5%。三是瓜类与棉花间套作，占全国两熟面积的 1.5%，分布在长江流域、黄河流域。四是蒜（葱）套栽棉（图版 V-3，4），占全国两熟面积的 1.7%，集中分布在黄河流域棉区的济宁、菏泽和徐州等。五是菜瓜棉和麦瓜棉，占全国两熟面积的 2.1%，主要分布在长江流域（湖北、湖南、安徽、河南）。六是绿肥棉，占全国两熟面积的 0.1%，四川占全省植棉面积的 7.2%，湖北占全省植棉面积的 1.5%。总体上来看，棉田套种模式已经由过去的麦棉套种改为棉花与多种作物套种（毛树春，2013）。

（2）棉田连种

该模式占全国两熟制棉田面积的 8.2%，面积 12.4 万 hm^2。主要模式有油后移栽或直播棉花、麦后移栽或直播棉花、蒜后移栽或直播棉花。长江油菜收获后移栽棉占两熟面积的 59.1%，成为主要模式；麦茬移栽棉占两熟面积的 21.0%，主要分布于南襄盆地，黄淮平原和华北平原南部正在积极示范。目前，油后和蒜后直播短季棉成为一种新的形式，正在长江流域和黄河流域棉区试行。

（3）果棉间作

该模式在新疆和山东黄河三角洲地区皆有种植。约有 25 万 hm^2，占当地棉田面积的 25.8%。由于南疆果棉间作发展很快，大部分果树已长大成为果园，间作棉花已开始退出。

（三）棉花生产的组织化和规模化程度低

我国棉花种植多以家庭小生产为主体，户均植棉面积小，棉花种植零散，难以发挥先进植棉技术的增产效果。相比粮食生产，植棉业的社会化服务严重滞后，服务方式少，特别是长江流域棉区耕种管收的社会化服务刚刚起步。如果没有专业的组织生产，则难以形成规模。这方面西北内陆棉区的新疆走在了全国前列，其中新疆生产建设兵团种棉面积每年达 53 万 hm²，以生产建设兵团为一个大单位，单位内包含若干户棉农，除棉农之外，新疆生产建设兵团内还有专业的农机工、棉花加工企业、棉花收购企业，也就是说，在新疆生产建设兵团大单位内，实现棉田统一播种、统一施肥管理、统一收获、统一加工销售，内部实现了产业化经营模式。内地（本书所指"内地"是指长江流域和黄河流域）推进棉花生产规模化不可能像一些国家那样实行大农场经营，主要形式应是通过棉花合作社把棉农组织起来，像新疆生产建设兵团的管理模式一样，实行统一供种、统一耕作技术、同步管理，这样才能根本改变棉花生产的落后状态。

（四）机械化程度低

全国棉花机械化生产水平低。据毛树春和周亚立按国家农业行业标准测算，2010年全国棉花耕种收综合机械化水平为 38.3%，远远低于全国农业机械化水平（52.3%）。三大产棉区机械化率差异很大，其中西北内陆 73.6%，黄河流域 25%，长江流域只有10%。在棉花机械播种方面，黄河中下游流域棉只有河北、陕西、山西、山东等省实现了大面积棉花机播，机播水平由 34% 到 97% 不等；长江中下游流域棉区是三大棉区中机械化水平最低的，机播水平不到 1%。以新疆为主的西北内陆棉区的棉花生产机械化水平现在全国领先，但地方和兵团的差距也很大。新疆生产建设兵团机械化水平最高，2009 年棉花生产机械化程度为 77%，但棉花机收水平只有 23%。农村人口减少，加上农村劳动力转移，对于费时、费力且效益低的棉花种植，急需提高机械化水平。

（五）生产成本较高和效益较低

由于我国生产资料价格上涨等，棉田生产资料等物化投入的成本不断增加。1978年每公顷棉花种植的物质与服务费用仅 620 元，2009 年达到 5904 元，2012 年已经超过6000 元，以年均 7.2% 的速度增长。其中，化肥用量和价格的增长是造成投入增长的主要部分。1978 年每公顷棉花种植的化肥支出为 120 元，占物质与服务总支出的 19.5%；2008 年达到 2532 元，占物质与服务总支出的 41.8%，这主要是化肥价格上涨所引起的。

从劳动力投入的数量来看，棉花生产的劳动力投入量呈现明显逐步下降的趋势，但与其他农作物相比，仍然很大。1978 年每公顷棉花生产需投入的用工平均高达 915 个，到 2009 年每公顷棉花生产平均需要 300 多个工作日。随着棉花单产水平的增加，劳动生产率也随之不断提高。劳动工价显著上涨，带动人工成本显著增加。从劳动工价来看，呈现阶段性上涨的态势，1978～2009 年，劳动日工价从 0.8 元上涨到 24.8 元。雇工工价从 2004 年起呈现快速上涨的态势，2009 年增长到 43.7 元，由于劳动工价的上涨幅度大于劳动投入数量的下降幅度，棉花生产的人工成本显著增加。1995 年以前，人工成本小于物化成本。从 1995 年开始，人工成本所占比例越来越大。尤其是 2003 年以来，人工成本保持快速增长势头，到 2009 年，每公顷棉花生产的人工成本达到 8625 元，占棉花生产成本的 54.3%。

2001～2011 年每公顷平均物化成本为 6119 元，人工成本 7748 元，总成本 13 867 元，纯收益 6987 元（表 1-1）。就具体年度来看，由于人工和生产资料价格不断上涨，棉花生产的纯收益不高，有些年份基本没有纯收益，如 2008 年每公顷平均利润仅为 30 元。与种植小麦、玉米、水稻等机械化程度高、用工少、收入稳定相比，植棉优势减弱。

表 1-1　2001～2011 年全国棉花产值和收益情况（单位：元/hm²）（毛树春和谭砚文，2013）

年份	主产品产值	总成本	物化成本	收益
2001	10 350	8 700	3 210	1 650
2002	14 010	8 265	3 135	5 745
2003	19 770	10 005	3 930	9 765
2004	15 900	10 530	4 680	5 370
2005	19 545	12 390	6 210	7 155
2006	19 890	13 275	7 020	6 615
2007	22 485	15 075	6 795	7 410
2008	17 265	17 235	7 980	30
2009	23 760	15 855	7 245	7 905
2010	36 495	18 645	8 325	17 850
2011	29 925	22 560	8 775	7 365

总之，由于随着农村劳动力转移、劳动力数量减少，要满足"80 后"和"90 后"这些新型劳动者的需求，亟需从劳动密集型向技术密集型转变，用轻简化、机械化替代传统的精耕细作。

二、棉花轻简化栽培的产生和意义

研发轻简化栽培技术，在产量不减的前提下，实现棉花生产的轻便简捷，是棉花生产可持续发展的必由之路。但是，棉花轻简化栽培概念和内涵的形成与完善经历了较长时间的探索和实践。

（一）棉花轻简化栽培的简要发展历程

由于棉花具有其他大宗作物所不具备的生物学特性，如喜温好光，无限生长，自动调节和补偿能力强等，比较适合精耕细作，加之人多地少、不计人工成本的国情，导致棉花栽培管理一直比较烦琐，费工费时。特别是营养钵育苗移栽和地膜覆盖栽培及棉田立体种植技术的推广应用，使得棉花种植管理更加复杂烦琐。

和其他作物栽培技术的发展历程一样，棉花栽培技术也经历了由粗放到精耕细作，再由精耕细作到精简的过程（董合忠等，2009）。实际上，我国在新中国成立之初就开始注重研发省工省时的栽培技术措施，如在 20 世纪 50 年代就对是否去除棉花营养枝的措施开始讨论研究，为最终明确营养枝的功能进而利用叶枝、简化整枝打下了基础；20 世纪 80 年代以后推广以缩节胺为代表的植物生长调节剂，促进了化控栽培技术在棉花上的推广普及，不仅提高了调控棉花个体和群体的能力与效率，还简化了栽培管理过程。2001～2005 年，山东棉花研究中心承担"十五"全国优质棉花基地科技服务项目——"山东省优质棉基地棉花全程化技术服务"。该项目涉及了较多棉花简化栽培的研究内容，研究实施过程中，建立了杂交棉"精稀简"栽培和"短季棉晚春播"栽培两套简化栽培技术（李维江等，2000，2005；董合忠等，2007）。前者选用高产早熟的抗虫杂交棉一代种，采用营养钵育苗移栽或地膜覆盖点播，降低杂交棉的种植密度，减少用种量，降低用种成本，充分发挥杂交棉个体生长优势；应用化学除草剂定向防除杂草，采用植物生长调节剂简化修棉或免整枝，减少用工，提高植棉效益，达到高产、优质、高效的目标，重点在鲁西南棉区推广。后者选用短季棉品种，晚春播种，提高种植密度，以群体拿产量，正常条件下可以达到每公顷 1125 kg 以上的皮棉产量，主要在旱地和盐碱地及水浇条件较差的地区推广（Dong et al.，2010）。2005 年以后国内对省工省力棉花简化栽培技术更加注重，取得了一系列研究进展，包括轻简育苗代替营养钵育苗、杂交棉稀植免整枝代替常规棉精细整枝、缓控释肥代替多次施用速效肥等，特别是对于农业机械的研制和应用更加重视。但限于当时的条件和意识，对棉花轻简化栽培的含义和内容并不清晰。

2007 年，中国农业科学院棉花研究所牵头实施了公益性行业（农业）科研专项"棉花简化种植节本增效生产技术研究与应用"（3-5），开始组织全国范围内的科研力量研究棉花简化栽培技术及相关装备。时任项目负责人的毛树春研究员指出，该项目是关系棉花种植技术重大突破的系统工程，主要在棉花栽培方式、栽植密度、适宜栽植的品种类型、科学施肥、控制三丝污染等方面实现突破。这些长期存在的问题靠地方、企业和棉农都是无力解决的，必须公益立项、联合攻关，通过多点、多次的连续试验，把各个环节的机制说清楚搞明白，在此基础上形成创新技术并应用，逐步促成棉花种植技术的重大变革。在2009 年的项目总结会上，项目主持人喻树迅院士认为，当前我国棉花生产正面临着从传统劳累型植棉向快乐科技型植棉的重大转折机遇。在完成了棉花品种革命——从传统品种到转基因抗虫棉、再到杂交抗虫棉的普及阶段，今后亟待攻克的将是如何让劳累烦琐的棉花栽培管理简化轻松，变成符合现代农业理念的"傻瓜技术"，使棉农从繁重的体力劳动中解脱出来，在体验"快乐植棉"中实现高效增收。今后要强化"快乐植棉"理念，将各自的技术创新有机合成，形成具有核心推广价值的普适性植棉技术。在公益性行业（农业）科研专项开始执行后不久，国家棉花产业技术体系成立，棉花高产简化栽培技术被列为体系的重要研究内容，多个岗位科学家和试验站开展了相关研究。2011 年 9 月在湖南农业大学召开的"全国棉花高产高效轻简化栽培研讨会"上，官春云院士提出了"作物轻简化生产"的概念，喻树迅院士正式提出了"快乐植棉"的理念，毛树春和陈金湘提出了"轻简育苗"的概念。受以上专家报告的启发，结合我们在山东多年的探索和实践，经与国内多位同行专家讨论，特别是 2015 年 12 月 6 日山东棉花研究中心邀请华中农业大学、安徽农业科学院棉花研究所、河南省农业科学院经济作物研究所、新疆农业科学院经济作物研究所等单位的相关专家，在济南市召开了棉花轻简化论坛，进一步明确了棉花轻简化栽培的概念，也同时确定了棉花轻简化栽培的内涵和技术途径。

（二）棉花轻简化栽培的概念和内涵

1. 棉花轻简化栽培的概念

棉花轻简化栽培是指采用现代农业装备代替人工作业，减轻劳动强度，简化种植管理，减少田间作业次数，农机农艺融合，实现棉花生产轻便简捷、节本增效的栽培技术体系。广义而言，棉花轻简化栽培是以科技为支撑、以政策为保障、以市场为先导的规模化、机械化、轻简化和集约化棉花生产方式与技术的统称，是与以手工劳动为主的传统精耕细作相对的概念（董合忠，2011）。棉花轻简化栽培首先是观念上的，它体现在栽培管理的每一个环节、每一道工序之上；同时也是相对的、建立在现有水平之上的，其内涵和标准在不同时期有不同的约定；基于此，轻简化栽培还是动态的、发展的，其具体的管理措施、物质装备、保障技术等都在不断提升、完善和发展之中。轻简化栽培是精耕细作栽培的精简、优化、提升，绝不是粗放管理的回归。

2. 棉花轻简化栽培的内涵

棉花轻简化栽培具有丰富的内涵。"轻"是以农业机械为主的物质装备代替人工，减轻劳动强度；"简"是减少作业环节和次数，简化种植管理；"化"则是农机与农艺融合、技术与物质装备融合、良种良法配套的过程。轻简化栽培必须遵循"既要技术简化，又要高产、优质，还要对环境友好"的原则。技术的简化必须与科学化、规范化、标准化结合。轻简化栽培不是粗放栽培，粗放的、不科学的简化栽培，与高产背道而驰，绝不是棉花轻简化栽培的目标。轻简化栽培是对技术进行精简优化，用机械代替人工，用物质装备予以保障，以此解决技术简化与高产的矛盾。凌启鸿（2010）指出，必须以"适宜的最少作业次数，在最适宜的生育时期，用最适宜的物化技术数量"来保证作物既高产、优质，又省工、节约资源、减少污染，达到"高产、优质、高效、生态、安全"的综合目标。

3. 轻简化栽培的途径

尽可能使用机械，用机械代替人工；尽可能简化管理、减少工序，减少用工投入；努力提高社会化服务水平，提高植棉的规模化、标准化是实现棉花轻简化栽培的根本途径。

4. 轻简化栽培的核心

需要指出的是，精量播种是轻简化栽培的核心。棉花机械化的前提是标准化种植，而标准化种植的基础则是精量播种，棉花种、管、收各个环节的简化都依赖于精量播种，而农机与农艺融合也是从精量播种开始的。精量播种是棉花轻简化栽培的核心，至关重要。

三、棉花轻简化栽培技术措施

耕作制度优化和栽培技术简化是棉花轻简化生产的基础，机械化则是棉花轻简化生产的保障。根据研究和实践，机械精量播种或轻简育苗移栽，利用缓控释肥减少施肥次数，合理密植与化学调控结合简化整枝并实现集中成铃、集中收花，节水灌溉与水肥一体化等是实现棉花轻简化栽培的主要技术措施（董合忠，2013a）。

（一）机械代替人工作业

棉花生产机械化包括机械整地、机械铺膜播种、机械植保、机械中耕施肥、机械收获、机械拔柴和秸秆还田，以及种子加工机械化等内容。在目前条件下，核心内容是播种、中耕追肥、植保和收获等环节的机械化（陈发等，2008；代建龙等，2013；张佳喜等，2012；朱德文等，2008）。

1. 机械化整地

采用机械把整地、施肥、喷除草剂一体化作业，省工省时节本。例如，新疆生产建设兵团用旋耕机器翻地和耙地，先进的旋耕机翻和耙耱没有脊、沟，高差不超过 3 cm，地平土细，大大提高了整地水平，也方便了灌溉，为精量播种减免间定苗打下了基础（张佳喜等，2012）。

2. 机械精量播种

新疆生产建设兵团采用大型精量播种机播种，实现了播种、施肥、施除草剂、铺设滴灌管和地膜等多道程序的联合作业，一次完成，大大简化了播种程序（陈学庚和胡斌，2010）。

3. 机械化植保

当前，各类机引（挂）式喷药机械在新疆和华北棉田应用。新疆生产建设兵团还采用农用飞机或无人机喷洒农药和脱叶剂，具有快速、及时、均匀、效率高和不损伤农作物、不受地形条件限制等特点，提高了防效，节省了人工。

为实现棉田种植和管理主要环节的机械化，要重视以下几个方面的工作。

一是规模化种植。虽然我国内地棉花规模化种植发展缓慢，但在主要产棉区已经有了很大发展，户均植棉面积越来越大是其主要体现。据毛树春（2010）统计，1996 年种植面积 3.3 hm^2 以上的农户比例为 1.9%。进入 21 世纪，随着农村劳动力转移和耕地的流转，植棉规模进一步扩大。2003～2007 年植棉 3.3 hm^2 以上的农户比例提高到了6.2%～9.6%；2008～2009 年又提高到了 11.9%～12.4%。今后要进一步加大扶持、引导力度，积极稳妥地推进土地的合理流转，加快培育家庭农场、种植大户、农民专业合作社等规模经营主体，通过相对集中、成方连片种植来推进规模化植棉。

二是组织化服务。规模化农业还要求规模化的技术和服务支持体系予以支持。大户农业、合作社农业、家庭农场等规模农业生产经营对轻简化生产技术和信息化服务的要求更加迫切。组织化服务是实现种管机械化的重要保证，规模化种植是组织化服务的基础。组织化服务的形式可以根据各地的实际情况因地制宜、多种多样，包括成立合作社、服务队、农民协会等。

三是提高机械装备水平。我国自 2004 年开始对农机购置进行补贴，2004～2012 年连续 9 年共补贴 744.7 亿元，成效极为显著，农业耕种收综合机械化水平从 2003 年的32.5%提高到 2012 年的 57%，净增 24.5 个百分点。要充分利用好国家对于机械装备的补贴政策，提高农机装备水平，特别是播种、植保、收获机的水平，做到省工、高效、低耗（毛树春，2012，2013，2014）。

（二）除草剂代替人工除草

棉花草害比较严重，过去主要通过中耕除草来解决，费工费时。据蒋建勋等（2015）

对河北省、山东省、天津市共 6 个地点前期、中期采取不同除草措施的棉田杂草进行调查，发现播前使用过二甲戊灵的覆膜棉田，月底行间（不包括膜下）有阔叶类杂草 10 科 16 种，占杂草总株数的 96% 左右，有禾本科杂草 5 种。2014 年所有杂草的田间密度自 5 月底至 6 月底增长较快，之后部分阔叶类杂草和禾本科杂草缓慢增长，8 月底以后保持稳定；另一部分阔叶类杂草 6 月底后即不再增长，至 8 月底或 9 月中旬后快速下降；7 月底揭膜后杂草密度不再明显增加。前期和中期采取过除草措施的棉田，后期发生数量大的普遍恶性杂草，包括绕藤类的裂叶牵牛和亚灌木状的龙葵、苘麻、藜和反枝苋等，区域性恶性杂草有攀缘类的广布野豌豆和亚灌木状的苍耳。在播前使用过二甲戊灵的覆膜棉田中，不同种类杂草的消长动态有异。但 7 月底揭膜后大部分杂草的密度未出现明显增加，提示播前二甲戊灵混土和覆膜的复合除草效果较好。

采用除草剂控制棉田杂草是一条有效途径（刘生荣等，2003）（图IV-6，7，8）。根据试验，灵活选用二甲戊灵、草甘膦、棉农乐（高效吡氟甲禾灵十三氟）、嘧草硫醚、百草枯和乙氧氟草醚，以及氟乐灵、乙草胺等除草剂，都有较好的防治效果。一熟春棉以播种前混土和播种后盖膜前于地表各喷洒一次除草剂的效果比较好。为了减少用工和提高效率，可以把整地、施肥和喷施除草剂一体化作业。具体做法是，棉田整平后，每公顷用 48% 氟乐灵乳油 1500～1600 mL，兑水 600～700 L，在地表均匀喷洒，然后通过耢地或耙耱混土。播种后，每公顷再用 50% 乙草胺乳油 1050～1500 mL，兑水 400～700 L，或 60% 丁草胺乳油 1500～2000 mL，兑水 600～700 L，均匀喷洒，然后盖膜，可有效防治多年生和一年生杂草。土壤墒情越好，药效越好。

当前在施用除草剂除草过程中经常出现除草剂使用技术不当，药害频繁发生等问题。除草剂的品种日新月异，其特性和用途千差万别，农民对日益增多的除草剂性能和使用方法都不甚了解，再加上农民的施药技术手段落后，导致生产中因选错除草剂品种、除草剂使用剂量过高、盲目混用农药、施用时期和方法不当、长残留除草剂大量应用、随意使用喷雾器及喷雾器清洗不干净等，而对作物造成药害的事件频繁发生，轻者减产，重者绝收，已严重影响了我国的农业生产。例如，棉花苗后用草甘膦、百草枯作行间定向喷雾时，如果没有安装保护罩，或者喷头过高，药液往往会飘移到棉花上而产生药害；使用过除草剂的喷雾器未清洗干净，再次使用杀虫剂后易造成药害；在棉花幼苗期，相邻玉米地喷施 2,4-D 丁酯、二甲四氯钠、使它隆、莠去津等内吸传导型或挥发性较强除草剂时，若药剂飘落到棉田，可导致棉株叶柄卷曲畸形，棉花嫩叶和新生叶皱缩变小，呈鸡爪状，甚至呈现柳条形，若浓度过大，最终可导致棉株枯萎死亡。药害的发生对棉花安全生产和可持续发展带来了潜在的隐患。因此要研究各种农事操作活动与棉田杂草发生消长的关系，提出针对不同地区的合理耕作方式和有效的农业栽培措施，发展合理密植、优化水肥、秸秆覆盖、异株相克等生态调控措施；研究确定杂草的主要天敌、拮抗微生物种类及其实际控害能力，发展高效、环境友好的生物除草技术；运用生态农业的观点研究包括棉田草害生态调控技术、生物除草技术和化学除草技术在内的棉田杂草综合防除技术。

（三）合理密植、简化整枝

叶枝利用是 20 世纪 90 年代棉花简化栽培研究的热点。传统经验认为，棉花叶枝消耗养分，造成田间荫蔽，影响通风透光，导致烂桃多，纤维品质差，所以国内棉花生产管理一般均采取以去叶枝（营养枝）为主的整枝措施。但在化学调控技术和转 *Bt* 基因抗虫棉推广后，多数研究和实践表明，留叶枝一般不会减产，在密度过低、播种过晚等特殊情况下保留叶枝还有一定的增产效果。保留叶枝具有贡献部分经济产量、供应根系部分同化物、节省用工等正面效应，但也存在营养枝与果枝、主茎竞争无机养分，影响主茎、果枝生长发育，不利于棉田农艺操作等负面效应。当正面效应足以抵消负面效应时，表现为平产或增产，反之则减产、减效。保留营养枝所致正负效应的大小可以通过农艺措施调节，在配套措施的保证下，保留、利用棉花营养枝是可行的（董合忠等，2003b，2010）。

尽管在配套措施的保证下，留叶枝对棉花产量的形成没有显著不利影响。但是，对于纤维品质、农事操作和籽棉采收都会带来不便。据中国农业科学院棉花研究所（2013）报道，叶枝铃比果枝铃的纤维整体度下降 1.5～0.7 个百分点，长度和比强度也有所下降，表明留叶枝降低了棉花纤维品质。基于此，控制或利用叶枝仍是棉花简化栽培的主要内容。基于前人研究和我们的研究与实践，简化整枝可以通过以下 3 条途径来实现（董合忠，2013b）（图版Ⅰ）。

1. 低密度条件下的留叶枝栽培

棉花固有的生物学特性决定了低密度条件下棉花会长出发达的叶枝，叶枝可间接结铃，贡献经济产量。在密度为 1.5 万～3.0 万株/hm^2 时，叶枝结铃形成的产量占整株产量的比例可达 40%～50%。通过稀植大棵留叶枝，充分利用叶枝"中前期增源、中后期扩库"能力（董合忠等，2007），是当前长江流域棉区简化栽培的主要途径，这一途径还将会在今后一段时期内继续沿用（图版Ⅳ-9）。选择合适的品种和适增密度虽然有一定的增产效果，但潜力不大。

2. 高密度条件下的免整枝栽培

密度提高到 7.5 万～9.0 万株/hm^2，叶枝会很弱，加之化控的协助，叶枝基本不形成产量，完全可以减免整枝（图版Ⅳ-9）。这一途径是世界各国，特别是发达植棉国家普遍采用的栽培模式，也是发展机采棉的必然要求。配合机采棉技术发展的需要，在内地棉区培育高密度栽培品种和探讨其综合技术，是今后棉花科技领域重要的研究内容。

3. 中密度条件下的粗整枝栽培

中等密度条件下叶枝也较为发达，虽然大量试验证实留叶枝一般不会减产，但不便于棉田的机械化管理。因此，当前情况下中等密度棉田宜采用粗整枝。所谓粗整枝就是在大部分棉株出现 1～2 个果枝时，将第 1 果枝以下的营养枝和主茎叶全部去掉，一撸到底，俗称"撸裤腿"，此法操作简便、快速，比精细整枝用工少、效率高（图版Ⅰ）。"撸裤腿"后一周内棉株长势会受到一定影响，但根据试验，"撸裤腿"不仅不会降低产量，还能抑制赘芽发生，值得提倡（董合忠，2013b）。

打顶可改善群体光照条件，调节植株体内养分分配方向，控制顶端生长优势，使养分向果枝方向输送，增加中下部内围铃和铃重，增加霜前花量。按照"时到不等枝，枝到看长势"的原则,于 7 月 20 日前后打顶,以后不再整枝,即可减免去疯杈、赘芽、老叶、空枝等措施(图版Ⅰ)。

(四)减少中耕、简化施肥

1. 减少中耕次数

根据劳力和机械情况,一般棉田中耕次数可由目前的 6~8 次减少到 2 次左右,分别在定苗前后和蕾期进行,也可根据当年降雨、杂草生长情况对中耕时间和中耕次数进行调整。但是,6 月中下旬盛蕾期前后的中耕最为重要,不能减免。另外,可视土壤墒情和降雨情况将中耕、除草、施肥、破膜和培土合并进行,一次完成。

2. 简化施肥

棉花的生育期长、需肥量大,采用传统速效肥一次施下,会造成肥料流失,利用率降低;多次施肥虽然能提高肥料利用率,但费工费时。从简化施肥来看,速效肥与缓控释肥配合施用是棉花生产与简化管理的新技术方向。对于滨海盐碱地,更应提倡施用缓控释肥,以提高肥料利用率,降低成本。

(五)精量播种减免间苗、定苗

我国棉田机耕、机播和机盖(膜)的技术十分成熟,相应的机械也比较配套。这方面,新疆棉区做得很到位,实现了机械化精量和准确定位播种,还实现了播种、施肥、喷除草剂、铺设滴灌管和地膜等多道程序的联合作业。通过精量播种,一穴播 1~2 粒精加工种子,出苗后不疏苗、间苗和定苗,减免了传统的间苗和定苗工序;利用机械在播种时膜上自动打孔和覆土,实现自然出苗,免除了放苗工序。

棉花是自我补偿、自我调节能力非常强的作物,对密度有很宽泛的适应性,对于"一穴多株"也有一定的调节能力,棉花产量在一定的密度范围内不会变化,这为精量播种、减免间苗和定苗提供了理论依据。长江流域棉区通过育苗移栽,自然实现了精量播种及减免间苗和定苗;黄河流域棉区通过精量播种机精播,减免间苗和定苗,完全可以实现 5.0 万~9.0 万株/hm^2 的密度(代建龙等,2014)。

(六)加快实现棉花采收机械化

机采棉是指采用机械装备收获籽棉的现代农业生产方式,涉及品种培育、种植管理、脱叶催熟、机械采收、棉花清理加工等诸多环节,是现代化植棉的重要内容(代建龙等,2013)。美国于 20 世纪 60 年代全面实现机械化采收,70 年代棉花机械化率达到 100%,生产效率大幅度提高。按生产 1 t 皮棉所需的人工工时计算,1950 年为 640 个,1970 年减少到 110 个,1990 年减少到仅 1 个。1990 年,全美棉花农场雇工费用仅 108.2 美元/hm^2。据国家统计局统计,2013 年我国每生产 50 kg 皮棉所用工时 11 个,即每吨皮棉所用工时 222 个,当今我国棉花生产效率约相当于美国 20 世纪 60 年代初期水平,落后 55 年。多年来,在新疆生产建设兵团的推动下,我国西北内陆棉区的机械化采收得到了长足发展(张佳喜等,2012);内地起步较晚,2011 年前后才开始试验示范机采棉,目前已引起广泛重视,在多地试验成功,山东已经有一定规模的机采棉种植和采收。

1. 机采棉发展现状

近年来，新疆机采棉面积不断扩大，2014 年全疆机采棉面积约 67 万 hm^2，约占新疆棉花播种总面积 272 万 hm^2 的 24.6%。其中，新疆生产建设兵团机采棉面积占新疆总机采棉面积的 60%左右，地方占 40%左右。分区域来看，北疆机采棉面积 53 万 hm^2，占北疆棉田面积的 70%，以兵团为主，但地方增长很快；南疆机采棉面积 13 万 hm^2，其中 60%的面积在兵团，地方正在积极示范推广。

2014 年，内地机采棉试验示范如火如荼，种植模式约 1.3 万 hm^2 以上，其中山东 0.7 万 hm^2，河北、山西、江苏、河南及内蒙古等也有一定的示范面积，各地召开机采棉观摩会 10 多场次，观摩人数 2000 人次。2015 年又有新的增长，辽宁、湖北等地也召开了机采棉现场会。

据统计，2014 年全疆新增采棉机 120 台，总量达到 1820 台，增长 7.1%。新增加工生产线 40 条，总保有量 330 条，增长 13.8%。内地新增采棉机 5 台，总量达到 13 台，机采棉清花生产线有 3 条（毛树春，2014）。

2. 新疆机采棉质量问题

棉花质量关系到棉花产品的最终用户——棉纺织业的需求、效益和国际竞争力，原棉质量好坏应由终端产品——棉纺织产品来评价。

近几年在临时收储政策的支撑下，新疆机采棉发展加快，产业界对新疆机采棉质量一直存在争议。2014 年 2~3 月，中国棉纺织行业协会组织 10 个调研组进行了专门调研，并与进口美国产原棉（简称美棉）、澳大利亚产原棉（简称澳棉）的质量进行了全面比较，发现新疆机采棉质量与美棉和澳棉在多个指标上存在差距。

（1）一致性差、含杂率高、异型纤维多、短绒率高、绒长短等问题突出

与美棉、澳棉相比，新疆机采棉含杂率多在 2%左右，杂质粒数多，杂质面积是澳棉、美棉的 150%以上。多数棉纺织企业反映，新疆机采棉的前纺落棉率远高于美棉，个别企业高达 10%，而美棉的落棉率仅在 5%左右。新疆机采棉成纱品质差，表现为棉结、索丝粒数过多，大部分 350~450 粒/g，对纱布品质负面影响很大。

（2）"三丝"问题十分突出

新疆一直采取地膜覆盖栽培，导致机采籽棉的废地膜及其碎片很多，总体异纤含量远高于美棉和澳棉；短绒率要远高于澳棉和美棉，多在 16%以上，且新疆机采棉的长度较短，多在 27 mm 左右，整齐度不够，单纤维强力低，影响中高支纱质量，企业配棉成本较高。

（3）轧花加工质量问题也很突出

新疆机采棉的轧花加工工艺及管理不当，使得棉结、杂质、带纤维籽屑、软籽皮的数量增多而变小，疵点是手采棉的 5 倍以上。许多疵点都以带纤维籽屑的形式出现，疵点小、重量轻，在清棉工序过程中很难被清除，在纺纱过程中很容易随纤维而转移到下一工序，加重了梳棉工序开松、除杂、梳理的负担。特别是棉结、短粗节较多，而且这些疵点在纺纱过程中很难被消除，既增加了纺纱生产成本，又使成纱棉结未得到明显的改善。

3. 提高新疆机采棉质量的建议

棉花科研、生产、收购、加工、检验各环节都要为提高机采棉质量、竞争力作出新的贡献，各环节要把原棉质量放在第一位。

一是培育适合机采的优质棉花品种。要注重棉花品种的内在质量，进一步提高棉纤维的长度、马克隆值和比强度等内在品质，弥补国产机采棉与澳棉、美棉的质量指标差异，填补纺织行业对优质原料的市场空缺。根据现有研究和实践，机采棉花遗传品质一般要求绒长达到 30 mm 以上，比强度达到 30 cN/tex 以上，早熟性好，成熟度好。生产采用主体当家品种，减少多乱杂种植，是提升纤维一致性水平的重要保障措施。

二是在种植和田间管理环节要严控"三丝"的污染。采用更加耐用的地膜和揭净田间地膜，加强对棉田废旧地膜回收和收后加工管理，搞一场棉田清洁运动，要千方百计防止采摘时吸入和带入籽棉；在采收管理上如除叶剂喷洒、收摘机械式工艺需研究改进，进一步降低棉杂含量。

三是适当减少机采棉清花次数。棉花清理（清花）是降低纤维品质的重要环节，清理次数越多，越影响纤维品质。因此，机采棉要缩短籽棉的加工流程，防止疵点增多变小，减轻开松、除杂、梳理的压力。目前，轧花厂为了获得更好的棉花外观效果，一般进行 3～4 道皮清处理，虽然皮棉外观改善了，但过度加工对纤维造成了损伤，导致棉结增加、纤维断裂、短绒增加，降低了皮棉品质。同时将一些很容易在棉纺清花工序去除的大杂打碎，变成纺织厂难以去除的小杂。建议加工时对机采棉减少皮清，这样棉花既得到了清理，也不会对纤维造成过度损伤。还应鼓励机采棉加工企业加强地膜的挑拣，加强类似有害杂物"三丝"管理分档分级工作。同时，要严格分清头道和二道籽棉，避免将不同成熟度的棉花进行混淆加工，造成整体质量下降。

四是提升机采棉的市场认可度。许多企业认为机采棉是未来趋势，也在积极尝试使用，但由于质量不尽如人意、生产成本上升及影响产品质量等，多数企业在尝试后就放弃继续使用或控制使用量。从机采棉与手摘棉的价格对比看，国产机采棉低于手摘棉1000 元/t 左右。中国棉纺织业行业协会调查结果表明，棉纺织企业对质量差的机采棉可接受的价差为 1000～1500 元/t，对于优质的机采棉可接受的价差为 400～500 元/t。实际上，如果机采棉的质量好，纺企对价差问题就不敏感。因此，棉纺织企业热切期望新疆机采棉质量能够迅速提升，逐步接近美棉、澳棉等进口棉的质量水平。

4. 大力发展机采棉

近年来，新疆机采棉发展很快，但棉花品质问题是新疆机采棉的重要障碍。因此新疆机采棉要把提高质量放在首要位置，采取一系列措施提高遗传品质、生产品质和加工品质，推动机采棉的进一步发展。

内地棉区机采棉的发展要因地制宜、循序渐进，一是加强组织领导，推进农机农艺相融合；二是加快机采棉装备与技术研发，示范推广力度，扩大推广范围；三是制定机采棉相关技术标准与收购质量标准。

第三节　棉花轻简化栽培的理论基础

棉花原是多年生植物，经长期种植驯化，演变成一年生植物，因此，它既有一年生植物生长发育的普遍规律，又保留了多年生植物无限生长的习性。棉花原产于热带、亚热带地区，随着人类文明的发展逐渐北移到温带，因此，具有喜温、好光的特性。棉花的地理分布范围广，所处气候条件复杂多变，它又具有很强的抗旱、耐盐能力和环境适应性，对不同种植密度和一穴多株也有较强的适应性。不同于子叶留土的蚕豆和绿豆及子叶半出土的花生，棉花的两片子叶完全出土并展开才完成出苗，子叶全出土也是棉花的重要生物学特性（董合忠，2013a）。认识棉花的生物学特性和栽培特性，并充分利用这些特性指导棉花栽培管理，是实现棉花轻简化生产和高产优质高效的理论基础及技术保障。

一、子叶全出土特性

双子叶植物在发芽出苗过程中，有些植物子叶出土，有些植物不出土，还有些植物受播种深度的影响可以出土也可以不出土。棉花是子叶全出土植物，对播种技术和播种条件的要求较高。

（一）棉花种子萌发出苗过程和条件要求

棉籽萌发经历吸涨、萌动和发芽 3 个既相对独立又相互交叉的阶段，胚根顶端伸出种皮（露白），随即种子萌发。种子露白后，胚根细胞继续分裂，加速伸长并扎入土壤。胚根入土后，其生长速度随发芽进程而加速，一般平均每天伸长 4 cm 左右。与此同时，下胚轴也迅速伸长，并受地心引力的影响弯曲成"弯钩"状，"弯钩"部分向上生长，逐渐接近地表，随后"弯钩"开始伸直，并把子叶顶出土，之后子叶展开，即为出苗。

种子萌发需要具备内在和外在两个基本条件。内在条件就是种子本身要结构完整，有生活力。外在条件就是要有充足的水分、氧气和合适的温度。无论是内在因素还是外在因素的改变，都会影响种子的萌发和出苗成苗。

1. 水分

种子萌发经历的第一个阶段就是吸涨，因此水分是种子萌发最基本的条件，是启动因子。吸涨阶段所需要的水分，浸过种的主要来自播种前的水浸处理，不足部分来自土壤；干籽直接播种时，水分完全来自土壤。棉花种子萌发需水量较多，远远高于禾谷类作物。棉籽外有坚硬的种壳，吸水速度慢，需要的时间也比禾谷类作物长。

2. 温度

棉籽萌发需要的第二个基本条件就是温度。因为只有在一定的温度条件下，种子内的一系列代谢活动方能进行，种子才会萌发。种子萌发对温度的要求既严格，又多样：种子萌动对温度的反应有 3 个基点，即最低临界温度、最高临界温度和最适温度。在恒温条件下，种子萌发的最低临界温度为 10.5～12℃，最高临界温度为 40～45℃。在临界温度范围之内，温度越高，发芽越快；在临界温度范围之外，即使其他萌发条件具备，种子也不能萌发。种子萌发的最适温度为28～30℃。

3. 氧气

氧气是棉籽萌发的第三个基本条件，原因在于棉籽萌发过程所需要的能量是由有氧呼吸作用提供的。虽然，吸涨阶段不需要氧气，但后续的萌动和发芽阶段对氧气依赖性越来越高。而且由于棉籽含有大量的脂肪，与禾本科作物相比，萌发需要的氧气多。

种子萌发过程是决定能否出苗、成苗和壮苗的关键阶段。水分、温度、氧气等对这一过程有显著的影响。3个因素都是必需的，无主次之分。但是，在大田条件下，由于环境条件的不可控性，常常会出现其中1～2种因素成为限制因子的情况，这时的限制因子应当是萌发成苗的主要矛盾。例如，黄河流域棉区早春播种时，低温是萌发成苗的主要限制因子，到5月夏棉播种时，温度已经升高，不是主要矛盾，但土壤墒情又会成为主要矛盾。萌发过程中水分、温度、氧气3个因素不是独立的，而是相互影响、互为因果。棉籽播种后，降雨或浇水虽能满足种子萌发的水分需要，但往往会降低土壤温度，反而不利于萌发出苗；在临界温度范围内，温度越高，越有利于种子吸水；土壤水分过多，会影响土壤的通气性，造成种子缺氧，对萌发不利，此时温度越高，越容易出现烂种；若播种过深，地面板结，则氧气不足，出苗困难，根茎卷曲呈黄褐色，同样会影响发芽出苗；若播种过浅，发芽过程中水分不足，常会造成带壳出苗或根芽干枯，从而降低发芽率。由此可见，大田条件下要使每种因素都达到最佳水平是不可能的，但通过整地、造墒、调节播期、地膜覆盖、种子处理等措施，可以把3种因素协调到一个合理的组合状态，以利于种子萌发出苗。影响种子萌发出苗的外在因素很多，除了水分、温度、氧气外，其他因素都是通过影响这3个基本因素而间接发生作用的。例如，脱短绒的处理，提高了种皮的通透性，种子吸水快，萌发出苗需要的时间短。整地、造墒、调节播期、地膜覆盖等措施也都是为了调节土壤中的水分、温度和氧气。

（二）不同作物子叶出土程度比较

一播全苗、苗全苗匀、壮苗早发是实现棉花丰产的基础环节，但生产中往往会在该环节出现失误，造成损失。出现失误的原因很多，但一个重要的原因在于棉花属子叶全出土类型。

在双子叶植物中，蚕豆、豌豆等属于子叶留土类型（图1-1）。蚕豆种子萌发时，胚根先突出种皮，向下生长，形成主根，由于上胚轴的伸长，胚芽不久就被推出土面，而下胚轴的伸长不大，所以子叶不会被推出土面，而始终埋在土里。

花生则属于子叶半出土类型，花生种子萌发出苗时，胚轴将子叶推至土表见到阳光时便停止伸长，因此两片子叶一般不出土；但播种浅、土壤疏松或阴天条件下，两片子叶也可出土。

棉花属于子叶全出土作物，出苗难，对种子质量、环境条件和播种技术要求严格。播种过深，子叶不能出土，难以出苗成苗；播种过浅，则子叶带着种壳出苗，难以形成正常棉苗。

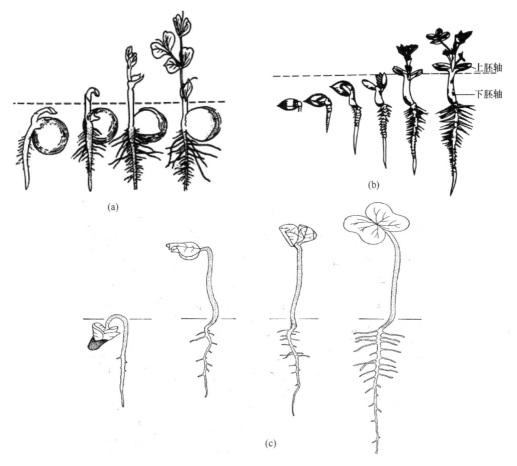

图 1-1　双子叶植物子叶出土类型

（a）豌豆，子叶留土；（b）花生，子叶半出土；（c）棉花，子叶全出土

（三）棉花精量播种的理论基础

　　基于棉花子叶全出土的生物学特性，传统观点认为，一穴多粒或者加大播种量有利于棉花出苗、保苗。实际上这种传统认识是对棉花生物学特性的有限认识，在过去棉花种子加工质量和整地质量都比较差、且不采用地膜覆盖的条件下而形成的片面认识。实际上，棉花种子子叶全出土特性并不影响棉花精量播种，反而有利于精量播种。试验和实践证明，在精细整地和地膜覆盖的保证下，棉花精量播种实现一播全苗壮苗是完全可以做到的（图Ⅳ-4，5）。

　　山东棉花研究中心研究表明，地膜覆盖条件下单粒精播与多粒播种（10 粒）的田间出苗率没有显著差异。但多粒播种棉苗的带壳出土率为 16.5%，单粒精播棉苗的带壳出土率为 1.4%，说明多粒播种棉苗的带壳出土率显著高于单粒精播。棉苗 2 片真叶展开时，调查棉苗发病率、棉苗高度和下胚轴直径发现，单粒精播棉苗的发病率为 13.5%，多粒播种棉苗的发病率为 21.23%，多粒播种棉苗的发病率显著高于单粒精播。单粒精播棉苗的高度比多粒播种棉苗低 35.6%，但单粒精播棉苗的下胚轴直径比多粒播种棉苗粗 29.3%，说明单粒精播易形成壮苗。

　　进一步分析发现，单粒播种棉苗出土时促进弯钩形成的关键基因 *HLS1*（hookless1,

COP3）和 *COP1* 表达上升，而抑制弯钩形成、促进下胚轴生长的 *LAF1*（long after far-red light 1）、*HY5*（long hypocotyl 5）和 *ARF2*（auxin responses factor 2）基因表达降低，使棉苗顶端形成弯钩，保护其子叶和顶端分生组织在出土时免受机械损伤，以最小的受力面积逐渐推进到土面，然后弯钩伸直，棉壳留在土中，两片子叶顶出土面并展开，完成出苗过程。多粒播种棉苗出土时，发芽棉苗较多，顶土力量过大，容易使棉苗上部土层提前裂开，使光线从裂缝照射到正在发芽的棉苗，导致 *HLS1* 和 *COP1* 基因表达下降，*LAF1*、*HY5* 和 *ARF2* 基因表达上升，使一些棉苗在还未完全出土时顶端弯钩伸直，不利于脱掉棉壳。同时，棉苗出土后，由于多粒播种棉苗密度过大，*HY5* 和 *ARF2* 基因表达量高于单粒精播棉苗，导致多粒播种棉苗纵向生长加快，但横向生长减慢。最终，导致多粒播种棉苗的健壮程度低于单粒精播。可见，单粒播种后每粒种子个体有独立的空间，互相影响小，与多粒播种相比，苗病反而轻，保苗能力增强，易形成壮苗。这些特性为精量播种减免间苗和定苗提供了坚实的理论依据。

（四）基于子叶全出土特性的一播全苗技术

基于棉花子叶全出土的特性，要重视棉花播种出苗环节。实现一播全苗壮苗的主要措施：一是平整土地，播种前 20～30 d 灌水造墒；二是播种前 10～15 d 晒种 2～3 d，为防止混杂，可装在尼龙袋里晒，植棉大户还要做好发芽试验；三是采用地膜覆盖或营养钵育苗移栽等措施，促进棉花出苗和成苗；四是适时播种并掌握好播种深度，苗床播种要盖土 2.5 cm，大田播种深度 2.5～3 cm，中、重度盐碱地还要适当加大播种量；五是采用播种机播种，以保持统一的播种深度和播种均匀度。

总之，棉花是大粒种子，本身有利于单粒精量点播；在保证精细整地和种子质量的前提下，单粒精播条件下的下胚轴更易形成弯钩顶土而出并脱掉种壳，顶土出苗并不因单粒种子"个体"而弱化；单粒播种后每粒种子个体有独立的空间，互相影响小，与多粒播种相比，苗壮、病轻，保苗能力增强。认识子叶全出土特性，要求我们既要重视棉花播种环节，把工作做细，技术到位，又要增加依靠精量播种实现一播全苗的信心。

二、适应能力强

棉花是一种适应能力超强的大田作物。棉花的种植区域广，从海拔 1000 多米的高地，到低于海平面的洼地均有种植。棉花种植对土壤类型没有特殊要求，黄壤、红壤和中度、轻度盐碱地均可种植，对不适合种植粮食和蔬菜作物的旱、薄、盐碱地也有一定的适应能力。棉花既适合纯作，也适合套种、间作、轮作，是我国作物种植体系的重要组成部分。除此之外，棉花的株型可塑性强，对密度和一穴多株都有较好的适应性，为实行轻简化种植提供了保障。

（一）棉花株型的可塑性

棉花的株型具有较强的可塑性，棉株的大小、高低和个体、群体的长势、长相等，都可因环境条件和栽培措施而变化，这不仅给不同条件下创造高产提供了可能，也为精量播种、简化栽培提供了保障。例如，在肥水条件差、无霜期较短的地区，可采用早熟品种，通过小株、密植、早打顶的增产途径，充分发挥群体的增产潜力，这种"密矮早"的栽培方式，不仅高产，还便于实行机械化采收，是简化栽培的重要途径；在肥水条件较好的地区，采用稀植、大株，充分发挥个体的增产潜力，不仅同样可夺取高产，而且可以节省用种、减免整枝，保留利用营养枝。棉花还有明显的自动调节能力，表现在棉株结铃上，一般座桃早、前期结铃多的，易于早衰，使后期不易结铃；前期脱落多的棉田，只要加强管理，可以增结后期伏桃和秋桃。这些都为轻简化栽培提供了依据。

（二）对密度和一穴多株的适应能力

合理密植是一项经济有效的增产技术，是提高棉花光能利用率的主要途径之一。在采用特定品种及相应栽培措施的配合下，合理密植能协调棉株生长发育与环境条件、营养生长与生殖生长、群体与个体的关系，建立一个从苗期到成熟期都较为合理的动态群体结构，达到充分利用光能和地力，生产较多的光合产物和提高经济产量的目标。我国棉花生产中，历来把合理密植，包括行株距合理配置作为重要的增产措施，棉花种植密度随生产品种的演替及关键栽培措施的改进不断变化调整。特别是新疆，20 世纪 80 年代末 90 年代初棉花生产实现了飞跃性发展，棉花单产有较大幅度的提高，其中很重要的原因就是增加了密度，并采取了相应的农业技术措施，形成了符合新疆气候条件的"密、早、矮、膜"综合栽培技术体系。

但是，大量试验研究和生产实践证明，在一定范围内，不同种植密度的棉花产量没有差异。公益性行业（农业）科研专项"棉花简化种植节本增效生产技术研究与应用"（3-5）的研究表明，长江流域棉区最高产量的收获密度为 2.9 万株/hm^2，但密度在 2.25 万～4.5 万株/hm^2 没有显著差异；黄河流域棉区最高产量的收获密度为 6 万株/hm^2，但密度在 3 万～9 万株/hm^2 没有显著差异；西北（新疆）最高产量的收获密度为 20 万株/hm^2，但密度在 13.5 万～24 万株/hm^2 没有显著差异。这充分说明棉花是适应能力比较强的作物，对种植密度有很宽泛的适应性。这种适应性的机制在于，一方面棉花可以通过调整产量构成因素的大小维持棉花产量的相对稳定，在一定范围内随密度升高，铃数增加，但铃重降低；另一方面，棉花可以通过干物质积累和分配生物产量维持棉花产量的相对稳定，在一定范围内，随密度升高，棉花干物质积累增加，生物产量随之增加，但干物质向生殖器官的分配随之减少，经济系数降低，最终产量没有显著变化（Dai et al.，2015）。

另外从大田试验来看，棉花对于部分"1 穴 2 株或 3 株"也有一定的调节适应能力，当"1 穴 2 株或 3 株"所占比例不超过 50%时，棉花不会减产（代建龙等，2014）。

（三）基于超强适应能力的精量播种减免间苗技术

棉花是大粒种子，陆地棉光子的子指（100 粒脱绒种子重）一般为 9～11 g，平均 10 g，即 1 kg 种子有 10 000 粒左右。采用精播机播种，脱绒包衣种子每公顷用种 11～12 kg。齐苗后放苗，以后不再间苗或定苗，可以确保 4.5 万～9 万株/hm^2 的密度，棉花产量与传统播种，精细间苗、定苗相当。

需要注意的是，内地棉花放苗措施不能减免。因为内地 4 月底 5 月初遇降雨的概率很高，如果像新疆一样先盖膜后播种，如遭降雨，则显著影响棉花出苗。

三、无限生长习性

只要环境条件适宜，棉花就会表现出明显的无限生长习性：棉花在生长发育过程中，只要温度、光照等环境条件适宜，就会像多年生植物一样，不断进行纵向和横向生长，不断地生枝、长叶、现蕾、开花、结铃，持续生长发育，生长期也就不断延长。生产上，如何在有限生长季节内，充分发挥棉花无限生长习性的特点，是一个值得重视的问题。

（一）无限生长习性的表现

棉花具有无限生长习性，只要环境条件适宜，棉株就可以不断纵向和横向生长，导致封行时间和封行程度具有很大的随意性。适时、适度封行是改善棉花生态环境、提高抗逆性、实现丰产的重要途径。棉花喜温好光，只有适时、适度封行才能在保证较高通风透光能力，以及不增加蕾铃脱落和烂铃的前提下，充分利用光能和土地资源。棉花自身存在多种矛盾，无限生长习性与有限的生长季节、营养生长与生殖生长重叠等，只有适时、适度封行才能缓解这些矛盾。

（二）基于无限生长习性的株高控制技术

株高控制是棉花栽培的重要内容，更是能否实现轻简化栽培和高产高效的重要手段。只有合理控制棉花株高，才能形成一个合理的全体，保证棉花适时适度封行，进而获得高产。根据多年实验研究和实践，合理的株高主要取决于种植密度，密度越高，株高越低，大致要求如下：密度 3 万～4.5 万株/hm² 时，株高 150～170 cm；密度 4.5 万～6 万株/hm² 时，株高 130～150 cm；密度 7.5 万～9 万株/hm² 时，株高 100～120 cm；密度 10.5 万～12 万株/hm² 时，株高 90～100 cm；密度 15 万株/hm² 以上时，株高 70～90 cm。

控制株高的措施除了选用合理品种外，主要是使用植物生长调节剂（缩节胺）、调控水肥、整枝打顶等。

（三）基于无限生长习性的封行控制技术

根据研究和生产实践，黄河流域棉区棉花适时、适度封行的指标：等行距棉花于 7 月 25～30 日封行；大小行棉花 7 月 20 日左右封小行，8 月 5 日左右封大行。皆达到"下封上不封、中间一条缝"的程度。

控制棉花适时、适度封行的措施：一是合理密植。根据品种类型，选择与当地常规密度大致相当或略高的密度。黄河流域棉区，常规棉宜采用中等密度每公顷留苗 4.5 万～5.25 万株，杂交棉每公顷留苗 3.00 万～3.75 万株；长江流域棉区，常规棉每公顷留苗 3.75 万～4.5 万株，杂交棉每公顷留苗 2.25 万～3.00 万株，短季棉每公顷留苗 7.5 万～9.0 万株。二是根据品种、气候、地力和长势灵活运用缩节胺或其水剂助壮素进行调控。一般棉花化控 3～4 次，第一次在盛蕾期或初花期，每公顷用缩节胺 7.5～15 g；第二次在盛花期，每公顷用 30～45 g；第三、四次在花铃期，每公顷用量 45～60 g。定性和定量相结合，调控叶面积指数：初花期 0.5～0.6、盛花期 2.7～2.9、盛铃期 3.5～4.0、始絮期 2.5～2.7。

四、营养生长和生殖生长并进重叠性

棉花从 2～3 叶期开始花芽分化到停止生长，都是营养生长与生殖生长的并进阶段，约占整个生育期的 80%。如此长的重叠期为协调棉花营养生长和生殖生长的关系带来了很大困难，也显得尤为重要。

（一）营养生长与生殖生长的重叠性及与熟相的关系

棉花苗期生长根、茎和叶，称为营养生长期。从现蕾开始，在形态上即进入生殖生长。从现蕾到吐絮这一时期内，棉花既长根、茎、叶等营养器官，又有现蕾、开花、结铃等生殖器官的发育，为营养生长与生殖生长并进、重叠期。实际在 2～3 片真叶时，已有花芽分化，所以，其并进、重叠期很长，约占整个生育期的 80%。营养生长和生殖生长既相互促进，又相互抑制。营养生长为生殖生长提供必要的物质基础，没有足够的叶面积和营养体"架子"，制造的有机养料不足，会妨碍现蕾、开花和结铃，形成瘦弱株和早衰株。若营养生长过旺，养料主要消耗于长茎、叶和枝，则形成徒长株，满足不了生殖器官发育的需要，大量蕾铃脱落。由于棉花生长期长，常会遇到不良的气候条件，如夏涝、伏旱等，且营养生长与生殖生长并进时间又长，这就决定了棉花栽培管理的技术性很强，必须协调好棉株生育与外界环境条件的关系、营养生长与生殖生长的关系，才能达到桃多、桃大、高产、优质的目的。

与禾本科作物一样，棉花也有早衰、贪青晚熟、正常成熟 3 种熟相，种植转 *Bt* 基因棉花后，棉花早衰问题更加普遍和突出，在盐碱地种植的棉花更容易出现早衰或贪青晚熟的熟相。这些异常的熟相主要是由于棉花营养生长与生殖生长并进、重叠，导致营养生长与生殖生长矛盾大，是库源关系不协调所致。

（二）基于协调棉花营养生长与生殖生长关系的棉花熟相调控技术

熟相是棉株吐絮成熟期的表现，是衰老的表现形式，是基因型与环境互作的结果。熟相有早衰、贪青晚熟和正常成熟之分，选用稳发型棉花品种，合理使用植物生长调节剂，并综合运用农艺栽培措施调控棉株生长发育和衰老，是实现正常熟相，进而提高棉花产量和品质的有效途径（陈义珍和董合忠，2016）。

1. 选用稳发型棉花品种

董合忠在 2005 年就提出了早发型、后发型和稳发型棉花品种的概念。早发型棉花品种出苗好，中前期生长发育快，早发早熟，较耐阴雨，但耐干旱和瘠薄的能力较差，中后期对水肥比较敏感，在水肥供应不足时易早衰；后发型品种出苗势弱，中前期生长发育较慢，后发性强，耐干旱和瘠薄，但在水肥供应过大，特别是阴雨年份容易出现贪青晚熟的熟相；稳发型品种是一类不易早衰、比较早熟的棉花品种，虽然其生育期（出苗到开始吐絮的天数）与另外两种类型基本一样，但生长发育稳健，封行时间适中，开始吐絮时叶面积指数达到最大叶面积指数的 85% 左右，库源关系协调，棉柴比（籽棉质量与晾干后地上部棉柴质量的比值）为 0.8～1，熟相好，早熟抗早衰，3 次收花质量的比例为 3：4：3。在稳发型品种理念的指导下，山东棉花研究中心成功育成了稳发型棉花品种'鲁棉研 28 号',并在生产中得到大面积推广应用(王家宝等,2014)。由此可见,选育熟相好的抗虫棉品种是实现正常成熟、高产优质的有效途径。

2. 合理运用农艺措施

一是土壤深翻或深松。冬前深翻,经过冬季冻融交替,可以疏松土壤,创造良好的棉花根系生长环境,增强棉株的抗旱、抗病和抗逆能力,是延缓棉花早衰的有效措施。前茬作物收获后,秋、冬耕 30 cm 左右,一般每 3 年左右深耕 1 次。盐碱地棉田提倡深松,利用深松机于秋季进行深松,深度 30~40 cm。由于不扰乱地表耕作层,因此减少了土壤水分的蒸发损失;同时,增强了降雨的渗入量,加快了降雨的渗入速度,提高了降雨的利用率。

二是棉花秸秆还田。每年于 11 月中下旬,待棉花拾花完毕,利用还田机械将棉花秸秆还田,既是培肥地力、防止棉花早衰的措施,也是避免棉花秸秆浪费、可持续发展的有效途径(图版Ⅵ-7,8)。

三是合理施肥。土壤肥力高低和肥水运筹情况决定了棉株根系发育的状况,而根系发育的好坏,又取决于棉株地上部的长势、长相。因此,要实现棉花早发、稳长、不早衰,必须结合深耕土地、增施有机肥和适量化肥,使土壤中的有机质含量不断提高,改善土壤理化性状,增强通透性和蓄水性,提高保肥保水能力,为棉花根系发育创造良好的条件。在酌施有机肥和提倡棉花秸秆还田的基础上,一般每公顷中产田(籽棉 3000 kg 左右)施纯 N 225 kg,高产田(籽棉 3750 kg 以上)纯 N 用量增加 10%~20%,低产田(籽棉 2625 kg 以下)纯 N 用量减少 10%~15%。盐碱地磷肥用量增加 15%,钾肥用量减少 10%。提倡一次性使用棉花专用的缓控释肥,在此基础上,中后期采用叶面喷肥,对于控制棉花早衰的效果显著。

四是科学整枝。在中等及以上地力和较高密度条件下,极早去除叶枝并适时打顶,减少无谓的营养消耗,有利于增蕾、保铃和防止棉花早衰。但在地膜覆盖、育苗移栽等高产棉田及种植密度不大的情况下,保留叶枝并适当推迟打顶,则有利于提高产量和防止早衰。但董合忠等(2007)认为,留叶枝并未从根本上延缓棉株体的衰老,叶枝去留要根据具体情况而定。去早果枝有延缓衰老(早衰)的作用,这可能与去早果枝改变了库源比例及促进了根系发育有关。

五、调节、再生和补偿性

(一)调节能力及其利用

1. 超强调节能力

棉花主茎上生有叶枝、赘芽等。传统精细整枝技术要求,自 6 月中旬现蕾后开始去叶枝、抹赘芽;之后要根据棉田密度和品种特性,按照"时到不等枝,枝到不等时"的原则,及时打顶。黄河流域棉区正常棉田 7 月 15~25 日打顶,晚发棉田可推迟到 7 月30 日前后打顶;西北内陆棉区适当提前,长江流域棉区适当推迟。但根据现有研究,叶枝可以去掉,也可以保留利用,还可以通过提高密度控制叶枝生长,只要措施合理,棉花就不会减产,说明棉花自身具有很强的自我调节能力。合理利用棉花的自我调节能力,通过控制叶枝、简化整枝或保留利用叶枝,可以减少用工(董合忠等,2003a,2003b)。

通过提高种植密度控制叶枝生长的机理在于,密植导致相关基因表达和激素改变,抑制侧枝发生。高密度条件下棉株的相互遮阴,导致棉株体内相关基因差异表达,生长素类物质向棉株顶端集中分布,而叶枝分布显著减少,导致主茎顶端生长加强,叶枝生长减弱,为减免去叶枝奠定了基础。

2015～2016 年在临清市棉花试验大田设计 3 万株/hm^2、6 万株/hm^2、9 万株/hm^2 3 种密度,等行距种植,发现随着密度的升高,棉株的顶端优势明显,而叶枝的生长受到了明显的抑制:3 万株/hm^2 条件下,植株横向生长旺盛,叶枝十分发达,叶枝干重占棉株总干重的比例达到 35%,而 9 万株/hm^2 密度下的叶枝干重占棉株总干重的比例不到 10%。密度的改变引起植株间对光的竞争,进而改变了植株内激素相关基因的表达和激素含量。通过对生长素相关基因(*YUC*、*ARF* 等)、细胞分裂素相关基因(*IPT*、*CKX*)及赤霉素合成基因(*GA20ox*)的表达量分析,发现随着密度的升高,叶枝中生长素、细胞分裂素和赤霉素含量及其合成相关基因的表达量呈下降趋势,说明高密度条件下,叶枝的生长受到明显的抑制;但主茎顶端叶片生长素、细胞分裂素和赤霉素含量及其合成相关基因的表达量随着密度的升高逐渐上升,导致顶端生长优势增强。同时,通过对不同密度处理叶枝数目统计发现,高密度条件下的叶枝数目比低密度条件下的叶枝数目减少了 30%,且靠近果枝始节的 1～2 个叶枝发育最为旺盛。由于棉苗在展开 2～3 片真叶前发育成叶枝的腋芽已分化完成,因此叶枝数量的减少,主要是通过改变激素在棉株中的分布使棉株下部的腋芽休眠实现的。

2. 基于超强调节能力的简化整枝技术

一是低密度条件下的留叶枝栽培。在密度为 1.5 万～3 万株/hm^2 时,叶枝结铃形成的产量占整株产量的比例可达 20%～40%。通过稀植大棵留用叶枝,充分利用叶枝"中前期增源、中后期扩库"的能力(董合忠等,2007),显示出一定的稳定或增加产量的作用,适合长江流域棉区。留叶枝栽培需注意,叶枝结铃形成的棉花产量不宜超过总产量的 30%,否则会减产。提倡采用单株生产力大的品种,以杂交种 F$_1$ 为宜;密度越小叶枝越发达,要使叶枝产量不超过 30%,每公顷株数要在 2.25 万株以上;叶枝长出 4 个果枝时要打顶,否则也容易减产。

二是高密度条件下的免整枝栽培。黄河流域棉区密度 7.5 万～9 万株/hm^2,加之化控协助,叶枝长势弱,结铃少,形不成很多的产量;西北内陆棉区种植密度超过 15 万株/hm^2,基本不长叶枝。

三是中等密度下粗整枝。黄河流域棉区密度 3.5 万～6 万株/hm^2 时可采取粗整枝的方法,即在大部分棉株出现 1～2 个果枝时,将第 1 果枝以下的叶枝连同主茎叶全部去掉,即"撸裤腿",操作简便、快速。棉株长势会受到一定影响,但一周内可恢复,不会减产。

无论叶枝是否保留、精细整枝还是粗整枝的棉田,都要按照"时到不等枝,枝到看长势"的原则,于 7 月 20 日前后打顶,晚发棉田可适当推迟,以后可以不再整枝,即减免去疯杈、赘芽、老叶、空枝等措施。简化整枝要注意因地制宜,不能简单地一概而论，还要与合理密植、化学调控相结合。当前情况下打顶不能减免。

（二）再生能力及其利用

棉花的根、茎、叶都具有较强的再生能力。棉株在生长发育过程中，其顶芽或其他器官受到伤害时，棉株上会再形成一个新的个体，或者恢复生长，表现出很强的再生能力。一是当棉株顶芽受到病虫、洪涝和冰雹或其他因素的伤害时，棉株下部潜伏的腋芽就会重新恢复生长，长出新的枝条；二是棉株各枝条先出叶的腋芽恢复生长，一般情况下这种生长形成棉花的赘芽；三是棉株体内各种组织受伤以后，也常可形成愈伤组织，从中再生出不定根和不定芽；四是棉花根系受到损伤或移栽断根后，根系中柱鞘细胞分化再形成新的根系，棉株越小，根的再生能力越强。棉株地上部分的再生能力强于地下部分，并随株龄增大逐渐减弱，苗龄越小，再生能力越强（董合忠，2013a）。

棉花再生能力强的特点具有重要的利用价值：移栽棉可利用根系的再生能力，促进棉株根系的再生和生长，建立强大的根系。在生育中前期，可通过中耕促进新根的发生。利用棉花枝条的再生能力，可在棉花受灾后精心管理，使棉花长出新枝，恢复生长。例如，遇到雹灾棉花主茎被打断（断头后），由于棉株自身的再生能力和补偿作用，通过中耕松土、施肥等措施改善光照和养分条件后，棉花能较快恢复生长，上部几个果枝腋芽迅速形成叶枝，并代替主茎成为新的生长中心。

（三）补偿能力及其利用

棉花在结铃习性上具有很强的时空调节能力和补偿能力。若前期结铃少，可利用中后期成铃进行补偿；内围铃少的棉株，外围铃就会增多，反之亦然。还可以利用去早果枝或去早蕾的办法，减少前期结铃，增加中后期的结铃量，即棉花成铃在不同情况下，通过合理运用栽培措施，能够得到补偿和调节。由于不同长势的棉株，各部位的成铃数有一定的差异，一般情况下，正常和偏弱的棉株，成铃顺序为下部大于中部，中部大于上部；长势偏旺的棉株中部成铃大于下部，上部大于中部；长势过弱的棉株，下中部成铃较为相近，都大于上部。因此对于不同长势的棉株通过合理的技术调节，就能塑造大容量成铃的理想株型，改变棉花的成铃分布，有利于实现高产、优质（董合忠，2013a）。

另外，由于棉花的适应能力强，有些田间作业可以合并或简化，如中耕次数和施肥次数可以减少，中耕、施肥和培土等作业可以合并进行。根据生产实践，一般棉田中耕次数可由目前的6～8次减少到2次，分别在定苗前后和蕾期进行，也可根据当年降雨、杂草生长情况对中耕时间和中耕次数进行调整。其中，6月中下旬盛蕾期前后的中耕最为重要，中耕时可视土壤墒情和降雨情况将中耕、除草、施肥、破膜和培土合并进行，一次完成。

总之，棉花是子叶全出土作物，出苗成苗对环境条件的要求比较严格，但棉花是大粒种子，适合精量播种。棉花的适应能力比较强，对种植密度和一穴多株具有一定的适应性，通过精量播种可以减免间苗、定苗。棉花具有无限生长习性，封行时间和程度具有很大的随意性，必须通过合理密植和化学调控等措施加以调节，实现适时适度封行。棉花营养生长与生殖生长并进、重叠，矛盾大，必须采取有效措施协调库源关系才能实现棉花的正常熟相。棉花的再生能力和补偿能力强，受灾后的棉花不要轻易毁种，而应加强管理，促进恢复生长。棉花的调节能力强，可根据密度、劳力情况简化整枝或者利用叶枝（董合忠，2013b）。合理利用棉花的这些栽培生理特性，有助于实现棉花栽培的省工、节本和增产。

第四节　棉花轻简化栽培的发展趋势

中国棉花栽培管理的发展趋势是，在保证单产不减或有所提高的前提下，改精耕细作为轻简化植棉，通过简化种植管理、减少作业次数、减轻劳动强度，并最大限度地利用机械代替人工，使棉花生产更加轻便简捷。为实现这一目标，必须以规模化、规范化植棉为保障，进一步改革和优化种植制度，创新栽培技术，研制包括机械和专用肥在内的相应物质装备，实现最大程度的农艺技术和物质装备的有机融合。

一、加大改革种植制度，促进棉粮（油、菜）双丰收

传统间作套种方式不标准、不规范，不利于实行机械化。棉花生产管理方式的转变和种植管理技术的革新，必须首先从改革和完善种植制度入手。

（一）棉田种植制度的现状

我国棉区种植制度先后进行了 2 次大的改革。第一次在 20 世纪 60～70 年代，南方棉区基本实现麦棉、油棉、豆棉两熟制。第二次在 20 世纪 80 年代中后期，南方棉区在巩固两熟制的基础上，有些地区实现了粮菜棉、粮饲棉等三熟制；北方棉区主要在黄淮地区重点发展了以麦棉为主体的两熟制，面积迅速发展到 200 万 hm^2，约占区域棉田面积的 60%。21 世纪初全国棉田两熟和多熟种植面积占全国棉田总面积的 2/3，复种指数达到 156%；长江流域高效棉田的复种指数达到了 250%～300%。种植制度的改革实现了粮棉"双增双扩"（即粮棉面积的双扩大和产量的双增加），为缓解主产棉区粮棉争地矛盾、实现粮棉双丰收创造出了一条具有中国特色的成功路子（毛树春，2012，2013）。

但是，现有以套种或套栽为主要形式的两（多）熟种植存在两个主要问题：一是费工费时，难以实现机械化，生产效率低；二是与棉花套种的小麦等作物不能满幅种植，必须留套种行，产量影响较大。要实现轻简化栽培和双高产，必须改革现行的种植制度和种植方式。

（二）优化种植制度和种植模式

在热量和水浇条件较差的地区，应继续推行一熟种植，不要盲目实现两熟或多熟种植。在稳定麦棉两熟和麦油两熟制的基础上，稳步发展棉花与大蒜、马铃薯等作物的两熟制。而种植模式要进一步调整。

一是改麦（油、蒜）棉套种为麦后或者油后、蒜后移栽。改麦棉套种为麦后机械移栽，小麦产量比套种棉田增加 20% 左右，移栽棉花与春套棉花产量相当，展现出较好的发展前景。由于制度简化带来管理程序的简化，黄河麦茬棉管理程序为"一种、一育、一栽、一水、一肥和一调"，小麦管理也被简化，满幅播种小麦机械收获。需要注意的是，这种方式要以棉花轻简育苗技术为保障，需要对该技术进一步提升和简化。

二是改麦（油、蒜）棉套种为油（麦、蒜）后直播连种。传统的套种费工费时，也不利于机械化操作。应该从改套种为连作复种着手，形成一个既简化又便于机械化的种植制度，还要保持较高的土地生产力。实现麦后或者油后、蒜后棉花直播最为简便，但由于棉花的生长期太短，现有品种还不配套，麦后棉花直播的产量低，不合算，难以在短期内实行，但在现实条件下通过技术攻关实现油后和蒜后直播是完全可行的。目前无论在长江流域还是黄河流域棉区，已经有一定规模示范成功的例子，说明油套棉和蒜套棉改为油后或蒜后直播连种模式，种植方式发生了变化，栽培管理技术也变得简化了。

今后要继续加强棉田种植制度和种植模式的研究与优化。一是要结合气候变化，研究形成一个生态区、一个地区稳定的种植模式，实现种植模式的优化和简化；二是要以棉田两熟、多熟持续高产高效为目标，研究麦棉、油棉套种（栽）和连种复种的新型种植制度，优化田间结构配置和棉田周年的配置组合，合理衔接茬口和季节，搭配最佳作物品种，合理密植，机械化作业管理；三是深化研究棉田两熟、多熟制光热水土肥和病虫害的竞争、协同、补偿和利用机制，研究两熟种植制度周年多作物调控的理论和方法，提高复种指数，提高周年产出和效益，进一步提高资源利用和转化的效率。

二、加大播种保苗新技术研发，促进棉花全苗和壮苗早发

棉花是双子叶全出土的作物，播种保苗是植棉的关键性基础环节，创新播种保苗技术也是实现棉花轻简化栽培的重要保障。"苗好一半产"，针对季风气候、两熟共生期和争取季节的新需求，要大力开发精量播种和一次成苗技术与产品；大力推进轻简化育苗移栽应用，研究熟化工厂化育苗和机械化移栽技术。

（一）研究应用精量播种减免定苗技术

棉花是自我补偿、自我调节能力非常强的作物，对密度有很宽泛的适应性，对于"一穴多株"也有一定的调节能力，棉花产量在一定的密度范围内不会变化，这为精量播种、减免间苗环节提供了理论依据。棉花是大粒种子类型，适合精量播种，目前精量播种技术在三大植棉区皆有不同程度的应用。长江流域棉区通过育苗移栽，自然实现了精量播种和减免定苗；黄河流域棉区通过精量播种机精播，减免定苗，完全可以实现 5 万~9万株/hm² 的密度；西北内陆棉区，特别是新疆生产建设兵团已经实行了大型机械膜上精量定位点播，实现了高层次的精量播种。目前我国棉田机耕、机播和机械覆膜的技术十分成熟，相应的播种机械也比较配套，而且近年来棉花种子产业化发展很快，种子质量已经大幅度提高，为实现机械精量播种、减免间苗和定苗奠定了良好的基础。今后需要因地制宜，进一步优化提升。

需要特别指出的是，新疆生产建设兵团在棉花机械精量播种方面已经做得比较到位，不仅实现了机械化精量和准确定位播种，还实现了播种、施肥、喷除草剂、铺设滴灌管和地膜等多道程序的联合作业。通过精量播种，一穴播 1~2 粒精加工种子，出苗后不疏苗、间苗和定苗，减免了传统的间苗和定苗工序；利用机械在播种时膜上自动打孔和覆土，实现自然出苗，免除了放苗工序。同时，应用膜下滴灌技术，对水分进行有效管理，简化了播种前造墒，把一播全苗技术进行集成组装，大大简化了管理

程序。黄河和长江流域棉区要在学习、借鉴新疆精量播种技术的基础上，尽快研究优化适合本地生态和生产条件要求的精量播种和减免间苗、定苗技术，在确保苗全苗壮和早发前提下减少用工投入。

（二）研究熟化轻简育苗移栽技术

营养钵育苗移栽应用已有近 60 年的历史，这项技术来源于劳动人民群众的原始创造和科研人员的再创造，对推进棉田种植制度改革，特别是实行棉麦、棉油等两熟制、多熟制发挥了重要作用。但如今传统劳动密集型的营养钵育苗移栽技术正在日益遭遇"老化"和退缩的威胁，因为劳动者发生了变化，种田"老龄化"、"妇女化"、"兼职化"。针对棉花移栽和收摘费工、费时、费钱的问题，可推广轻简育苗移栽技术，用基质代替营养钵进行育苗，制钵被省去后就可以搞育苗基地，进行规模化工厂化育苗，用基质苗代替营养钵苗，就可以用机械进行移栽。较之传统育苗移栽技术，轻简育苗移栽既节省了用工，又提高了劳动效率，是今后育苗移栽发展的方向。但是，轻简育苗移栽也存在不尽如人意的方面，还需要进一步熟化轻简育苗移栽技术，特别是要解决缓苗期长、风险大等问题，促进轻简育苗移栽技术的发展。这里以作者 2015 年在山东金乡县的实地调研为依据，进一步论述棉花轻简育苗移栽技术的发展措施和建议。

1. 棉花育苗方式的演变

金乡县地处鲁西南，属黄泛冲积平原，自然条件优越，光照充足，历年平均光照时数为 2377 h，全年 0℃以上积温 5037℃，无霜期 213 d。水资源丰富，年降雨量达 700 mm，全县土层深厚，耕性好，肥力高，浇灌设施配备齐全，能真正做到旱能浇、涝能排，有良好的自然条件和生产水平，确保全县耕地全部实行了一年两熟制，部分耕地实行一年三熟或四熟，全县复种指数达 260%，种植效益高。自改革开放以来，金乡县棉花种植面积不断扩大，农民种棉积极性不断提高，各级党委和政府对棉花生产的重视程度很高。金乡县是全国植棉大县，蒜棉套种是金乡县农业的一大特色，由于国家各项惠农政策的出台和价格因素及棉花高产创建活动项目的落实，农民植棉效益高、积极性高，最高年份 2011 年曾植棉 5 万 hm²，占全县耕地面积的近 86% 以上，是金乡县植棉历史上种植面积最大一年。

20 世纪 80 年代，金乡县引进并推广了营养钵育苗移栽技术，棉花种植全部实现了麦套棉和蒜套棉。2005 年引进基质育苗、裸苗移栽技术，一直持续到 2013 年，每年工厂化育苗面积稳定在 5 hm² 左右，移栽大田面积 667 hm²。2011 年金乡县依托农业部轻简育苗移栽项目，积极推广基质穴盘育苗技术，规模化育苗面积在 7 hm² 左右，2015 年全县棉花面积虽然大幅度下降，植棉 2.7 万 hm²，但规模化轻简育苗面积仍达 5 hm²。经过多年的宣传推广，轻简育苗技术逐渐得到农民认可，有很多农户自己实施轻简育苗，特别是纸筒育苗，在该县得到大面积推广。

2. 轻简育苗技术适宜蒜套棉种植

近十来年，金乡县棉花种植面积和大蒜种植面积相伴相生，常年稳定在 5 万 hm² 左右，全部采用蒜套棉模式。育苗时间为 4 月初，农户大多采用小拱棚，规模化育苗采用大拱棚和日光温室。移栽时间为4月底，正处于浇大蒜抽薹水之前，5月上中旬，采薹后浇大蒜膨大水，提高了棉苗的成活率；棉花和大蒜共生期25～30 d，由于大蒜具有特殊的辛辣气味，棉苗不受蚜虫危害，再加上大蒜本身采用覆膜栽培，覆盖的地膜对棉苗成活和生长也有促进作用，棉苗的生长好于其他种植方式。由于传统营养钵育苗用工多、用种多、劳动强度大，已不适合农村缺乏强壮劳动力的需求，而轻简育苗省工、省种、劳动强度小，比较适合妇女、老年人田间操作，规模化轻简育苗技术既符合现代农业发展的要求，也是棉花产业走向规模大、集约化的必然趋势。

3. 项目支持是棉花轻简育苗技术应用的助推器

金乡县自2011年依托农业部轻简育苗移栽项目，开始试验和推广轻简育苗技术，通过大量的技术培训、示范展示、观摩，得到部分农户的认可，部分棉农认可基质棉苗，愿意购买；也有部分农民认为每公顷买苗24 000～30 000棵，要花1800～2400元，不如打钵、纸筒育苗省钱，因为农民打钵、移栽都不算工钱。而承担轻简育苗的企业，不愿扩大育苗规模，如果没有政府补贴，育苗企业很难开展此项工作。具体原因有以下几个方面。

1）企业工厂化育苗存在一定的风险。一是成本风险，投入大，效益低。二是育苗作物品种过分单一。三是工厂化供苗时间过于集中。四是气候风险，可能遇上倒春寒、大风等侵袭，一旦遇害，整个供苗区域的棉花生产都会受到影响。

2）轻简化育苗省力不省时，不太适合农民一家一户操作，应联合起来，统一管理。另外，育苗棚多数为简易小拱棚，抗御不良环境能力差。

3）从技术环节看，一是部分棉农接触轻简化育苗是从"裸苗移栽"开始的，移栽后要立即浇水，如果数量大了，浇水不及时会影响成活率。二是棉农多年采用营养钵育苗技术，由于受该技术影响，在育苗棚管理过程中，广大农民在放风、控温、保水等环节上和营养钵育苗混为一体，易引起死苗。

4）从生产中看，基质苗主根缺失，影响根系下扎，抗倒伏性差。棉花种植密度不够，棉苗成本的问题制约了棉花密度，由于密度不足，田间群体仍然偏小，个体压力大，生产风险增加。

5）寻找和培育育苗企业比较难。原因在于，一是成本高，每棵苗成本8分钱，而最多只卖0.1元钱。轻简育苗的成本主要是播种和分发棉苗时用工多，金乡县工钱每人每天80～100元，用工费用高。二是预定苗量要多育苗20%～30%。为了保障供应，每年要多育苗20%～30%，如果多育的棉苗能够顺利卖出去，则有盈利；如果多育的棉苗卖不出去，每棵棉苗成本就达到0.1元钱，则没有盈利。

4. 措施和建议

棉花轻简育苗是一项成熟的轻简化植棉技术，具有一定的推广利用前景。项目支持是该技术推广应用的助推器，若没有项目支持，山东适宜棉区仍会有一定的面积，但大规模推广的难度较大。必须意识到，该技术的推广应用也有严格的条件要求。为此，提出以下建议和措施。

一是要在适宜地区实施。轻简育苗适合在两熟和多熟种植区域推广应用，如山东鲁西南棉区具有推广棉花轻简育苗的天然优势，该区棉花种植面积大，蒜棉一体化种植，单位面积效益高，棉农植棉的积极性提高，农民对棉花轻简育苗认识相对较高。与麦棉套作相比，蒜棉套作的主要优势是蒜棉共生期间大蒜对棉苗的移栽、返苗的不利影响小，同时能减少棉花苗期病虫害，棉花轻简育苗移栽成活率高，在鲁西南地区推广轻简育苗技术是有前景的。在一熟种植区域，轻简育苗移栽增产幅度有限，与直播相比没有优势可言，不适合推广。

二是确定适宜的育苗方式。轻简育苗有基质育苗和水浮育苗，裸苗移栽，还有穴盘育苗和纸筒育苗，带土移栽。试验证明，穴盘苗带基质移栽缓苗期明显缩短，移栽后能短期内迅速恢复生长，生育进程比裸苗移栽快 3～5 d。穴盘苗带基质移栽优于裸苗移栽，但成本比裸苗稍高。

三是加大对轻简育苗技术的推广宣传。与传统营养钵育苗移栽相比，轻简育苗省工省力，是适宜地区两熟和多熟种植的重要支撑技术，应加大宣传力度，大力推广棉花轻简育苗技术。

四是建设高标准育苗棚。加大育苗棚建设资金的投入力度，以企业工厂化育苗为主体。可探索加入农业商业保险的形式，降低育苗风险。提高育苗棚使用效率。积极构建多功能育苗棚，结合蔬菜育苗、果木育苗、食用菌种植等提升苗棚综合利用率，促进棉苗成本降低。

五是适当增加棉花种植密度。在降低棉苗成本的基础上，抑制蒜套棉区棉花种植密度不断下滑的局面，促进蒜套棉棉花种植密度的增加，搭建合理的棉花群体结构，力争棉花高产优质可持续发展。

三、优化密植和简化整枝技术，进一步推动农艺管理的轻简化

以去叶枝、抹赘芽、打顶、去老果枝为主要内容的精细整枝一直是精耕细作栽培技术的重要组成部分。但是以轻简化栽培为代表的现代植棉技术则不然，要求控制或利用叶枝，采用化学封顶或机械打顶，减免其他整枝措施。现有研究表明，留叶枝一般不会减产，在密度过低、播种过晚等特殊情况下保留叶枝还有一定的增产效果。基于此，可以通过简化整枝或者保留利用叶枝节省用工、提高效益。

（一）叶枝控制与利用技术

就控制或利用叶枝而言，一般可以通过以下 3 条途径来实现。

1. 低密度条件下的留叶枝栽培

棉花固有的生物学特性决定了低密度条件下会长出发达的叶枝，叶枝可间接结铃，贡献经济产量。在密度为 1.5 万～3.0 万株/hm^2 时，叶枝结铃形成的产量占整株产量的比例可达 20%～40%。稀植大棵留叶枝，充分利用叶枝"中前期增源、中后期扩库"能力，是当前长江流域棉区和黄河流域棉区南部简化栽培杂交棉的主要途径，这一途径还将会在今后一段时期内继续沿用。选择合适的杂交棉品种和适增密度有一定的增产、节本效果，今后应加强杂交棉稀植与配合施用控释肥的研究，以减少施肥次数和肥料损失，

控制棉花早衰。需要注意的是，该技术虽然减掉了去叶枝的环节，但叶枝打顶、籽棉收获等都需要人工，仍然比较费工。

2. 中密度条件下的粗整枝栽培

中等密度是目前黄河流域棉区普遍采用的密度。中等密度条件下叶枝也较为发达，虽然大量试验证实留叶枝一般不会减产，但不便于棉田的机械化管理。因此，中等密度棉田宜采用粗整枝。所谓粗整枝就是在大部分棉株出现 1~2 个果枝时，将第 1 果枝以下的营养枝和主茎叶全部去掉，一撸到底，俗称"撸裤腿"，此法操作简便、快速，比精细整枝用工少、效率高。"撸裤腿"后的一周内棉株长势会受到一定影响，但根据试验，"撸裤腿"不仅不会降低产量，反而能抑制赘芽发生，值得提倡。今后需进一步明确"撸裤腿"是否受品种、地力、棉花早发程度和操作时间的影响，在此基础上制定出技术规程。

3. 高密度条件下的免整枝栽培

密度提高到 7.5 万~9 万株/hm², 叶枝生长会受到显著抑制，加之化控协助，叶枝基本不形成产量，完全可以减免整枝。这一途径是世界各国，特别是发达植棉国家普遍采用的栽培模式，也是发展机采棉的必然要求。配合机采棉技术发展的需要，在内地棉区探讨高密度栽培的品种和综合技术是今后棉花科技领域重要的研究内容。

（二）机械打顶或化学封顶

无论怎样简化整枝，目前条件下还需要打顶。打顶可改善群体光照条件，调节植株体内养分分配方向，控制顶端生长优势，使养分向果枝方向输送，增加中下部内围铃和铃重，增加霜前花量。长期以来，棉花打顶完全靠人工进行。在低密度条件下，人工打顶用工不算太多，但随着密度提高，特别是在西北内陆棉区和黄河流域棉区的机采棉，种植密度都非常大，人工打顶则费工费时。因此，探索机械打顶（图版Ⅰ-5）或化学封顶技术（图版Ⅰ-6，7）和产品显得十分必要，当是今后棉花轻简栽培研究的重要内容。

1. 机械打顶

实行棉花机械打顶的关键是打顶机。我国棉花打顶机的研究早在 20 世纪 60 年代就已起步，当时的新疆八一农学院设计并试制成功了蓄力牵引的棉花打顶机，试用提高工效 40 倍左右，但由于传动系统不紧凑等问题，未进行试验和鉴定。新疆石河子大学先后研制了 3MD-12/20 型棉花打顶机和 3MDY-12 型前悬挂液压驱动式棉花打顶机，前者能基本满足棉花机械打顶的农艺要求，但当地表不平整或棉苗高度不整齐时，会出现漏打或打顶过大的现象；后者可一次实现扶禾—聚拢—切顶—缓释连续作业和主枝、侧枝机械同步打顶。这两种机型在新疆生产建设兵团（以下简称兵团）的部分团场得到使用，但皆未得到大面积推广应用，主要原因是这两种机械不能满足棉花打顶作业单行独立升降仿形的要求，作业时精度难以控制。2006 年石河子大学与兵团第八师 123 团联合研制了 3MDZK-12 型组控式单行仿形棉花打顶机，可适应不同种植模式的棉花打顶作业。随后，国家农业机械工程技术研究中心研制了 3WDZ-6 型自走式棉花打顶机，打顶高度范围大于以前研制的打顶机，调节高度 33.5~106.5 cm。2008 年新疆大学研制的 3DDF-8

型棉花打顶机在更大程度上满足了棉花打顶作业的农艺要求。新疆农业科学院农业机械化研究所研制的 3FDD-6 型后悬挂滚筒式棉花打顶机,适于目前普遍推广的种植模式(牛巧鱼,2013;翟瑞阳和王维新,2012)。

机械打顶较人工打顶和化学打顶有很多优势,如提高生产效率、降低农业面源污染风险、降低棉花种植成本等,前景看好。但是,总体来看,目前所用机械的打顶效果与人工打顶效果相比还有一定的差距,机械打顶功效、坐铃率明显高于人工打顶,但棉花机械打顶对棉株的蕾、铃造成了机械损伤,影响了棉花的产量。提高棉花机械打顶的效果,一方面需要不断改进和完善机器的结构和性能;另一方面对棉株的农艺性状、种植模式及整地质量有严格要求。牛巧鱼(2013)及翟端阳和王维新(2012)在总结我国棉花机械打顶技术研究进展时认为,未来机械打顶技术有 4 个发展趋势。一是向精确打顶发展。目前对打顶机械的研究都是为了提高其打顶精度,在今后很长一段时间内,如何应用现代新技术实现棉株的精确打顶,仍然是棉花打顶机械未来亟待解决的关键问题。二是打顶机型将趋于多样化。我国不同棉区种植模式不同,采用的栽培技术不同,因而棉株的农艺性状不同,因此,棉花打顶机械将朝多样化发展,打顶机作业幅度、高度的可调范围要大,以更好地适应棉田生产。三是向智能化发展。根据棉株生长形态和地面特征,研究自动化程度高、技术先进的地面实时仿形技术,实现棉株仿形打顶,地头地尾打顶均需彻底、均匀,最大限度减少打顶过程中对棉株的损伤。四是向联合作业方向发展。实现打顶、除虫、中耕一体化等多功能作业,降低作业成本和设备投入费用。

2. 化学封顶

化学封顶是利用植物生长调节剂抑制棉花顶尖生长,代替人工打顶的技术措施(王刚等,2015)。化学封顶不会直接造成蕾铃损伤,而是利用植物生长调节剂控制棉花的无限生长习性,但其对棉花生长发育和株型特征等的影响与人工打顶不同。主要体现在人工打顶只去掉主茎顶,而化学打顶则是主茎顶端生长受到抑制的同时,侧枝、叶片等的生长发育也受到一定程度的抑制。化学封顶剂作为抑制棉花顶尖和群尖的一种化学制剂,使用便捷,可在一定程度上代替人工打顶,降低了用工成本,提高了劳动生产率,并展现出了良好的应用前景,棉花化学打顶代替人工打顶是植棉全程机械化的必然趋势和要求。

目前常见用于化学封顶的植物生长调节剂主要有新疆金棉化学打顶剂、浙江禾田化工的氟节胺打顶剂、土优塔棉花打顶剂、北京"西域金杉"牌棉花打顶剂、棉花智控专家、青岛瀚正质控打顶乐等十多个产品。这些药剂的主要成分是缩节胺或氟节胺。方法都是在棉花达到预定果枝数之前喷施植物生长调节剂,2 周后再根据情况加喷一次。从目前在各棉区开展的研究和实践情况来看,喷施氟节胺或缩节胺能够有效控制棉花植株顶尖的生长,具有打顶效果,能够控制株高增长,使棉花株型更加紧凑,接近人工打顶效果;棉花产量受影响不大或略低于人工打顶处理,但比较一致地认为产量表现好于不打顶的对照。

综上所述,化学打顶作为一项新型简化植棉的措施,对棉花全程机械化发展具有重要的现实意义,在进一步明确其技术效果的同时需要综合考虑气候、品种等多个因素,以提高产量和不影响品质为目标,完善配套技术规程,使其早日成为棉花全程机械化的常规措施。通过科学研究和示范，制定出棉花化学封顶的综合配套技术规程十分必要。尽管目前化学封顶药剂和施用技术还存在一些不足，但可以肯定，化学封顶技术的成熟和推广将大幅度提高棉花整枝效率，减轻田间作业强度，降低植棉成本，具有重要的经济效益和社会效益。从现有棉花化学封顶研究报道来看，研究主要集中在化学封顶剂筛选和使用效果方面，对于化学封顶与品种、其他农艺技术的配合及互作方面的研究较少，值得深入探索。

四、研究少中耕和简化施肥技术，提高光温水肥等资源利用率

（一）少中耕技术

棉花草害比较严重，过去主要通过中耕除草来解决，费工费时。现有研究和生产实践证实，中耕并结合使用除草剂控制棉田杂草是一条有效途径。根据试验，一熟春棉以播种前混土和播种后盖膜前立即喷洒地表两次用药除草效果比较好。为减少用工和提高效率，可以把整地、施肥和喷施除草剂一体化作业。具体做法为：棉田整平后，每公顷用48%氟乐灵乳油1500~1600 mL，兑水600~700 L，在地表均匀喷洒，然后通过耢地或耙耱混土。播种后，每公顷再用50%乙草胺乳油1050~1500 mL，兑水400~700 L，或60%丁草胺乳油1500~2000 mL，兑水600~700 L，在播种床均匀喷洒，然后盖膜，可有效防治多年生和一年生杂草。土壤墒情越好药效越好。在除草剂的协助下，根据劳力和机械情况，一般棉田中耕次数可由目前的6~8次减少到2次左右，分别在定苗前后和蕾期进行，也可根据当年降雨、杂草生长情况对中耕时间和中耕次数进行调整。但是，6月中下旬盛蕾期前后的中耕最为重要，不能减免。另外，可视土壤墒情和降雨情况将中耕、除草、施肥、破膜和培土合并进行，一次完成。

（二）轻简化施肥技术

轻简化施肥包含两个方面的内容，一是通过优化施肥方法和肥料类型，提高肥料利用率，减少肥料投入；二是通过机械代替人工、专用肥或控释肥代替普通肥料，减少施肥次数，节约用工成本。

1. 施肥量

中国农业科学院棉花研究所主持的公益性行业（农业）科研专项"棉花简化种植节本增效生产技术研究与应用"（3-5），2008~2011年连续开展了4年的氮肥和缓控释肥施用联合试验，为经济和简化施肥提供了科学依据和技术支持。联合试验得出的最佳施氮量的结果如下。

（1）长江流域棉区

3年15套试验建立的方程：

$$Y=178.511\ 3+5.433\ 7X-0.223\ 729X^2+0.002\ 619X^3 \qquad （1-1）$$

3年15套联合试验表明，长江流域棉区最佳施氮量为254~288 kg/hm²，籽棉产量为3651~4476 kg/hm²。施氮量平均270 kg/hm²，每公顷平均产籽棉4065 kg。结合生产实践和节本增效的要求，施氮量以240~270 kg/hm²为好，N：P_2O_5：K_2O以1：0.6：

（0.6～0.8）为宜。长江流域棉区多是两熟制和多熟制，具体施肥量还要根据间套作物的施肥量加以调整。

（2）黄河流域棉区

中国农业科学院棉花研究所组织开展 3 年 25 套联合试验建立的方程：

$$Y=211.848\ 9+2.710\ 2X-0.062\ 730X^2 \tag{1-2}$$

根据建立的这一方程，黄河流域棉区最佳施氮量为 254～267 kg/hm²，籽棉产量为 3450～3885 kg/hm²。平均经济最佳施氮量 260 kg/hm²，籽棉产量 3675 kg/hm²。结合生产实践和节本增效的要求，黄河流域棉区氮肥施用量以 232 kg/hm²（195～270 kg/hm²）为宜，其中每公顷籽棉产量目标为 3000～3750 kg 时，施氮量为 195～225 kg/hm²；每公顷籽棉产量目标为 3750 kg 以上时，施氮量为 240～270 kg/hm²。N：P₂O₅：K₂O 为 1：0.6：（0.7～0.9）。

（3）西北内陆棉区

3 年 11 套联合试验建立的方程：

$$Y=253.315\ 6+8.370\ 2X-0.202\ 657X^2+0.000\ 986X^3 \tag{1-3}$$

西北内陆棉区最佳施氮量为 293～389 kg/hm²，籽棉产量为 4964～5618 kg/hm²。平均经济最佳施氮量 350 kg/hm²，籽棉产量 5262 kg/hm²。结合生产实践和节本增效的要求，氮肥施用量为每公顷 300～375 kg，N：P₂O₅：K₂O 为 1：0.6：0.8。

2. 肥料种类和方法

速效肥：黄河流域棉区和西北内陆棉区可由现在 3～4 次的施肥次数减少到 2 次；长江流域棉区可由现在 4～5 次的施肥次数减少到 3 次。西北内陆棉区若采用滴灌，提倡采用水肥一体化，通过滴灌滴肥，效果更好，也非常方便。

施用控释肥或控释肥与速效肥结合施用：中国农业科学院棉花研究所组织开展的 3 年 14 套试验表明，长江控释肥 80% 的施用量与常规肥 100% 的施用量等效，节肥 20%。施肥次数由 4～5 次减为 1～2 次。黄河 5 套联合试验，控释肥与常规肥的肥料效果为等量等效，施肥次数减少到 2 次或 1 次。

总之，棉花的生育期长、需肥量大，采用传统速效肥一次施下，会造成肥料流失，利用率降低；多次施肥虽然能提高肥料利用率，但费工费时。从简化施肥来看，速效肥与缓控释肥配合施用是棉花生产与简化管理的新技术方向。对于盐碱地植棉，更应提倡施用缓控释肥，以提高肥料利用率，降低成本。从肥料品种来看，缓控释肥品种是农业生产和棉花简化管理的一个重要发展方向。缓控释肥的养分随着生育期进程而释放加快，这样多次施肥就简化为 1～2 次。为确保一次施肥的效果，必须加强成本低、效果好的缓控释肥的研制，制定与之配套的科学施肥技术。

（三）研发资源高效利用技术

一是水资源的高效利用，既要增强棉花自身的水分利用效率，又要推行先进的灌水技术（齐付国和孙景生，2012）。二是养分资源的高效利用，在明确棉花需肥规律的基础上，优化化肥在区域及棉花间资源配置，调整施肥结构；加强土壤肥力和肥料效益监测等基础性工作；建立科学的有机-无机结合的施肥体系；调整氮、磷、钾肥养分比例和品种结构，实现养分均衡供应；开展和普及测土平衡施肥；加快新型缓控释肥的研制与示范推广。三是光热资源的高效利用，通过种植模式的调整和系统化控技术塑造合理的株型和群体结构，提高棉花对光热资源的利用率；采用棉花与其他作物间套作的方式，增强作物对光热资源的总体利用率。实施棉田高效立体种植，棉花是主体，应主动协调好棉花生长与间套种作物生长的关系，合理确定套种面积比率、模式，加强田间管理，确保棉花丰收、立体种植增效。棉田套种发展快，各种作物生育特点不尽相同，应加强套种高产栽培技术的研究，完善配套措施，促进立体种植栽培上新台阶。四是研究开发盐碱地和旱地植棉技术。盐碱地和旱地是我国宝贵的耕地资源，目前在我国沿海滩和西北内陆地区还有大量的盐碱地和旱地资源可以植棉开发，研发新的植棉技术和品种，大力发展盐碱地、旱地植棉，对缓解粮棉争地矛盾，稳定植棉面积，实现我国棉花生产的可持续发展具有十分重要的现实意义。

五、加快发展棉花生产机械化的发展战略

现代化的农业技术需要通过先进的农业机械来实现，从而获得更高的效益和更强的生命力。棉花生产机械化是一项系统工程，其核心环节是收获机械化，农田基本条件、土地整理质量、棉花品种、栽培模式、田间管理措施、清理加工等环节对机械化收获有直接的影响。因此，农机、农艺与信息化融合十分重要。目前我国西北内陆棉区的新疆生产建设兵团，经过十几年的探索，逐渐形成了棉花生产全程机械化的模式，但仍需要进一步优化和提升。黄河流域棉区和长江流域棉区主要采用人工采收的传统种植方式，机械化、规模化种植还有很长的路要走，不同地区棉花生产机械化模式不尽相同，针对本地域的特点，不断探索适合本地的机械化生产模式，是中国棉花生产机械化发展的根本战略要求（朱德文等，2008；喻树迅等，2015）。

（一）因地制宜发展棉花生产机械化

棉花生产机械化的发展要因地制宜。西北内陆棉区棉花生产全程机械化的条件基本具备，仅需在政策上给予扶持和优惠，即可快速推进。黄河流域棉区一熟棉田，棉田单块面积较大，地表平整，气候适宜，农田基本设施适当建设后能满足大型农业机械作业的要求，因此具备棉花机械化收获的基本硬性条件。应选用适宜机械化收获的棉花品种，在保证棉花单产的前提下改进棉花种植模式、加强棉田管理，协调和扶持棉花加工企业升级改造机采棉生产线，先进行机械化采收试点示范，然后再逐步推进。黄河流域棉区的两熟或多熟棉田和长江流域棉区，由于种植规模小，且采用麦棉、油棉套种的栽培模式，实现机械化的难度很大。因此，应该首先改革种植模式，实现麦后、油后棉花机械化直播；其次研制适用于南方的小型机械，包括采收机械。

机采籽棉的清理加工是机采棉技术推广的瓶颈，没有加工厂，机械采收的棉花无出路，棉农无法兑现。将机采棉清理加工厂的设备纳入农机购置补贴范围并加大补贴力度，引导和提高棉花加工企业对设备改造投资的积极性，对机采棉技术的应用和推广有很大的促进作用。

（二）加快研究选育机采棉品种

棉花收获机械在作业过程中会对吐絮棉株产生挤压、缠绕、抽拉、碰撞等作用，对棉花品种的要求也较高。要求吐絮棉花含絮力适中，含絮力过大，摘锭采收不充分，采净率降低；含絮力过小，吐絮棉易撞落，造成挂枝棉和落地棉增加。棉铃在棉株的空间分布要均匀，最低结铃部位离地高度不低于 20 cm。棉叶背毛短，以免脱叶后挂在吐絮棉上，造成籽棉含杂量增高。目前我国各棉区种植品种较多、性状多样，各地区土壤气候的条件差异性较大，均对棉花的生长造成影响。因此，适宜不同棉区机械化采收作业的棉花品种需要进一步筛选和培育。

（三）研究建立适宜机械化的农艺栽培技术

目前我国除新疆生产建设兵团外，各大棉区的种植模式繁多，株距、行距配置不统一，套作、平作、垄作等种植模式复杂多样。各地农艺习惯不同，种植标准化程度普遍较低，加之机播与人工播种混杂，导致了种植方式的多样化，机具难以与农艺需求相适应，给棉花机械化收获造成了较大的困难。

现有采棉机主导机型为水平摘锭式，要求棉花采收行距为 76 cm、81 cm、86 cm、91 cm、97 cm、102 cm 等，采棉机采收行距的局限性要求栽培农艺要与采棉机相配套，以利于农机产品的定型、成熟和批量生产，从而降低生产成本、使用成本，提高机械化作业的效益。要研究探索与机械收获相配套的栽培技术，实现农艺与农机的融合。

（四）机械化与信息化融合

精准农业是农业信息技术和现代农业机械化技术的高度融合，具有省种、省工，提高土地利用率，提升水肥作用效果，降低劳动强度，减少生产投入，增加农业收益等优点。传统的机械化作业虽然在某些方面替代了人工作业，提高了作业效率，但是无法将现代化农业生产中的测土配方技术、专家配方施肥技术、变量施肥技术、按需施肥技术等应用于农业生产，仍会造成不必要的水肥浪费。因此，利用精准农业理论与技术改造传统棉花产业，在我国棉花生产中发展适合我国国情的精准农业技术，是未来产业发展的一个重要方向。

总之，耕种制度、种植模式的优化，管理程序的简化和多程序合并作业，用机械代替人工，实现棉花轻简化种植和管理是必然的发展方向。要结合生产需求，研究形成一个生态区稳定的种植模式，实现种植模式的简化；重视生产管理程序的减省和简化、农艺操作方法的精确和简化；要依托先进实用农机具，实行多程序的联合作业与合并作业；要正确处理好简化与高产的关系，在高产基础上实行简化，力争高产、超高产和双高产，改善品质，增加收益。

六、改革生产方式，为棉花轻简化生产保驾护航

推进棉花生产方式由分散经营向适度规模经营转变，实现规模化和集约化种植、产业化发展、专业化服务是未来我国棉花生产的主要组织方式。生产方式的变革要充分体现可持续发展战略，既要始终贯彻"资源节约、环境友好"的原则，又要保持好棉花高

产优质的生产能力和竞争力。

（一）集约化、规模化种植

推进棉花生产方式由分散经营向适度规模经营转变，实现规模化、集约化种植是我国棉花生产发展的必由之路，也是稳定棉花生产的有效途径。要求棉花生产规模大，棉田基础设施好，规范化管理程度高。大片集中的集约化种植棉田地面平整、标准种植，采用大型喷灌、虹吸灌溉和中心灌溉系统，科学施肥，棉秆还田，病虫害综合防治，化学除杂草，棉株优势均衡，化学脱叶，一次性机械收获等。

我国大部分植棉农户的棉田经营规模小，无力改善棉花生产的基础设施和进行棉花生产技术改造，加之扩大棉田经营规模的机制尚未形成，对棉花生产要素合理配置产生了不利影响。植棉农户势单力薄，不仅难以抗御来自自然的风险，更难以抗御来自市场的风险，与棉花大市场的发展要求存在矛盾。植棉农户的大量存在，分散使用了棉花生产有限的资金和设备，影响了棉花产业整体素质的提高。引导棉农进行土地流转，把由一家一户分散种植的棉田，向植棉能手和植棉大户集中，增大植棉面积，发展适度规模种植，减少植棉劳动力的投入，提高规模化、集约化经营水平。

（二）产业化发展

棉花产业化是以棉花市场需求为导向，经济效益为中心，科研、生产、流通、纺织加工等一体化为载体的产业经营体系。

要实现棉花产业化经营必须做到以下几方面。

一是棉花品种创新及种子产业化。要重视棉花品种技术创新工作，把提高棉花单产、改进纤维品质、节约生产成本作为主攻目标。重视良种繁育，为实现棉花高产、优质、高效打下坚实的基础。

二是棉花生产、加工、销售一体化。提高棉花机械化、现代化水平，促进棉花生产规模化、集约化，最终实现棉花生产、加工、储运、销售一体化。

三是构建健全的、多元的市场体系。建立较好的市场体系，通过成立棉农合作社等组织，提供生产服务和销售服务，巩固和开拓市场，回避市场风险，提高棉农收益。

四是大力扶持并培植龙头企业，带动并加快我国棉花产业化经营进程。政府应加强扶持龙头企业，实施大企业集团带动棉花产业发展战略，龙头企业必须是基础雄厚、辐射面广、带动力强的棉花收购、纺织加工、销售企业或企业集团，且具有开拓市场、引导生产、深化加工、延长棉花销售时空、增加棉花附加值等综合功能。可以以棉区大型纺织企业或纺织企业与棉花经营单位的联合体作为棉花产业化的核心企业，通过当地棉农合作组织连接棉农，产销直接挂钩，并以产权关系为纽带，通过投资融资，发展自己的成员企业，构建集团多层次的组织结构，形成较大规模的棉花产、加、销一体化的企业集团，从而带动整个棉花产业健康发展，加快我国棉花产业化经营进程。

（三）专业化服务

我国棉花生产的主体是分散的、规模很小的农户。这样的经营主体应对高度专业化的棉花市场十分困难。在生产、加工、销售、纺织品和服装产业化链条中，各环节的利差很大，呈逐级增加的趋势，而棉农的劳动强度最大，获得的利润最少。棉农的利益得不到保证，必然导致棉花产业发展的基础不牢，也会影响整个产业的可持续发展能力。因此，必须创新棉花产业化机制，调整和优化利润分配原则，使产业化链的各个环节和谐发展。

在生产环节，主要通过建立棉农合作社，进行组织化生产，提高抗御自然灾害和市场风险的能力。从棉花产前领域看，生产资料服务尚可，但种苗服务及信息服务明显滞后；在棉花产中领域，传统的地域性服务急剧削弱，而新兴的专业性服务兴起缓慢；从棉花产后领域看，几乎整个棉花流通环节服务都相对滞后。在棉花国内卖方市场扩大、棉花过剩和市场竞争加剧的条件下，仓储、运输、销售环节服务滞后，已成为农民走向市场、发展棉花生产和产业化经营的主要障碍。

加快建立棉花产前、产中、产后信息系统，用现代化手段指导棉花产业化经营。一是在主产区建立棉花产业化信息网络，帮助农民了解市场需求动态；二是以农民为对象，培养棉花产业化信息网络人才，重点在需求分析、动态预测、管理方面加强培养；三是加强市场需求信息的硬件建设，把它作为主产棉区尤其是国家优质棉生产基地基础设施建设的重要组成部分；四是加快区域性的上网工作，尽快与国家棉花信息网和农业部信息中心农业信息网联网，建立地方政府棉花信息网站，及时发布棉花供求信息和价格信息，提供棉花生产资料、病虫危害预报等重要信息，指导棉农进行棉花生产。完善棉花生产技术推广网络，保证植棉新技术的贯彻和落实，并以信息转化、试验示范、集中讨论、技术标准化和教育培训等方式，加快和加深对植棉新技术的理解和应用。

（四）建立保障体系

正确引导棉农进行土地流转，将一家一户分散种植的棉田，正确利用市场化措施，适度向植棉能手和植棉大户集中。

棉花产业链很长，从品种选育、原棉生产到纺织加工的全过程中，涉及棉花科研育种、生产、加工、储运、销售、信息管理及纺织等诸多环节和领域。因此应强化以企业为主导，科研为支撑的新型棉花生产方式，可以将科研、生产、流通、纺织加工等环节有机联合成一个整体，形成一体化的产业经营体系。强化科研单位与棉种生产企业的紧密结合，通过企业与科研、教学单位的强强联合，充分聚合种质资源、科技资源和研究力量，共同研究、联合开发具有自主知识产权的优质棉花品种。

整合财政支农投入，加大棉花基础设施建设投入。要完善政府财政支农资金管理体制，在重点发展的产棉基地县、市，要加大农业基础设施建设投资，并建立棉花发展专项资金。增加棉花生产的服务性支出。加大对棉农技术培训投入力度，加大对农产品供求信息网络和营销组织建设的投入，定期发布棉花市场信息，引导农民有意识调整农业结构，指导棉农合理安排棉花生产。建立棉花新技术推广和良种补贴制度。鼓励棉农积极推广应用新品种、新技术，努力提高棉花产量和质量，以适应纺织业的需求。

（董合忠 白 岩 李 莉）

参 考 文 献

陈发, 阎洪山, 王学农, 等. 2008. 棉花现代生产机械化技术与装备. 乌鲁木齐: 新疆科学技术出版社.

陈学庚, 胡斌. 2010. 旱田地膜覆盖精量播种机械的研究与设计. 乌鲁木齐: 新疆科学技术出版社.

陈义珍, 董合忠. 2016. 棉花衰老和熟相形成的生理生态与调控研究进展. 应用生态学报, 27(2): 643-651.

代建龙, 李维江, 辛承松, 等. 2013. 黄河流域棉区机采棉栽培技术. 中国棉花, 40(1): 35-36.

代建龙, 李振怀, 罗振, 等. 2014. 精量播种减免间定苗对棉花产量和产量构成因素的影响. 作物学报, 40(11): 2040-2945.

董合忠. 2011. 滨海盐碱地棉花轻简栽培: 现状、问题与对策. 中国棉花, 38(12): 2-4.

董合忠. 2013a. 棉花轻简栽培的若干技术问题分析. 山东农业科学, 45(4): 115-117.

董合忠. 2013b. 棉花重要生物学特性及其在丰产简化栽培中的应用. 中国棉花, 40(9): 1-4.

董合忠, 李维江, 李振怀, 等. 2003a. 棉花营养枝的利用研究. 棉花学报, 15(5): 313-317.

董合忠, 李振怀, 李维江, 等. 2003b. 抗虫棉保留利用营养枝的效应和技术研究. 山东农业科学, 3: 6-10.

董合忠, 李维江, 唐薇, 等. 2007. 留叶枝对抗虫杂交棉库源关系的调节效应和对叶片衰老与皮棉产量的影响. 中国农业科学, 40(5): 909-915.

董合忠, 李振怀, 罗振, 等. 2010. 密度和留叶枝对棉株产量的空间分布和熟相的影响. 中国农业生态学报, 18(4): 792-798.

董合忠, 毛树春, 张旺锋, 等. 2014. 棉花优化成铃栽培理论及其新发展. 中国农业科学, 47(3): 441-451.

董合忠, 王留明, 赵洪亮, 等. 2009. 中国棉业科技进步 30 年——山东篇. 中国棉花, 36(增刊): 12-17.

官春云. 2012. 作物轻简化生产的发展现状与对策. 湖南农业科学, (2): 7-10.

纪从亮, 史伟, 邹芳刚, 等. 2008. 关于创新棉花栽培技术的几点思考. 中国棉花, 35(9): 2-6.

蒋建勋, 杜明伟, 田晓莉, 等. 2015. 影响黄河流域常规除草棉田机械采收的恶性杂草调查. 中国棉花, 42(6): 8-11.

李冉, 杜珉. 2012. 我国棉花生产机械化发展现状及方向. 中国农机化, (3): 7-10.

李维江, 董合忠, 李振怀, 等. 2000. 棉花简化栽培技术在山东的效应研究. 中国棉花, (9): 14-15.

李维江, 唐薇, 李振怀, 等. 2005. 抗虫杂交棉的高产理论与栽培技术. 山东农业科学, (3): 21-24.

凌启鸿. 2010. 精确定量轻简栽培是作物生产现代化的发展方向. 中国稻米, 16(4): 1-6.

刘生荣, 张俊杰, 李葆来, 等. 2003. 我国棉田化学除草应用研究现状及展望. 西北农业学报, 12(3): 106-110.

卢合全, 李振怀, 李维江, 等. 2015. 适宜轻简栽培的棉花品种 K836 的选育及高产简化栽培技术. 中国棉花, 42(6): 33-37.

卢合全, 赵洪亮, 于谦林, 等. 2011. 鲁西南麦套杂交棉适宜种植密度研究. 山东农业科学, (9): 27-29.

毛树春, 谭砚文. 2013. WTO 与中国棉花十年. 北京: 中国农业出版社.

毛树春. 2010. 我国棉花种植技术的现代化问题——兼论十二五棉花栽培相关研究. 中国棉花, 37(3): 2-5.

毛树春. 2012. 中国棉花景气报告(2012). 北京: 中国农业出版社: 158-184.

毛树春. 2013. 中国棉花景气报告(2013). 北京: 中国农业出版社: 272-274.

毛树春. 2014. 中国棉花景气报告(2014). 北京: 中国农业出版社: 104-112.

牛巧鱼. 2013. 我国棉花机械打顶研究进展. 中国棉花, (11): 23-24.

齐付国, 孙景生. 2012. 棉花节水灌溉研究进展. 节水灌溉, (5): 60-62.

瞿端阳, 王维新. 2012. 新疆棉花机械打顶现状及发展趋势分析. 新疆农机化, (1): 36-38.

王刚, 张鑫, 陈兵, 等. 2015. 化学打顶剂在新疆棉花生产中的研究与应用. 中国棉花, (10): 8-10.

王家宝, 王留明, 姜辉, 等. 2014. 高产稳产型棉花品种鲁棉研 28 号选育及其栽培生理特性研究. 棉花学报, 26(6): 569-576.

谢志华, 李维江, 苏敏, 等. 2014. 整枝方式与种植密度对蒜套棉产量和品质的效应. 棉花学报, 26(5): 459-465.

喻树迅, 张雷, 冯文娟. 2015. 快乐植棉——中国棉花生产的发展方向. 棉花学报, 27(3): 283-290.

张佳喜, 蒋永新, 刘晨, 等. 2012. 新疆棉花全程机械化的实施现状. 中国农机化, (3): 33-35.

中国农业科学院棉花研究所. 2013. 中国棉花栽培学. 上海: 上海科学技术出版社: 7-28.

周亚立, 刘向新, 闫向辉. 2012. 棉花收获机械化. 乌鲁木齐: 新疆科学技术出版社.

朱德文, 陈永生, 徐立华. 2008. 我国棉花生产机械化现状与发展趋势. 农机化研究, (4): 224-227.

Dai JL, Li WJ, Tang W, et al., 2015. Manipulation of dry matter accumulation and partitioning with plant density in relation to yield stability of cotton under intensive management. Field Crops Research, 180: 207-215.

Dong HZ, Li WJ, Xin CS, et al., 2010. Late-planting of short-season cotton in saline fields of the Yellow River Delta. Crop Science, 50: 292-300.

第二章　棉花轻简化栽培的关键技术

棉花轻简化栽培是采用现代农业装备代替人工作业、减轻劳动强度、简化种植管理、减少田间作业次数、农机农艺融合、实现棉花生产轻便简捷、节本增效的综合栽培技术体系，包含若干关键栽培技术措施。棉花轻简化生产的实现，依赖于轻简化栽培的关键技术和与之配套的现代农业装备。本章主要论述了轻简化栽培的关键技术，包括精量播种技术、轻简育苗技术、轻简经济施肥技术、轻简节水灌溉技术等。

第一节　精量播种技术

棉花精量播种分为苗床精量播种和大田精量播种。苗床精量播种是指选用优质种子，在营养钵、育苗基质和穴盘等人工创造的良好苗床上人工或机械进行播种和育苗的技术；大田精量播种是指选用优质种子，精细整地，合理株行距配置，机械播种，不疏苗、不间苗、不定苗，保留所有成苗的大田棉花播种技术。棉花精量播种是棉花轻简化栽培的关键技术与核心技术，对实现棉花轻简化、机械化生产至关重要。不同棉区生态条件、生产条件不同，精量播种技术也不尽一致，因此这里分区域介绍棉花精量播种技术。

一、西北内陆棉区棉花精量播种技术

地处西北内陆棉区的新疆生产建设兵团，现行的棉花精量播种技术能将预定数量的种子播到土壤中预定的位置，实现棉花种子在棉田中的精确定量、定位，达到了真正意义上的"精量"播种。

（一）棉花精量播种技术的现状

精量播种机将预定数量的高质量种子播到棉田土壤中预定的位置，实现棉花种子在田间三维坐标空间和数量上的准确性，即实现了株（行）距、播种深度和播种量的最佳配置。精量播种技术可将棉花播种量由常规播种平均每穴 3 粒以上，降至每穴 1 粒或 2 粒或 1+2 粒等配比方式，具体每穴粒数完全由种植者确定，目标穴粒数合格率≥90%，空穴率≤3%，田间出苗率≥90%，保苗率≥87%（武建设和陈学庚，2015）。该技术是西北内陆棉区近年大面积推广的一项新型棉花种植技术（图版Ⅷ-2）。

1. 棉花精量播种的优点

精量播种技术具有以下突出优点。

1）显著减少用种量。精量播种的用种量大约在 30 kg/hm^2，而传统多粒播种（常规播种或非精量播种）一般在 60～75 kg/hm^2。精量播种棉田因节约种子，种植成本可节

约 600~900 元/hm²。新疆生产建设兵团第三师 46 团气吸式精量播种采用 1.2 m 薄膜，1 膜 4 行，播种机播幅为 3 膜 12 行，宽 4.2 m，采用 20 cm + 40 cm + 20 cm + 60 cm 宽窄行配置，交接行 55 cm，株距 9.5 cm，理论株数 30 万株/hm²，收获株数 24 万株/hm²。该团采用"单穴单粒"精量播种方式，大田平均单籽穴率为 91.6%，较常规播种提高 84.9%；空穴率较常规播种略高（1.2%），用种量为 28 kg/hm²，较常规播种减少 35 kg/hm²（表 2-1）。同时，精量播种较常规播种单株率提高 81.1%，极少出现双株及多株现象；但空穴率较常规播种高 6.3%，出苗率低 6.2%（表 2-2）（徐辉胜，2013）。

表 2-1　精量播种与常规播种的播种效果比较

播种方式	单籽率（%）	双籽率（%）	多籽率（%）	空穴率（%）	用种量（kg/hm²）
精量播种	91.6	2.3	2.2	4.0	28
常规播种	6.7	69.9	20.4	2.8	63

表 2-2　精量播种与常规播种的成苗情况比较

播种方式	单株率（%）	双株率（%）	多株率（%）	空穴率（%）	出苗率（%）
精量播种	87.7	1.2	0.9	10.1	89.9
常规播种	6.6	69.4	20.2	3.8	96.1

2）节约间苗、定苗用工。一般无需间苗、定苗，节省劳力，因而还可节约用工成本 1500 元/hm² 以上。

3）减少个体间的竞争。单穴单粒，且株距和行距均匀配套，可减少植株间水分与营养竞争，有利于构建棉花高产群体。常规播种或非精量播种棉田由于需要间苗，常伤及所留苗的根系，造成苗弱和生长缓慢。

4）可以促使并带动相关技术的改善与进步，如种子质量的提高、种植模式的优化、耕整地质量的规范、土壤的改良、化控技术的实施、田间管理措施的强化、作业机具性能的提高和改进等（刘文海，2008）。

由于具有以上优点，与不定苗的常规播种棉田相比，精量播种棉田常能显著增产；与定苗的常规播种棉田相比，能够省种、省工，具有增收、增效的作用。

2. 棉花精量播种的全方位保障

棉花精量播种是一个系统工程，实现精确定量和定位播种，达到一播全苗的要求，需要一系列物质和技术的支撑。首先，整地质量要高，棉田平整、墒情适宜；其次，种子质量要好，以脱绒包衣种子为佳，种子发芽率≥90%，种子破子率≤3%；最后，播种机械要配套。三者缺一不可。

由于精量播种技术既可以减少农业生产投入又能显著提高棉花产量，已越来越受到人们的青睐。随着育种、种子加工处理技术、农药、除草剂和水利灌溉技术的不断发展与完善，种子的发芽率和保苗率有了大幅提高，为精量播种技术的实施提供了可靠的保证。精量播种技术已是现代精准农业生产的重要内容之一，是常规农业生产向现代农业生产发展的必然趋势，是棉花种植技术史上的一大进步，目前该技术正在全疆普及（于永良，2013）。

（二）棉花精量播种关键技术

1. 精量播种机械选择

新疆棉花均采用地膜覆盖。为提高作业效率，要求精量播种机能够一次性地完成地面平整、开沟、铺膜、压膜、膜边覆土、准确打孔、精量播种、盖土、种行镇压等一条龙作业任务。在滴灌棉田还需要同时完成滴灌带铺设。新疆棉花精量播种机先后推广过气吸式与机械式两种不同原理的精量播种机，其中机械式又分为夹持式和窝眼式，目前窝眼机械式比较受棉农欢迎，普及率较高，气吸式精量播种机械在棉花上有一定使用面积，而夹持机械式在生产上已很少使用（陈玉龙等，2015）（图版Ⅲ-1，2）。

目前在新疆使用较好的棉花精量播种机械，其型号及适宜地膜宽度、作业速度、配套动力、产品主要性能指标等主要参数见表2-3（郭新刚等，2015；陈发等，2008）。

表2-3 新疆有影响的精量播种机型号及主要参数

序号	型号	适宜地膜宽度（mm）	作业速度（km/h）	配套动力（kW）	产品主要性能指标（技术及经济指标）	生产厂家
1	2MBJ-1膜4行	1250～1450	2.5～4.0	15～48	窝眼机械式设计，空穴率≤3%、单粒率≥93%	新疆天诚农机具制造有限公司（http://www.xjtcnj.com/）
2	2MBJ-1膜6行	1800～2050	2.5～4.0	18～48	同上	同上
3	2MBJ-3膜12行	1250～1450	2.5～4.0	49～92	同上	同上
4	2BMJ-4（A）	125～145	3～4	≥35	窝眼机械式设计，穴粒数合格率≥95%、空穴率≤3%，可带种肥，播种深度和行距按客户要求制作	新疆科神农业装备科技开发股份有限公司（http://www.xjksnj.cn/）
5	2BMJ-1/6	205	3～4	≥55	窝眼机械式设计，穴粒数合格率≥95%、空穴率≤3%，播种深度和行距按客户要求制作	同上
6	2BMJ-2/12	205	3～4	≥60	同上	同上
7	2BMJ-3/18	205	3～4	≥80	同上	同上
8	2BMJQ-4	125～145	3～4	≥35	气吸式设计，穴粒数合格率≥95%、空穴率≤3%，可带种肥，播种深度和行距按客户要求制作	同上
9	2BMJQ-6	205	3～4	≥55	气吸式设计，穴粒数合格率≥95%、空穴率≤3%，播种深度和行距按客户要求制作	同上
10	2MBJ-1/4	1250～1450	2.5～4.0	17～35	窝眼机械式设计，空穴率≤4%、单粒率≥93%、孔穴错位率≤1.0%、穴距合格率≥90%、膜孔全覆土率≥90%	阿克苏金天诚机械装备有限公司（http://www.aksjtc.com/）
11	2MBJ-1/6	203～205	2.5～4.0	17～35	窝眼机械式设计，空穴率≤3%、单粒率≥93%、膜孔全覆土率≥90%、孔穴错位率≤1.0%、穴距合格率≥90%	同上
12	2MBJ-3/12	1250～1450	2.5～4.0	55～75	同上	同上
13	2MBJ-3/18	203～205	2.5～4.0	55～75	同上	同上

机械式精量播种机与非精量播种机相比，除播种箱中控制下种量部件不同外，其他完全一样，见图 2-1，它是由新疆阿克苏金天诚机械装备有限公司生产的 2 膜 12 行精量播种机（2MBJ-2/12 型）。

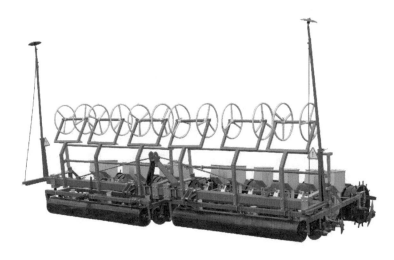

图 2-1　2 膜 12 行精量播种机

2. 种子精选

高质量的种子是实现精量播种一播全苗的重要保障。要获得高质量的种子，一方面大田生产质量要高，另一方面种子加工质量要高。棉花常规用种加工工艺主要采用化学或物理方式脱绒、重力精选、风力精选等方式，而针对精量播种的生产用种，必须增加色选设备，以进一步提高种子的健子率和发芽率。目前国内外用于棉花种子的色选机械已很成熟，如英国布勒 Z+4B 棉种双色色选机，中国合肥泰禾光电科技股份有限公司生产的 6SXZ-126H、6SXZ-189H、6SXZ-126H、315H 等系列种子精选机，其色选精度均可达 99% 以上，瑕疵粒：正常粒为 6：1 以上。因棉花籽棉加工过程中不可避免产生破籽，有的种子企业还安装了江苏浩翔机械制造有限公司生产的 HZF 系列的针选破籽清选机，通过针选，可大幅度降低种子破籽率，从而确保破籽率≤3%。如果采取上述措施种子仍不达标，需人工粒选，从而确保精量播种棉田种子大小均匀、饱满，提高种子发芽率和健子率，同时减少播种出现双粒、三粒、烂子或空穴等现象。

根据多年生产实践，棉花精量播种的种子质量应达到：发芽率≥90%，破子率≤3%；子指 9.7～11.9 g，通常≥10.5 g，种子必须进行药剂包衣处理（郭新刚等，2015）。

3. 棉田准备

棉田必须进行深耕作业，以满足棉花根系生长。耕地作业应适时适墒进行，一般要求耕深达到 25～30 cm，深耕垡片翻转良好，地表物覆盖彻底，耕后地表平整、松碎，不重不漏。整地标准为平、松、碎、齐、净、直等（王晓刚，2014）。

整地前每公顷喷施 48% 氟乐灵 1500～1800 mL 或施田补乳油 2250～3000 mL 进行土壤封闭，封闭后及时耙地，耙地深度在 4～5 cm，做到上松下实。

4. 播种技术要求

1）播种时期。精量播种棉田播种期较常规播种田略晚，一般建议在膜下 5 cm 地温稳定通过 14℃时开始播种。南疆 4 月 8～15 日，北疆 4 月 10～20 日为最佳播种期。

2）播种机调试。先按试播要求填装种子，再将播种机升起，模拟播种机作业速度并按机组前进方向旋转点播滚筒，检查并调整好排种情况，然后按技术要求装好种子、地膜及滴灌带，机组按正常作业速度进行试播，并检查播种、铺地膜及滴灌带、覆土等情况，特别要认真检查播种器铺膜和穴播器的清理工作，调试播种机，实现播种机穴播器或排种器能准确地排出种子，既不能多出粒，也不能空白漏播，还要做到种子准确落在土壤预定位置，且分布均匀一致。达到播种技术要求后即可播种。

3）播种要求。通常精量播种棉田使用的方型鸭嘴入土深度 2.5～3.0 cm，种子下种深度（播深）2.0～2.5 cm，尖型鸭嘴入土深度 3.5～3.8 cm，沙土地较黏土地鸭嘴入土宜相对深些，精量播种穴播器鸭嘴入土深度较非精量播种约少 0.5 cm。精量播种棉田种行膜面覆土厚度北疆一般为 1.5～2.0 cm，最小厚度仅 1.0 cm；南疆一般为 1.8～2.4 cm，最大可达 3.0 cm 左右。

播种时，特别注意以下几点。

一是种子箱检查。在向种子箱加种前，应清理种子箱可能存在的杂质、碎籽及残膜等，同时要防止种子箱加种过满，在行走过程中因种子相互挤压而敦实，造成输种管堵塞。

二是严格作业标准。为保证错位率≤1%，空穴率≤3%，在拖拉机行走时，要严格按照田间播种质量标准作业，即作业速度≤3.5 km/h，动力输出轴转速 350～400 r/min。做到播行端直、膜面平展、压膜严密、覆土适宜、接行准确，经常检查点播滚筒的鸭嘴开闭情况，以及下种、覆土覆膜、滴灌带铺设等作业质量，及时清除鸭嘴、开沟器和覆土装置上的泥土、废膜、残秆残茬等杂物，发现问题及时停车检修。考虑每次停车不仅降低田间作业速度，还容易出现小断条，因而应尽可能减少田间停车次数。为安全起见，机车起步、播种机提升或落下时要鸣号，防止伤人。

三是搞好滴灌带铺设。滴灌带铺设在播种行的窄行中间，滴灌带滴水流道朝上，不打折、不打结、不扭曲，松紧适度。滴灌带内不要带进砂子、泥土、残膜等杂物，防止堵塞滴灌带及滴头。地膜铺设平展，紧贴地面，横向及纵向拉力适宜，覆盖严实，地膜两侧垂直入土 5～7 cm，采光面大。

四是注意播后检查。精量播种对土壤温度和墒情等的要求比常规播种要高些，因此在播种过程中，要及时检查地膜及滴灌带的铺设质量，每一播幅沿垂直方向隔 10～15 m 用土压好，形成一条防风土带，滴灌带的连接处及地头两边的滴灌带用土压实，并注意及时压膜封洞，压好膜边、膜头及膜上破孔（王大光和李禹，2013）。

二、黄河流域棉区棉花精量播种技术

黄河流域棉区棉花精量播种就是采用机械精量播种机，将单粒或多粒棉花种子按照一定的距离和深度，准确地插入土内的播种方式，棉花精量播种可以使种子获得均匀一致的发芽条件，促进每粒种子发芽，达到苗齐、苗全、苗壮的目的。

（一）精量播种技术要求

精量播种的基本流程是：在整地、施肥、造墒的基础上，在适宜播种期，采用精量播种机，按预定行距和株距每穴播种 1～2 粒，每公顷用种 15～22.5 kg，然后喷洒除草剂，覆盖地膜。播种后及时检查。全苗后及时放苗，放苗时适当控制一穴多株。以后不再间苗、定苗，保留所有成苗形成产量（图版Ⅳ）。

目前黄河流域棉区可选用的精量播种机械类型很多，多数精量播种机可以实现播种、施肥、喷除草剂和覆膜一次完成，因此既节省了用种和用工费用，又提高了工作效率。下面就以机械式精量播种机为例介绍棉花精量播种技术。

1. 精量播种的原理

机械式精量播种机设计有两级排种器，一级排种器是外槽轮式排种器，它通过调节排种器凹槽的长度，来调节播种量的大小；二级排种器由六角凸轮来控制，六角凸轮在齿轮的带动下均匀地转动，推动二级排种器的连杆，每隔一段距离，释放一穴棉种。一级排种器和二级排种器上下串接在一起，既实现了精量播种的目的，又使播种穴距一致，从而达到了点播和精播的目的。详见本书第三章第三节。

2. 机械调试

棉花精量播种之所以能够减少用种量、节约成本和降低劳动强度，靠的就是精量播种机。所以对于精量播种机的操作是非常严格的，在下地播种之前，要做好播种机各项指标的调试，即使一个技术环节出现失误，也可能给播种工作带来难以弥补的困难和缺憾。播种机调试的内容主要有以下几方面。

一是调节播种量。在精量播种机的说明书上，都有详细的说明，通过调节播种箱的操纵杆，可以准确调整播种量的大小。

二是调整播种行距。多数精量播种机可以调试行距，也有的不可调试。播种机一般是一播两行或四行的播种机，可调试的要在播种之前，根据农艺要求，调整好两行种子之间的距离。需要注意的是，一般棉田可以采用大小行，小行行距 50～60 cm，大行行距 90～100 cm，但如是机采棉，则要求 76 cm 等行距。

调整好行距之后，如果播种机有喷洒除草剂、覆土、覆膜的功能，还要调整好除草剂喷洒量、覆土厚度等，使之符合规定要求。

三是调整施肥量和播肥器位置。大部分精量播种机都是施肥、播种一体的机械，因此，将肥料倒入施肥箱后，除了调节好施肥数量，还得调节施肥的位置，肥料和种子之间应保证有 4～5 cm 厚的土壤隔离层，如果肥料与种子太近则容易烧苗。

3. 试播

调整好以上几个技术指标，正式播种之前还应该进行试播。试播时先播 2～4 m。试播，对于精量播种来说是非常重要的，试播后，要掀开地膜，检查播种质量，包括播种量、株距、行距等。特别是要调整播种深度。试播以后，可以细致地调节排种器的入土深度，以保证播种深度的准确。试播后，还要检查精量播种机铺膜、压膜和覆土的情况，要求膜面无皱折，压膜深度要求 5～7 cm，种穴覆土厚度 0.5～1 cm，镇压严实。

4. 播种要求

在整个播种过程中，要求精量播种机匀速直线行驶，不能忽快忽慢或者中途停车，以免造成重播和漏播。

如因故障必须停车，再开播前应将播种机升起，后退一段距离再继续播种，以免漏播。

添加种子应在地头停车时进行，不要等播完后再加。在更换播种的品种时，要清理种子箱、排种器等部位积存的种子，以防品种混杂。

因为大多数棉花精量播种机都是集施肥、播种、覆膜等工作为一体，所以精量播种的棉花出苗快而齐，从播种到出苗大约 8 d，出苗 3～4 d 后即可齐苗，齐苗后，要及时破孔放苗，以防高温烧苗。

（二）辅助措施

1. 精选种子

由于穴播器全部用的是单粒盘，1 穴 1 粒种子，所以对种子的要求较严。选择适应当地土壤气候条件生长发育的优良品种，种子纯度应在 95% 以上，种子经过精选，应成熟饱满无缺损，发芽率应达 80% 以上，发芽势强，进行过包衣。

2. 适时播种

播种时间主要与土壤温度有关。采用地膜覆盖的方式种植棉花，要求地膜覆盖地面以下 5 cm 左右的土壤层能够稳定通过 15℃，否则会出现棉籽萌动和发芽期间遭受冻害，致使生长点停止和烂种，水分过大也会造成种子烂种。在重盐碱地上应采用覆膜播种，需先洗盐压碱，才能保证全苗。

3. 高质量整地

耕地作业应及时，适墒期限内进行。耕地深度达到 20～25 cm，均匀一致，扣垄覆盖严密，地表无残茬、杂草、肥料及其他地表物。耕后地表平整，不重不漏，地头整齐，到头到边，无回垄和高垄现象。开闭垄犁地前要依据前次犁地情况而变更，不得多年重复一种耕作方向，防止破坏土地的平整度及土层结构。耙地作业质量与精准播种的关系极为密切。耙地质量要求达到"墒、平、深、齐、松、碎、净"七字标准，地表平整，无高包或凹坑，平坦，以提高种子发芽率，耙地达到一定深度，一般 12～15 cm，耙深一致，作业到头到边到角。表层疏松，上虚下实，表土细碎，无土块，干净，田间内无草根、残茬、废膜。

三、长江流域棉区棉花精量播种技术

长江流域棉区棉田种植制度以两熟制为主，占植棉面积的 80% 以上，主要是棉麦两熟和棉油两熟。该棉区棉花轻简化栽培的技术路线有 2 条：一是杂交棉轻简化育苗移栽（基质育苗、水浮育苗），二是油/麦后机械化直播棉花。其中，杂交棉轻简化育苗移栽采用的苗床精量播种技术，见本书第二章第二节，这里主要介绍油/麦后机械化直播棉花的精量播种技术。

（一）品种选择

选用通过国家或省级审定且适合当地种植的短季棉品种，同一种植区域应选择同一品种。采用机械收获时，所选棉花品种株型、株高、主茎基部直径、第一果枝高度、早熟性、吐絮集中度、含絮力、纤维长度、纤维强度等农艺、品质性状应满足所选用采棉机的性能要求。

（二）种子选择

机械直播应选用精加工脱绒包衣棉种，要求种子健子率 99% 以上、净度 98% 以上、发芽率 80% 以上、纯度 95% 以上、含水量不高于 12%。播种前晒种 2～3 d，以提高出苗率。

（三）棉田要求

棉田应集中连片、肥力适中、地势平坦、交通便利。采用摘锭式采棉机采收时，地块长度 100 m 以上、面积 6.7 hm² 以上为宜；采用指杆式采棉机采收时，地块长度 200 m 以上、面积 2 hm² 以上为宜。

（四）播种机选择

长江流域棉区两熟制棉田棉花需要免耕抢墒抢时播种，所选用的苗带清整型棉花精量免耕施肥播种机，需具备如下功能。

1. 多功能联合作业

在油/麦收后秸秆覆盖的地块，一次作业即可完成苗带清整（清草、灭茬、浅旋）、侧深施肥、播种、覆土、镇压等工序，减少机具的进地次数，实现抢时抢墒播种，提高播种质量，提高工作效率，节省生产成本。

2. 苗带清整

通过清草、灭茬、浅旋刀轴设计，将播种带中秸秆、杂草抛向两侧，灭茬同时破除地表干硬土层，实现苗带清整，解决秸秆、杂草影响棉花出苗等问题。

3. 精量播种、种肥同播

每穴播 1～2 粒，穴距可调，行距在 76 cm、81 cm、86 cm、91 cm 等档位可调，播深稳定在 2～3 cm。实现精量穴播的同时，将棉花专用配方缓控释肥施入两播种行中间。

（五）精量播种

采用苗带清整型棉花精量免耕施肥播种机，苗带清整、播种、施肥、覆土、镇压一次完成。每公顷播种 15～30 kg，播种深度 2～3 cm，覆土厚 1.5～2 cm。要求播深一致、播行端直、行距准确、下籽均匀、不漏行漏穴，空穴率＜3%。

（董合忠　田立文　郑曙峰）

第二节　轻简育苗移栽技术

相对于直接播种，棉花育苗移栽，由于在一播全苗、增加棉花生长发育时间、促进棉花提早结铃等方面具有显著优势，因此，自 20 世纪 60 年代以来，该技术在中国得到迅速发展，高峰时期棉花育苗移栽面积 200 万 hm² 以上，占全国棉田面积的 37%以上，是重要的独具特色的精耕细作栽培技术，为提升中国棉花单产和品质，特别是在促进两熟制、多熟制发展方面，发挥了无可替代的作用。但由于其环节多、育苗期长，特别是制钵、起钵、运钵等环节存在劳动强度大、用工多等问题，近十年来呈逐渐退化之势。随着农业劳动力转移，出现了很多替代传统营养钵育苗移栽的轻简育苗移栽技术。下面在回顾育苗移栽技术变革和发展历程的技术上，重点介绍两种比较普遍的轻简育苗技术。

一、棉花轻简育苗移栽技术的发展历程

（一）传统营养钵育苗移栽技术

一般认为我国棉花传统营养钵育苗移栽起源于 20 世纪 50 年代，由总结蔬菜育苗经验逐步发展形成。四川省万县专区农业试验站于 1952 年开始试验棉花营养钵育苗移栽，长江下游的上海市郊区于 1954 年开始试验推广棉花方格育苗和营养钵育苗移栽（中国农业科学院棉花研究所，1983）。山东省农业科学院研究员曹柏强在其所著《农业科研与科技管理论文集》中，收录了一篇题为"在营养钵内培育棉花幼苗"的译文，是前苏联中央亚细亚灌溉农业机械化和电气化研究所可达耶夫和卡里莫夫于 1954 年 10 月发表在《苏联植棉业》上的一篇论文。该文报告了采用营养钵育苗带土移栽和裸苗移栽的效果，制钵、播种、苗床管理、移栽和移栽后的管理皆与我国当前采用的管理技术相同或相近，其中带土移栽的成活率达到 98.8%，不带土移栽的成活率达到 78.2%，较常规直播早熟 15~20 d。文中提到该营养钵育苗移栽试验已进行了几年，推测苏联在 1950 年前后就已经开始棉花营养钵育苗移栽的试验研究，说明前苏联在这方面的试验研究并不晚于中国。中国棉花营养钵育苗移栽技术是否得到前苏联试验研究成果的启发，目前尚不能肯定，但是中国在这一技术的发展和应用方面则走在了世界前列。

棉花营养钵育苗移栽技术于 20 世纪 70 年代开始在我国大面积推广应用，80~90年代成为长江流域棉区间作套种棉花早发和增产增收的关键技术，并迅速从长江流域扩展到黄河流域棉区，是适合人多地少国情的棉花精耕细作栽培技术的代表。

（二）轻简育苗移栽技术

进入 21 世纪，传统营养钵育苗移栽技术的应用遭遇劳动力转移的严峻挑战，导致技术落实严重"退化"，增产效应削弱，已不适应棉花生产发展的新形势。针对棉花生产之需，2000 年前后，山西省农业科学院棉花研究所、河南省农业科学院经济作物研究所、中国农业科学院棉花研究所等单位率先开展了旨在替代传统营养钵育苗移栽的轻简育苗移栽技术。

齐宏立等（1998）较早采用蛭石和肥料等配成的基质等代替土壤进行育苗，证明蛭石效果最好，粪与河沙混合次之，河沙第三，粉煤灰和炉灰效果不明显，但是在移栽成活关键技术方面没有取得实质性突破。宋家祥等（1999）、刘永棣（2002）等发现，芦管或纸管载体可在一定程度上取代营养钵，但对移栽幼苗的生根、成活、返苗和发棵生长产生不利影响，这些尝试虽然取得了一定效果，但还都不能令人满意，没有在生产中应用。

1. 穴盘育苗

杨铁钢和谈春松（2003）用浇灌营养液的蛭石代替传统营养土培养棉苗，并在营养液中添加单宁和有机酸的螯合剂，以减少植株中影响棉苗快速生根的单宁和有机酸的含量。将土装在穴盘中代替传统营养钵。通过育苗期间施用生根激素，提高了植株中生根激素的含量水平。在移栽前通过施用调节叶片气孔开合的理化制剂，来缓解移栽后水分吸收和蒸腾的矛盾。通过移栽时蘸施快速生根剂，使棉花移栽后能够快速生发新根。不但实现了棉苗移栽后95%以上的成活率和5～7 d 缓苗期（比营养钵苗有所缩短），还实现了棉苗在室内存放 3 d 仍能达到上述指标的理想目标。这一技术经过进一步熟化，形成了可操作性强的穴盘育苗技术并得到推广应用（图Ⅱ-1，2，3，4）。

2. 基质育苗

毛树春等（2004）发明了育苗基质，确立以育苗基质替代传统营养钵土为轻简育苗的技术路线，以攻克棉花裸苗移栽成活率低的生物学难点问题为突破口，以轻型简化和低成本为生产目标，历经多年试验研究，发明了一系列替代传统营养钵的专利产品和技术，包括育苗基质、促根剂、保叶剂，提出了苗床成苗 500 株/m²、苗龄 25～30 d、真叶 2～3 片/株、苗高 15～20 cm、茎粗叶肥、红/绿茎各半、栽前侧根 30 条/株以上、子叶完整、叶色深绿、无病斑等的壮苗标准和轻简育苗系列技术规程，在此基础上，进一步研制工厂化育苗的成套设备和棉苗移栽机，实现了工厂化育苗和机械化移栽。基质育苗技术具有劳动强度低、省工节本、易实现规模化和机械化的特点（图Ⅱ-5）。

毛树春等（2004）研究表明，蛭石、草炭、有机质和矿质营养等组成的育苗基质，与传统营养钵土相比，容重、孔隙度和水气比等理化性质优良，保水保肥性能好，升温快，保温能力强，昼夜温度变幅小，因而发芽率高，出苗快，幼苗整齐，成苗率高。采用促根剂控制高密度幼苗高度，防止"苗荒苗"，促进生根，培育壮苗。与营养钵苗相比，基质苗侧根密度提高了 71.6%～78.2%，>0.5 cm 侧根增加了 18～23 条/株，离床幼苗根系不少于 30 条/株。喷施保叶剂能提升离床幼苗的耐受能力，离床 24 h 棉苗光合速率、蒸腾速率和气孔导度都维持在一定水平，72 h 后喷施清水的对照则急剧下降，降幅均达到 50%以上，而喷施保叶剂的棉苗光合速率、蒸腾速率和气孔导度分别提高 35.1个百分点、12.5 个百分点和 19.0 个百分点。保叶剂能稳定维持裸苗叶部活力，具有保鲜、防萎蔫的作用，有利于离床裸苗的长时间存放和远距离运输，并加快栽后返苗。

3. 水浮育苗

棉花水浮育苗技术是由陈金湘等（2006）提出的另一种棉花轻简育苗技术，其主要特点为：以多孔聚乙烯泡沫育苗盘为载体，以混配基质为支撑，以营养液水体为苗床进行漂浮育苗，使优良棉种出苗率达到 90% 以上，育成的棉苗根系发达，生活力强，生长整齐一致，少病或无病，无杂草。具有省工，节本，移栽简易，取苗运苗方便和裸苗移栽成活率高达 95% 以上等优点。每个工日可移栽 0.27～0.33 hm²，比营养钵育苗移栽效率提高 5～8 倍。既适用于农户分散育苗，又可进行工厂化集中育苗。

关于在水浮条件下育苗，棉花根系对水环境的适应性，张昊等（2014）认为，在营养液漂浮育苗环境下，溶液中的棉苗根系出现了通气组织、淀粉粒、含晶细胞等特异现象，主根尖皮层薄壁细胞体积变小，细胞之间出现明显的细胞间隙；同时乙醇脱氢酶基因与烯醇酶基因均出现上调表达。

二、棉花穴盘无土基质育苗移栽技术

（一）育苗材料准备

育苗盘选用每张具圆孔 176 孔的规格为 550 mm × 322 mm 的较好（图Ⅱ-1，2），使用蛭石粒径为 1.0～2.0 mm，颗粒基本均匀一致，乳白色至褐白色，与砂石（建材用中砂至粗砂）混合（砂石和蛭石体积比约为 4∶6），即成为育苗基质。

种子要求硫酸脱绒，发芽率 90% 以上、发芽势 85% 以上。

使用复混肥料，按两份尿素、一份磷酸二氢钾、一份硫酸钾混配即可。

（二）育苗

1. 育苗期

根据移栽时间和当地气温稳定在 10℃ 以上两个条件，合理确定播种时间。从出苗到移栽掌握在 30 d 左右。黄河流域棉区最早播种开始时间为 3 月 25 日左右，长江流域棉区为 3 月 20 日进行。若茬口在 30 d 后不许可，则应延后播种。

2. 建苗池

播种前 15 d 左右，在规划好的土地上做好苗床，苗床规格可按 2.2 m × 12 m，小拱棚育苗，不宜太大。苗床底部一定要水平踏实踏平，四周高出底部 10 cm 左右，形成一个浅浅的苗池。踏实后在苗池底部铺一层薄膜（厚度≥0.02 mm），以避免棉苗根系下扎入土，起苗困难。

3. 播种

选择冷尾暖头的连续晴好天气播种，播干籽。将育苗基质（蛭石和砂混合物）充分拌匀，播前用少量清水湿润后，装填育苗盘，填满孔穴，要求每穴装填一致，再用另一个塑料盘将该盘对正下压，对应压出一个小孔穴。将种子用机械或人工播入塑料盘压出的孔穴中，同时结合人工进行补种，保证每个育苗孔穴内都有一粒种子。采用上述育苗基质覆盖已播种的育苗塑料盘 2 cm，要求覆盖均匀一致。按每排 4 张育苗盘摆放于育苗池中，摆放时要将育苗盘紧挨放平放齐。

4. 复混肥料的施用

将复混肥料加入 1000 倍水溶解后，均匀喷洒到上述育苗盘上，要求喷匀喷透，上层相对湿度 70%左右，扎好拱棚，盖好农膜。

5. 拱棚规格

中间高度不低于 60 cm，为防止大风揭膜，应加固压膜绳，同时，还要便于出苗后揭盖降温。

（三）播种后大棚内的管理

1. 苗床温度控制

播种后出苗前，必须随时查看大棚基质的表面温度。棉籽顶土前，蛭石最高温度保持在 35℃以下，高于 35℃必须通风降温。出苗后棚内空气温度不得超过 35℃，高于 35℃必须通风降温，防止高温烧芽烧苗。

2. 苗床湿度管理与通风炼苗

齐苗后，于晴好天气即可小通风，使基质湿度迅速下降。在小通风的同时，按使用的浓度喷施杀菌剂防止苗病。在夜间最低温度不低于 15℃时即可进行揭膜炼苗，炼苗开始后 5～7 d 内夜晚仍需盖棚，7 d 后只要无低温、无大风和降雨，夜晚即可不再盖棚。若天气预报有雨或大风降温，务必将棚盖好扎实，以防大风揭膜。炼苗过程中，无论是中午、早上还是晚上，棉苗萎蔫时必须及时补湿。施肥可结合补湿每 5 d 进行一次。

3. 起苗移栽

起苗前控制浇水，以保证基质湿度在 40%以下。起苗时提起育苗盘一抖，基质即可脱落。茬口许可和当地寒潮过后，尽量早栽，勿以叶片数定起苗时间。

（四）起苗包装

取出育苗盘，托起倒置抖动，培养基质自然散落，而后将育苗盘正放在地面，即可取苗。起苗后，每 100 株幼苗一束，用保鲜袋或保鲜膜包装后，置于阴凉潮湿处，等待移栽，栽后应尽快浇水。能够移栽多少苗，就起多少苗。

（五）移栽

1. 施肥

移栽前 10 d 左右施好基肥，深施，一般每公顷施 150 kg 尿素加 225 kg 磷酸二氢钾，施肥处应距棉苗 15 cm 以上，以防止烧苗。若移栽前无法施用基肥，移栽后应及时补施。

2. 分苗

按株距和密度（每公顷 1.8 万～3.0 万株）要求分苗，将每株棉苗根系理顺后分开，不要强行撕开，尽可能少伤根。

3. 栽苗

晴天应在下午 3 点以后移栽,阴天可全天移栽。可采用开沟、挖穴或用制钵器打孔等方法进行移栽。按密度、行距确定株距,单苗移栽,将棉苗根系垂直埋入土内,深度以浇水后根系仍然全部埋没为宜。过深发苗慢,过浅不利于根系吸收水分从而降低成活率。栽后浇水,切勿挤摁泥土,以免伤根,棉根与土的结合一定要靠浇水来完成。

4. 及时浇"活棵水"

无土棉苗移栽一般应随栽随浇水,若条件限制,应保证栽后 2 h 内浇水,以保证棉苗根系和土壤紧密结合。浇水要一次浇透,湿度要能保持 3 d 以上,过少会影响棉苗的成活和早发。北方浇水后不要立即封土,封土要 3 d 后再进行。

该技术优点是可采用裸苗移栽,起苗、搬运、分苗、移栽都极其轻便,劳动强度极小,但缺点是育苗采用的是无土基质,需要异地购买,同时,由于蛭石也是不可再生资源,受资源总量限制持续性差。同时育苗时需要每天浇水、揭膜、覆盖等作业,耗费工时,与营养钵育苗相比,也没有任何减少,比较适合一家一户或小规模的企业化育苗需要。但若育苗技术到位、棉苗素质较高、移栽时浇水及时、提苗肥施用较早等措施到位,由于移栽可比营养钵提前 10 d 左右,其产量可与营养钵育苗移栽技术相当,甚至还略高。据河南省农业科学院经济作物研究所 2002~2004 年连续 3 年的产量比较试验,该技术每公顷霜前籽棉产量分别达到 3915 kg、4335 kg 和 4770 kg,分别比营养钵育苗移栽技术增产-2.1%、5.3%、8.8%,比大田直播分别增产 3.5%、10.2%、15.2%。

三、棉花穴盘两苗互作育苗移栽技术

(一)育苗材料准备

育苗盘:规格为 550 mm×322 mm,每张具圆孔 176 孔。
沙质土壤:沙质肥沃土壤,有机质含量 1%以上,全氮含量 0.8%以上。
小麦种子:发芽率 95%以上、发芽势 85%以上。
棉花种子:发芽率 95%以上、发芽势 85%以上的脱绒光子种子。
复混肥料:按两份尿素、一份磷酸二氢钾、一份硫酸钾混配即可。

(二)育苗

1. 确定育苗期

可根据棉苗移栽时间和育苗播种时气温稳定在 10℃以上两个条件确定育苗期。从出苗到移栽大约掌握在 30 d。根据气温稳定时间,黄河流域棉区最早播种时间可于 3 月 20 日左右,长江流域棉区可于 3 月中旬进行。当然,若茬口在 30 d 后不许可,可继续延后播种。

2. 建苗池

播种前 15 d 左右,在规划好的土地上做好苗床,苗床规格可按 2.2 m×12 m,小拱棚育苗不宜太大。要求苗床底部一定要水平踏实踏平，苗床四周高出底部 10 cm 左右，形成一个浅浅的苗池。踏实后在苗池底部铺一层薄膜（厚度≥0.02 mm），以避免棉苗根系下扎入土，造成无法起苗。

3. 基质准备

根据育苗量，选取符合条件的适量沙性土壤作基质，湿度 60% 左右，过筛，滤去碎石等硬块备用。

4. 播种

播种一定要选择冷尾暖头的连续晴好天气，为防止烂种，最好干籽播种。用上述基质将育苗盘装盘，每穴装填要基本一致，之后用和育苗盘孔穴相对应的压孔板（大小和育苗盘一致、上布和育苗空穴相对应的压钉），在育苗盘的每个孔穴上压出一播种穴。之后将小麦种子（商品小麦即可）和棉花种子各一粒用机械或人工点进穴盘中，同时结合人工进行补种，保证每个育苗孔穴内都有一粒小麦种子和棉花种子，之后，按覆盖厚度 1.5 cm 对每个育苗盘进行覆盖，确保每个育苗盘覆盖厚度均匀一致。最后按每排 4 张育苗盘摆放于育苗池中，摆放时要将育苗盘紧挨放平放齐。

5. 复混肥料的施用

将复混肥料按 1000 倍稀释后，均匀喷洒到上述育苗盘上，喷洒时务必喷匀喷透，上层相对湿度 70% 左右时停止，之后，扎好拱棚，盖好农膜即可。

6. 拱棚规格

高度应不低于 60 cm，为防止大风揭膜，压膜绳的扎法应确保加固紧实，同时，为放风降温的需要还应能确保揭盖方便。

（三）播种后大棚内的管理

1. 棚内温度控制

播种后出苗前，必须随时查看大棚基质的表面温度。棉籽顶土前，基质最高温度保持在 35℃ 以下，高于 35℃ 必须通风降温。出苗后棚内空气温度不得超过 35℃，高于 35℃ 必须通风降温，防止高温烧芽烧苗。

2. 苗床通风管理

在棉苗出苗 80% 后的 3 d 后，于晴好天气即可小通风。在小通风的同时，按使用的浓度喷施杀菌剂防止苗病。在夜间最低温度不低于 15℃ 时即可进行揭膜炼苗，炼苗开始后 5～7 d 内夜晚仍需盖棚，7 d 后只要无低温、无大风和降雨，夜晚即可不再盖棚。若天气预报有雨或大风降温，务必将棚盖好扎实，以防大风揭膜。炼苗过程中，无论是中午、早上还是晚上，棉苗萎蔫时必须及时补湿。施肥可结合补湿每 5 d 进行一次。

3. 起苗移栽

当茬口许可移栽时，用手抓住麦苗连同棉苗一同起出即可。茬口和天气许可时，能早栽一定要早栽，勿以叶片数定起苗时间。起苗后，按一定数量，用包装箱包装后，置于阴凉潮湿处即可，注意移栽一定要起多少栽多少，栽后应尽快浇水。

（四）移栽

1. 施肥

移栽前一定要施好基肥，基肥要深施并在移栽前 10 d 左右施用。若移栽前无法施用基肥，移栽结束后应及时补施，一般每公顷施用 150 kg 尿素加 225 kg 磷酸二氢钾，施肥应距棉苗 15 cm 以上，以防止烧苗。

2. 分苗

按株距和密度（每公顷 1.8 万～3.0 万株）要求将苗分别放入移栽穴中即可。

3. 移栽

移栽可全天候进行，一般雨天不移栽。移栽时采取开沟、挖穴或用制钵器打孔等方法进行。按株距单株栽苗，使棉苗根系垂直埋入土内，深度以浇水后根系仍然全部埋没为宜。过深发苗慢，过浅不利于根系吸收水分从而降低成活率。

4. 及时浇"活棵水"

棉苗移栽后一般应栽一行浇一行，如果条件限制，应保证每行栽后 4 h 内浇水，以保证无土棉苗根系和土壤紧密结合。浇水一定要一次性浇透，湿度要能保持 3 d 以上，过少会影响棉苗的成活和早发。北方浇水后不要立即封土，封土要过 3 d 后再进行。

该技术优点是基质不受资源限制，可随地取舍，育苗期间管理相对简单，对移栽条件要求不高。缺点是棉苗没有裸根棉苗轻便，包装运输也没有无土基质棉苗方便，单位体积棉苗数量少、长途运输载货量没有无土基质棉苗大。同时该技术在使用时也需要及时浇水、揭膜、覆盖等作业，人工占用时间与营养钵相比，也没有任何减少，比较适合一家一户或小规模的企业化育苗需要。但若育苗技术到位、棉苗素质较高、移栽时浇水及时、提苗肥施用较早等措施到位，由于播种期和移栽期可比营养钵提前 10 d 左右，其产量比营养钵育苗移栽技术显著增加。据河南省农业科学院经济作物研究所 2011～2013 年连续 3 年的产量比较试验，该技术每公顷霜前籽棉产量可分别达到 4140 kg、4890 kg 和 4770 kg，分别比营养钵育苗移栽技术增产 10.2%、15.6%、14.8%。

上面介绍了两种轻简化育苗技术，与营养钵育苗移栽技术相比，在制钵、起钵、运钵、移栽等环节的劳动强度大大减少，但在育苗期间人工占用方面并没明显改善，若要显著减少棉花育苗移栽过程中的用工量，还应采用工厂化规模育苗。

（杨铁钢 董合忠）

第三节 棉花轻简经济施肥技术

近年来棉花生产的持续发展面临着新的挑战：一是生产成本增加，如物资（包括氮肥）投入持续增加，劳动力价格不断上升；二是棉花单产变化不大，棉农利润空间缩小，而且年际间波动较大；三是氮肥利用率低下，环境释放较多，农业面源污染较重。其中生产成本中存在 3 个 60%的现象：总成本中 60%是劳动力成本，物质成本中 60%是肥料成本，肥料成本中 60%是氮肥成本。因此，要提高棉花种植效益，首先要提倡轻简种植，降低劳动力成本；其次要经济施肥，尤其是减少氮肥用量。本节主要以氮肥为主，围绕减少施肥次数、提高肥料利用率，阐述棉花轻简经济施肥的技术及其理论依据。

一、棉花轻简经济施肥的必要性

棉花氮肥利用（效）率一般是指棉株 N 吸收量占氮肥施用量的百分比。目前棉花氮肥利用率均较低，中国为 30%～35%，美国为 30%～38%，澳大利亚为 30%。为满足人们的物质生活需求，农业生产中肥料（氮肥）消耗量不断增加，由于氮肥利用率低，氮肥流失加重，生态环境恶化，生产成本上升，但产量徘徊不前。因此，农学家一直致力于探讨提高肥料利用效率的理论和措施，并已形成许多共识：掌握适当的施用数量；倡导水肥耦合；提倡深施、分次施；强调氮磷钾平衡施肥（Yan et al.，2008）等。例如，与表层施肥相比，深施尿素和碳铵可以提高产量 2.7%～11.6%，同时提高氮肥利用率 7.2%～12.8%。新疆南疆棉区平均施氮量 426～430 kg/hm^2（王平等，2006），传统沟灌氮肥利用率仅为 30%（王林霞等，2001），而覆膜滴灌的氮肥利用率则达到 50%（赵玲等，2004）。在一定施 N 范围内，棉花氮肥利用率在低 N 水平下较高，超过一定水平后则随施氮量增加而下降（侯秀玲等，2006；郭金强等，2008；董合林等，2011），因为高 N 土壤中聚集较多 $NO_3^- - N$，增大了 N 淋失的风险。此外，近年来正在推广一些新的提高肥料利用效率的施肥方法和肥料产品，如缓控释肥等，对提高肥料利用率起到了一定的效果。但是，总体来看，生产上氮肥利用率仍偏低，有很大的潜力可挖。

氮肥利用率低的原因有很多，但主要有以下几点。

一是棉花种植密度太小（主要是长江流域棉区）、群体不足，因为适宜的种植密度及合理的株行距搭配可保证棉花群体适中，均匀吸收养分，从而提高氮肥利用率。密度问题不是本节的重点，因此不作进一步阐述。

二是肥料供应不合理，主要表现为：①偏好施 N，施 N 偏多。我国棉田普遍缺 N，表现为施 N 增产。因此偏施氮肥现象十分普遍，而且氮肥施用量普遍较高，导致浪费严重。据 2008 年湖北省棉花高产创建田间考察验收调查，湖北省棉田施氮量普遍在 450 kg/hm^2 左右，个别农户竟高达 630 kg/hm^2。由于施 N 过多，棉株个体高大，田间荫蔽严重，中下部蕾铃脱落数量、烂铃数量增加，导致 9 月底 0.2 hm^2 棉田内难觅 100 个正常吐絮铃，最终籽棉产量低于 3750 kg/hm^2。②底肥比例偏大，氮肥利用率低。传统观念主张施足底肥，其是以有机肥为前提的；而现实农业生产中，有机肥比重不大，但棉农施肥习惯未变。氮肥底施比例过大，导致棉花生长前期过旺、中期不足、后期早衰，最终棉花产量偏低、氮肥利用率偏低。新疆棉农习惯底施、追施氮肥各半，但从播种到初花期棉花仅需 50～70 kg N/hm^2（张旺锋和李蒙春，1997；张旺锋等，1998）。长江流域棉区，一般分 3 次施 N：底肥 30%、初花肥 40%和盛花肥 30%，其底肥比例仍偏大。因此，要提高肥料利用效率，实现轻简经济施肥，我们必须要研究了解氮肥的适宜施用量、适宜的施用时期、减少施用次数的可行性等。

二、棉花氮肥适宜施用量

目前棉花生产上，尽管施氮量（450 kg/hm^2 以上）不断增加，但湖北棉花单产始终徘徊在 1050~1200 kg/hm^2。因此，探讨棉花适宜氮肥用量对于合理施 N、提高氮肥利用率具有重要意义。以高产品种'华杂棉 H318'为材料，采用常规大田种植技术，在中等土壤肥力条件下，比较了不同施氮量对棉花产量、生物质累积的影响。

大田试验，设置 5 个施 N 处理（kg N/hm^2）：N0，0（缺 N）；N10，150（低 N）；N20，300（中 N）；N30，450（高 N）；N40，600（富 N）。此外，各处理均施磷（P$_2$O$_5$）150 kg/hm^2，钾（K$_2$O）225 kg/hm^2，硼砂 15 kg/hm^2。小区面积 60 m^2（15 m×4 m），4 行区。重复 4 次，重复间走道 1 m，小区行距 100 cm，营养钵育苗、移栽，种植密度 24 000 株/hm^2。氮肥采用尿素（46.3% N），磷肥采用过磷酸钙（12% P$_2$O$_5$），钾肥采用氧化钾（59% K$_2$O），硼肥采用硼砂（10% B）。

氮肥分 3 次施用，底肥（PPA）、初花肥（FBA）、盛花肥（PBA）分别占总量的 30%、40%、30%。底肥和初花肥分别于移栽前 2 d 和初花期开沟深施于小区（计划）两行中间，盛花肥于初花肥后 15 d 在棉行两株中间穴施。磷肥、钾肥、硼肥全部用作 PPA 施用。

其他田间管理和病虫害防治措施按常规进行。

棉花产量及其构成因素：每小区中间行固定连续的 15 株，9 月 15 日考察棉株成铃数，分次、分小区收花，装袋，晾晒，称重，累计实收产量。其中，第二次收花前，每小区取 100 个正常吐絮棉铃装袋，晾晒，称重，计算铃重；轧花，称重，计算衣分。

棉花生物质累积动态：按生育时期（蕾期、初花期、盛花期、吐絮期、拔秆期）分 5 次，在第 4 重复取棉株样，每小区连续取样 5 株，连根挖起，将不同器官分开，洗净根系泥土后，装袋，105℃杀青 30 min，80℃烘至恒重，称重。

（一）棉花产量随施氮量的变化

棉花产量随施氮量增加而上升，但当施氮量超过 300 kg/hm^2 后，棉花产量随施氮量增加而下降（表 2-4）。

表 2-4　不同施 N 水平棉花产量及其构成（2009 年）

处理	成铃数（个/m^2）	铃重（g）	衣分（%）	产量（kg/hm^2）	
				籽棉	皮棉
N0	45.9d	5.9a	40.5a	2489d	1006c
N10	53.1c	6.2a	40.7a	3006c	1221b
N20	59.7a	6.1a	40.9a	3342a	1377a
N30	56.9b	6.1a	40.5a	3178b	1283b
N40	51.8c	6.3a	41.0a	2957c	1219b

注：同一列不同字母表示差异显著（$P<0.05$）

无论籽棉产量还是皮棉产量，中 N（N20）处理均最高，分别达到 3342 kg/hm² 和 1377 kg/hm²。缺 N（N0）处理显著低于富 N（N40）和低 N（N10）处理，产量最低，分别只有 2489 kg/hm² 和 1006kg/hm²。不同氮肥用量处理，籽棉产量表现为 N20＞N30＞N10、N40＞N0；皮棉产量表现为 N20＞N30、N10、N40＞N0。

棉花铃重变化在 5.9～6.3 g，但处理间没有显著差异；棉花衣分为 40.5%～41.0%，处理之间也没有显著差异。说明施氮量对棉花铃重和衣分没有显著影响。但是，单位面积成铃数，中 N 处理（59.7 个/m²）最多，显著高于高 N 处理（56.9 个/m²），后者显著高于低 N（53.1 个/m²）和富 N（51.8 个/m²）处理，缺 N 处理（45.9 个/m²）最少。说明施氮量对棉花单位面积成铃数存在显著影响，而施氮量通过影响单位面积成铃数，影响单位面积棉花产量。

（二）棉花生物质累积过程随施氮量的变化

棉花生物质量呈现随生育进程不断增加趋势，其中前期增加较慢，开花以后增加较快，进入吐絮期以后增加十分缓慢（图 2-2）。

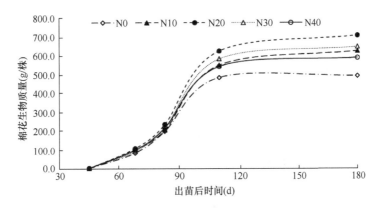

图 2-2　棉花生物质累积动态随施氮量的变化（2009 年）

不同施 N 处理棉花生物质累积趋势相同，但累计量存在一定差异：其中在盛花期以前各处理棉花生物量差异不大，而吐絮期表现为 N20＞N30＞N10、N40＞N0，到拔秆期 N20＞N30、N10＞N40＞N0。说明氮肥施用过多，导致群体叶面积指数过大而出现严重荫蔽现象，致使下部叶片不仅不能进行有效的光合作用，反而徒耗养分，进一步出现大量蕾铃脱落现象，而致生物量下降。

因此，在中等土壤肥力条件下，采用常规育苗移栽种植模式和杂交棉花品种，氮肥施用量以 300 kg/hm² 比较适宜。

三、棉花 N 吸收利用规律

棉花生产中氮肥的施用一般分 3 次进行：底肥、初花肥、盛花肥。为进一步探讨不同施 N 水平条件下，棉花对 N 的吸收利用规律。采用 ^{15}N 示踪技术，在盆栽条件下，以'华杂棉 H318'为材料，探讨了不同施氮量对棉花 N 吸收分配的影响。

采用 PVC 盆（直径 30 cm，高度 40 cm），每盆装土 40 kg，土壤含碱解氮 98.7 mg/kg，

速效磷 25.8 mg/kg，速效钾 117.3 mg/kg。

设置 5 个施 N 水平（g N/pot，相当于 kg/hm²）：N0，缺 N（0，0）；N10，低 N（2，150）；N20，中 N（4，300）；N30，高 N（6，450）；N40，富 N（8，600）。此外，各处理均施磷（P_2O_5）150 kg/hm²，钾（K_2O）225 kg/hm²，硼（B）1.5 kg/hm²。每处理 15 盆，每盆种植 1 株。氮肥采用上海化工研究院生产的丰度为 10%的 ^{15}N 标记尿素（46.3% N），磷肥采用过磷酸钙（12% P_2O_5），钾肥采用氯化钾（59% K_2O），硼肥采用硼砂（10% B）。

氮肥分 3 次施用，底肥、初花肥和盛花肥，分别占总量的 30%、40%和 30%。PPA 于移栽前 2 d 将 30%的氮肥和全部其余肥料施入盆中，并与表层 20 cm 土壤充分混合均匀；初花肥于初花期施入；盛花肥于初花后 15 d 施入。后两次追肥时将尿素配制成水溶液施于棉株四周土壤表面，加水量以最大施肥量（水平 N4）配成 0.4%的水溶液为准。为区别研究棉花对不同时期施入肥料的吸收利用特点，每一处理设置 3 组，分别对 3 次施肥进行标记（施用 ^{15}N 尿素）（表 2-5）。

表 2-5 氮肥（尿素）标记时期

处理	N10			N20			N30			N40		
底肥 PPA	*	/	/	*	/	/	*	/	/	*	/	/
初花肥 FBA	/	*	/	/	*	/	/	*	/	/	*	/
盛花肥 PBA	/	/	*	/	/	*	/	/	*	/	/	*

注：/表示施用常规尿素，*表示施用标记尿素

棉株 40 cm 左右高度时，离棉株 5 cm 处，插入 1 根竹竿并用包装袋把棉株套住（随棉株生长上移），防止倒伏。现蕾后，去掉下部叶枝，8 月 15 日打顶。中等以上强度降水时，盖上盆盖，防溢水。干旱天气，棉花叶片上午 11：00 出现萎蔫时，傍晚沿盆壁缓慢浇透水。手工拔除杂草、松土培蔸。其他栽培管理措施，如防病、治虫等，与一般大田一致。

棉株养分含量：分别于蕾期、初花期、盛花期、吐絮期、拔秆期 5 次取棉株样，每次取 3 株，将棉株连根拔起，按照根、茎、叶、果枝、果枝叶、蕾、花、铃、营养枝、赘芽等器官分开，分别装入牛皮纸袋，置于电热鼓风干燥箱 105℃杀青 30 min，80℃烘至恒重，称量各器官干物质重。

将称取棉花生物质量的样品，用植物粉碎机粉碎，过 100 目筛（粉碎样品之间彻底清扫粉碎机，避免不同样品之间混杂），用于测定样品全氮含量及 ^{15}N 丰度。

土壤养分含量：棉花生物质量测定取样后，即分别在蕾期、初花期、盛花期、吐絮期、拔秆期分别取 0～15 cm、15～30 cm、30 cm 以下三层土样各 500 g，自然风干，用橡皮锤粉碎，过 100 目筛，用于测定土壤全氮含量及 ^{15}N 丰度。

样品采用 X20A 铝模块自动消化装置进行消煮，采用 K-05 自动定 N 仪测定全氮含量，采用质谱仪测定 ^{15}N 丰度。

肥料利用效率：

棉株 N 吸收总量（N amount absorbed in cotton plant，Naa，g/株），是指棉株体内累积的 N 总量。

$$Naa（g/株）= 棉株全氮含量（\%）×棉株生物质量（g/株） \tag{2-1}$$

也可由此根据不同器官含 N 量及其生物质量，计算各器官所累积 N 数量。

棉株吸收的 N 来自于肥料 N 的比例（nitrogen ratio derived from fertilizer，Nrf，%），是指棉株体内累积的 N 中来自于肥料 N 所占的比例。

$$Nrf（\%）=（标记棉株\ {}^{15}N\ 丰度–对照棉株\ {}^{15}N\ 丰度）/$$
$$（标记肥料\ {}^{15}N\ 丰度–{}^{15}N\ 自然丰度）×100 \tag{2-2}$$

也可由此计算各器官所累积 N 中来自于肥料 N 所占的比例。

棉株吸收来自肥料 N 的数量（nitrogen quantity derived from fertilizer，Nqf，g/株），是指棉株体内累积的 N 中来自于肥料的数量。

$$Nqf（g/株）=Naa（g/株）×Nrf（\%） \tag{2-3}$$

也可由此计算各器官所累积 N 中来自于肥料 N 的数量。

棉株体内 N 分配比例（N percent distributed to the total，Npd，%），是指棉株体内累积的 N 中分配给不同器官的比例，包括其中肥料 N 的分配比例。

$$Npd_{（根，茎，\cdots）}（\%）=Naa_{（根，茎，\cdots）}（g/株）/Naa_{（棉株）}（g/株）×100 \tag{2-4}$$
$$Npd_{qf（根，茎，\cdots）}（\%）=Nqf_{（根，茎，\cdots）}（g/株）/Nqf_{（棉株）}（g/株）×100 \tag{2-5}$$

Npd（%）表示棉株体内 N 在不同器官的分配比例，Npd_{qf}（%）表示肥料 N 在不同器官的分配比例，土壤 N 在不同器官的分配比例由二者的差求得。

氮肥吸收利用率（fertilizer nitrogen plant recovery，NPR，%），是指单位氮肥施用量所引起的植株吸氮量，或植株吸收累积的 N 占氮肥施用量的比例（Wienhold et al.，1995；Barber et al.，1996）。

$$NPR（\%）=Nqf（g/株）/施氮量（g）×100 \tag{2-6}$$

肥料 N 土壤残留率（fertilizer nitrogen soil recovery，NSR，%），是指残留在土壤中肥料 N 占施入土壤总肥料 N 的比例。

$$NSR（\%）=土壤中\ {}^{15}N\ 含量（g）/施氮量（g）×100 \tag{2-7}$$
$$NSR（\%）=（施\ N\ 处理土壤\ {}^{15}N\ 丰度–未施\ N\ 处理土壤\ {}^{15}N\ 丰度）/$$
$$（标记氮肥\ {}^{15}N\ 丰度–普通氮肥\ {}^{15}N\ 丰度）×土壤全氮含量（g）/氮肥施用量（g）×100 \tag{2-8}$$

肥料 N 损失率（fertilizer N loss，FNL，%），是指施入土壤的总肥料 N 中，既未被作物吸收，也未残留在土壤中的 N 占总肥料 N 的比例。

$$FNL（\%）=［1–NPR（\%）–NSR（\%）］×100 \tag{2-9}$$

棉株养分累积过程：采用 Logistic 方程模拟棉株 N 吸收积累动态。

$$Y=\frac{K}{1+ae^{bt}} \tag{2-10}$$

式中，t 为棉花出苗后天数（d）；Y 为棉花出苗后 t 天时棉株吸收的 N（g），K 为最大 N 吸收量（g），a 和 b 为参数。

由公式（2-10）可得

$$t_0=\frac{a}{b}，\ t_1=\frac{a-\ln(2+\sqrt{3})}{-b}，\ t_2=\frac{a+\ln(2+\sqrt{3})}{-b} \tag{2-11}$$

当 $t=t_0$ 时，棉株 N 吸收速率最大，其值为

$$V_M=\frac{-bk}{4} \tag{2-12}$$

通常将 N 累积量占总累积量 58%的时期，称为 N 快速累积期（fast accumulation

period，FAP）。在此期间，N 累积量与时间呈线性相关，其平均积累速率为

$$V_{\mathrm{T}} = \frac{Y_2 - Y_1}{t_2 - t_1} \tag{2-13}$$

式中，t_1、t_2 分别为 N 快速积累期的起始日和终止日，因此 N 快速积累期持续时间 $\Delta t = t_2 - t_1$，V_{M} 为 N 快速积累期最大速率，V_{T} 为 N 快速积累期平均速率，Y_1 和 Y_2 分别为 t_1 和 t_2 时的 N 累积量。

（一）棉花对 N 的吸收、分配

棉花对 N 的吸收积累，随施氮量增加而速度加快、数量增多。随生育进程表现为，苗期较慢，蕾期加快，花铃期急剧加速，直到吐絮后仍缓慢增加（图 2-3）。棉株累积的 N 数量，蕾期施 N 处理大于不施 N 处理，初花期 N40、N30＞N20＞N10＞N0，其余时期均为 N40＞N30＞N20＞N10＞N0。棉株一生积累的 N 数量（y，g N/株）与施氮量（x，kg N/hm^2）呈显著线性关系：$y = 0.009x + 0.311$（$R^2 = 0.995^*$）。

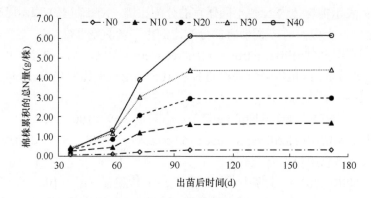

图 2-3　棉株吸收累积的总 N 量（2009 年）

同样，棉株对肥料 N 的吸收积累，随施氮量增加而速度加快、数量增多，前期[58 DAE（出苗后天数 days after emergence）（初花）以前]、后期[98 DAE（吐絮）以后]缓慢，中期（58～98 DAE，花铃期）快速（图 2-4）。棉株积累的肥料 N 数量，蕾期不同氮肥处理之间没有差异，初花期差异增大，至吐絮期差异最大。棉株一生积累的肥料 N 数量（y，g N/株）与施氮量（x，kg N/hm^2）之间也呈显著线性关系：$y = 0.009x - 0.592$（$R^2 = 0.987^*$）。

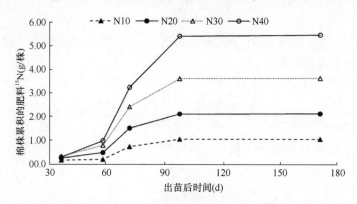

图 2-4　棉株吸收累积的肥料 ^{15}N（2009 年）

具体分析不同生育时期，棉株吸收积累 N 占总吸收量的比例（表 2-6）可以看出：对于植株全氮量来说，所有施肥处理，开花期间吸收的比例最大，平均占 40% 左右，处理之间无差异；结铃期间其次，平均占 30% 左右，但比例随施氮量增加而上升；苗期和现蕾期再次，各占 15% 左右，吸收比例随施氮量增加而下降（但现蕾期比例 N10 最小）；吐絮期间吸收比例最小，也随施氮量增加而下降。开花结铃期合计吸收量占总量的 66%～77%，随施氮量增加而上升。但是，不施 N 处理，苗期和结铃期吸收比例最大，开花期其次，吐絮期最小，但仍占 7.3%。说明在苗期，缺 N 和低 N 处理，棉株以吸收土壤 N 为主；而高（富）N 处理，棉株以吸收肥料 N 为主。高（富）N 处理结铃期的 N 吸收比例仍维持较高水平（大于 30%），而低 N 处理不到 25%。

表 2-6 棉花不同生育时期吸收的 N 占总吸收 N 的比例（%）

处理	N0	N10	N20	N30	N40
吸收的总 N					
苗期	28.0	18.6	12.4	10.9	6.5
现蕾期	14.7	10.8	18.0	16.6	15.7
开花期	22.7	41.8	39.8	41.1	41.4
结铃期	27.2	24.3	28.5	30.7	35.6
吐絮期	7.3	4.5	1.3	0.7	0.8
吸收的肥料 ^{15}N					
苗期		15.5	11.7	9.2	5.5
现蕾期		3.5	11.3	12.6	12.7
开花期		50.3	48.1	45.1	41.3
结铃期		29.5	27.9	32.6	39.7
吐絮期		1.3	1.1	0.5	0.8

对于植株吸收肥料 N 来说，开花期的吸收比例最高，但随施氮量增加而下降；结铃期比例其次，随施氮量增加而上升（但 N10 高于 N20），N40 比例（39.7%）接近最高的开花期（41.3%）；苗期和现蕾期比例相当，但苗期比例随施氮量增加而下降，现蕾期比例则相反；吐絮期比例最小（各处理平均小于 1%），但也随施氮量增加而下降。开花结铃期合计吸收量占总量的比例接近 80%（表 2-6）。

棉株对 N 的吸收过程也是时间的函数，符合 Logistic 方程，其数学表达式的 P 值均小于 0.05，达显著水平。棉株总 N 累积量方程的 K 值和系数均随施氮量增加而增大，而棉株肥料 N 累积量方程的 K 值随施氮量增加而增大，系数 a 值和 b 值则随施氮量增加而减小。说明棉株吸氮量随施氮量增加而增加，而对肥料 N 的吸收总量随施氮量增加而增加，但增加幅度随施氮量增加而下降。

根据棉株对 N 的累积动态，依照公式（2-11）～（2-13）计算棉株对 N 吸收的特征值（表 2-7）。不施肥处理最早（34.1 DAE）进入吸收高峰期，最晚（87.2 DAE）结束高峰期，持续时间最长（53.1 d）；吸收高峰期内，平均吸收速率、最高吸收速率均为最低，最高吸收速率出现的时间也最早（60.7 DAE）。所有施肥处理中，随施氮量增加，棉株吸收 N 进入快速积累期的时间（48.2～57.1 DAE）推迟，几乎同期结束快速积累期（78.1～80.5 DAE），因此快速积累期持续时间（21.4～32.3 d）缩短；快速积累期期间，平均吸收速率[0.0318～0.1690 g/（株·d）]、最高吸收速率[0.0363～0.1927 g/（株·d）]均随施氮量增加而增加，最高吸收速率出现的时间（64.3～67.8DAE）随施氮量增加而推迟。

表 2-7　棉株吸收 N 的特征值

处理	t_1（DAE）	t_2（DAE）	Δt（d）	V_T[g/（株·d）]	V_M[g/（株·d）]	t_0（DAE）
总 N						
N0	34.1	87.2	53.1	0.0046	0.0052	60.7
N10	48.2	80.5	32.2	0.0318	0.0363	64.3
N20	51.5	78.1	26.5	0.0666	0.0760	64.8
N30	53.6	77.9	24.3	0.1072	0.1222	65.8
N40	57.1	78.5	21.4	0.1690	0.1927	67.8
肥料 ^{15}N						
N10	57.9	75.8	17.8	0.0345	0.0393	66.9
N20	56.4	75.5	19.2	0.0650	0.0741	66.0
N30	57.0	77.1	20.0	0.1055	0.1204	67.1
N40	59.2	79.3	20.2	0.1576	0.1797	69.3

棉株吸收肥料 ^{15}N 的快速积累期起始时间晚于、终止时间略早于对总 N 的吸收，因此棉株对肥料 N 吸收的快速积累期持续时间短于对总 N 的吸收。吸收快速积累期内，平均吸收速率和最高吸收速率均低于棉株对总 N 的吸收，最高吸收速率出现的时间也晚于棉株对总 N 的吸收。棉株对肥料 N 的吸收快速积累期起始时间（56.4～59.2 DAE）、终止时间（75.5～79.3 DAE），随施氮量增加而推迟（但 N10 分别为 57.9 DAE，75.8 DAE），快速积累期持续时间随施氮量增加而延长（17.9～20.1 d）。吸收快速积累期内，平均吸收速率[0.0345～0.1576 g/（株·d）]和最高吸收速率[0.0393～0.1797 g/（株·d）]，均随施氮量增加而增加，最高吸收速率出现的时间（66～69.3 DAE）随施氮量增加而推迟（但 N1 为 66.9 DAE）。

（二）棉株对底肥（PPA）N 的吸收与分配

棉株吸收的肥料（底肥）N 在各器官中的相对比例随棉花生育进程不同而不同，也随施氮量的不同而不同（表 2-8）。

苗期，棉株吸收的肥料（底肥）N 中，各处理平均分配给主茎叶最多（66%），其次是营养枝（18.2%），然后是茎秆（11.4%），分配给根系最少（4.4%）。但不同施氮量处理之间，N20 肥料 N 分配给根系（4.9%）、茎秆（12.1%）和营养枝（19.1%）的比例最高，而分配给主茎叶（63.9%）的比例最低；N10 分配给根系（4.0%）、茎秆（11.1%）和营养枝（16.4%）的比例最小，分配给主茎叶（68.5%）的比例最高。

现蕾期，棉株吸收的肥料（底肥）N 从叶片、营养枝逐渐向生殖器官转移，不同施氮量平均分配给主茎叶（42.7%）＞果枝叶（17.9%）＞茎秆（9.8%）＞营养枝（9.7%）＞蕾铃（9.4%）＞果枝（6.2%）＞根系（4.2%）。不同施氮量处理之间，分配给根系的比

表 2-8　底肥（PPA）^{15}N 在棉株不同器官中的分配比例（%）

	根	茎	主茎叶	果枝	果枝叶	蕾铃	营养枝	赘芽
苗期								
N10	4.0	11.1	68.5				16.4	
N20	4.9	12.1	63.9				19.1	
N30	4.1	11.5	65.9				18.4	
N40	4.6	11.0	65.6				18.8	
平均	4.4	11.4	66.0				18.2	
现蕾期								
N10	3.9	8.5	47.3	5.5	13.7	10.7	10.3	
N20	4.0	10.5	43.0	6.1	17.3	9.2	10.0	
N30	4.5	10.7	38.3	6.9	18.8	10.8	9.9	
N40	4.6	9.5	42.1	6.5	21.9	6.8	8.7	
平均	4.2	9.8	42.7	6.2	17.9	9.4	9.7	
开花期								
N10	3.5	6.5	30.8	3.4	16.6	27.8	11.4	
N20	3.1	7.7	29.0	5.8	28.2	19.1	7.0	
N30	3.1	6.7	32.9	5.2	23.9	23.0	5.2	
N40	2.8	7.2	26.7	5.5	27.8	18.3	11.7	
平均	3.1	7.0	29.9	5.0	24.1	22.1	8.8	
结铃期								
N10	2.6	4.7	19.4	3.0	10.0	50.9	9.5	
N20	2.4	3.8	12.3	3.2	10.1	46.5	21.7	
N30	1.4	3.6	12.1	3.5	13.7	55.8	10.0	
N40	1.8	3.7	11.8	3.7	14.4	52.3	12.2	
平均	2.0	3.9	13.9	3.3	12.0	51.4	13.4	
吐絮期								
N10	1.2	3.8	11.0	1.9	3.8	58.8	13.3	6.1
N20	1.6	3.9	10.0	3.7	6.5	63.5	5.8	4.9
N30	1.3	3.0	7.3	2.9	5.7	65.5	10.9	3.3
N40	1.4	3.3	7.8	3.0	6.0	58.5	10.7	9.2
平均	1.4	3.5	9.0	2.9	5.5	61.6	10.2	5.9

例随施氮量增加而上升（N10 为 3.9%，N40 为 4.6%），分配给营养枝的比例随施氮量增加而下降（N10 为 10.3%，N40 为 8.7%），分配给其他器官的比例处理之间规律性不强。其中 N40 分配给蕾铃最少（6.8%），果枝叶最多（21.9%）；N10 分配给蕾铃（10.7%）、主茎叶（47.3%）、营养枝（10.3%）最多，分配给茎秆（8.5%）、果枝（5.5%）、果枝叶（13.7%）最少；N30 分配给主茎（10.7%）、果枝（6.9%）、蕾铃（10.8%）最多，分配给主茎叶（38.3%）最少。

开花期，肥料（底肥）N 在营养器官中的比例继续下降，转移至生殖器官。但肥料 N 在主茎叶的比例（29.9%）仍然最高，其次是果枝叶（24.1%）、蕾铃（22.1%），最后是营养枝（8.8%）、果枝（5%）、根系（3.1%）。肥料 N 在根系中的分配比例随施氮量增加而降低（N10 为 3.5%，N4 为 2.8%），N10 分配给主茎（6.5%）、果枝（3.4%）、果枝叶（16.6%）的比例最小，而分配给蕾铃（27.8%）的比例最大；N20 分配给主茎叶（7.7%）、果枝（5.8%）、果枝叶（28.2%）的比例最大，N30 分配给主茎叶（32.9%）最高，营养枝（5.2%）最低，N40 分配给蕾铃（18.3%）最低，营养枝（11.7%）最高。

结铃期，肥料（底肥）N 在蕾铃（51.4%）中的比例上升为第一位，其次是主茎叶（13.9%）、营养枝（13.4%）和果枝叶（12%），最后是主茎（3.9%）、果枝（3.3%）和根系（2%）。不同施氮量处理之间，N10 分配给根系（2.6%）、主茎（4.7%）和主茎叶（19.4%）最多，分配给果枝（3.0%）、果枝叶（10.0%）和营养枝（9.5%）的比例最小；N30 分配给根系（1.4%）、主茎（3.6%）的比例最小，分配给蕾铃（55.8%）的比例最大；N40 分配给主茎叶（11.8%）最小，果枝（3.7%）、果枝叶（14.4%）最大；而 N30 分配给营养枝（21.7%）最多。

吐絮期，肥料（底肥）N 进一步向蕾铃转移，其所占比例仍为第一位，并上升至 61.6%，其次是营养枝（10.2%）、主茎叶（9%），再次是赘芽（5.9%）、果枝叶（5.5%），最后是主茎（3.5%）、果枝（2.9%）、根系（1.4%）。与结铃期比较，分配到主茎、果枝、根系的比例变化不大，但是分配到主茎叶、营养枝、果枝叶的比例大幅度下降，而分配到蕾铃中的比例上升 11 个百分点，说明营养器官中的 N 大量转移到生殖器官中。不同施氮量处理之间，N40 分配到蕾铃的比例（58.5%）最低，用于赘芽的比例（9.2%）最高；N30 用于蕾铃的比例（65.5%）最高，主茎（3.0%）、赘芽（3.3%）、主茎叶（7.3%）的比例最低；N20 用于根系（1.6%）、主茎（3.9%）、果枝（3.7%）、果枝叶（6.5%）的比例最高，而用于营养枝（5.8%）的比例最低；N10 用于根系（1.2%）、果枝（1.9%）、果枝叶（3.8%）的比例最低，而用于营养枝（13.3%）、主茎叶（11.0%）的比例最高。说明施氮量过大（N40）时，富余的肥料 N 有助于棉株滋生赘芽，同时减少用于生殖器官的比例。

（三）棉株对初花肥（FBA）^{15}N 的吸收与分配

棉株吸收的肥料（初花肥）^{15}N 的分配比例，因棉花生育时期、棉株不同器官和氮肥不同水平而异（表 2-9）。从开花期到吐絮期，棉株吸收的肥料 N 迅速转移至蕾铃（从 29.4% 增加至 69.8%），同时有部分用于赘芽生长，所以其他器官中 N 比例相应下降，但营养枝分配到的肥料（初花肥）N 所占比例，N10 持续下降，而 N40 持续上升。

开花期，不同施氮量处理平均分配给果枝叶（32.4%）最多，蕾铃其次，然后是主茎叶（19.6%）、果枝（16.2%）、营养枝（5.3%）、主茎（4.7%），根系（2.4%）最少。结铃期，肥料（初花肥）N 向蕾铃转移，其所占比例（57.2%）最高，其次是果枝叶（18%）、主茎叶（9.9%）和营养枝（7.5%），最后是主茎（3.2%）、果枝（3.2%）和根系（1.1%）。吐絮期，肥料（初花肥）N 绝大部分集中分配给蕾铃，其次分配给营养枝（7.1%）、果枝叶（6.7%）、赘芽（5.8%），剩余 10% 左右分配给其余器官。

棉株吸收的肥料（初花肥）N 开花期分配给根系、主茎、果枝、果枝叶的比例，随施氮量增加而上升，但是分配给蕾铃的比例随施氮量增加而下降，分配给主茎叶的比例 N20（22.3%）最高，N30（16.4%）最少，分配给营养枝的比例 N30（9.2%）最多，N10

表 2-9 初花肥（FBA）^{15}N 在器官中的分配（%）

	根	茎	主茎叶	果枝	果枝叶	蕾铃	营养枝	赘芽
开花期								
N10	1.8	3.5	21.2	5.1	30.4	35.8	2.3	
N20	2.3	4.1	22.3	5.0	31.2	30.7	4.4	
N30	2.7	5.0	16.4	6.1	33.9	26.7	9.2	
N40	2.6	6.3	18.4	8.8	34.3	24.5	5.2	
平均	2.4	4.7	19.6	6.2	32.4	29.4	5.3	
结铃期								
N10	0.9	2.8	12.3	2.4	14.5	65.6	1.4	
N20	0.6	2.2	8.5	3.0	18.5	56.4	10.9	
N30	1.0	3.4	8.0	3.0	19.1	54.6	10.9	
N40	1.8	4.3	11.0	4.2	20.1	52.0	6.6	
平均	1.1	3.2	9.9	3.2	18.0	57.2	7.5	
吐絮期								
N10	0.5	2.0	4.0	2.2	4.9	79.7	1.4	5.2
N20	0.7	2.6	4.4	3.5	7.4	73.8	2.9	4.7
N30	1.1	2.9	3.8	3.4	7.1	65.9	9.9	5.9
N40	0.8	2.4	3.9	3.7	7.5	59.9	14.4	7.4
平均	0.8	2.5	4.0	3.2	6.7	69.8	7.1	5.8

（2.3%）最少。结铃期，分配给果枝、果枝叶的比例随施氮量增加而增加，但蕾铃的比例随施氮量增加而降低，其余器官所占比例随施氮量变化没有规律性。吐絮期，N 分配给果枝、营养枝的比例随施氮量增加而上升，但蕾铃的比例仍然随施氮量增加而下降，其余器官所占比例没有规律可循。

（四）棉株对盛花肥（PBA）^{15}N 的吸收与分配

棉株吸收的肥料（盛花肥）^{15}N 在不同器官中的分配比例，随生育时期而不同，因施氮量而异。结铃期，棉株吸收盛花肥的 N 中，54.1% 分配给蕾铃，22.7% 分配给果枝叶，12.4% 分配给主茎叶，其余器官的分配比例小于 4%；吐絮期，盛花肥的 N 所占比例，蕾铃中进一步提高（70.4%），营养枝仍维持 3.6%，新增分配到赘芽 8.6%，其余器官大幅下降（表 2-10）。

表 2-10 盛花肥 ^{15}N 在器官中的分配（%）

处理	根	茎	主茎叶	果枝	果枝叶	蕾铃	营养枝	赘芽
结铃期								
N10	1.2	3.5	15.5	2.7	26.5	49.7	0.9	
N20	0.8	2.8	11.0	2.7	20.1	56.4	6.3	
N30	1.0	2.4	12.9	1.6	20.7	57.8	3.6	
N40	1.3	3.8	10.2	5.0	23.6	52.7	3.5	
平均	1.1	3.1	12.4	3.0	22.7	54.1	3.6	
吐絮期								
N10	1.1	2.6	7.1	1.7	7.0	70.7	0.7	9.2
N20	0.9	3.4	3.1	3.3	9.5	68.6	5.5	5.7
N30	0.7	2.5	3.7	3.6	6.9	70.0	3.7	8.9
N40	0.6	2.0	2.4	2.5	5.5	72.2	4.3	10.5
平均	0.8	2.6	4.1	2.8	7.2	70.4	3.6	8.6

就 N 施用量水平而言，结铃期 N30 分配给蕾铃的比例（57.8%）最大，其次是 N20（56.4%）、N40（52.7%），N10（49.7%）最小；N10 分配给果枝叶的比例（26.5%）最大，其次是 N40（23.6%）、N30（20.7%），N20（20.1%）最小；N10 分配给主茎叶的比例（15.5%）也最大，其次是 N30（12.9%）、N20（11%），N40（10.2%）最小；但 N20 分配给营养枝的比例（6.3%）最大，N10（0.9%）最小。吐絮期分配给蕾铃的比例处理之间差异很小，N40（72.2%）＞N10（70.7%）＞N30（70%）＞N20（68.6%）；分配给营养枝的比例，N20（5.5%）＞N40（4.3%）、N30（3.7%）＞N10（0.7%）；赘芽所占比例，N40（10.5%）＞N10（9.2%）、N30（8.9%）＞N20（5.7%）；果枝叶比例，N20（9.5%）＞N10（7.0%）、N30（6.9%）＞N40（5.5%）。

（五）不同时期施肥对肥料 ^{15}N 占总 N 比例的贡献

比较图 2-3、图 2-4 可以看出，棉株体内累积的 N 中来自于肥料的 ^{15}N 占绝大多数；棉株吸收的肥料 ^{15}N 主要分配在生殖器官中，形成产量。但是 3 次施肥对这一比例的贡献是不同的：不同处理，初花肥贡献最大，整株平均达到 46.1%，其中蕾花铃 46.2%；盛花肥其次，整株为 30.2%，其中蕾花铃 33.0%；而底肥最低，分别只有 23.7%、20.8%。然而，3 次氮肥的施用比例分别为 30%、40%、30%。可见，底肥肥料数量占 30%，而其对棉株肥料 N 所占比例的贡献降低了 6 个百分点；初花肥却提高了 6 个百分点（表 2-11）。进一步说明初花肥的利用效率最高，而底肥的利用效率最低。

表 2-11 肥料 ^{15}N 占总 N 的比例中不同时期施肥的贡献（%）

	根	茎	主茎叶	果枝	果枝叶	蕾花铃	营养枝	赘芽	整株
底肥									
N10	47.5	38.2	45.4	26.8	20.7	18.7	71.2	22.2	24.1
N20	44.0	30.1	42.5	26.8	20.1	18.8	45.2	20.2	22.2
N30	40.3	30.2	43.3	25.9	19.8	22.2	32.1	19.3	24.5
N40	39.4	31.3	41.5	24.5	21.6	23.3	20.7	21.1	23.9
平均	42.8	32.5	43.2	26.0	20.5	20.8	42.3	20.7	23.7
初花肥									
N10	30.2	35.8	29.3	46.8	44.1	46.7	19.3	38.9	44.6
N20	38.1	43.0	37.3	47.7	48.4	46.7	27.8	45.9	46.1
N30	37.7	42.6	37.8	46.5	50.5	47.1	53.9	41.5	46.6
N40	39.8	43.9	40.4	46.8	48.9	44.3	66.4	46.7	46.9
平均	36.5	41.3	36.2	47.0	48.0	46.2	41.9	43.3	46.1
盛花肥									
N10	22.3	26.0	25.3	26.4	35.3	34.6	9.4	38.9	31.2
N20	17.9	26.9	20.2	25.5	31.5	34.5	27.0	33.9	31.7
N30	21.9	27.2	19.0	27.6	29.7	30.8	14.0	39.2	28.9
N40	20.8	24.8	18.1	28.7	29.5	32.3	13.0	32.1	29.2
平均	20.7	26.2	20.7	27.1	31.5	33.0	15.9	36.0	30.2

从表 2-11 还可看出，底肥对棉花营养器官肥料 N 所占比例的贡献远远大于整株平均水平（根 42.8%，茎 32.5%，叶 43.2%，营养枝 42.3%）；初花肥对棉花生殖器官及相

关肥料 N 所占比例贡献大于平均水平（果枝 47%，果枝叶 48%，蕾花铃 46.2%）；盛花肥对棉花生殖器官肥料 N 所占比例的贡献大于平均水平（蕾花铃 33%）。

（六）不同时期施用的肥料 ^{15}N 吸收利用率

在盆栽条件下，棉株对肥料 N 的吸收利用效率为 59%，但利用率最高的是初花肥，可达到 69.6%，其次是盛花肥，为 55.8%，底肥利用率（48.1%）最低。而留存在土壤中的肥料 N 占 12%，其中底肥的留存率（17.2%）最高，其次是初花肥（11.4%），盛花肥（8.2%）最低。在其余平均 29% 损失［可能途径包括纵向下渗、横向径流、（从土壤或棉株中）气态挥发等］的 N 中，盛花肥、底肥损失率最高，分别达到 36.1% 和 34.6%；初花肥最低，只有 19%（表 2-12）。

表 2-12　肥料 N 跟踪

处理	N10	N20	N30	N40	平均
底肥 PPA					
利用 NPR（%）	44.8	43.7	51.9	52.0	48.1
留存 NSR（%）	22.8	18.6	11.7	15.8	17.2
损失 FNL（%）	32.4	37.6	36.4	32.2	34.6
初花肥 FBA					
利用 NPR（%）	63.0	66.2	72.4	76.8	69.6
留存 NSR（%）	15.3	10.9	11.4	8.1	11.4
损失 FNL（%）	21.7	23.0	16.2	15.1	19.0
盛花肥 PBA					
利用 NPR（%）	48.7	47.3	53.7	73.3	55.8
留存 NSR（%）	11.2	6.2	9.2	6.1	8.2
损失 FNL（%）	40.1	46.5	37.1	20.6	36.1

N 吸收利用效率随施氮量增加而提高，N10 为 53%，N40 为 68%；土壤留存率随施氮量增加而下降，N10 为 16%，N40 为 10%；但 N 损失率 N20（34%）最高，N10（30%）其次，N40（22%）最低。底肥 N 中，吸收利用率 N40（52%）最高，N20（43.7%）最低；留存率 N10（22.8%）最高，N30（11.7%）最低；损失率 N20（37.6%）最高，N40（32.2%）、N10（32.4%）最低。初花肥 N 中，吸收利用率 N40（76.8%）最高，N10（63%）最低；留存率 N10（15.3%）最高，N40（8.1%）最低；损失率 N20（23%）最高，N40（15.1%）最低。盛花肥 N 中，吸收利用率 N40（73.3%）最高，N20（47.3%）最低；留存率 N10（11.2%）最高，N40（6.1%）、N20（6.2%）最低；损失率 N20（46.5%）最高，N40（20.6%）最低。可见，低 N（N10）水平 N 留存率最高，富 N（N40）水平 N 吸收利用率最高、损失率最低、留存率较低。

综上所述，棉株累积的 N（包括土壤 N 和肥料 N）量，随施氮量增加而增加，随生育进程而增加；累积速率随施氮量增加而加快，开花期最快，开花以前和吐絮以后均较慢，符合 Logistic 函数。花铃期累积的 N 平均占总量的 67%，也随施氮量增加而上升；而累积的肥料 N 平均占总肥料 N 的 79%，而且与施氮量关系不大。棉株对 N 的吸收，进入快速积累期的时间随施氮量增加而推迟；终止快速积累期的时间随施氮量增加而略有提前。棉株对肥料 N 的吸收，进入快速积累期的时间（在初花肥施用的当天前后）晚于对总 N 的吸收，持续 20 d 左右，且与施氮量关系不大。但棉株对 N 的吸收速率，无论是总 N 还是肥料 N 均随施氮量增加而加快。棉株体内积累的 N 以肥料 N 为主，平均占 75%，随施氮量增加而上升。肥料 N 在不同器官中所占比例随施氮量增加而增加，但生殖器官最高，其次是营养枝，赘芽所占比例最低。

棉株对底肥中 N 的吸收主要在苗期和现蕾期完成，其中施氮量较高的处理集中在现蕾期和开花期；底肥中 N 前期储藏在主茎叶（占 66%），后期转移至蕾铃（占 61.6%）；但底肥中 N 在棉株中所占比例随生育进程而稀释（苗期占 65%，吐絮期 18%）。棉株对初花肥中 N 的吸收主要在开花期（93%）；初花肥中 N 首先在果枝叶（占 32.4%）和蕾铃（占 29.4%）中累积，然后转移至蕾铃（占 69.8%），但随施氮量增加在蕾花铃中比例大幅下降，在营养枝中比例大幅度上升；初花肥中 N 在棉株中所占比例开花期 49%，吐絮期 35%。棉株对盛花肥中 N 的吸收利用率为 56%，随施氮量增加而上升，其中 98% 在结铃期吸收；盛花肥中 N 主要在蕾铃（占 54.1%）中累积，随后其他器官累积盛花肥的 N 进一步向蕾铃（占 70.4%）转移，但随施氮量增加营养枝和赘芽中比例上升；盛花肥中 N 在棉株中所占比例保持 23%，随施氮量增加而增加。

棉株对肥料 N 的吸收率平均为 59%，随施氮量增加而提高，其中对初花肥中 N 的吸收率最高（69.6%），对底肥中 N 的吸收率最低（48.1%）。肥料 N 的土壤留存率平均为 12%，随施氮量增加而下降，其中底肥中 N 的比例最高（17.2%），盛花肥最低（8.2%）。肥料 N 损失率平均为 29%，其中底肥和盛花肥损失率（34.6%，36.1%）高于初花肥（19%），中 N 处理损失率（34%）高于其他施氮量处理。

四、氮肥分次施用适宜比例

既然初花肥利用效率最高，底肥利用效率最低，那么调整氮肥 3 次施肥所占的比例应该有利于提高氮肥利用率。因此，采用 '华杂棉 H318'，结合大田试验（2008～2009年）和盆栽试验（2009 年，^{15}N 标记），探讨了在降低氮肥用量、油后直播棉花条件下，棉花对氮肥后移的响应特性。固定施氮量 225 kg/hm^2 和初花肥比例 40%，剩余 60% 氮肥在底肥和盛花肥中平衡，成为不同的氮肥施用比例组合（处理），研究不同氮肥施用比例对棉花产量、生物质累积和氮肥吸收利用及其分配的影响。

试验地土壤为黄棕黏壤，耕层（0～20 cm）含有机质 1.18%，全氮 0.082%，碱解氮（N）74.7 mg/kg，有效磷（P_2O_5）10.5 mg/kg，有效钾（K_2O）117.3 mg/kg。盆栽试验用土取自大田试验地耕作层土壤。

氮肥施用量 225 kg/hm^2，分底肥、初花肥和盛花肥 3 次施用。其中，固定初花肥比例为 40%，剩余 60% 氮肥在底肥和盛花肥之间平衡调节，即为本试验不同处理：P06，底肥 0%，盛花肥 60%；P15，底肥 10%，盛花肥 50%；P24，底肥 20%，盛花肥 40%；P33，底肥 30%，盛花肥 30%；P42，底肥 40%，盛花肥 20%。

底肥中还包括，磷肥（P_2O_5）90 kg/hm^2，钾肥（K_2O）225 kg/hm^2，硼肥（B）1.5 kg/hm^2。氮肥为 7% 丰度的 ^{15}N 标记尿素（盆栽试验）和普通尿素（大田试验）（46.3% N），磷肥为过磷酸钙（12% P_2O_5），钾肥为氯化钾（59% K_2O），硼肥为硼砂（10% B）。

采用 PVC 盆［高 40 cm，直径 35 cm，盆底钻 2 个小孔（直径 5 mm）］，以利排水。每盆装土 40 kg（装盆时土壤含水量 21%）。设置 5 个处理（标记为 P06、P15、P24、P33 和 P42），每处理 5 盆，每盆种植棉花 1 株，3 次重复，共计 75 盆。

底肥在播种前 2 d 施用，与表层 15 cm 土壤混匀。初花肥和盛花肥采用尿素水溶液，距棉株 10 cm 环形浇施。各处理用水量一致，按照最高施氮量配置成 0.4% 的水量。

2009 年 5 月 16 日播种，每盆播种 3 粒种子，1 叶期定苗至 1 株。棉株 40 cm 左右时，离棉株 5 cm 处，插入 1 根竹竿并用包装袋把棉株套住（随棉株生长上移），防止倒伏。现蕾后，去掉下部叶枝，8 月 15 日打顶。中等以上强度降水时，盖上盆盖，防溢水。干旱天气，棉花叶片上午 11：00 出现萎蔫时，傍晚沿盆壁缓慢浇透水（2 L）。手工拔除杂草，手工松土培蔸。其他栽培管理措施，如防病、治虫等，与一般大田相当。

产量及其构成因素：每天收取每一个吐絮 4 d 的棉铃，装袋，晾干称重，即为铃重，每株铃重之和为单株产量。单铃轧花后，秤皮棉重，全株单铃皮棉重之和为单株皮棉产量，计算衣分。单株铃数为实际吐絮铃数。

棉株生物量：分别于蕾期、初花期、盛花期、吐絮期、拔秆期 5 次取棉株样，每次取 3 株，将棉株连根拔起，按照根、茎、叶、果枝、果枝叶、蕾、花、铃、营养枝、赘芽等器官分开，分别装入牛皮纸袋，置于电热鼓风干燥箱 105℃ 杀青 30 min，80℃ 烘至恒重，称量各器官干物质重。

棉株养分累积量：将称取棉花生物质量的样品，用植物粉碎机粉碎，过 100 目筛（粉碎样品之前彻底清扫粉碎机，避免不同样品之间混杂），用于测定样品全氮含量及 ^{15}N 丰度。

土壤养分残留量：棉花生物质量测定取样后，即在蕾期、初花期、盛花期、吐絮期、拔秆期分别取 0～15 cm、15～30 cm、30 cm 以下三层土样各 500 g，自然风干，用橡皮锤粉碎，过 100 目筛，用于测定土壤全氮含量及 ^{15}N 丰度。

根据上述结果，计算肥料中养分利用效率、土壤留存率。

（一）棉花产量及其构成

在固定施氮量 225 kg/hm²，初花肥比例 40%，5 月中旬播种的条件下，盆栽棉花平均单株产量依次为 P06＞P15，P24＞P33＞P42，差异显著。其中，P06 铃重、衣分最高，与 P24、P33、P42 差异显著；但 P24 单株成铃数最多，显著多于 P33、P42（表 2-13）。另外，P06 经济系数最高，与其余处理差异显著。

表 2-13 不同氮肥施用比例棉花产量及其构成因素

处理	成铃数（铃/株）	铃重（g）	衣分（%）	籽棉产量（g/株）	皮棉产量（g/株）
P06	16.3ab	4.8a	41.1a	77.6a	31.8a
P15	17.3ab	4.1ab	39.4ab	71.2b	28.0b
P24	19.0a	3.6b	36.3b	68.2b	24.8bc
P33	15.0b	4.0b	37.5b	59.6c	22.3cd
P42	14.0b	3.9b	36.9b	53.9d	19.9d

注：同一列不同字母表示差异显著（$P < 0.05$）

（二）棉株生物质累积动态

棉株干物质积累过程，虽然处理之间存在一定差异，但均随出苗后天数（DAE）而变化，符合一般生物生长曲线（图2-5）。随幼苗生长，处理之间干物质积累量差异缩小，到85 DAE重合，之后差异再次加大。重合之前，干物质积累量从P06到P42，随底肥施氮量增加而增加；重合之后，干物质积累量从P06到P42，随盛花肥施氮量减少而下降。可见，干物质积累量与施氮量正相关，而且最终干物质积累量随盛花肥施氮量增加而增加。

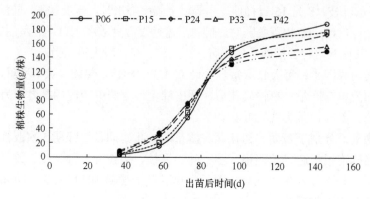

图 2-5　棉株生物质累积动态

棉花干物质积累量积累过程在处理之间存在差异。随着底肥中氮肥用量增加，干物质积累量进入快速积累期越来越早，从P06到P42分别是开花前13 d、10 d、6 d、1 d和开花后2 d；终止快速积累期出现在吐絮期前后，不同处理出现的顺序与进入快速积累期一致，但处理之间时间差异缩小。快速积累期持续时间，P06和P15为26 d，其余处理32 d。平均累积速率，从P06的1.30 g/d依次下降为P42的1.03 g/d。最高累积速率，P15（4.60 g/d）、P06（4.51 g/d）最高，P24（3.41 g/d）、P33（3.32 g/d）其次，P42（3.06 g/d）最低。

以各处理平均值计，棉花营养器官生物质（vegetative organs biomass，VOB）累积进入和结束快速积累期的时间分别比干物质积累量早10 d和16 d，持续时间少6 d。在快速积累期内，棉花营养器官干物质平均和最高累积速率均较干物质积累量慢，但最高累积速率出现的时间比干物质积累量早13 d。

在不同氮肥比例处理之间，底肥比例越大，快速积累期开始得越早，而且以大致相同的顺序结束快速积累期（表2-14）。P24处理的快速积累期持续28.3 d，其余处理持续22.2～24.8 d。快速积累期内平均累积速率，从P06到P42依次下降。

表 2-14　棉株营养器官生物质累计特征

处理	生物质快速累积期（FAP）					
	起始时间（t_1）		结束时间（t_2）		持续时间（d）	累积速度（g/d）
	DAE（d）	DAB（d）	DAE（d）	DAB（d）		
P06	57.9	2.9	82.1	27.1	24.1	0.55
P15	55.2	0.2	78.3	23.3	23.1	0.53
P24	50.3	−5.7	78.6	22.6	28.3	0.52
P33	47.6	−9.4	72.4	15.4	24.8	0.51
P42	47.8	−10.2	70.0	12.0	22.2	0.51

（三）棉花产量与棉株生物量的相关关系

分析棉花生物产量与经济产量的关系发现，在固定施肥量 225 kg/hm² 和初花肥比例 40% 的前提下，棉花经济产量与蕾期、盛花期、吐絮期棉花根系干重显著负相关，与蕾期、拔秆期叶片生物质量显著负相关（表 2-15）。棉花经济产量与盛花期前主茎、分枝、果枝叶、甚至干物质积累量显著负相关，与蕾铃生物质量也负相关，但不显著；不过，棉花经济产量与盛花后主茎、分枝、果枝叶、蕾铃、整株生物质量显著正相关（表 2-15）。

表 2-15　棉花产量与棉株不同器官生物质量的相关关系

时期	根系	主茎	主茎叶	分枝	果枝叶	蕾铃	整株
蕾期	−0.9681**	−0.9592**	−0.9774**	—	—	—	−0.9717**
初花期	−0.7803	−0.9705**	−0.8104	−0.8800*	−0.9020*	−0.4968	−0.9149*
盛花期	−0.8207*	−0.8122*	−0.7500	−0.0841	−0.8964*	−0.3211	−0.9092*
吐絮期	−0.8402*	0.0624	−0.3965	0.9012*	0.6294*	0.8681*	0.8598*
拔秆期	−0.0805	0.9219**	−0.8771*	0.9833**	0.9293**	0.9965**	0.9974**

注：*$P<0.05$，**$P<0.01$

（四）棉株体内肥料 N 所占比例

棉株体内累积的 N 来自于肥料和土壤，其中来自于肥料 N 的比例因不同器官、生育时期、氮肥施用比例而异（表 2-16）。

表 2-16　棉株体内肥料 N 占总 N 的比例（%）

处理	根系	主茎	主茎叶	果枝	果枝叶	蕾铃	整株
初花期							
P06	—	—	—	—	—	—	—
P15	5.91	5.65	5.59	—	—	—	5.64
P24	15.33	17.11	17.97	—	—	—	17.36
P33	15.01	17.81	17.36	—	—	—	17.02
P42	24.71	27.83	31.08	—	—	—	29.44
平均	15.24	17.10	18.00	—	—	—	17.36
拔秆期							
P06	47.98	50.33	52.31	57.08	58.41	59.25	57.06
P15	49.69	51.88	53.13	54.80	56.30	60.51	57.33
P24	47.59	48.95	49.13	51.72	54.01	56.33	53.73
P33	43.20	47.51	48.17	48.19	55.22	53.69	51.88
P42	43.29	44.84	46.04	46.44	47.96	48.77	47.49
平均	46.35	48.70	49.75	51.65	54.38	55.71	53.50

不同器官和处理，棉株体内肥料 N 的平均比例从初花期的 17.36%，增加到盛花期的 47.9%，再增加到吐絮期的 56.1%，但到拔秆时降为 53.5%。

不同器官肥料 N 所占比例，在初花期为主茎叶（18.0%）>主茎>根系，盛花期为果枝叶、蕾花铃（50%）>果枝>主茎、主茎叶>根系（41.9%），吐絮期为果枝叶（58.9%）>蕾花铃＞果枝＞主茎叶＞主茎＞根系（48.7%），拔秆期为蕾花铃（55.71%）＞果枝叶＞果枝＞主茎叶＞主茎＞根系（46.35%）。

棉株体内肥料 N 的比例，在初花期，从处理 P15 到处理 P42，随底肥中氮肥比例增加而升高（5.64%～29.44%）。在盛花期，处理 P42 肥料 N 比例最高（51.3%）；其次是处理 P06（48.9%）。虽然至此施入的氮肥总量最少（40%），但处理 P06 的果枝叶、蕾花铃、果枝的肥料 N 比例均超过 50%。至吐絮期，全部氮肥都已经施入，所有处理棉株肥料 N 所占比例都超过 50%，其中处理 P15 最高（61.3%），处理 P06 其次（58.9%），而处理 P42 最低（50.2%）。在拔秆期，棉株肥料 N 所占比例降低，但处理之间变化顺序与吐絮期相同，即 P15、P06＞P24＞P33＞P42。

（五）肥料 N 利用效率

施入土壤的肥料 N，棉株平均吸收 51.97%，残留土壤 18.26%，损失（不知去向）29.77%，但不同氮肥施用比例处理之间相差很大（表 2-17）。棉株对肥料 N 的吸收利用率，从处理 P06（64.14%）到处理 P42（39.79%）逐渐下降。肥料 N 残留土壤的比例，也表现从处理 P06（23.76%）到处理 P42（14.15%）依次下降。相反，肥料 N 的损失比例，却从处理 P06（12.1%）到处理 P42（46.06%）依次上升。

表 2-17　肥料 N 追踪（基于拔秆期取样样品）

处理	P06	P15	P24	P33	P42	平均
利用率（%）	64.14	60.22	50.84	44.85	39.79	51.97
残留率（%）	23.76	19.72	17.93	15.75	14.15	18.26
损失率（%）	12.10	20.05	31.22	39.40	46.06	29.77

综上所述，氮肥施用比例不改变棉花生育期，但随氮肥后移的比例增加棉花苗期缩短，花铃期延长。盆栽棉花生育期比大田缩短 17 d，其中蕾期缩短 5 d，花铃期缩短 12 d。较低的施氮量（225 kg/hm^2）获得了较高的棉花产量，其中氮肥后移比例最大的处理（0%底肥+60%盛花肥）棉花产量（1200 kg/hm^2）最高，并随盛花肥中氮肥比例下降依次递减，两年大田试验趋势一致，盆栽和大田试验趋势一致。产量差异主要源于单位面积成铃数。表明满足棉花生殖生长期 N 供应，对于提高棉花产量具有更加重要的意义。

不同氮肥施用比例处理，干物质积累量、营养器官干物质、生殖器官干物质增长曲线分别在 85 DAE、96 DAE、80 DAE 左右重合，在此之前生物质量随底肥中施氮量增加而增加，在此之后随底肥中施氮量增加而减少。棉花生物质累积过程仍然遵循 Logistic 函数，随着盛花肥中氮肥比例增加，干物质积累量推迟进入快速积累期，快速积累期持续时间缩短，但快速积累期内平均增长速率和最高增长速率较高，因而生物质量较大。表明氮肥后移（增加盛花肥中氮肥比例）有利于加快生物质累积速率。棉花产量与棉花根系、叶片生物质量负相关，与其他器官生物质量盛花前负相关，盛花后正相关。

氮肥施用比例没有改变棉株对 N 的吸收和分配的基本规律。棉株吸收累积的 N 量随生育进程持续增加，而相对含 N 量随生育进程先升后降，盛花期最高。棉株对肥料 N 吸收最快的时期为 58～73 DAE，而氮肥后移比例最大的处理为 58～96 DAE。拔秆时，棉株吸收的 N 中肥料 N 所占比例，随氮肥后移比例增加而上升（47%～57%）。

棉株吸收的肥料 N 分配给蕾铃和果枝叶的比例平均为 71%，随氮肥后移比例增加而提高；而棉株吸收的土壤 N 分配给蕾铃和果枝叶的比例平均只有 66%，不同氮肥施用比例处理间差异不大。棉株对肥料 N 的吸收率、肥料 N 在土壤中的残留率均随氮肥后移比例增加而增加，氮肥后移比例最大的处理二者合计达 88%；肥料 N 损失率却随氮肥后移比例增加而下降。

五、棉花减少施肥次数的可行性

既然不施底肥条件下，油后直播棉花产量没有受到影响，那减少施肥次数是否可行呢？采用'华杂棉 H318'，在大田种植和施用 750 kg/hm² 复合肥（含 N、P_2O_5、K_2O 各 16%）的条件下，探讨 1 次施肥（初花肥）、2 次施肥（底肥和初花肥各占 50%）和 3 次施肥（底肥 30%，初花肥 40%，盛花肥 30%）对油后直播棉花产量和生物质累积的影响。

试验地土壤为沙壤土，含全氮 0.096%，碱解氮 156.8 mg/kg，速效磷 23.49 mg/kg，速效钾 198.3 mg/kg。

由于该试验地土壤速效养分含量较高，加上播种时间较晚、种植密度较大，因此本试验施肥水平较低，采用复合肥（N：P_2O_5：K_2O=16：16：16）750 kg/hm²，肥料施用时间设 3 个处理：FI 为一次施肥，初花肥；FII 为二次施肥，即底肥和初花肥，各占 50%；FIII 为三次施肥（为常规施肥对照），即底肥、初花肥和盛花肥，分别占 30%、40%、30%。底肥在播种前 2 d 开沟施入；初花肥在 2 行棉花中间开沟施入，盛花肥在棉行 2 株之间穴施。

前茬油菜收获后免耕直播棉花，两年播种时间分别为 2008 年 5 月 17 日，2009 年 5 月 18 日。种植密度 45 000 株/hm²，4 行区，等行距 90 cm。小区面积 54 m²（3.6 m×15 m），4 次重复，随机区组排列。出苗后，喷施半量式波尔多液，一叶期间苗，三叶期按计划密度定苗。其他田间管理同一般大田。

产量及其构成因素。每小区选定连续的 15 株，调查出苗、现蕾、开花、吐絮日期，9 月 15 日调查单株成桃。棉花吐絮后，按小区分 4 次收花（2008 年分别于 9 月 14 日、29 日，10 月 10 日、23 日；2009 年收花日与 2008 年对应日相差 1～2 d），晾晒，称重，计产。其中，第 2 次收花时，每小区收取 100 个正常吐絮铃，晾干，称重，计算单铃重；籽棉轧花后，称皮棉重，计算衣分。

棉株生物质。于棉花 43 DAE、58 DAE、74 DAE、93 DAE、111 DAE 和 152 DAE，在第 4 重复，每处理连续取生长一致的 5 株棉株连根拔起，将营养器官（根、茎、叶、分枝）和生殖器官（蕾、花、铃）分开，装袋，105℃杀青 30 min，80℃烘至恒重，称重，取平均值。

（一）棉花产量及其结构

施肥频率显著影响棉花产量，两年结果相似（表 2-18），2008 年产量略高于 2009 年，但无显著差异，因此，表 2-18 只列出了 2009 年的数据。棉花产量都以三次施肥和一次施肥显著高于二次施肥，分别提高 10%、8%。

表 2-18　施肥频率对棉花产量及其结构的影响（2009 年）

处理	成铃数(个/m²)	铃重（g）	衣分（%）	产量（kg/hm²）	
				籽棉	皮棉
FI	71.6a	5.06a	39.2a	3402.2a	1333.9a
FII	69.8b	5.03a	39.4a	3111.5b	1221.0b
FIII	72.5a	5.11a	39.2a	3434.8a	1342.7a

注：同一列不同字母表示差异显著（$P < 0.05$）

　　尽管 2008 年单位面积成铃数和铃重略高于 2009 年，但棉花产量构成因素在年际间差异均不显著。三次施肥和一次施肥的单位面积成铃数均显著高于二次施肥，因而三次施肥和一次施肥的产量也显著高于二次施肥，两年结果一致。

（二）棉株生物质累积动态

　　随棉花生育进程，棉花干物质积累量不断增加，尽管处理之间存在一定差异，但均与 DAE 呈正常生物生长"S"曲线（图 2-6）。二次施肥处理由于底肥占 50% 的肥料用量，棉花干物质积累量在 43 DAE 和 48 DAE 最高。一次施肥处理由于在初花肥施入全部肥料，棉花干物质积累量在 74 DAE 上升至最高。三次施肥处理由于 30% 肥料在盛花期施用，棉花干物质积累量在其余测定时期为最高，其次为一次施肥处理。

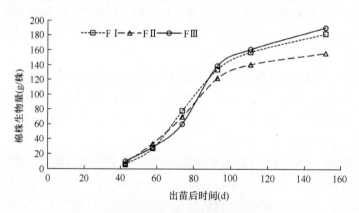

图 2-6　棉株生物质累积随施肥次数的变化

　　以上结果表明，一次施肥获得棉花产量 1328 kg/hm²，与三次施肥相当，但显著高于二次施肥，产量差异来自于单位面积成铃数。

　　干物质积累量，前期以二次施肥最多，一次施肥最少；初花期之后一次施肥迅速上升，到吐絮之后三次施肥上升为最高，而一次施肥累积的生物质量与三次施肥相当。在生物质快速积累期内，一次施肥与三次施肥的平均累积速率和最高累积速率相当，高于二次施肥。

六、一次施肥适宜时间

　　既然在中等土壤肥力、晚播高密度条件下，一次施肥也可以获得棉花高产，那么一次施肥的最适宜时间是否就是初花期呢？采用'华杂棉 H318'，设置 5 个施用时间（田间可见第一个白花后的天数，days after flower，DAF）（处理）：FT1，0 DAF（见花当天）；FT2，5 DAF；FT3，10 DAF；FT4，15 DAF；FT5，20 DAF；以氮肥常规三次施肥（FT6）为对照（底肥∶初花肥∶盛花肥=3∶4∶3）（磷钾硼肥作底肥一次施用），于 2012～2013 年进行大田和盆栽试验，探讨了不同时间一次施肥对棉花产量、氮肥利用率及氮代谢的影响。大田肥料施用量（kg/hm²）为：N 225，P_2O_5 67.5，K_2O 225，B 1.5。供试肥料：氮肥大田试验为尿素（46.3%N）、盆栽试验采用丰度为 10% 的 ^{15}N 标记尿素（46.3%）（上海化工研究院生产），磷肥为过磷酸钙（12% P_2O_5），钾肥为氯化钾（60% K_2O），硼肥为硼砂（10% B）。

随机区组设计，4 次重复（其中第 4 重复只用于破坏性取样），小区面积 43.2 m² 左右，5 月 23 日直播，密度 45 000 株/hm²，等行种植，4 行区，行距 90 cm。FT1～FT5，所有肥料于设计时间在宽行开沟条施；FT6，底肥 30%N 与磷钾硼肥混匀于播种前开沟深施，初花肥 40% N、盛花肥 30% N 在宽行中间开沟条施。

采用 PVC 桶（盆），装土 45 kg/盆（称量每盆盆重及土壤重量并编号），5 月 23 日直播，每盆条播棉种 7～9 粒，出苗后留苗 5～7 株，1 叶期定苗 3 株。施肥量换算为 3 g N（6.5 g 尿素）/盆，0.9 g P_2O_5（7.5 g 磷肥）/盆，3 g K_2O（5.1 g 钾肥）/盆，20 mg B（0.2 g 硼砂）/盆，肥料品种与大田试验相同，但需要标记的处理采用 ^{15}N（丰度为 10%）标记尿素（46.3%N）。FT6 底肥，将各种肥料（其中尿素 1.9 g）混匀后于播种前 2 d 施入土壤表层 10 cm 内并拌匀；追肥（初花肥 2.6 g、盛花肥 1.9 g 尿素）与 FT1～FT5 一样，将各肥料配制成水溶液（浓度<0.4%）后浇施于棉株根部周围。降雨时盖上盆盖，防止水分渗漏和（或）漫溢造成养分流失。不使用化学调节剂，不使用催熟剂，其他管理与大田生产相同。

FT1～FT5 每处理 15 盆，FT6 需要 30 盆 [15 盆（底肥标记）+9 盆（初花肥标记）+6 盆（盛花肥标记）]，合计 105 盆。考虑到病虫危害损失，计划安排 140 盆（20 盆×7）。所有盆（140 盆）按不同处理顺序排列、编号。

棉花产量及构成：分别于 9 月 9 日、9 月 30 日、10 月 9 日和 10 月 25 日收获，计算各小区实收产量，10 月 9 日收花时每小区另取纤维样 100 个计算各小区单铃重，轧花后计算各小区衣分及皮棉产量。

棉株硝态氮含量：在第 4 重复取样，2012 年从施肥当天起，每 5 d 取棉株样 3 株，连续取样 6 次（CK 从初花肥当天起，连续取样 9 次），每次取棉株全部主茎展开叶和全部果枝第 1 果节展开叶；2013 年全部处理从见花当天起，每 5 d 取棉株样 3 株，连续取样 9 次，每次取主茎叶（等分为上部、中部、下部）、果枝叶。田间所取棉株样放入冰盒，带回实验室放入超低温冰箱保存备用。

称取剪碎的棉花叶柄样 2.0 g，3 份，分别放入 3 支刻度试管中，加入 10 mL 无离子水，用玻璃泡封口，置入沸水浴中 30 min 后取出，用自来水冷却，将提取液过滤到 25 mL 容量瓶中，并反复洗残渣，最后定容至刻度。

吸取样品液 0.1 mL 分别于 3 支刻度试管中，加入 5% 水杨酸-硫酸溶液 0.4 mL，混匀后置于室温下 20 min，再慢慢加入 9.5 mL 8% NaOH 溶液，待冷却至室温后，以空白作参比，在 410 nm 波长下测其吸光度。在标准曲线上查 NO_3^--N 浓度，计算样品中的

NO_3^--N 含量。

棉株氮素利用效率：分别于蕾期、初花期、盛花期、吐絮期、拔秆期 5 次取棉株样 3 盆（3 次重复），每盆 3 株合并为 1 个样，按器官（根、茎、主茎叶、营养枝、果枝、果枝叶、蕾花铃、赘芽）分割，烘干称重，磨碎，测定养分含量，用 MM301 混合型研磨仪把所有样品研磨至粉末，粒径 10 μm 左右备用。

vario PYRO cube 元素分析仪和稳定同位素比值 IsoPrime100 型质谱仪连用对样品 $\delta^{15}N$ 进行分析。用 XP6 微量天平称量植物样品 4～5 mg，土壤样品 14～15 mg，用锡箔杯包好，经自动进样器进入元素分析仪。样品在 1120℃ 下在填充有 WO_3 的氧化管中氧化燃烧，燃烧后形成的气体在载气的载带下进入填有还原铜的管内还原为 N_2（850℃），载气流速为 230 mL/min。气体流经水阱（高氯酸镁）去除 H_2O。N_2O、CO_2 经过吸附与解吸附柱分离，进入稳定同位素比值质谱仪（IRMS）进行同位素分析。分析过程中，每 12 个样品穿插一个实验室标样进行校正。

（一）棉花产量及其构成

2013 年籽棉产量 FT1、FT2、FT3 和 CK 无显著差异，显著高于 FT4 和 FT5。产量构成因素中，一次性施肥的处理间铃重低于 4 g，无显著差异，常规三次施肥的铃重 3.97 g 最高，显著高于一次性施肥处理。所有处理衣分在 40% 左右，FT1、FT2 和 CK 处理的衣分显著高于 FT3 和 FT5。单位面积成铃数 FT1、FT2、FT3 和 CK 显著高于 FT4，单位面积成铃数和衣分是不同处理间产量差异的重要因素（表 2-19）。

2013 年分次收获的籽棉产量在前两次收获中，FT1、FT2 和 FT3 收获比例少，在 30% 以下，而 FT4、FT5 和 CK 比例大，在 36% 左右。在后两次收获中 FT1、FT2 和 FT3 收获比例大，在 75% 左右，而 FT4、FT5 和 CK 比例小，在 62% 左右。由于后期收花占主要产量，故 FT1、FT2 产量高。见花当天和初花期一次性施肥的籽棉产量水平较高。

表 2-19　棉花产量及其构成因素（2013 年）

处理	成铃数（个/m²）	铃重（g）	衣分（%）	产量（kg/hm²）	
				籽棉	皮棉
FT1	125.8a	3.72ab	40.8a	3379a	1378a
FT2	109.2a	3.62b	40.1ab	2884ab	1161abc
FT3	104.2ab	3.67ab	38.6c	2820ab	1085bc
FT4	80.8c	3.65ab	39.3bc	2446b	946bc
FT5	72.5bc	3.72ab	39.0c	2314b	908c
CK	104.2ab	3.97a	40.8a	3038ab	1253ab

注：同一列不同字母表示差异显著（$P<0.05$）

（二）棉株叶柄硝态氮含量

将棉株所有叶片的叶柄硝态氮含量测定值平均，不同处理按施肥后时间（days from application, DFA）（CK 指盛花肥后时间）比较（图 2-7），可以看出，在施肥 25 DFA 时间内，叶柄硝态氮含量变化的总体趋势大体分为两类，FT1 和 FT2 先升高后降低，在 5 DFA（FT1 延至 10 DFA）达最大值，随后下降；其他处理虽然起伏波动，但变化幅度不大；FT1、FT2 叶柄硝态氮含量高于其他处理。说明在见花当天（FT1）和初花期（FT2）一次施肥更有利于棉株吸收累积硝态氮。

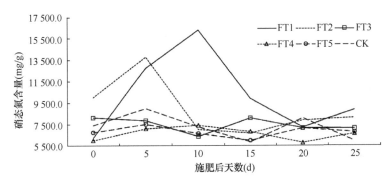

图 2-7　棉花主茎叶叶柄硝态氮含量随施肥后时间的动态变化（2012 年）

将 10 次棉株所有叶片的叶柄硝态氮含量测定值按相同叶位平均，比较棉株不同叶位的含量变化（图 2-8），可以看出，叶柄硝态氮含量随主茎叶叶位上升而呈波浪式增加，各处理趋势一致；FT1、FT2 和 CK 叶片硝态氮含量平均水平高于 FT3、FT4 和 FT5，尤其是 FT1 的叶柄硝态氮含量从倒四叶到最顶部展开叶大部分处于较高水平，相对应地，其他处理叶柄硝态氮含量在顶部节位较低。这说明在叶柄硝态氮含量在上中部主茎叶叶位含量高，FT1 最高，处理间差异显著；各处理在下部叶位叶柄硝态氮含量差异不明显。

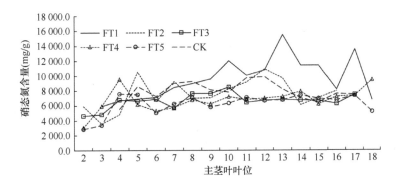

图 2-8　棉花叶柄硝态氮含量随主茎叶叶位的动态变化（2012 年）

（三）棉株对肥料 N 的利用效率

在盆栽试验条件下，FT6 处理棉株对肥料氮素的吸收利用效率为 50.7%，但利用率最高的是初花肥，可达到 58.6%，其次是盛花肥为 45.1%，底肥利用率（42.4%）最低，一次施肥处理，随施肥时间的推迟利用效率下降，其中，FT1 高于 FT6（表 2-20）。FT6处理留存在土壤中的肥料氮素占 17.1%，其中盛花肥的留存率（19.9%）最高，其次是底肥（18.3%），初花肥（14%）最低。

表 2-20　肥料 N 跟踪

处理	FT1	FT2	FT3	FT4	FT5	FT6	FT6-PPA	FT6-FBA	FT6-PBA
利用率 NPR（%）	61.3	45.7	42.3	40.1	38.6	50.7	42.4	58.6	45.1
残留率 NSR（%）	12.0	13.6	14.6	15.7	15.9	17.1	18.3	14.0	19.9
损失率 FNL（%）	26.7	40.6	43.1	44.2	45.5	32.2	39.3	27.4	34.9

一次施肥处理，氮元素随施肥时间的推迟而减少。在其余平均40%损失［可能途径包括纵向下渗、横向径流、（从土壤或棉株中）气态挥发等］的氮素中，盛花肥、底肥损失率最高，分别达到34.9%和39.3%；初花肥最低，只有27.4%（表2-19），一次施肥处理中，随施肥时间的推迟而升高。

上述研究表明，见花当天一次施肥棉花产量与三次施肥相当，其他处理随着一次施肥时间推迟，产量显著下降。处理间产量差异主要源于单位面积成铃数，铃重和衣分各处理间无显著差异。

一次施肥时间对棉花叶片含氮化合物含量影响很大，在整个生育期叶柄硝态氮含量，叶片亚硝态氮含量、硝酸还原酶活性先呈逐渐升高的趋势，到达最高峰后逐渐降低。在初花期，各处理硝态氮含量、亚硝态氮含量、硝酸还原酶活性呈逐渐升高趋势，见花当天施肥处理FT1明显比其他处理高，且增长速率快，高峰期持续时间长；进入盛花期后，FT1和CK硝态氮含量、亚硝态氮含量及硝酸还原酶活性仍然处于较高水平，具体表现为：CK、FT1、FT2＞FT3＞FT4＞FT5；盛花期之后，各处理叶片中硝态氮含量、亚硝态氮含量呈降低趋势，硝酸还原酶活性快速降低，处理间无显著差异。

随施肥时间的推迟，棉株对肥料氮素的利用效率下降，损失率上升，其中，FT1利用率高于FT6，损失率低于FT6。而FT6留存在土壤中的肥料氮素占13%，其中底肥＞初花肥（19%）＞盛花肥（13%）。在其余损失的氮素中，盛花肥、底肥损失率最高，分别达到42%和30%；初花肥最低，只有19%。

七、棉花轻简经济施肥的原则与技术

棉花生长发育过程中，其对养分的吸收利用规律是指导我们科学施肥的理论基础，只有遵循这些规律才能不断提高肥料（物质）利用效率、增加棉花种植效益、减轻农业生产的环境负担，实现棉花生产的持续、健康发展。从上述基本理论出发，我们可以归结出如下轻简经济施肥（施肥过程轻简、肥料效用提高）的技术（原则）。

（一）施肥数量可以减少

目前农业生产上对肥料的使用非常依赖，棉花生产表现尤为突出。其根本原因在于棉花生产周期太长（一般7～8个月，长江流域棉区更长），种植密度过小（尤其是长江流域棉区），这种小群体大个体必须依赖于有足够的养分供应作保障。但是农业生产中收获的对象并不仅仅依赖于足够大的个体，更依赖于由适宜个体组成的尽可能大的群体。

因此，从目前的生产状况出发，肥料的使用数量是可以降低的。在土壤碱解氮含量超过120 mg/kg、速效磷含量超过15 mg/kg、速效钾含量超过140 mg/kg的土壤养分含量条件下，目前棉花生产水平的氮肥用量可以控制在225 kg/hm^{2}以内，N：P$_2$O$_5$：K$_2$O = 1：0.3：1为宜。

（二）分次施肥比例需要调整

棉花生产中，除新疆存在一定比例水肥一体化供应外，一般磷钾硼肥作底肥施用（或钾肥分底肥和初花肥两次各半施用），而氮肥分多次施用，比较常见的或普遍的施用次数和比例为 3 次：底肥 30%，初花肥 40%，盛花肥 30%。

底肥施用后，棉花从播种到开花需要经历 60～70 d，在这期间棉花根系群逐步扩展，棉花冠层逐渐建立。在这期间，土壤养分供应较好的条件下，棉花对肥料氮素的利用较少，如果使用数量过多则容易产生养分流失，降低养分利用效率。另外，盛花肥过多，容易导致赘芽丛生，甚至贪青晚熟，徒耗养分，降低后期铃重，降低产量。因此，可以适当降低底肥和盛花肥比例，而增加初花肥比例，建议调整为：底肥 10%～20%，初花肥 60%～70%，盛花肥 20% 左右。

（三）一次施肥可以获得高产

在探讨试行冬季作物收获后接茬种植棉花两熟种植模式的地区，在土壤养分供应状况较好的条件下，减少氮肥施用次数 1～2 次也是可行的。具体来说，5 月上中旬播种的棉花，可以 2 次施肥：第一次施肥在棉田开花 20% 左右时，氮肥用量占总量的 70%～80%，以及全部磷钾硼肥；第二次在 10～15 d 之后，施入 20%～30% 的氮肥。5 月下旬至 6 月初播种的棉花，可以一次施肥：在田间可见第一朵白花时施入全部氮磷钾硼肥。

（四）合理施用新型肥料

合理施用新型肥料也是提高肥料利用率、增产节本的重要途径。新型肥料有别于常规肥料，表现在如下某个或几个方面：一是功能拓展或功效提高，如肥料除了提供养分以外，还具有保水、抗寒、抗旱、杀虫、防病等其他功能，所谓的保水肥料、药肥等均属于此类，此外，采用包衣技术、添加抑制剂等方式生产的肥料，使其养分利用率明显提高。二是形态更新，是指肥料的形态出现了新的变化，如除了固体肥料外，根据不同使用目的而生产的液体肥料、气体肥料、膏状肥料等，通过形态的变化，改善了肥料的使用效能。三是新型材料的应用，其中包括肥料原药、肥料添加剂、肥料助剂等，使肥料品种呈现多样化、效能稳定化、易用化、高效化。四是运用方式的转变或更新，针对不同作物、不同栽培方式等特殊条件下的施肥特点而专门研制的肥料，尽管从肥料形态上、品种上没有过多的变化，但其侧重于解决某些生产中急需克服的问题，具有针对性，如冲施肥、叶面肥等。五是间接提供植物养分，某些物质本身并非植物必需的营养元素，但可以通过代谢或其他途径间接提供植物养分，如某些微生物肥料等。

新型肥料按其本身性质和功能主要分为以下几类。

1. 专用配方肥

专用配方肥通常称为配方肥，是在测土配方施肥工程实施过程中研制开发的新型肥料。配方肥是复混肥料生产企业根据土肥技术推广部门针对不同作物需肥规律、土壤养分含量及供肥性能制定的专用配方进行生产的肥料，可以有效调节和解决作物需肥与土壤供肥之间的矛盾，并有针对性地补充作物所需的营养元素，作物缺什么元素补充什么元素，需要多少补多少，将化肥用量控制在科学合理的范围内，实现既确保作物高产，又不浪费肥料的目的。

2. 商品有机肥

商品有机肥是指以畜禽粪便、秸秆和蘑菇渣等富含有机质的资源为主要原材料，采用工厂化方式生产的有机肥料。与农家肥相比，养分含量较高，质量稳定。

3. 水溶性肥料

水溶性肥料是一种可以完全溶于水的多元复合肥料，能够迅速地溶解于水中，更容易被作物吸收，而且其吸收利用率相对较高，用于喷/滴灌等农业设施，可实现水肥一体化，达到省水、省肥、省工的效能。常规水溶性肥料含有作物生长所需要的全部营养元素，如氮磷钾及各种微量元素等。

4. 微生物肥料

微生物肥料是指由一种或数种有益微生物活细胞制备而成的肥料，主要有根瘤菌剂、固氮菌剂、磷细菌剂、抗生菌剂、复合菌剂等。科学施用微生物肥料，对增加土壤肥力、增强作物抗性、提高作物品质具有很好的作用。

5. 缓控释肥料

缓控释肥是一种通过各种调控机制使肥料养分最初释放延缓，延长植物对其有效养分吸收利用的有效期，使养分按照设定的释放率和释放期缓慢或控制释放的肥料，具有提高化肥利用率、减少使用量与施肥次数、降低生产成本、减少环境污染、提高农作物产品品质等优点，使用量较大时，也不会出现烧苗、徒长、倒伏等现象。

棉花上应注意开发使用缓控释肥和水溶性肥料，前者主要应用于长江流域和黄河流域棉区，后者主要应用于西北内陆棉区的膜下滴灌棉田。

（杨国正）

第四节　棉花轻简节水灌溉技术

棉花对土壤水分要求严格。因地制宜，科学灌溉，做到按需供水，均匀灌水，保持土壤良好的水分状况，对节约用水、提高灌水效果具有重要作用。因此，棉田灌水不仅要求灌水均匀，还要简化、省工、节水、节能，使土壤保持良好的物理化学性状，提高土壤肥力，从而获得最佳效益。我国三大主要棉花产区中，长江流域棉区降雨量大，棉花生产中基本无需灌溉补水，所以本节主要论述西北内陆棉区和黄河流域棉区的棉花轻简节水灌溉技术。

一、新疆棉花膜下滴灌与墒情监测技术

新疆地处中温带至暖温带极端干旱的荒漠、半荒漠地带，是典型的灌溉农业区，因此灌水对新疆棉花生产至关重要。随着科技的进步，新疆棉区的灌溉方式也在不断变化。目前灌溉方式主要有地面灌、膜下滴灌、沟灌与喷灌等，但基本以膜下滴灌为主。

（一）新疆膜下滴灌灌溉技术简介

膜下滴灌是一种将地膜覆盖栽培与普通地表滴灌相结合，特别适用于机械化大田作业的新型田间灌溉技术，是目前最先进的灌水方法之一。其基本做法是在膜下应用滴灌技术，即在平铺的滴灌带上面再覆盖一层地膜。核心技术是利用低压管道系统供水，将加压的水经过过滤设施滤"清"后，和水溶性肥料充分融合，形成肥水溶液，进入输水干管—支管—毛管，使滴灌水通过毛管上的滴水器（滴头）成点滴、缓慢地、均匀而又定量地浸润作物根系区域，使作物主要根系活动区的土壤始终保持在最优含水状态。

膜下滴灌技术由新疆生产建设兵团于1996年开始应用在棉花生产上，经过了试验、示范与推广阶段，目前可以实现机械布管、铺膜、播种等作业一次完成。2012年新疆膜下滴灌面积超过130万 hm^2，其中生产建设兵团棉田全覆盖，地方60%以上棉田也推广该技术。新疆成为国内滴灌面积最大、技术最成熟的地区。

与传统地面灌溉相比，膜下滴灌的优点主要体现在以下几方面。

一是节水效果明显。膜下滴灌滴水量很少，仅湿润作物根区，属局部灌溉形式，且实施覆膜栽培技术，土壤中有限的水分循环于土壤与地膜之间，减少作物的棵间蒸发。由于棉田滴灌系统采用管道输水，减少了渗漏。在棉花生长期内，其平均用水量是传统灌溉方式的12%，是喷灌的50%，是一般滴灌的70%。另外，还可以适时适量灌水，通过控制灌水量大小、灌水时间和灌水次数，有效调控棉花生长发育，这对具有无限生长习性的棉花而言尤为重要。

二是肥料农药利用率高。膜下滴灌采用易溶滴灌专用肥，肥料随滴灌水流直接送达作物根系土壤中，易被作物根系吸收，从而使肥料利用率大大提高。据测试，膜下滴灌可使肥料的利用率由30%～40%，提高到50%～60%。此外，水在管道中封闭输送，避免了水对病原菌的传播。地膜两侧较干燥，不利于病菌、杂草生长，因而除草剂、杀菌剂等农药用量也明显减少，达10%～20%甚至以上，减轻了化肥、农药对土壤、环境的污染。

三是增产效果明显。膜下滴灌能适时适量地向作物根区供水供肥，调节棵间温度和湿度；同时地膜覆盖昼夜温度变化时，膜内结露，能改善作物生长的微气候环境，从而为作物生长提供良好的条件，棉花结铃率提高，单铃重增加，因而增产效果明显，可增产10%～30%。

四是省地、省工与节能。由埋入地下及地面移动的输水管道代替地面灌溉时的干渠及田间支渠，可节省耕地5%～7%。另外，地面灌溉时，挖土堵口，工作条件差，劳动强度大，一个农工最多管理棉田 2 hm^2 左右。采用膜下滴灌，主要工作是观测仪表、操作阀门，工作条件好，滴灌能随水施肥、施药，膜下杂草难以生长，植物行间无灌溉水分，因而杂草比地面灌溉少，大大降低了田间人工锄草、施肥、修渠、平埂、病害治理的强度，人工管理定额可以提高到 4～6 hm^2，劳动生产率提高。

五是防治盐碱，适应盐碱能力强。膜下滴灌不产生深层渗漏，能有效避免地下水位上升，遏制土壤次生盐渍化。同时由于地膜覆盖，棵间蒸发减少，减轻了地面返碱。在滴灌带选型、布设及灌溉制度合理的情况下，还可在棉花根系周围形成盐分淡化区，有利于棉苗的成活和生长。这对改良与利用盐碱地意义重大。

六是综合效益高。多少年来，滴灌技术一直被人们称为昂贵技术而仅应用在高附加值的作物中。随着水资源的日趋短缺，以及适合国情、降低投资的国产滴灌设施的研究取得了很大的进展，特别是新疆天业试制一次性边缝式薄壁滴灌带的成功，使滴灌带价格仅 0.2 元/m，滴灌每公顷地投入下降为 1800～2700 元，且使用一年后滴灌带还可以旧换新，每米只收 0.12 元加工费，每公顷滴灌带投资可降到 750～1125 元。农户在种植棉花时有利可图，滴灌技术已能完全进入大田和适应普通农业使用。膜下滴灌棉花增产20%以上，按籽棉价 7 元/kg 计算，每公顷增收 7350 元。节省水、肥、农药、人力、机力，每公顷平均节支 4800 元，除去铺设滴灌带及滴灌带折旧费每公顷 1800 元，则每公顷净增收 10 350 元。若棉花价格提高，则盈利更多。

（二）新疆膜下滴灌系统组成

膜下滴灌的基本组成与地表滴灌类似，由水源、首部枢纽、输水管道、灌水器（滴头）和管件组成（图2-9）。

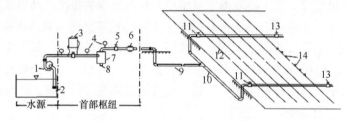

图 2-9　膜下滴灌系统组成示意图

1. 水泵；2. 蓄水池；3. 施肥罐；4. 压力表；5. 控制阀；6. 水表；7. 过滤器；8. 排砂阀；9. 干管；10. 分干管；
11. 球阀；12. 毛管；13. 放空阀；14. 滴头

1. 灌水器（滴头）

滴灌灌水器简称滴头。压力水流由毛管进入滴头，经过滴头减压，以稳定、均匀的低流量施入土壤，逐渐湿润作物根区。对滴头的要求是制造偏差系数小于 0.07；出水量稳定；抗堵塞性能强；结构简单，便于制造、安装、清洗；坚固耐用，价格低廉。基本类型有以下几种。

（1）管上补偿式滴头

管上补偿式滴头（图 2-10）是安装在毛管上并具有压力补偿功能的滴头。它的优点是安装灵活，能自动调节出水量和自清洗，出水均匀性高，但制造复杂，价格较高。

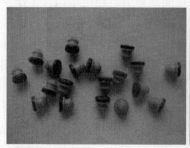

图 2-10　管上补偿式滴头

（2）内镶式滴灌管

滴头与毛管制造成一个整体，兼顾配水和滴水功能，俗称滴灌管。分为片式滴灌管与管式滴灌管（图 2-11）。

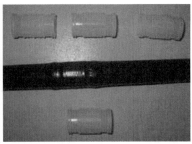

图 2-11 内镶片式与管式滴灌管

（3）薄壁滴灌带

薄壁滴灌带在新疆被广泛采用，有边缝式滴灌带、中缝滴灌带、内镶贴片式滴灌带等。常用的边缝式滴灌带以单翼迷宫式滴灌带最为常见（图 2-12）。新疆棉区的滴灌带直径 16 cm，壁厚 0.2 mm，滴头流量 1～3.5 L/h，滴头间距为 10 cm、20 cm、30 cm 和 40 cm 不等，成本因规格不同而不同，国产滴灌带价格约为 0.15 元/m，每公顷用滴灌带 8.55～12.9 km。出水桩间距决定了滴灌带铺设长度，一般为 50～80 cm。

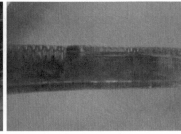

图 2-12 单翼迷宫式滴灌带

2. 过滤器

过滤器是清除水流中各种固形有机物和无机物，保证滴灌系统正常工作的关键设备。过滤器一般安装在施肥设施后面，类型较多，应根据滴灌水源水质情况正确选用。

（1）旋流水砂分离器

旋流水砂分离器又称离心式过滤器（图 2-13）。一般由进水口、出水口、旋涡室、分离室、储污罐和排污阀等部分组成。优点是能连续过滤高含砂量的灌溉水，缺点是不能除去比重较水轻的有机质等杂物，水头损失大。当滴灌水源中含砂量较大时，一般作为初级过滤器使用。

（2）砂石过滤器

砂石过滤器（图 2-14）是一种以砂石为介质的有压过滤罐，适用于滴灌水源很脏的情况下。优点是滤除有机质的效果好，缺点是价格较贵，对管理的要求较高，不能滤除淤泥和极细土粒。一般用于水库、明渠、池塘、河道、排水渠及其他含污物水源，作初级过滤器使用。

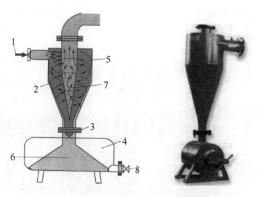

图 2-13　旋流水砂分离器
1. 进水口；2. 不锈钢外壳；3. 与集砂罐连接的法兰；4. 集砂罐；5. 旋转水流；
6. 罐中沉积泥沙；7. 流出水流；8. 排沙阀

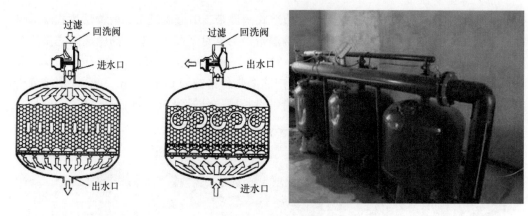

图 2-14　砂石过滤器

（3）网式过滤器

网式过滤器结构简单，一般由承压外壳和缠有滤网的内芯构成。外壳和内芯等部件要求用耐压耐腐蚀的金属或塑料制造（图 2-15）。滤网用尼龙丝、不锈钢或含磷紫铜制作。优点是装卸简单，冲洗容易，密封良好。筛网过滤器的种类繁多，多作为末级过滤器使用。

图 2-15　各种网式过滤器

（4）叠片式过滤器

叠片式过滤器是新发展起来的一种过滤器，其过滤介质由很多个可压紧和松开的带有微细流道的环状塑料片组成（图 2-16）。叠片式过滤器具有小巧、可随意组装、冲洗方便、安全可靠的特点。叠片式过滤器有自动和手动两种冲洗方式，初级过滤和终级过滤均可使用。

图 2-16　叠片式过滤器

3. 施肥装置

随水施肥是滴灌系统的一大功能。滴灌系统中向压力管道内注入可溶性肥料溶液的设备和装置称为施肥装置。当直接从专用蓄水池中取水时，可将肥料溶于蓄水池再通过水泵随灌溉水一起送入管道系统。当直接从有压给水管路、水库、灌排水渠道、水井中取水时，则需加施肥装置。施肥时可以将肥料或农药溶解于施肥装置中，后被注入管道中随水滴入土壤。常用注入肥料的方法为压差法，施肥装置如图 2-17 所示。

图 2-17　施肥装置（含压差式过滤器）

4. 控制、测量及保护装置

为了保证膜下滴灌系统的正常运行，必须根据需要，在系统中的某些部位安装阀门、流量计、压力表、流量和压力调节器、安全阀、进气阀等。

（1）阀门

滴灌系统中一般选用不锈钢、黄铜、塑料材质或经过镀铬处理的低压阀门。根据其作用，阀门一可以分为控制阀、安全阀、进排气阀、冲洗阀等（图 2-18）。各类阀门的优缺点及安装部位见表 2-21。

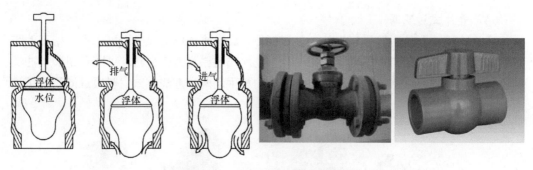

图 2-18　进排气阀、闸阀和球阀

表 2-21　阀门的分类、作用及其在滴灌系统中的安装部位

分类	作用	在系统中的安装部位
闸阀	一般控制	安装在干管、支管首部
球阀	快速启闭	安装在干管、支管末端
截止阀	严密控制	系统首部与供水管连接处，施肥施药装置与灌溉水源连接处
逆止阀	防止倒流	水泵出水口，供水管与施肥施药装置之间
安全阀	消除启闭阀门过快或突然停机造成的管路中压力骤增	安装在水泵出水侧的主干输水管上
进排气阀	开始输水时防止气阻，供水停止时防止管内出现负压	安装在系统中供水管及干管、支管和控制竖管的高处
冲洗阀	定期冲洗管末端的淤泥或微生物团块，停灌时排出管道中水	安装在支管、毛管的末端

（2）压力表、水表

为了保证灌溉工程中压力与流量稳定，滴灌系统中一般需要安装流量与压力调节装置。常用的有流量调节器、稳流三通、压力调节器等。滴灌系统一般选用的是精度适中，压力度量范围较小（980 kPa 以下）的弹簧压力表（图 2-19）。水表用来量测一段时间内通过的水流总量，安装在首部枢纽过滤器之后的干管上，也可以根据需要安装在相应支管上。

图 2-19　压力表、旋翼式水表、流量计

5. 管道与连接件

（1）管道

管道是滴灌系统的主要组成部分，各种管道与连接件按设计要求组合安装成一个滴灌

输配水管网，根据作物的需水要求向田间和作物输水配水。管道与连接件在滴灌工程中用量大、规格多、所占投资比重大，因而所选用管道与连接件的型号、规格及质量的好坏，不仅直接关系到滴灌工程费用的大小，而且关系到滴灌系统能否正常运行和寿命长短。

　　新疆膜下滴灌常用的管道材料主要有两种：聚氯乙烯管（PVC 管）和聚乙烯管（PE 管）（图 2-20）。Φ63 以下的管道采用聚乙烯管；Φ63 以上的管道采用聚氯乙烯管。聚氯乙烯管属硬质管，韧性强，具有良好的抗冲击能力和承载能力，刚性好。滴灌中常用的聚氯乙烯管一般为灰色或黑色，公称压力有：0.25 MPa、0.32 MPa、0.40 MPa 和 0.60 MPa，公称直径为 50 mm、63 mm、75 mm、90 mm、110 mm、125 mm、140 mm、160 mm、180 mm、200 mm、225 mm、250 mm、280 mm、315 mm。聚乙烯管为半软管，管壁较厚，具有很高的抗冲击力和韧性，耐低温与抗老化性能比聚氯乙烯管好，常用聚乙烯管公称压力有：0.25 MPa、0.40 MPa 和 0.60 MPa，公称直径为 6 mm、8 mm、10 mm、12 mm、16 mm、20 mm、25 mm、32 mm、40 mm、50 mm、63 mm、75 mm、90 mm、110 mm。

图 2-20　PVC 管和 PE 管

（2）滴灌管道连接件

　　连接件是连接管道的部件，也称管件。管道种类及连接方式不同，连接件也不同。常用的连接件有旁通、直接、弯头、三通、四通、变径接头、堵头等。滴灌系统常用管见图 2-21～图 2-23。

图 2-21　各种滴灌旁通连接件

（三）新疆膜下滴灌滴灌带铺设方式

　　目前，新疆棉花膜下滴灌采用薄膜宽 1.25 m（窄膜）与 2 m（宽膜），在膜上点播，宽窄行种植。窄膜铺设方式一般为 1 膜 1 带或 1 膜 2 带，滴灌带铺设在窄行中间或宽行

图 2-22 PE 管道直接、三通和弯头

图 2-23 PVE 管道直接、三通和弯头

中间。宽膜铺设 2 条或 3 条滴灌带。当采用 2 条滴灌带时，滴灌带铺设在宽行中间，采用 3 条时，铺设在宽行内靠近窄行的位置或者直接布设在窄行中间。具体种植与滴灌带铺设模式见图 2-24～图 2-27，并见图版Ⅶ-1。

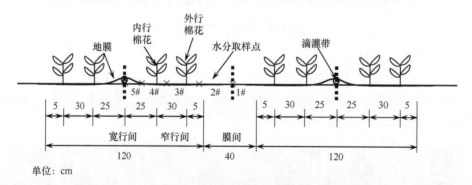

图 2-24 1 膜 1 带 4 行种植方式及土壤水分测点示意图

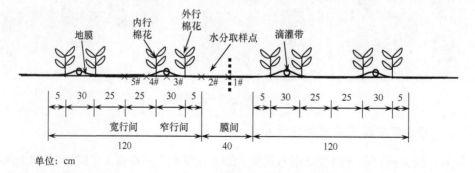

图 2-25 1 膜 2 带 4 行种植方式及土壤水分测点示意图

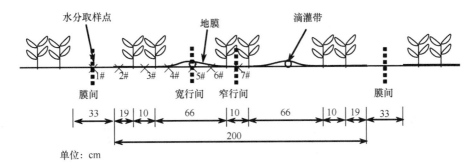

图 2-26　1 膜 2 带 6 行种植方式及土壤水分测点示意图

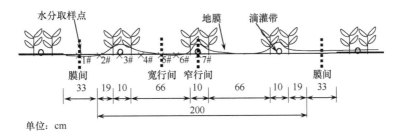

图 2-27　1 膜 3 带 6 行种植方式及土壤水分测点示意图

（四）新疆膜下滴灌首部枢纽与地面管网布置

1. 首部枢纽

1）滴灌系统的首部枢纽通常与水源工程布置在一起，但若水源工程距离灌区较远，也可以单独布置在灌区附近或灌区中间，以便于操作和管理。

2）当有几个可以利用的水源时，应根据水源的水量、水位、水质及灌溉工程的用水要求进行综合考虑。通常在满足滴灌用水水量和水质要求的情况下，选择距离灌区最近的水源，以便减少输水工程投资。在平原地区利用井水作为灌溉水源时，应当尽可能地将井打在灌区中心，并在其上修建井房，内部安装机泵、施肥设备、过滤设备、压力流量控制设备及电器设备。

3）首部枢纽及其相连的蓄水和供水建筑物的位置，应当根据地形和地质确定，必须有稳固的地质条件，并尽可能使输水距离最短。在需建沉淀池的灌区，可以与蓄水池结合修建。

2. 膜下滴灌地面管网布置原则

1）滴灌管网应根据水源位置、地形、地块等情况分级，一般应该由干管、支管和毛管三级组成。灌溉面积大的可增设总干管、分干管或分支管，面积小的也可以只设置支管和毛管两级。

2）管网布置应使管道总长度短，少穿越其他障碍物。输水管道、配水管道沿地势较高位置布置。支管垂直于作物种植布置，毛管沿作物种植行布置。

3）地形平坦时，根据水源位置应尽可能采取双向分水布置形式，干管布置应尽量顺直，总长度最短，尽量减少转折。支管长度不宜过长，应根据支管铺设方向的地块长度合理调整，一般不超过 100 m。在可能的情况下尽量增加毛管长度，以加大支管间距，但毛管单向长度一般不超过 100 m。

4）地面支管宜选用薄壁 PE 管材，PVC 管材应当埋入地下，并满足有关防止冻胀和排水要求。

5）支管以上各级管道的首段需设置控制阀，在地埋管道的闸阀处应当设置闸阀井，并在管道起伏的高处、顺坡管道上端阀门的下游、逆止阀的上游，设置进排气阀。在干管、支管的末端应设置冲洗阀。

6）在直径大于 50 mm 的管道末端、变坡、转弯、分叉和阀门处，应该设置镇墩。当地面坡度大于 20%或管径大于 65 mm 时，应每隔一定距离增设一个镇墩。

7）管道埋深应根据土壤冻土深度、地面荷载和机耕要求确定。干管、支管埋深应不小于 60 mm。

3. 膜下滴灌地表干-支管布置形式

膜下滴灌地面管网布置一般有以下几种形式。

1）当水源位于田块一侧时，树状管网一般呈"一"字形、"T"形和"L"形（图 2-28）。这几种布置形式主要适用于控制面积较小的井灌区，一般的控制面积为 10～33.3 hm²。当水源位于田块一侧时，控制面积为 40～100 hm²，地块呈方形或长方形，作物种植方向与灌水方向相同或不同时可以布置成梳齿形或"丰"字形。

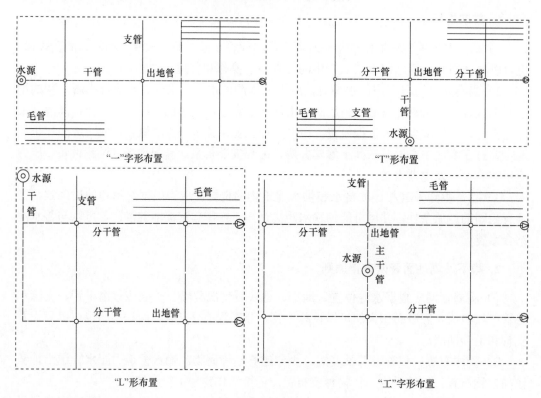

图 2-28 滴灌管网布置的一般形式

2）水源位于田块中心，控制面积较大时，常采用"工"字形。

4. 膜下滴灌地表支-毛管连接方式

膜下滴灌地表支管毛管连接有"单支管+毛管"、"双支管+毛管"与"支管+辅管+毛管"3 种方式。随着机采棉和自动化灌溉模式的推广应用,"支管+辅管+毛管"方式应用面积有逐步减少的趋势。"支管+毛管"模式的支管直径为一般为 75 mm 或 90 mm,毛管通过旁通三通直接与支管相连,减少了系统"分干管"和"支管"等管材的使用,提高了灌水的均匀性(图版Ⅶ-2)。

5. 膜下滴灌滴头流量选择与毛管布设

新疆棉田膜下滴灌一般均采用工厂定型生产的毛管和滴头合为一体的一次性薄壁滴灌带,滴头通常等间距 20～40 cm 布设。滴头流量主要依据土壤质地,在满足使用要求的情况下选用小流量滴头,以降低系统投资。在毛管铺设方式确定的情况下,滴头流量必须满足对土壤湿润比的要求,满足作物灌溉制度要求。一般流量控制在 2 L/h 左右,最大不超过 3 L/h,且选择正规厂家制造、偏差小、抗堵塞性能强的滴头。铺放时,滴灌带可以铺设于地膜下,也可将其浅埋,深度 2～3 cm。

(五)膜下滴灌系统轮灌工作制度

为减少工程投资,提高设备利用率,增加滴灌面积,通常采用轮灌工作制度。做法是将支管分为若干组,由干管轮流向各组支管供水,支管内部还可以再划分灌水单元,实行灌水单元分组轮流灌溉。轮灌组的数目应根据水源流量和各级管道的经济管径、输水能力和作物需水要求确定,同时使水源的水量与计划灌溉的面积相协调。

在具体划分轮灌组时,应保证每个轮灌组控制灌溉面积尽可能相等或相近,应照顾农业生产和田间管理的要求,尽可能减少农户间的用水矛盾,并且一个轮灌组管辖的范围应该集中连片,尽量分散干管流量并尽量减少轮灌次数。轮灌顺序可通过协商自上而下或自下而上进行。为了减少输水干管段的流量,宜采用插花轮灌的方法划分轮灌组。图 2-29 和表 2-22 为某滴灌系统平面布置图和系统运行过程。

(六)新疆棉田不同生育期膜下滴灌灌溉技术

根据新疆棉花生长发育规律特点,新疆棉田膜下滴灌应该遵循量少、多次、保持土壤湿润的原则。头水以少量为原则,随即紧跟二水,以后要因地因时而异,每隔 5～10 d 灌溉 1 次。头水过早过多,易引起棉花徒长,造成高大空的棉花株型,但头水过晚且水量不足,又易造成蕾铃大量脱落。花铃期,灌水必须保障及时,充分灌溉,否则引起棉花早衰,棉桃脱落,造成减产。适时停水也极为关键,停水过早,易引起早衰,但停水过晚,易引起贪青晚熟,霜后花比例增加等。

1. 储水灌溉

新疆春天雨少,多风,蒸发量大,为保证棉花播种出苗及苗期需水要求,需要在冬季或早春进行储水灌溉。棉田冬灌可以在秋耕后开始,土壤封冻前结束,以夜冻昼消最

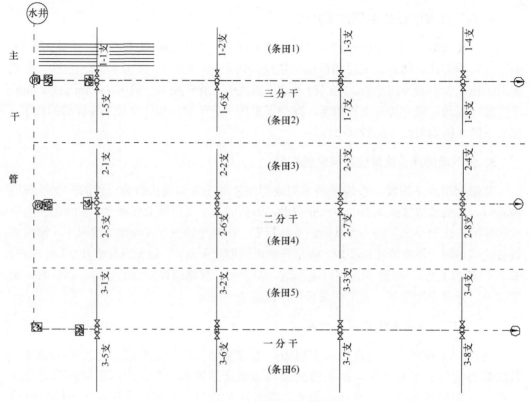

图 2-29　滴灌系统剖面布置图

表 2-22　滴灌系统运行表

滴灌系统工作时间	轮灌组	同时工作的支管编号							
第一天	1	1-1	1-2	1-3	1-4	2-1	2-2	2-3	2-4
第二天	2	1-5	1-6	1-7	1-8	2-5	2-6	2-7	2-8
第三天	3	3-1	3-2	3-3	3-4	3-5	3-6	3-7	3-8

为理想。冬灌定额为 $1200\sim1500\ \mathrm{m^3/hm^2}$。冬灌最好结合深耕进行，也可以不结合深耕，直接冬灌。如果冬季水源不足或来不及冬灌，可以采用春灌进行。春灌在播前 50 d 到一个月内进行，灌水定额也为 $1200\sim1500\ \mathrm{m^3/hm^2}$。在新疆储水灌溉不仅是为了保证苗期墒情，更主要的是为了盐分淋洗。

2. 出苗灌溉

对于没有条件进行冬灌或春灌的棉田，在棉花播种后对播种层要进行出苗灌溉，灌溉时间为播种后 1～2 d，灌水量为 $225\sim300\ \mathrm{m^3/hm^2}$。

3. 苗期灌溉

苗期棉花以蹲苗为主，一般不灌水。蹲苗的作用是使棉花根深苗壮，控制茎叶生长，提高抗旱能力，打好丰产基础。但对于土壤墒情较差，出苗困难的棉田，可以考虑进行 1 次灌溉，灌水量为 $150\sim225\ \mathrm{m^3/hm^2}$。

4. 头水与二水灌溉

在新疆头水灌溉十分重要，适时适量灌好头水对棉花实现高产较为关键。一般认为头水以少为原则，灌水时间在初花、盛蕾期，大约在 6 月下旬。如果棉田墒情较差，可以提前到 6 月中旬。如果土壤含水量高，棉花长势较旺，头水时间推迟到 7 月初，但最迟不超过 7 月 5 日，灌水量 225 m^3/hm^2。二水灌溉要紧跟头水，灌水时间为头水灌后 3～5 d，灌水量增加为 300 m^3/hm^2。

5. 蕾期灌溉

蕾期灌溉的原则是稳长和增蕾。此时灌水频率不宜过高，7～10 d 灌水 1 次。灌水频率过高，水量过大，容易造成棉花旺长，不利于蕾铃形成。灌水量 300～375 m^3/hm^2，具体依土壤、气候、地下位、当年雨水等情况决定。

6. 花铃期灌溉

花铃期是棉花需水的高峰期，灌溉频率较高，一般灌水频率为 3～7 d，对机采棉以5 d 较为合适，该时期灌水定额为 300～375 m^3/hm^2。

7. 停水

棉花停水对棉花后期生长，提高铃重和增加霜前花极为重要。停水一般在 8 月下旬和 9 月初，停水不宜过早，也不宜过晚。过早易引起早衰、干铃和棉铃脱落，停水过晚，易引起贪青晚熟，衣分降低，霜后花比例增加。

（七）新疆棉田膜下滴灌推荐灌溉制度

灌溉制度是指作物播种前及全生育期内的灌水次数、灌水定额及灌溉定额。灌水定额是单位灌溉面积上的一次灌水量。灌水周期指相邻两次灌水间隔时间。灌溉定额指各次灌水定额之和。不同区域和不同土壤质地条件下膜下滴灌灌溉制度存在较大的差异。经过石河子大学、新疆农业科学院和相关科研单位对南北疆棉花膜下滴灌所做的灌溉制度试验，南北疆推荐的棉花膜下滴灌灌溉制度见表2-23 和表 2-24。

表 2-23　北疆（石河子）棉区推荐膜下滴灌灌溉制度

项目	冬灌或春灌[1]	播种	出苗水[2]	出苗	苗期	现蕾期	花蕾期	花铃期	停水	全生育期
时间	前一年 11 月中下旬；当年 3 月上旬	4 月中旬	播种后 1～2 d	5 月上旬	5 月上旬至 6 月上旬	6 月上旬至 7 月上旬	7 月中旬至 7 月下旬	7 月下旬至 8 月下旬	8 月下旬	4 月下旬至 10 月中旬
灌水频率与灌水定额	80～100 m^3/亩[3]	—	15～20 m^3/亩	—	不灌水	头水为 6 月 25 日前后，15 m^3/亩，二水为头水灌后 3～5 d，灌水定额 20 m^3/亩	7 d 灌 1 次水，灌水定额 20 m^3/亩	5 d 灌 1 次水，灌水定额 20～25 m^3/亩	最后一次水灌水清水，灌水定额 20 m^3/亩	灌水 9～11 次，灌水量 180～240 m^3/亩

注：1. 在无冬灌时才进行春灌；2. 适用于免冬春灌的干播湿出模式；3. 1 亩≈666.7 m^2

表 2-24   南疆（阿克苏）棉区推荐膜下滴灌灌溉制度

项目	冬灌或春灌[1]	播种	出苗水[2]	出苗	苗期	现蕾期	花蕾期	花铃期	停水	全生育期
时间	前一年11月中旬；当年2月下旬至3月上旬	3月底至4月上中旬	播种后1~2 d	4月下旬	4月下旬至5月下旬	5月下旬至6月下旬	6月下旬至7月中旬	7月中旬至8月下旬	8月25日至9月3日	4月上旬至10月下旬
灌水频率与灌水定额	80~100 m³/亩	—	15~20 m³/亩	—	不灌水	头水为6月20日前后，15 m³/亩，二水为头水灌后3~5 d，灌水定额20 m³/亩	7 d灌1次水，灌水定额20 m³/亩	5 d灌1次水，灌水定额20~25 m³/亩	最后一次水灌水清水，灌水定额20 m³/亩	灌水10~13次，灌水量200~260 m³/亩

注：1. 在无冬灌时才进行春灌；2. 适用于免冬灌的干播湿出模式

（八）新疆膜下滴灌墒情监测技术

1. 膜下滴灌不同铺设方式的测墒传感器布设位置

土壤墒情是土壤的重要物理性质，适时了解土壤剖面墒情是制定灌溉制度的前提。测墒点布设是墒情准确监测与预报的基础。膜下滴灌为局部灌溉，其测墒点布设位置与灌溉水量、灌水频率、滴灌带铺设方式及计划测墒范围有很大关系。采用不同灌溉制度所确定的膜下滴灌土壤剖面适宜测墒点位置及测墒相对误差如表 2-25 所示。在 1 膜 1 带 4 行铺设方式下，膜下 0~60 cm 土层的最优测墒点坐标为（48，31），膜+裸地 0~100 cm 土层为（28，37），相对误差分别为 3.18% 和 4.68%。这说明随着测墒范围的扩大，测墒点位置在横向和垂向上分别内移与下移，测墒相对误差也略有增加。在 1 膜 2 带 6 行宽膜铺设方式下，其膜下 0~60 cm 土层与膜+裸地 0~100 cm 土层的最优测墒点坐标分别为（65，28）和（60，29），测墒相对误差为 2.54% 和 3.09%。

表 2-25   新疆膜下滴灌最优测墒传感器布设位置及测墒相对误差

种植模式	测墒范围	最优点坐标	相对误差（%）
1膜1带4行	膜宽+0~60 cm 土层	（48，31）	3.18
	膜+裸地+0~100 cm 土层	（28，37）	4.68
1膜2带6行	膜宽+0~60 cm 土层	（65，28）	2.54
	膜+裸地+0~100 cm 土层	（60，29）	3.09

注：测墒点横坐标是指距地膜中心线的距离，纵坐标为距地面的深度，单位均为 cm

2. 典型大小农田范围内最优测墒点的适宜布设数量

测墒点布设除了要确定位置外，还要考虑其数量。测墒点数量过少，则降低监测精度，数量过多又增加成本。针对不同种植方式，采用经典统计学方法，确定膜下 0~60 cm 土层最优测墒点在典型大小农田内的适宜布设数量如表 2-26 所示。结果表明，对同一种植方式，最优测墒点布设数量与允许误差精度成反比，与置信水平成正比。当允许误差一定时，置信水平越高，布设数量就越大。而在一个置信水平，允许误差越大，布设数量则越少。为保证一定测墒精度与降低传感器成本，对 1 膜 1 带 4 行种植方式，可采用 P_1=95% 与 k=0.10 的布点方案，而对 1 膜 2 带 6 行，采用 P_1=90%，k=0.05 的方案，即对 13.3 hm² 大小的条田，测墒传感器的布设数量分别为 5 个和 6 个。

表 2-26　不同种植方式典型大小农田内的最优测墒点布设数量

种植方式	测墒范围	$P_1=90\%$		$P_1=95\%$	
		$k=0.05$	$k=0.10$	$k=0.05$	$k=0.10$
1 膜 1 带 4 行	膜下 0~60 cm 土层	7	4	9	5
1 膜 2 带 6 行	膜下 0~60 cm 土层	6	4	8	4

二、黄河流域棉区轻简节水灌溉模式

黄河流域棉区灌水方法主要有 3 类，地面灌溉技术（畦灌、沟灌等）、喷灌技术（微喷带灌水技术）和微灌技术（滴灌）。随着科学技术的发展和生产力水平的提高，这三类灌水技术也得到了快速的提升和发展。针对不同的种植模式和地域特点，形成了集节水、节能、省工为一体轻简化棉花节水灌溉技术模式。

（一）黄河流域棉区轻简化地面灌溉技术

地面灌溉是古老的和最常见的灌溉方法，是应用最为广泛的农田灌水技术，同时也是黄河流域棉区应用最为广泛的灌水技术。与其他灌水技术相比，田间工程设施简单，具有造价低、节能、运行费用低、管理方便和对水质要求低的优点。缺点是容易造成表层土壤板结，水的利用率较低，灌水均匀度较差，用工较多。为了提高灌水质量，除了要求有完整的田间输水渠道网外，还需确定合理的畦、沟和格田规格，改进灌水工具和精细平整土地。灌水时还要确定适宜的入畦流量、入沟流量和封口成数（封口时水流达到整个畦沟长度的成数）。采用地面灌溉节水新技术，是提高农田水利用率，从根本上缓解我国水资源短缺的重要途径。

棉花地面灌溉技术主要包括畦灌、沟灌、漫灌 3 种，由于漫灌灌水方法没有或只有简陋的田间灌水工程，水引入田面及顺坡漫流，渗入土壤，导致灌水质量差，浪费水量大，在黄河流域棉区逐渐被淘汰。目前该棉区主要地面灌水技术以畦灌和沟灌为主，同时在原有灌水方法的基础上，根据棉花水分生理特性发展了其他节水地面灌溉技术（如隔沟交替灌溉技术）。

1. 畦灌

畦灌是用田埂将灌溉土地分隔成一系列小畦。灌水时，将水引入畦田后，在畦田上形成很薄的水层，沿畦长方向流动，在流动过程中主要借重力作用逐渐湿润土壤（郭元裕，1997）。该方法是地面灌溉技术中推广应用最为广泛的灌水方法之一，它是利用输水沟渠，将灌溉水引入棉花畦面，靠重力和毛管力作用渗入土壤，供棉花根系吸收。近年来，随着节水灌溉技术的发展，黄河流域棉区畦灌技术逐渐得到了改进和完善，主要是改长畦为短畦，改宽畦为窄畦，改大畦为小畦，最终改大定额灌水为小定额灌水，减少沿畦产生的深层渗漏，以消灭大水漫灌的不良现象。要使灌溉水分配均匀，必须严格整平畦面，修筑临时性畦埂。以限制水流范围，保证灌水均匀。

畦的长短和宽窄，直接影响灌溉的质量和效果。畦田应主要依据地形条件、土地平整情况、土壤透水性能、农业机具等因素合理地确定畦田规格和控制入畦流量、放水时间等灌水技术要素。目前，黄河流域棉区一般采用的畦埂规格是：畦宽应按照当地农业机具宽度的整数倍确定，一般为 2.4~3.2 m，每畦植棉 4~6 行，畦长 30~50 m，畦埂底宽 50~60 cm，高 20~30 cm。灌溉时，入畦单宽流量视土壤和畦面坡降情况，一般应控制在 3~5 L/s，以使水量分布均匀和不冲刷土壤为原则；畦田的布置应更加顺应地形条件变化，保证畦田沿长边方向有一定的坡度。一般适宜的畦田田面坡度为 1‰~3‰。如地面坡度较大，土壤透水性较弱，畦田可适当加长，入畦流量适当减小；如地面坡度较小，土壤透水性较强，则要适当缩短畦长，加大入畦流量。畦面的放水时间，即改口时间，可控制在 8~9 成，即水流达到畦长的 80%~90% 时再灌另一畦。

　　黄河流域棉花以春棉和麦后短季棉两种种植模式为主，该区域春棉畦灌典型节水灌溉方案推荐见表 2-27 和表 2-28。棉花播前如土壤墒情较好，可不进行灌溉，整个生育期灌水 2~3 次即可，灌水时期主要在棉花蕾期和花铃前期进行。

表 2-27　河南省棉花节水灌溉制度

分区	水文年份	灌水定额（m³/hm²）					总灌溉定额（m³/hm²）
		播前	苗期	现蕾	开花	结铃	
豫北平原	湿润年				1050		1050
	一般年		825		1050		1875
	干旱年	825		975	1050		2850
豫中豫东平原	湿润年				900		900
	一般年		825		900		1725
	干旱年	825		975	900		2700
豫南平原	湿润年				750		750
	一般年		825		750		1575
	干旱年	825		825	750		2400
南阳盆地	湿润年				750		750
	一般年		750		750		1500
	干旱年	825		975	750		2550

表 2-28　山东省棉花节水灌溉制度

分区	水文年份	灌水定额（m³/hm²）					总灌溉定额（m³/hm²）
		播前	苗期	现蕾	开花	结铃	
鲁西北、鲁西南	湿润年	900				900	1800
	一般年	900		900		900	2700

　　近年来，为了粮食安全生产与提高棉田综合经济效益，棉田种植结构开始调整，传统费时费力且不利于机械化的麦棉套作种植方式逐渐被淘汰。随着工厂化育苗及机械化移栽技术的不断成熟，麦棉套作逐渐向麦后移栽棉的种植方式发展，使日益突出的粮棉争地矛盾得以缓解。黄河流域麦后移栽棉与传统早春棉的生长特性不同，其生长期正值炎热高温季节，耗水量大，且前茬小麦收获后，土壤含水量低，独特的生长环境使得灌溉水对麦后移栽棉优质高产起着至关重要的作用。

　　中国农业科学院农田灌溉研究所通过对比麦后移栽棉 2 个关键需水阶段（蕾期和花铃期）水分亏缺对麦后移栽棉花产量、水分利用效率及品质性质的影响，筛选出麦后移栽棉适宜灌溉控制下限指标，并制定出基于地面灌溉技术的麦后移栽棉节水高效灌溉模式。通过 2 年试验发现，不同阶段水分亏缺对麦后移栽棉产量和水分利用效率均有显著影响（表 2-29），对照处理的产量和耗水量最大，蕾期 50%田持的产量和耗水量最小，产量随水分亏缺程度的增大而降低，在蕾期同等程度水分亏缺的减产率明显高于花铃期，如蕾期 50%田持较对照 2 年平均减产 17.6%，而花铃期 50%田持较对照减产仅 5.8%。在水分利用效率方面，各水分亏缺处理单方水的生产效率明显高于对照，其中花铃期 60%田持的水分利用效率 2 年平均提高了 5.6%，产量仅降低 2.4%，实现了节水而不减产的目的。由此可见，蕾期是麦后移栽棉的水分敏感期，该阶段是棉花植株生长的关键时期，该阶段水分亏缺会造成植株矮小，营养生长不良，产量大幅度降低，花铃期对于麦后移栽棉而言，可以适当进行水分调控，在不降低产量的同时，提高水分利用效率，从而实现高产高效的统一。土壤水分状况对纤维长度、马克隆值和断裂比强度也具有明显影响（表 2-30），纤维长度和断裂比强度均随水分亏缺程度的增大而减小，马克隆值随水分亏缺的增大而增大。整齐度指数和伸长率受水分亏缺的影响较小，各水分处理间表现一致。说明蕾期和花铃期水分亏缺均不利于棉花品质的提高。

表 2-29　不同阶段水分亏缺状况下麦后移栽棉产量和水分利用效率

年份	处理	籽棉产量（kg/hm²）	耗水量（m³/hm²）	灌水量（m³/hm²）	WUE（kg/m³）	IWUE（kg/m³）
2012	蕾期 50%田持	2311.98d	3736	3750	0.62c	0.62ab
	蕾期 60%田持	2611.55c	3915	4500	0.67ab	0.58bc
	花铃期 50%田持	2760.78bc	4122	4500	0.67a	0.61ab
	花铃期 60%田持	2872.29ab	4468	4500	0.64abc	0.64a
	对照（70%田持）	2965.58a	4709	5250	0.63bc	0.56c
2013	蕾期 50%田持	2576.50c	3838	3846	0.67ab	0.67b
	蕾期 60%田持	2753.78b	4093	3846	0.67ab	0.72ab
	花铃期 50%田持	2822.85ab	4115	3846	0.69a	0.73a
	花铃期 60%田持	2938.42a	4431	3846	0.66ab	0.76a
	对照（70%田持）	2987.95a	5009	3846	0.60b	0.65b

注：同一列不同字母表示差异显著（$P<0.05$），WUE 为水分利用效率，IWUE 为灌溉水利用效率

表 2-30　同阶段水分亏缺状况下麦后移栽棉纤维品质

年份	处理	上半部平均长度（mm）	整齐度指数（%）	马克隆值	伸长率（%）	断裂比强度（cN/tex）
2012	蕾期 50%田持	28.91b	83.07a	4.71a	6.4a	30.28b
	蕾期 60%田持	29.39ab	83.87a	4.27ab	6.4a	30.82ab
	花铃期 50%田持	29.04ab	83.55a	4.51a	6.3a	31.08ab
	花铃期 60%田持	29.39ab	83.97a	4.61a	6.4a	31.44a
	对照（70%田持）	29.75a	84.03a	4.09b	6.5a	31.15a
2013	蕾期 50%田持	26.86b	85.87a	5.3a	6.5a	27.63b
	蕾期 60%田持	27.53a	85.70a	5.3a	6.5a	28.23ab
	花铃期 50%田持	26.95ab	85.47a	5.3a	6.5a	27.53b
	花铃期 60%田持	27.54a	85.37a	4.9a	6.5a	28.57ab
	对照（70%田持）	27.90a	85.37a	4.9b	6.4a	29.37a

注：同一列不同字母表示差异显著（$P<0.05$）

通过以上研究发现，蕾期土壤水分（0～40 cm 土层）控制在田间持水率的 70%以上，花铃期土壤水分（0～60 cm 土层）控制在田间持水率的 60%以上，可作为麦后移栽棉高产高效的节水灌溉控制指标。尽管土壤含水率对灌溉有一定的参考价值，而且生产中也多是根据土壤墒情来决定是否灌溉，但采用土壤含水率这一指标也存在弊病，如土壤含水率不能及时、直接和客观地反映出棉花需水状况。为此，中国农业科学院农田灌溉研究所通过对黄河流域多年降雨分布状况分析，制定出该区域麦后移栽棉较为简单且更为实用的灌溉模式，即生育期内不同灌水次数组合模式，试验设计见表 2-31（刘浩等，2014）。

表 2-31　不同灌水次数试验设计

处理编号	灌水次数	灌水量 (m^3/hm^2)	不同时间的灌水定额（m^3/hm^2）			
			移栽后	新叶萌发	盛蕾期	花铃期
CT1	4	2550	750	600	600	600
CT2	3	1950	750	600		600
CT3	3	1950	750		600	600
CT4	1	750	750			

研究表明，不同灌水次数组合对麦后移栽棉产量构成因子、水分利用效率及纤维品质具有显著影响（表 2-32）。与其他处理相比，全生育期仅灌活苗水处理（CT4）不仅显著降低了成铃数，还显著降低了铃重，最终导致籽棉产量显著降低，与充分灌溉处理（CT1）相比，CT4 处理的成铃数、铃重和籽棉产量分别降低了 20.5%、3.6%和 18.9%，而全生育灌水 4 次处理（CT1）和全生育期灌水 3 次处理（CT2 和 CT3）籽棉产量、成铃数和铃重均无显著差异，说明水分过高不仅不能实现增产效果，而且会造成水资源浪费，仅靠降雨也不足以满足棉花的正常需水，棉花出现大幅度减产。

表 2-32　不同灌水次数组合下麦后移栽棉产量及构成因子

处理	籽棉产量（kg/hm^2）	成铃数（10^4 个/hm^2）	脱落率（%）	铃重（g）	衣分（%）
CT1	3 071a	75.15a	60.43a	4.95a	37.32b
CT2	29 871a	70.65a	61.04a	4.99a	39.08a
CT3	3 071a	74.40a	60.97a	4.93a	39.14a
CT4	2 491b	59.68b	59.77a	4.77b	39.60a

注：同一列不同字母表示差异显著（$P<0.05$）

麦后移栽棉的耗水量随灌水次数的减小而降低（表 2-33），与 CT1 处理相比，CT2、CT3 和 CT4 的耗水量分别降低了 6.9%、7.8%和 18.4%，CT2 和 CT3 处理的水分利用效率（WUE）分别提高了 4.1%和 8.1%；CT2、CT3 和 CT4 处理的灌溉水利用效率（IWUE）分别提高了 27.5%、30.8%和 176.7%，IWUE 随灌水次数的减小而增大，虽然 CT4 处理的 IWUE 成倍增加，但这是已大幅度牺牲产量为代价的，其产量显著降低了 18.9%。CT2 和 CT3 处理在产量、耗水量、WUE 和 IWUE 等方面均无显著差异。总体上，分别在盛蕾期和花铃期进行适度补充灌溉（CT3）会优化 WUE 和 IWUE，而在新叶萌发期加灌促苗水（CT2）并不能明显提高棉花产量，却增加了灌溉用水量，造成水资源浪费，不利于高产高效的统一。

表 2-33　不同灌水次数组合下麦后移栽棉的水分利用效率

处理	籽棉产量（kg/hm²）	耗水量（m³/hm²）	灌水量（m³/hm²）	WUE（kg/m³）	IWUE（kg/m³）
CT1	3071a	4149	2550	0.74b	1.20c
CT2	2987a	3861	1950	0.77ab	1.53b
CT3	3071a	3825	1950	0.80a	1.57b
CT4	2491b	3387	750	0.74b	3.32a

注：同一列不同字母表示差异显著（$P<0.05$），WUE 为水分利用效率，IWUE 为灌溉水利用效率

在纤维品质方面，不同灌水次数组合对棉花纤维长度、整齐度指数和伸长率均无显著影响（表 2-34），品质差异主要体现在马克隆值和断裂比强度上，CT4 处理的马克隆值和断裂比强度显著低于 CT1 和 CT3 处理，而 CT_1、CT_2 和 CT_3 这 3 个处理之间无显著性差异。就马克隆值而言，CT1、CT2 和 CT3 处理均处在 B 级范围内，而 CT4 处理的马克隆值处在较差的 C 级范围内。综上所述，过度水分亏缺会降低纤维抗拉伸能，不适合于纺制中高档棉纱。

表 2-34　不同灌水组合下麦后移栽棉纤维品质指标

处理	纤维长度（mm）	整齐度指数（%）	马克隆值	伸长率（%）	断裂比强度（cN/tex）
CT1	28.13a	82.27a	3.49a	6.4a	28.57a
CT2	28.40a	81.87a	3.64a	6.5a	28.27ab
CT3	28.32a	83.13a	3.51a	6.5a	28.43a
CT4	28.93a	82.60a	3.10b	6.5a	27.75b

注：同一列不同字母表示差异显著（$P<0.05$）

通过以上对黄河流域麦后移栽棉的研究发现，仅靠降雨根本无法满足麦后移栽棉正常需水，棉花会发生水分亏缺，抑制蕾铃正常生长发育，棉花出现大幅度减产，同时水分亏缺降低了马克隆值和断裂比强度，纤维品质差。在蕾期和花铃期分别灌水 1 次，灌水定额为 600 m³/hm²，虽然不能显著提高纤维品质，也不会造成减产，但可显著提高水分利用效率和灌溉水利用效率，是一种节水高效的地面灌溉模式。

2. 沟灌

沟灌是在平整过的土地上，沿棉花种植方向，根据一定的间距，开挖出一条条带有坡度的小沟，灌水时水沿着小沟流动，在流动的过程中主要借毛细管作用，水分通过湿润的周边，同时沿垂直和水平方向渗入土壤。它是一种节省水量，减轻土壤板结，提高灌溉效果的地面灌溉方法。与其他地面灌溉技术相比，沟灌明显的优点是不会破坏作物根部附近的土壤结构，保持垄背土壤疏松，不导致田面板结，对棉花增产有利；同时由于湿润面积小，能减少土壤蒸发损失；另外，水在灌水沟流动，对水流进地单宽流量的要求大大降低。我国黄河流域棉区在棉田灌溉中普遍推行（中国农业科学院棉花研究所，2013）。

灌水沟规格是决定沟灌质量的重要条件，在棉田灌溉前必须早作安排，并要保证开

沟质量。棉花沟灌工程田间设计要综合考虑土壤类型、土地平整精度、地面坡度及灌水流量等因素，确定适宜的沟长，实现高效节水的灌溉效果。有关规范给出了常规沟灌的技术要素组合（表 2-35）。在实际应用中，可以按照表 2-35 给出的沟灌技术要素组合来初步确定沟灌系统的田间布置，然后在进行田间灌溉效果评价的基础上，确定适合于当地条件的沟灌形式，达到提高常规沟灌灌溉质量的目的。一般来说，在土壤黏性大（透水性弱）和坡度大的地段，灌水沟可较长；土壤透水性强或坡降小的地段，灌水沟应较短。从节水角度和目前的田间输配水系统配置来看，灌水沟长度一般在 30～100 m，其中又以 50 m 左右最为适宜。如果灌水沟过长，则会延长灌水时间，增加灌水量，加大对沟中表土的冲刷，且灌水均匀度较低。灌水沟的宽度和深度，因为行距的宽窄而不同。但为了保证灌水沟的质量，棉花种植行距不应小于 60 cm。一般沟面上宽 40～50 cm，深 20 cm 左右。开筑灌水沟的时间，应在棉花去营养枝后、株高 30 cm 左右时，结合中耕和培土进行。

表 2-35　常规沟灌技术要素组合

土壤透水性（m/h）	沟长（m）	沟底比降	入沟流量（L/s）
	50～100	>1/200	0.7～1.0
强（>0.15）	40～60	1/500～1/200	0.7～1.0
	30～40	<1/500	1.0～1.5
	70～100	>1/200	0.4～0.6
中（1.0～0.15）	60～90	1/500～1/200	0.6～0.8
	40～80	<1/500	0.6～1.0
	90～150	>1/200	0.2～0.4
弱（<0.15）	80～100	1/500～1/200	0.3～0.5
	60～80	<1/500	0.4～0.6

　　要保证沟灌质量，提高沟灌效果，灌水时必须控制好流量。单沟流量一般以 0.3～1.0 L/s 为宜。为了控制好单沟流量，在分水方法上要分渠同时引水，并按水量大小确定进水沟数。在许多灌区的长期实践中，为了改进沟灌技术，提高沟灌效果，创造了一种长沟变短沟、分段灌溉的经验。即在开好长沟的基础上，根据地面坡度情况，每 4～8 条沟为一组，用土埂分成若干短沟组，短沟长度依地面坡度大小和灌水沟的深浅而定，一般不小于 2 m 或不大于 12 m。坡降大、灌水沟浅的宜短；坡降小、灌水沟深的可以长些。每两排短沟组中间留一条长沟作为引水沟。若地面横坡较大，应在每排短沟组旁留一条长沟引水。灌水时，由一人看管，自分（引）渠引水入引水沟，先从一端开始，逐组灌水。根据短沟内水层深度确定改水（开、闭口）时间，依次灌至末端。这种分短沟组灌水的主要特点是：能根据地面坡度变化，灵活掌握短沟长度和灌水沟数，并以沟中水层深度决定灌水定额，可以做到分段蓄水，上、下游湿润均匀，而且不容易发生漫沟、串沟和地头跑水等现象，即节约用水，又提高工效，是一种比较优良的沟灌方法。河北省太行山山前平原和低平原区棉花沟灌灌水方式的节水灌溉制度见表 2-36。

表 2-36 河北省棉花节水灌溉制度

分区	水文年份	不同生育期灌水量（m³/hm²）		灌溉定额（m³/hm²）
		苗期	开花现蕾	
太行山山前平原区	湿润年	450		450
	一般年	450	450	900
	干旱年	600	600	1200
低平原区	湿润年			
	一般年		600	600
	干旱年	600	600	1200

隔沟交替灌溉（alternate furrow-irrigation）就是在灌水时不像传统灌溉那样逐沟灌水，而是隔一沟灌一沟（图 2-30）。即每次只灌其中的一半，在下一次灌水时只灌上次没有灌过的沟，实行交替灌溉。隔沟交替灌溉是作物根系分区交替灌溉技术在田间的一种实现形式，是目前最具有推广应用前景的节水灌溉技术。该技术从作物的生理特性出发，通过水分在作物根区空间的优化分配和根源脱落酸（ABA）对叶片气孔开度的调控作用达到提高作物水分利用效率和改善品质的目的。近年来的研究表明，隔沟交替灌溉每沟的灌水量比逐沟灌溉多灌 30%～50%，这样每次灌溉可比逐沟灌溉减少 25%～35%，与常规灌溉技术相比，可以减少田间土壤湿润面积，降低株间蒸发损失，节省水量，在同等灌水量下增加棉花的经济产量，显著提高水分利用效率。

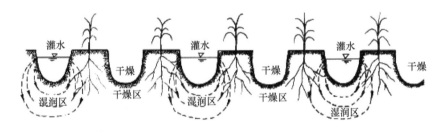

图 2-30 隔沟交替灌溉模式示意图

（二）黄河流域棉区轻简化微喷灌溉技术

1. 工厂化育苗微喷灌溉系统

微喷灌是通过低压管道系统，以较小的流量将水喷洒到土壤或作物表面进行灌溉的一种灌水方式。它是在滴灌和喷灌的基础上逐步形成的一种新的灌水技术。微喷灌水时水流以较大的流速由微喷头喷出，在空气阻力的作用下粉碎成细小的水滴降落在地面或作物叶面。由于微喷头出流孔口和流速均大于滴灌的滴头流速和流量，因此大大减少了灌水器的堵塞。微喷灌还可将可溶性化肥随灌溉水直接喷洒到作物叶面或根系周围的土壤表面，提高施肥效率，节省化肥施用量。

微喷灌系统的规划布置要满足以下几个原则：一是微喷灌系统的设计灌水均匀度应大于 85%；二是微喷灌系统的组合喷灌强度应小于土壤的入渗能力；三是雾化指标应适应作物和土壤的耐冲刷能力；四是系统建成后具有较高的经济效益。

根据以上规划设计原则,中国农业科学院农田灌溉研究所针对露地拱棚和现代化专用棉花育苗大棚两种育苗场所,分别选用地插式和悬挂式微喷头,与毛管连接的微喷头将压力水以喷洒状湿润土壤或苗盘基质。整个系统包括:水源、输水管道、灌溉控制阀、过滤器、支管及微喷头。其特点是:喷洒稳定,雾化效果好,水量分布均匀,在高温情况下进行微喷灌可降低田间近地气温 2～3℃;采用新型工程塑料、耐磨性强;安装维护简便、价格低廉,每公顷安装成本 1.8 万～2.25 万元(视水源情况而定)。采用悬挂式安装时,安装防渗漏微型阀以防止滴漏。适用于各种硬度的水质,使用寿命长,可连续应用 5 年以上。当需要灌溉时,将灌水控制阀打开即可,操作简单方便,可节省用工,棉苗成活率达到 95% 以上,尤其适用于大面积育苗,可有效缓解麦后移栽棉工厂化育苗费时费力的灌水问题。另外,在该系统上加接施药罐非常方便,需要时可结合灌溉进行施药。

2. 轻简化微喷带灌溉技术

微喷带是一种新型微灌设备,又称"喷灌带"、"微灌带"、"喷水带"、"喷水管"、"多孔软管"等(张芳等,2011)。工作原理是将压力水由输水管和微喷带送到田间,通过微喷带上的出水孔,在重力和空气阻力的共同作用下,形成细雨般的喷洒效果。微喷带灌溉系统由水源与取水工程部分、输配水管网系统和田间微喷带 3 部分组成。棉花灌溉时,灌溉水在一定的工作压力下通过微喷带上规则分布的出水孔喷出,对棉花进行灌溉。出水孔喷出的水流在空气阻力、水的相互撞击力、重力和表面张力等作用下,经过细流、碎裂、分散雾化 3 个过程后形成水滴,降落在地面和作物上,形成以微喷带为中心、微喷带铺设长度为长、喷洒幅宽为宽的湿润带(图 2-31)。

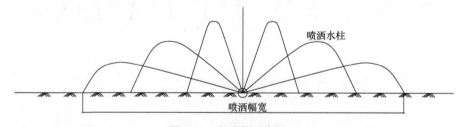

图 2-31　微喷带工作原理

在微喷带使用过程中,根据系统管路和微喷带的可移动性形成了固定式、半固定式和移动式 3 种微喷带灌溉方式。固定式微喷带灌溉系统是指在整个灌溉季节,所有管道系统均固定,灌溉完毕后微喷带不进行移动。半固定式微喷带灌溉系统,是指在整个灌溉季节,干管埋于地下,支管采用软管与干管连接,支管和微喷带均铺设在地表之上,支管和毛管可实现移动。移动式微喷带灌溉系统,是指田间输水干管、支管均采用软管,除水源供水系统外,其他部分均可移动。中国农业科学院农田灌溉研究所为有效地解决麦后移栽棉及时浇灌活苗水的问题,同时降低灌溉成本,使灌溉系统移动更加方便,不断适应土地流转和规模化经营的发展形势,集成研发出了一种"轻简化移动式微喷灌溉装置",该装置包括水源、水泵、田间输水管道、施肥器、输水支管、微喷带,抽水水泵将灌溉水从水源输送到田间输水管道,输水管道上连接供水支管,支管上连接施肥器,施肥器的进出口用阀门控制,微喷管与支管之间采用鸭嘴式旁通阀连接,微喷带上每隔 30 cm 设置 7 个螺旋式喷管孔。

该装置的先进性主要表现在:首部安装有施肥(农药)器,可实现灌溉和施肥(或施药)一体化;鸭嘴式旁通阀的一端设置内丝压盖,用以安装过滤纱网,不容易堵塞;微喷带设置螺旋式喷管,可使相邻两根微喷带灌水相互交错,提高了灌水均匀度。

其实用性主要表现为:田间输水管道和支管均选用 PE 薄壁软管,安装操作简单易学,移动快速灵活;田间微喷带与鸭嘴式旁通阀相互配套,可根据不同地块水井出水量和压力的实际大小情况,因地制宜,灵活控制微喷带使用数量,实用性较强;节省了沟渠输水及田间田埂的占地面积,可节约土地面积 10%左右;成本低,每公顷投资在 4500~5250 元。灵活方便的布设形式及灌溉水肥一体化受到用户欢迎,推广应用前景广阔。

"轻简化移动式微喷灌溉装置"的关键产品与技术改进主要体现在两个方面:一是对首部装置改进,即增压与分流(图 2-32),以便能满足移栽后轻小型移动系统少数微喷管就能开启灌溉;二是对鸭嘴式旁通进行了改进(图 2-33),既方便了与微喷带的连接,又解决了与输水软带密切接触的问题,安装更加快捷方便并彻底解决了漏水的问题。

图 2-32 首部增压与分流

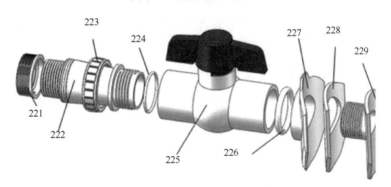

图 2-33 鸭嘴式旁通阀

221. 内丝压盖;222. 阳螺纹接头;223. 微喷带压盖;224. 止水环;225. 内丝球阀;226. 止水环;227. 鸭嘴丝扣压盖;228. 鸭嘴式止水垫;229. 鸭嘴式丝扣底座

中国农业科学院农田灌溉研究所将本单位研发的"轻简化移动式微喷灌溉装置"应用到麦后移栽棉灌溉中,并与传统地面灌溉技术进行对比,通过 2014 年和 2015 年两年的研究结果得出(表 2-37),微喷带灌溉方法平均节水 21%,增产 29%,使水分利用效率提高了 73%，不仅体现出轻简化灌溉效果，还充分体现出了节水高效的效果。在微喷带灌溉方式下，黄河流域麦后移栽棉的节水高效灌溉模式可总结为：全生育灌水 3～4 次，棉苗移栽后及时灌保苗水，滴灌灌水定额为 375～450 m³/hm² 为宜；进入蕾期后，随着需水量增加，灌水定额控制在 450～600 m³/hm²，也可适当降低灌水定额提高灌水频率；花铃期由于正值黄淮海雨季，微喷带灌水方式在实际操作中应根据天气状况灵活掌握，以多次少量灌溉为宜；在吐絮期可不进行灌溉。

表 2-37　不同灌水方式下麦后移栽棉的产量及水分利用效率

灌水方式	耗水量（m³/hm²）	铃重（g）	籽棉产量（kg/hm²）	水分利用效率（kg/m³）
畦灌	5402	3.86	2055.4	0.38
微喷带灌溉	4247	4.70	2651.3	0.66

（三）黄河流域棉区轻简化滴灌技术

滴灌是利用低压管道输水系统并通过滴头，将作物生长所需的水分和养分均匀而又缓慢地滴入作物根部附近，借重力作用使水渗入作物根区，使土壤经常保持最佳含水状态的一种灌水方法，属于局部灌溉。滴灌技术不仅仅是一种先进的灌水方法，而且是一种在高度控制土壤水分、肥力、含盐量和虫害等条件下种植中耕作物的新农业技术，对作物生长、收获时间、产品质量等均有重要的影响。

1. 滴灌系统的组成

滴灌系统由水源、首部控制枢纽（包括水泵、动力机、过滤器、注肥器、测量控制仪表等）、输水管道系统（干管、支管）和滴水器等四部分组成。其中，滴水器（滴头）是滴灌系统的核心，要求滴头具有适度、均匀而又稳定的流量；有较好的防堵塞性能。滴头的形式很多，按其耗能方式可分为长流道滴头、孔口消能式滴头、涡流消能式滴头、压力补偿式滴头和滴灌管或滴灌带式，滴灌管（或带）兼具配水和滴水功能。在选择滴头形式时，应综合考虑土壤、棉花的行株距、灌溉制度和社会经济情况确定，根据滴头工作压力和流量选择合适的滴头。目前，在黄河流域棉区大多采用滴灌管或滴灌带式。

2. 滴头的堵塞原因与处理方法

虽然滴灌有许多优点，但是，由于滴头的流道较小，滴头容易堵塞。滴头堵塞主要有 3 种原因。

1）悬浮液中的固体颗粒：如由河、湖、水池等水中含有的泥沙等固体颗粒引起的堵塞。

2）化学沉淀物：由于水流温度、流速、pH 的变化，常引起一些不易溶于水的化学物质沉淀于管道或滴头上，主要有铁化合物沉淀、碳酸钙沉淀和磷酸盐沉淀等。

3）有机物堵塞：胶体形态的有机质、微生物等一般不容易被过滤器排除，因而引起堵塞。在上述因素中，滴灌系统的堵塞可能由两个或两个以上的原因共同作用而致。

因此，在滴灌系统的设计安装、运行过程中必须采取一定的措施对系统进行维护和保养，如在系统首部和支管上分别安装过滤器，并定期清洗主过滤器，对于支管和毛管进口处的二级过滤器也要做例行检查。若水中固体颗粒含量（如含沙量）较大时应设置沉淀池，对灌溉水进行预处理。若遇堵塞，采用以下两种方法进行处理。一是酸液冲洗法。对于碳酸钙沉淀，可用 0.5%～2% 的盐酸溶液，用 0.1 MPa 水头压力输入滴灌系统，溶液滞留 5～15 min。当被钙质黏土堵塞时，可用砂酸冲洗液冲洗。二是压力疏通法。用 0.5～1 MPa 的压缩空气或压力水冲洗滴灌系统，此法对有机物堵塞效果较好，但对碳酸盐堵塞无效。

3. 滴灌系统的规划与布置

为了保证滴灌系统正常、方便、安全地运行，发挥其应有的效益，除了需十分谨慎地选用滴头外，还需更为谨慎地选择首部枢纽、合理地布置干管与支管、恰当地选用毛管与滴头间距。

滴灌系统的干管、支管布置取决于地形、水源、作物分布和毛管的布置，其布置应达到管理方便、工程费用小的要求。一般当水源离灌区较近且灌溉面积较小时，可以只设支管，不设干管，相邻两级管道应尽量互相垂直以使管道最短而控制面积最大。在丘陵山地，干管多沿山脊或等高线布置。支管则垂直于等高线，向两边的毛管配水。在平地，干管、支管应尽量双向控制，两侧布置下级管道，可节省管材。

4. 滴灌系统的分类

滴灌系统主要有固定式、半固定式和移动式三类。固定式滴灌系统是指在整个灌溉季节，干管、支管埋入地下，毛管铺设于地表，各级管道，包括毛管固定不动；半固定式滴灌系统是指在整个灌溉季节，干管、支管埋入地下不动，而毛管移动进行灌溉；移动式滴灌系统是指干管埋入地下，支管和毛管在地面能够移动进行灌溉，有时整个灌溉系统都可进行移动灌溉。生产中，应根据当地的社会经济水平、棉花种植方式及生长季节的长短、技术管理水平等，同时考虑到各种滴灌形式的优势与特点，因地制宜地选择一种最经济、最方便的滴灌形式对棉花进行灌溉。目前，在黄河流域棉区，春棉一般采用固定式膜下滴灌，夏棉移栽后需要及时灌溉，由于生育期内灌水次数不多，移动式滴灌系统是一种较为理想的选择方案。

5. 滴灌技术在黄河流域棉花生产中的优势

（1）促根系生长

不同灌水方式下麦后移栽棉根系生长状况不同。花铃期（8 月 10 日）滴灌和地面灌溉条件下麦后移栽棉根系的二维空间分布状况（横向：分别距植株 0 cm、15 cm 和 30 cm 处。纵向：土层深度）（图 2-34）表明，滴灌灌水方式在棉花植株正下方各土层的根重密度明显高于地面灌溉，0～100 cm 土体中平均根重密度较地面灌溉提高了 1.7 倍，可见滴灌有促根生长的作用。距植株 15 cm 处，10 cm 土层根系仍以滴灌为大，但在 30 cm 和 50 cm 土层，滴灌处理的根重密度大于地面灌溉，其他土层二者差异很小；距植株 30 cm 处，上层 10 cm 和 30 cm 的根重密度仍以滴灌为大，在 50 cm 以下土层，地面灌溉的根系较滴灌更为发达。麦后移栽棉根系主要集中在 30 cm 以上土层，其中滴灌处理上层根系占总根系的 90%，地面灌溉为 85%。这是因为滴灌的灌水量小，灌水频率高，水分主要集中在上层土壤，下层土壤较为干旱。地面灌溉灌水后，表层土壤水分较大，根系呼吸受阻，随着土壤水分的再分布及作物蒸发蒸腾作用，表层土壤干旱板结，根系下扎量增大，吸收下层水分以满足自身需水要求。

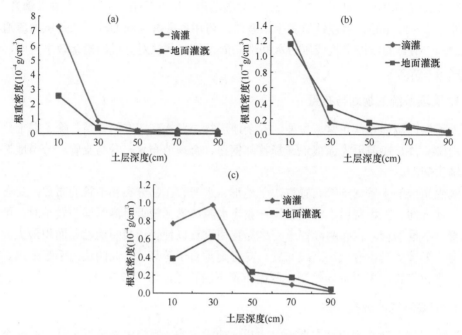

图 2-34 不同位置不同深度棉花根系生长状况
（a）距植株 0cm；（b）距植株 15cm；（c）距植株 30cm

　　不同灌水方式下的耕层土壤氧气含量和微生物量研究结果表明，滴灌显著提高了棉田土壤氧气含量（图 2-35），说明滴灌灌水方式改善了土壤通气状况，有利于作物根系的生长和代谢。然而，地面灌溉方式水量大，灌水后水分过量阻塞了供氧气扩散和对流的土壤孔隙，导致土壤通气暂时受阻，在土壤水中溶解的氧气很快被微生物呼吸所消耗，使植物根系生长和代谢受阻。此外，滴灌灌水方式下促进了根际土壤微生物生长繁殖（图 2-36），更加有效地分解有机质，释放出供作物利用的营养元素，促进矿物质的分解，以利于作物吸收利用，促进作物根系和地上部分的生长。再者，滴灌灌水方式还促进了土壤酵母菌生长繁殖（图 2-37），使土壤更加疏松，进而使土壤结构得到改善，从而提高了土壤通气性，使土壤氧气含量增加；另外，土壤氧气含量增加，促进了土壤微生物

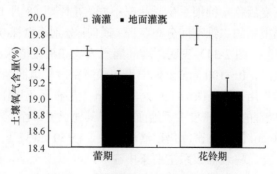

图 2-35 不同灌水方式土壤氧气含量

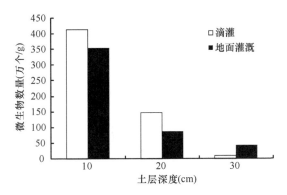

图 2-36　不同灌水方式土壤微生物数量

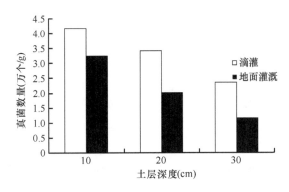

图 2-37　不同灌水方式土壤酵母菌数量

的生长繁殖，反过来，微生物的大量繁殖生长改善了土壤结构和通气状况，二者相辅相成，相互促进，形成了有利于作物生长的土壤环境。最终表现出，滴灌方式棉株根系发达，加速了缓苗进程，使产量得到显著提高。

（2）棉株健壮，促进蕾铃生长

对瓜棉间作系统的研究发现，滴灌和地面灌溉处理下棉花单株蕾铃数变化趋势基本一致（图 2-38），即随着棉花进入花铃期，蕾铃数开始迅速增加，花铃盛期蕾铃数增加到最大，之后呈缓慢减小直到趋于平缓的趋势。对比两种灌溉方式棉花蕾铃数可知，滴灌处理从花铃盛期直至收获蕾铃数均大于地面灌溉处理，体现出促进蕾铃生长发育的优势。从脱落率来看，花铃盛期之后滴灌处理的脱落率明显低于地面灌溉处理。这是由于棉花蕾铃的发育和消长受土壤水分的影响较大，滴灌处理瓜棉套种行在西瓜果实成熟期（棉花蕾期）根据西瓜对水分的需求进行灌溉，此时满足了瓜棉套种行上棉花在蕾期对水分的需求，同时滴灌处理棉花行也可以根据棉花是否缺水而进行灌溉，而地面灌溉在西瓜成熟期一般不进行灌水，因为地面灌溉灌水定额较大，西瓜成熟期较多的水分容易使西瓜裂开，因此地面灌溉处理的棉花植株在蕾期受到水分胁迫，导致花铃盛期直至收获期间地面灌溉处理的蕾铃数小于滴灌溉处理，并且增大了花铃后期蕾铃脱落率。

（3）节水增产

黄河流域瓜棉间作系统采用膜下滴灌灌水技术，瓜棉种植模式通常为 1 : 2 式（即 2 行棉花，1 行西瓜），棉花采用宽窄行种植模式，西瓜种植于窄行棉花中，膜下滴灌采用

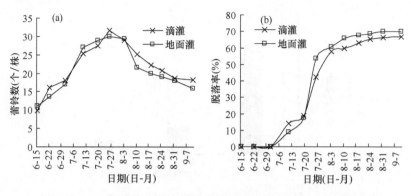

图 2-38　不同灌溉方式下瓜棉间作棉花蕾铃数及脱落率变化过程

(a) 果株蕾铃数；(b) 蕾铃脱落率

1 管 2 行模式。中国农业科学院农田灌溉研究所研究结果表明，与地面灌溉相比，滴灌节水 19.2%，西瓜增产 14.9%（表 2-38）；从棉花产量方面来看，滴灌处理比地面灌溉处理籽棉产量增产 9.2%，瓜棉间作种植模式下滴灌处理比地面灌溉处理在作物产量方面有明显的增产优势；滴灌西瓜和棉花的水分利用效率分别显著增加了 43.1% 和 35%。说明滴灌能有效提高间作瓜棉的水分利用效率，达到节水高效的效果。从经济效益来看，与地面灌溉技术相比，滴灌技术使西瓜每公顷增产 7164 kg，棉花增产 372 kg，按近 5 年西瓜（1.2 元/kg）和棉花（6.4 元/kg）的平均收购价计算，每公顷增收约 10 977 元。

表 2-38　不同灌水方式下瓜棉间作水分利用效率

处理	总耗水量 （m³/hm²）	共生期耗水量 （m³/hm²）	西瓜产量 （kg/hm²）	棉花产量 （kg/hm²）	WUE 西瓜 （kg/m³）	WUE 棉花 （kg/m³）
滴灌	543.5	251.6	55 295.7	4 420.5	21.9	0.81
地面灌溉	673.4	314.5	48 131.5	4 048.5	15.3	0.60

陈四龙等（2005）在河北邢台南宫的研究表明，膜下滴灌与传统灌溉相比，可以降低株高、减少蕾铃脱落和使根系集中。普通膜下滴灌处理比传统灌溉处理增产 204.15 kg/hm²，总耗水量减少 329.1 m³/hm²。采用膜下滴灌干播湿出，产量虽然不是最高，但是其灌溉量相比传统灌溉可减少 30% 以上，水分利用效率最高。

黄河流域麦后移栽（或直播）棉花生育期内气温高、降雨量大，但降雨分布不均，为不影响棉花正常生长发育，在提高降雨利用效率的同时采用滴灌技术进行节水补灌。研究发现，采用滴灌灌溉技术，麦后移栽棉每公顷可节约灌溉用水 450～900 m³，节水效率达到 30% 以上，近 5 年平均增产达到 10% 以上，单方水利用效率得到明显提高，同时纤维品质也得到有效改善。对于麦后直播棉，滴灌灌水技术可节水近 40%，增产 20%。

（四）黄河流域棉花节水高效滴灌灌溉模式

1. 瓜棉间作膜下滴灌技术

瓜棉间作采用膜下滴灌灌水方式，瓜棉套种行根据西瓜不同生育阶段对水分的需求进行灌水，棉花行根据棉花不同生育阶段对水分的需求进行灌水，两者在灌水时间、灌水量方面相互不受影响。滴灌灌水方式下瓜棉间作共生期灌水定额为 100 m³/hm²，共灌

7 次水（表 2-39），共生期结束西瓜拔秧后棉花进入花铃期，此时棉花适宜的灌水定额为 200 m³/hm²，结合当地天气降雨情况共灌 2 次水，之后随着棉花进入吐絮期，植株叶片开始衰老，棉铃基本长成，此时该地区降雨频繁，气温降低，需水量较小，土壤墒情高，可不进行灌溉。

表 2-39 瓜棉间作高效灌溉模式

生育期		共生期				非共生期	
	西瓜	苗期 31 d	开花结果期 13 d	果实膨大期 23 d	成熟期 17 d	—	—
	棉花	苗期 67 d			蕾期 17 d	花铃期 52 d	吐絮期 36 d
滴灌	灌水定额（m³/hm²）	100	100	100	100	200	0
	灌水时间	4 月上旬	5 月中旬	5 月下旬	6 月中旬	7 月	0
	灌水次数	1	1	3	2	2	0

2. 麦后移栽棉滴灌灌水模式

中国农业科学院农田灌溉研究所在大量研究基础上得出，黄河流域大田滴灌条件下麦后移栽棉的节水高效灌溉模式可总结为"早促、中控、晚限"，全生育期灌水 4～5 次，即棉苗移栽后及时灌保苗水（灌水定额为 300 m³/hm² 为宜），到新叶萌发期补充滴水 1 次，灌水定额 200 m³/hm² 为宜；进入蕾期后，随着需水量增加，灌水定额以 200～300 m³/hm² 为宜，适当降低灌水定额可以控制植株旺长，灌水时间为 7 月上旬；花铃期由于正值黄淮海雨季，实际操作中应根据天气状况灵活掌握，以多次少量灌溉为宜；由于受降雨的影响，在蕾期和花铃期共滴灌 2～3 次。吐絮期可不进行灌溉。按照此灌溉模式籽棉产量达到 3200 kg/hm²，水分利用效率达到 0.80 kg/m³ 以上。

三、轻简化移动式节水灌溉技术

（一）轻简化移动式节水灌溉系统

棉花轻简化生产要求运用现代科学技术手段，使棉花整个生产过程变得更轻便简捷，包括育苗、移栽、灌溉、施肥、田间管理等过程，最终降低劳动强度及成本投入（郭元裕，1997）。灌溉施肥是维持棉花正常生长发育的重要措施，贯穿整个生育季节，因此实现灌溉施肥技术的轻简化，对于棉花轻简栽培技术具有重要的技术意义。轻简化节水灌溉系统可以实现棉花生产管理过程中水肥一体化技术，不仅节省了灌溉水量和肥料投入，提高了棉花的水肥利用效率，从而促进棉花产量的增加，而且系统采用移动式的灌溉方式，在节省劳动用工投入的同时也降低了系统的成本投入，也是棉花轻简化栽培体系的重要内容。

滴灌、喷灌、微喷灌等都是不同类型的节水灌溉技术，但滴灌是最为节水的一种灌溉技术，比喷灌还要节水达 30% 以上。另外，从水肥一体化技术考虑，微喷灌、喷灌技术不宜进行随水施肥，而滴灌技术容易实现水肥一体化，进而满足棉花生育阶段的灌溉施肥。节水灌溉系统由首部、管网、灌水器等三大部分构成，包括阀门、施肥设备、过滤设备、压力表、流量表、管道、连接管件、控制设备等。实现节水灌溉系统使用的轻简化，需要对三大部分部件进行整体的集成和优化配套组合，同时采取移动式的应用模式，成套系统才能达到使用的灵活性和简便性（翟国亮等，2012）。

移动式灌溉技术，从移动的形式上来看，可以分为首部移动、管网移动、整体移动。目前，首部移动式灌溉技术主要适用于我国西北内陆河灌区新疆棉花膜下滴灌技术之中（李养民等，2007），管网移动和整体移动技术目前主要应用于喷灌系统。在国家棉花产业技术体系项目的支撑条件下，棉田水分管理课题组成员从滴灌系统应用技术原理展开研究，通过对目前滴灌技术、设施、设备技术水平及应用模式的调研，从区域棉花种植结构和管理技术水平出发，研制出了几套适合区域特点应用的轻简化节水灌溉系统，取得了显著的应用效果，为轻简化植棉产业发展提供了技术支撑。

1. 移动式滴灌系统

常规的滴灌系统采用固定式的铺设方式，将干管、支管、毛管固定铺设在田间，目前也有些地方采取了移动式的方式，但仅限于首部的移动，田间管网固定不动，因此整体使用数量并未减少，投资成本也没有下降。还有一些移动灌溉系统，对应用范围有严格的要求，对地域地形的适应性不强，因此整体配套性能不强。通过调研，研制出一种滴灌装置（邓忠等，2012），其采用特定的结构设计，不受地形、落差和作物种植结构的限制，各级输水和配水均采用轻质塑料软管，管段间用快速管件连接，方便调整管路的实际连接长度，满足不同地块大小尺寸铺设需要。经示范应用，成套系统应用安装、拆卸次数少且方便快捷，具有工作效率高的显著特点。

2. 结构组成

系统主要由集成首部和管网两部分构成。集成首部是将闸阀、施肥器、过滤器、水表、压力表等紧密地组装在管路上，管网主要包括输水干管、毛管及二者之间配合使用的自闭式旁通，以及一些零部件，如三通、堵头、弯头、快速连接管件等。系统结构设计及应用如图2-39所示。

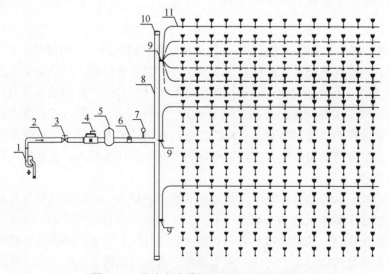

图 2-39　移动式滴灌装置田间布置示意图

1. 水泵；2. 输水管；3. 闸阀；4. 施肥器；5. 过滤器；6. 水表；7. 压力表；8. 供水干管；9. 自闭式旁通；10. 堵头；11. 毛管

3. 功能特点

系统结构简单、使用方便、灵活，均采用质量轻且为塑料质的材料，同时配套了过滤器、施肥器、水表等配件，实现了水肥一体化。系统配套了移动式卷盘轮，管网移动、回收方便、容易。自闭式旁通具有插入自动通水，拔移自动断水的功效，实现了供水干管固定而仅通过左右摆动田间毛管就可以完成一个轮灌区灌溉的功能，而且具有安装拆卸方便快捷，移动效率高的显著优点，成套系统 2 人即可完成整个灌溉过程（图 2-40）。

图 2-40　系统首部

4. 系统应用模式

根据作物种植地块面积大小及管理模式，系统应用模式分为 1 管 2 行（1 根毛管灌溉 2 行作物）、1 管 3 行（1 根毛管灌溉 3 行作物）和 1 管 5 行（1 根毛管灌溉 5 行作物）三种模式，投资成本 3550～4500 元/hm²。系统管路的移动采用流水式循环作业方式，具体安装和轮灌制度为：单一轮灌区内，安装好系统首部后，再铺设输水管路、配水管路和配套各管件。只铺设 1 条输水干管，在灌溉过程中不需移动，仅对配水毛管进行逐条安装及移动操作，每条毛管均需左右摆动来完成一个轮灌区的灌溉。实施第二个轮灌区的灌溉时，系统首部固定不动，将输水干管、配水毛管均移动至需根灌溉的田块，根据上述步骤完成整个灌溉过程。灌溉结束后系统管路均采用移动式卷盘轮回收保存（图 2-41）。

5. 应用范围

系统适用范围广，不受地形、地域和作物种植模式的限制，可广泛地适用于棉花、小麦、玉米等作物的应急性抗旱灌溉或长期灌溉。

（二）轻型移动式灌溉车

调研目前市面上常见的一些移动式灌溉车，普遍的特点是体积大，移动灵活性不强，对地形的适应性差。另外，这类设备自带水箱，因此灌溉水源容量有限，水源使用完后需去水源地取水，造成灌溉过程较长，劳力较大，不易实现水肥一体化。为解决以上设备存在的问题，主要考虑灌溉车的性能、实用性、对各种地形的适应性，从应用轻简化、投资低廉化、节水、节能等方面研讨，最终确定移动式灌溉车的结构与设计方案。

图 2-41 轻简化移动滴灌系统在棉田中的应用

1. 结构组成

轻型移动式灌溉车由两部分组成，即移动式灌溉车和移动滴灌系统（邓忠等，2013）。移动式灌溉车在车架的左右端和前后侧各设一支腿，此支腿的下端设有通过螺纹可调节支腿长度的套管板，车架中部的前后侧各设有一个车轮，车架的左端设有一竖向轴，卷筒转动套设在此竖向轴上，滴灌管或软管缠绕在此卷筒上，软管的一端置于水井中，另一端与固定在车架上的水泵的进入管连接，固定在车架上的出水管的一端与水泵的出水管连接，另一端设有快速接头，在出水管上自左至右依次设有闸阀、施肥罐、过滤器、水表和压力表（图 2-42）。滴灌系统采用移动式的方式，即毛管前端安装有自闭式旁通。

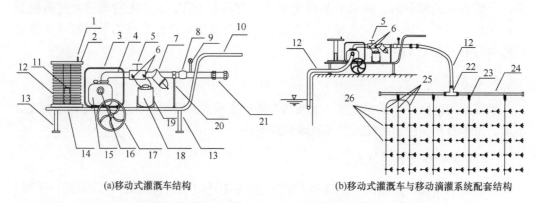

(a)移动式灌溉车结构　　　　　　　　　　(b)移动式灌溉车与移动滴灌系统配套结构

图 2-42 移动式灌溉车及其与移动滴灌系统配套结构示意图

1. 卷轮把手；2. 卷轮；3. 水泵；4. 输水管；5. 闸阀；6. 施肥阀；7. 过滤器；8. 水表；9. 压力表；10. 灌溉车把手；11. 卷轮轴；12. 滴灌管；13. 支腿；14. 底架；15. 动力机；16. 进水口；17. 车轮；18. 施肥罐；19. 固定架；20. 支撑杆；21. 快速连接管；22. 三通；23. 自闭式旁通；24. 供水管；25. 移动毛管；26. 棉苗

2. 功能特点

该产品结构简单、使用方便、灵活、运行可靠，输水管、滴灌管等配套产品均可置于移动式灌溉车上，成套装置 2 人即可操作。灌溉车配套的动力源既可以是电力带动，也可以是汽油带动，因此产品工作不受电力能源和电网的限制，在不同地域和不同时间，都可以快速实现作物的灌溉，满足作物应急性灌溉需求。灌溉车配套了过滤器和施肥器，不仅可以满足节水灌溉技术的要求，也可以随时满足作物对肥料的需求，轻松实现水肥一体化（图版Ⅶ-6，7）。

3. 系统应用模式

将缠绕在卷筒上的软管的一端插入坑塘的水中，另一端与水泵的进水口连接，将滴灌系统中的支管与上述移动车上的出水管上的快速接头连接，对作物进行滴灌的毛管铺设到作物行中的后启动水泵抽水，打开出水管上的闸阀即可对作物进行滴灌，当该作物区滴灌好后，将滴灌系统移到需要灌溉的另一作物区，移动时可通过卷筒上的软管收或放调节距离，灌溉车也可以移动到另一作物地块处，先将 4 个支腿升高离开地面后，手持车把即可移动灌溉车。为了在对作物灌溉时进行施肥，在车架上设置施肥罐，将施肥罐的进水管和出水管分别接到阀的进水侧和出水侧的出水管上，在上述施肥罐的进水管和出水管上分别设置一个手动阀，通过调节上述两个手动阀，使上述进水管、出水管的水压产生压差，从而将施肥罐中的肥液抽吸到出水管中对作物进行施肥。上述车架的前后侧和右端各设一个车轮而不设置支腿，移动更方便（图版Ⅶ-3，4，5）。

4. 应用范围

产品体积轻小、移动方便，不受地域、地形限制，既可用于平原区也可用于丘陵区作物的灌溉，特别适用于单户家庭小型地块作物的灌溉。

四、集成式一体化滴灌装置

我国北方平原灌区大部分农田附近（不管距离远近）都有水源（井）存在，根据此特点设计研发出一种移动式滴灌装置，具有操作方便快捷、灌溉连续性好、省工省力的显著优点（邓忠等，2005）。

1. 结构组成

装置主要由输水管圈绕车和管路收卷车两大部分构成。输水管圈绕车由卷绕电机、卷绕轴（过水轴）构成，在卷绕架上安装有卷绕电机，供水管的进水口与卷绕轴上的出水口相连，在进水口内向外连接有一根与卷绕轴转动配合的水源管（图 2-43）。管路收卷车是一个人字形支架构成的装置，装置上配套安装有压力表、可旋转过水管、电机、齿轮、储水筒、滴灌管、滴灌管隔板、卷绕行程杆及控制箱等部件。在支架顶部两个轴套内转动安装有一个管式储水筒，在前轴套外端设有一个进水嘴，在进水嘴上安装有压力表，在进水嘴里端的轴套与储水筒之间安装有可旋转过水管，在前支架中部安装有一台电机，在储水筒上安装有一个齿轮，在齿轮与电机之间设有传动装置，在齿轮后边的储水筒表面上均布有环形隔板，在各隔板上分别设有一个滴灌管固定孔，在各隔板之间的储水筒表面上分别卷绕有一根滴灌管，各滴灌管的里端分别连接在储水筒的一个出水孔上，滴灌管的外端分别固定在储水筒侧方行程杆的固定孔内，支架下部安装有行程杆控制箱。

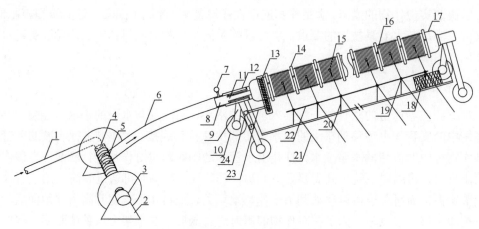

图 2-43　集成式一体化滴灌装置结构示意图

1. 输水管；2. 卷绕架；3. 卷绕电机；4. 卷绕轴；5. 卷绕轴出水口；6. 输水管；7. 压力表；8. 进水嘴；9. 支架；10. 行走轮；11. 可旋转过水管；12. 轴套；13. 齿轮；14. 环形隔板；15. 出水孔；16. 滴灌管（带）固定孔；17. 储水筒；18. 行程杆控制箱；19. 固定孔；20. 支撑杆；21. 滴灌管（带）；22. 行程杆；23. 传动轴；24. 电机

2. 功能特点

装置中的滴灌管（带）缠绕在储水筒上，储水筒既是支承轴又是输水轴管，可以滚动自动收卷滴灌管（带），输水管缠绕在卷盘车架上，根据水源与灌溉地块距离远近自动调节输水管长度，卷盘轮可由电机驱动收放输水管。装置配备的导向杆和套管，可防止滴灌管（带）收放过程中卷绕偏向、打皱、缠绕情况的发生，同时还可以清除滴灌管（带）上的污泥或者其他杂物。由于以上特点，在灌溉过程中管路收卷车可以自动行走，将灌溉水输送至田间滴灌管（带）。灌溉完毕机车自动收卷管路，显著地降低了劳动强度。成套装置 2 人即可轻松操作。

3. 系统应用模式

需要灌溉时将成套装置置于田间地头的远端，将卷盘架上的输水管一端连接水源处的水井（出水口）等设备，另一端连接至储水筒一端的可旋转过水管，分别将各根滴灌管（带）根据作物行距摆放好，打开水源开关将水引入储水筒，根据压力表读数调节供水闸阀，开始灌溉。当本块地灌溉完毕，停止供水，开启电机开关使储水筒反向转动将滴灌管（带）全部收卷回来，在此过程当中需启动行程杆控制箱按键使行程杆左右摆动，以使滴灌管（带）卷绕整齐。当滴灌管收卷完毕，停止电机，将滴灌管头部固定在隔板上的固定孔内。启动输水管圈绕车电机开关，圈绕轴反向转动输水管带动管路回收车向前移动至下一地块，启动卷绕电机开关使储水筒正向转动外放滴灌管（带），按同样的过程摆放滴灌管（带）进行灌溉。当所有的地块灌溉完毕后，排空储水筒和输水管内存留的水，启动卷绕车电机开关使输水管全部收回（图版Ⅶ-6，7）。

4. 适用范围

该装置轻小型、移动轻简化，特别适用于平原区小型地块农作物实施应急性节水抗旱灌溉或长期灌溉。

（王　峰　刘　浩　邓　忠）

参 考 文 献

陈发, 阎洪山, 王学农, 等. 2008. 棉花现代生产机械化技术与装备. 乌鲁木齐: 新疆科学技术出版社: 65.

陈金湘, 刘海荷, 熊格生, 等. 2006. 棉花水浮育苗技术. 中国棉花, 33(11): 24-38.

陈四龙, 裴东, 王振华, 等. 2005. 华北平原膜下滴灌棉花水分利用效率及产量对供水方式响应研究. 干旱地区农业研究, 23(6): 26-31.

陈玉龙, 孙兴冻, 李苗苗, 等. 2015. 机械式棉花精量穴播器的设计与试验. 农机化研究, (6): 124-126, 158.

邓忠, 孙景生, 李迎, 等. 2015. 一种移动式滴灌装置: 中国, ZL 201520007875. 4.

邓忠, 翟国亮, 冯俊杰, 等. 2013. 一种移动式灌溉车: 中国, ZL 201220488537. 3.

董合林, 王润珍, 李鹏程, 等. 2011. 不同施氮水平及氮磷钾肥配施对棉花产量与氮肥利用率的影响. 中国棉花学会 2011 年年会论文汇编: 285-287.

郭金强, 危常州, 侯振安, 等. 2008. 施氮量对膜下滴灌棉花氮素吸收、积累及其产量的影响. 干旱区资源与环境, 22(9): 39-142.

郭新刚, 黄春辉, 李国祥. 2015. 石河子垦区棉花精量播种技术现状及应用. 新疆农垦科技, 38(10): 14-15.

郭元裕. 1997. 农田水利学. 北京: 中国水利水电出版社.

侯秀玲, 张炎, 王晓静, 等. 2006. 新疆超高密度棉田氮肥运筹对产量和氮肥利用的影响. 棉花学报, 18(5): 273-278.

李养民, 陈绪兰, 卢珍林. 2007. 首部移动式加压滴灌技术的应用效果. 新疆农垦科技, (5): 46-47.

刘浩, 张寄阳, 孙景生, 等. 2014. 麦后移栽棉节水高效灌溉模式研究. 排灌机械工程学报, 32(5): 441-447.

刘文海. 2008. 棉花精播高产栽培技术规程. 农机科技推广, (6): 43-44.

刘永棣. 2002. 棉花纸管营养钵育苗法. 中国棉花, 29(4): 39-39.

毛树春, 韩迎春, 王国平, 等. 2004. 棉花"两无两化"栽培技术研究新进展. 中国棉花, 31(9): 29.

齐宏立, 石跃进, 赵金仓, 等. 1998. 棉花无土育苗移栽试验初报. 中国棉花, 25(8): 15.

宋家祥, 陆建仪, 顾世梁. 1999. 芦管育苗移栽对棉花生育与产量影响研究初报. 江苏农业科学, 20(1): 15-18.

王大光, 李禹. 2013. 棉花精量播种与配套栽培技术. 中国棉花, 40(5): 40-41.

王林霞, 丁志, 热甫卡提. 2001. 棉花专用长效复混肥对棉株生长及养分含量的影响. 中国棉花, 28(5): 7-9.

王平, 田长彦, 陈新平, 等. 2006. 南疆棉花施氮量及氮素平衡分析. 干旱地区农业研究, 26(1): 77-83.

王晓刚. 2014. 地膜棉精量播种实施条件的探讨. 新疆农垦科技, 37(2): 11.

武建设, 陈学庚. 2015. 新疆兵团棉花生产机械化发展现状问题及对策. 农业工程学报, 31(18): 5-10.

徐辉胜. 2013. 棉花精量播种及一播全苗关键措施. 新疆农垦科技, (4): 13-14.

杨铁钢, 谈春松. 2003. 棉花工厂化育苗技术及其高产高效技术规程. 河南农业科学, (9): 23-24.

于永良. 2013. 结合新疆实际的棉花双膜覆盖机械式精量播种机的研发与应用. 湖南农机, (7): 3-5.

翟国亮, 孙景生, 邓忠, 等. 2012. 一种滴灌装置: 中国, ZL2011203857244.

张芳, 李永鑫, 和刚, 等. 2011. 大田作物微喷带灌溉综合效益分析. 人民黄河, 33(5): 76-77.

张昊, 陈金湘, 刘海荷, 等. 2014. 营养液漂浮育苗棉苗根系适应水生环境的机理研究. 中国农业科学, 47(17): 3372-3381.

张旺锋, 李蒙春, 勾玲. 1998. 北疆高产棉花养分吸收特性的研究. 棉花学报, 10(2): 88-95.

张旺锋, 李蒙春. 1997. 北疆高产棉花干物质积累和分配规律研究. 新疆农垦科技, 12(6): 1-2.

赵玲, 侯振安, 危常州, 等. 2004. 膜下滴灌棉花氮磷肥施用效果研究. 土壤通报, 35(3): 307-310.

中国农业科学院棉花研究所. 1983. 中国棉花栽培学. 上海: 上海科学技术出版社: 401-424.

中国农业科学院棉花研究所. 2013. 中国棉花栽培学. 上海: 上海科学技术出版社.

Barber LD, Joern BC, Volenec JJ, et al. 1996. Supplemental nitrogen effects on alfalfa regrowth and nitrogen mobilization from roots. Crop Science, 36: 1217-1223.

Wienhold BJ, Trooien TP, Reichman GA. 1995. Yield and nitrogen use efficiency of irrigated corn in the northern Great Plains. Agronomy Journal, 87: 842-846.

Yan X, Jin JY, He P, et al. 2008. Recent advances on the technologies to increase fertilizer use efficiency. Agri Sci China, 7(4): 469-479.

第三章　棉花轻简化栽培的物质装备

简化种植管理、减少田间作业次数、减轻劳动强度，实现棉花生产的轻便简捷、节本增效是棉花轻简化栽培和快乐植棉的主要目标。这一目标的实现，不仅依赖于关键农艺技术，还依赖于品种、新型肥料、农业机械等物质装备，更依赖于农艺技术与物质装备的高度融合。本章主要介绍支撑棉花轻简化栽培的物质装备，包括植物生长调节剂、缓控释肥料、易回收地膜与降解膜，以及农业机械装备等。

第一节　植物生长调节剂及使用技术

植物生长调节剂（PGR）是一类与植物激素具有相似生理和生物学效应的物质，包括人工合成的对植物生长发育有调节作用的化学物质和从生物中提取的天然植物激素。应用植物生长调节剂调控棉花生长发育，塑造合理株型，控制蕾铃脱落及其成熟脱叶，是实现棉花轻简化栽培的重要途径。20 世纪 50 年代初我国就将植物生长调节剂应用到棉花生产中，利用类生长素化合物控制蕾铃脱落；20 世纪 60 年代初开始试用矮壮素（CCC）控制棉花徒长；20 世纪 70 年代后期，研究使用乙烯利（ET）促进晚期棉铃提早吐絮，并取得良好效果；1983 年开始在棉花上大面积推广使用缩节胺（N,N-dimethyl piperidinium chloride，DPC），成效显著，已成为棉花生产过程中必不可少的农艺措施；进入 20 世纪 90 年代以来，随着机采棉的快速发展，收获辅助类调节剂得以大面积应用，并成为机械采收前必不可少的环节。当前用于棉花生产上的植物生长调节剂主要有营养型生长调节剂、生理延缓型生长调节剂和脱叶催熟型生长调节剂 3 类。

一、营养型生长调节剂

营养型生长调节剂是根据棉花的生理特点，将棉株生长所需的营养元素、微量元素及生长调节物质复合配制而成的全能型营养物质。营养型生长调节剂可以补充作物养分，协调作物对营养元素的需求，缓解土壤供肥的不足，满足棉花生长发育的需要，并能提高棉株光合能力和酶的活性，促进有机物合成、分解和代谢。

（一）作用机制及效果

营养型生长调节剂不仅增加棉花所需养分，还能协调养分之间的平衡性，有些大量营养元素直接参与体内叶绿素、蛋白质、酶的组成；钼、锌、锰等元素是酶的活化剂，可提高细胞的代谢活性，增强棉花的光合能力。

施用该类调节剂，不仅与施肥具有相同的效果，使叶片变绿、叶质变厚，促进营养器官生长，还使体内各种酶的活性提高，增强光合性能，促进光合产物向果枝和蕾铃部位输送，促使棉株多现蕾、多结铃。例如，喷施宝，可使棉株粗壮、叶色变深、抗逆性增强。

（二）常用营养型生长调节剂及其使用技术

1. 叶面宝

（1）主要功效

叶面宝是一种多元植物生长素与矿物元素的复合剂，具有供给植物养分、提高运转能力、增强代谢的功能，是一种叶面喷施剂，具有广谱、多能、高效等优点。主要功效包括：①促早发、增蕾、增铃。苗期和蕾期喷施叶面宝后，能够加速棉苗的出叶和生长速度，增大光合叶面积，为早发、增蕾、增铃奠定物质基础。应用该药剂叶面积提高、结铃数增加。②抗逆保苗。叶面宝具有供给植物养分，提高养分运转，增强代谢，延迟早衰的作用，在干旱等逆境条件下应用效果更佳。③增加优质铃数，提高纤维品质。叶面宝有助于棉花生长，具有促早发的作用，可提高伏前桃和伏桃的数量。喷施叶面宝棉花的绒长增加、短绒量降低。

（2）使用方法

叶面宝是一种旨在促进生长的调节剂，一般适宜于露地直播棉，麦后、油后移栽棉田及盐碱旱薄地棉田。对于营养生长正常或是长势较旺的棉田喷施叶面宝，反而会造成营养生长过度，加大棉田荫蔽，导致贪青晚熟。一般每公顷用药 75～110 mL 兑水 60 kg 为安全有效用量。于棉花移栽后 10 d 或现蕾初期结合病虫害防治进行叶面喷施，保证所有叶片均喷到喷匀。开花结铃期不宜喷施，否则会抑制生理代谢，加重花铃脱落。

2. 光合促效剂

（1）主要功效

光合促效剂是一种植物光合作用生物催化剂，能有效增强绿色植物的光合作用，增加无机物转变为有机物的数量和质量，具有较好的增产和提高品质的效果（贺云新等，2011）。王国平等（2011）试验表明，光合促效剂喷施 1 次，净光合速率显著提高，喷施 2 次，提高更大，且提升作用具有时间周期性和累加效应，产量和霜前花率皆显著提高。

（2）使用方法

一般用量为每公顷 25 g 光合促效剂兑水 375 kg，建议于初花期和盛花期结合病虫害防治分 2 次喷施，间隔时间不要超过 30 d。保证所有叶片均喷到喷匀。

二、生理延缓型生长调节剂

生理延缓型生长调节剂对植物分生组织的细胞分裂与扩张有一定抑制作用，能使棉株节间缩短，叶片加厚，叶色变深，叶绿素含量增加，从而提高棉花叶片光合速率，增加光合产物输出能力，有利于培养理想株型。

（一）作用机制及其效果

生理延缓型生长调节剂通过与受体结合，调节某些酶的活性，影响棉株体内内源激素的水平而作用，有些植物生长调节剂本身就是某些酶的抑制剂。

施用延缓型调节剂能够使棉株节间缩短，叶色变深，叶片变厚，株型紧凑，内围棉铃增多，蕾铃脱落减少，提早成熟，提高产量和棉纤维品质，增加棉仁中脂肪、全氮和氨基酸含量，但对棉叶的数量及植株的顶端优势、叶原基分化影响不明显。

（二）常用生理延缓型生长调节剂及其使用技术

1. 缩节胺

缩节胺又名助壮素、棉花调节啶、调节安、皮克斯、甲哌啶、助棉素等，化学名称为氯化二甲哌啶。纯品为白色结晶固体，相对分子质量为149.66，熔点为285℃，密度1.187，易溶于水。

缩节胺为抑制型哌啶类植物生长调节剂，主要通过阻止赤霉素生物合成过程中牻牛儿基焦磷酸（geranylpyrophosphate）向古巴基焦磷酸（copalpyro phosphate）的转化，对古巴基焦磷酸向内根-贝壳杉烯（ent-kaurene）的转化也有一定的抑制作用。叶片吸收后，向各部位运输，能有效控制棉花营养生长，降低植株高度，使节间缩短、分枝变短、株型紧凑，利于通风透光。尤其是随着机采棉的迅猛发展，种植密度较传统种植有所提高，为满足采棉机的采收要求，塑造合理株型，缩节胺化控尤为重要。

随着对缩节胺作用机制的深入研究，发现缩节胺的调节作用不仅限于控制主茎和果枝的伸长生长，还可全方位地改善棉株根、叶、果实等各器官的形态和功能。针对当前棉花品种的结铃特性及其实行轻简化栽培或机械采收的特殊要求，根据缩节胺的喷施剂量及其喷施时间，从种子萌发开始（不限于一次或两次）应用缩节胺，实行全程化控，以实现对棉株各器官生长发育的"定向诱导"和有目标的系统化学调控。具体的施用方法如下。

1）"拌种"处理。所谓"拌种"是指将少量的缩节胺溶液与一定量的种子充分混匀，然后摊开晾干和播种。缩节胺浸种适用于未包衣的种子，脱绒种子（光子）的浸种浓度一般为150～200 mg/L，浸种时间掌握在8～10 h，一般来说，10 kg的缩节胺溶液可浸泡8～9 kg种子，浸种期间搅动2～3次；未脱绒种子（毛子）吸收能力较差，浸种浓度可适当提高至200～300 mg/L，浸种时间也适当延长。需要注意的是，浸种后种子捞出后，一定要将水分沥干，等到种子表面无明水时再播种，否则珠孔和合点端容易被泥堵塞，种子不能与外界正常交换空气和水分，严重影响萌发和出苗。张西玲等（1994）以'中棉所12号'为材料，采用100 mg/L、150 mg/L和200 mg/L的缩节胺溶液浸种5 h、10 h、15 h，发现当缩节胺浓度为100 mg/L时，发芽势和发芽率随浸种时间延长而提高；当浸种浓度为200 mg/L时，发芽势和发芽率随浸种时间延长而降低；150 mg/L缩节胺溶液浸种后，出苗时间较对照延长1～2 d，但出苗时间较为集中，可提早1～2 d齐苗，最终出苗率要略高于对照（表3-1）。缩节胺浸种对幼苗的出叶速度影响很小甚至没有影响，或者表现出前期抑制、后期促进（苗期范围内）的特点（表3-2）。

表 3-1　缩节胺浸种处理对棉花出苗率（%）的影响（张西岭等，1994）

浸种处理	播后天数（d）				
	6	8	10	12	14
清水对照	10.7	36.7	54.9	79.8	83.4
缩节胺（150 mg/L）	2.7	56.6	86.8	89.9	90.4

表 3-2　缩节胺浸种处理对棉苗真叶数（片/株）的影响（张西岭等，1994）

缩节胺浓度（mg/L）	浸种时间（h）	播后天数（d）		
		20	25	35
0	5	2.2	3.1	3.9
	10	2.3	3.2	4.0
	15	2.4	3.2	4.1
100	5	1.9	3.0	4.3
	10	2.0	3.1	4.5
	15	1.9	3.1	5.0
150	5	1.9	2.9	4.1
	10	2.0	3.0	4.9
	15	1.9	3.0	4.7
200	5	1.7	2.8	4.3
	10	1.8	3.1	4.7
	15	1.8	2.9	4.5

　　需要特别注意的是，棉花出苗、成苗和促苗健壮生长是棉花栽培的首要目标，而缩节胺浸种如掌握不好则会影响出苗和成苗，因此尽管在可控试验条件下采用缩节胺浸种的效果很好，但实际生产中要慎重采用，这可能也是该项措施至今没有在生产中普及的原因。

　　2）苗期喷施。缩节胺浸种有效作用期较长，因此一般经过浸种处理的棉田无需再在苗期用药。未经过浸种处理的则可在苗期喷施低浓度缩节胺，采用机械结合病虫害防治、施肥、中耕等联合作业，同样可达到壮苗、抵抗逆境的效果。苗期施用缩节胺的浓度一般掌握在 40 mg/L 以下，总剂量 3.0～6.0 g/hm^2，西北内陆棉区密度高，株高一般不超过 80 cm，可于 2～3 片真叶期进行喷施；内地棉区株高一般都在 100 cm 以上，苗期一般不用缩节胺，若要采用也在 5～6 叶期以后。在苗床育苗的条件下，为培育壮苗，可于苗期喷施缩节胺，具有控制株高的作用（表 3-3）（辛承松等，2000）。

表 3-3　苗床喷施缩节胺对棉花苗高和真叶数日增量的影响（辛承松等，2000）

缩节胺浓度（mg/L）	苗高日增量（cm/d）			真叶数日增量（片/d）		
	前期	中期	后期	前期	中期	后期
0	0.5	1.2	0.6	0.5	0.2	0.2
2	0.4	1.2	0.7	0.5	0.1	0.2
5	0.4	1.2	0.7	0.3	0.2	0.2
10	0.3	1.0	0.7	0.3	0.2	0.2
20	0.3	0.9	0.7	0.3	0.2	0.2
30	0.2	0.8	0.8	0.2	0.3	0.2

3）蕾期喷施。根据种植方式和气候条件，从现蕾就可以开始喷施，直至盛蕾期或初花期前。对于地膜棉或是地力较好、蕾期降雨较多生长较快的棉花，通常在刚现蕾时即喷施缩节胺，以避免施肥、浇水等措施引起棉株徒长，促进早开花。需要注意的是，为顺应轻简化暨机采棉的发展，植棉密度较传统种植有所提高，更应提倡缩节胺早施，以实现免整枝；对于其他长势正常的棉花多在盛蕾期（4～5个果枝）开始喷施缩节胺，以促进根系发育，起到壮蕾早花、定向塑形、增强抗旱耐涝能力的作用，为水肥合理运筹消除后顾之忧。何钟佩等（1997）对早期施用缩节胺的试验表明，干旱条件下于蕾期施用大剂量的缩节胺（100～200 mg/L），往往会造成棉株生长被过度抑制，导致成铃数减少而减产；对于水肥条件良好、雨水正常棉田，使用适宜剂量的缩节胺能够协调营养生长与生殖生长的关系，可起到增产的效果。蕾期合理使用缩节胺能够使单株成铃数增加 1～2 个，铃重提高 0.2～0.9 g，增产 10%～15%。另外，蕾期喷施缩节胺可结合病虫害防治、中耕、施肥、培土等作业环节采用机械进行，但缩节胺喷施的浓度不宜过高，一般情况下缩节胺用量为 7.5～18 g/hm^2，兑水量为 150～225 L/hm^2，浓度为 50～80 mg/L。蕾期喷施缩节胺时，药液量不宜过多，但要做到株株着药、喷洒均匀，依据棉株长势酌情增减药量。

4）初花期喷施。20 世纪 80 年代我国在棉花上应用缩节胺的初期，主要是在初花期一次施用，目前美国也主要采用这种模式。初花期用药是"缩节胺系统化控"技术的重要一环，因为这个时期施用缩节胺对塑造理想株型、优化冠层结构、改善棉铃时空分布、提早结铃、增强根系活力等十分关键（何钟佩等，1984）。尤其是在轻简化植棉中的简化整枝（中密度条件下粗整枝和高密度下免整枝）、集中成铃吐絮一次收获及机采棉对株型及早熟性的要求等方面，应做好初花期的缩节胺化控工作，对实现轻简化植棉意义重大。初花期的用药量一般为 30～45 g/hm^2，兑水量为 300 L/hm^2，浓度为 100～150 mg/L。喷施药剂时应做到株株着药，并且应保证主茎和果枝的顶端沾附到药液。喷施缩节胺能够控制棉花主茎节间及其果枝的横向伸展（表 3-4），在控制株高及株型塑造方面效果显著（图 3-1）。

表 3-4　缩节胺处理对主茎不同部位节间的控制强度（何钟佩等，1984）

品种	年份	生育期	处理时果枝数	DPC 浓度（mg/L）	不同部位节间缩短率（%）			
					N-1～N-3	N+1～N+4	N+5～N+7	N+8～N+10
'冀棉 2 号'	1982	蕾期	4～5	50	−12.3	−21.7	−16.9	+9.4
	（降水充足）		8～9	100	−11.4	−17.2		
'岱字棉 16'	1981	蕾期	5～6	100	−34.4	−47.6	−23.9	−40.4
	（干旱）	初花期	13～14	100	−18.3	−55.7		
		盛花期	15～16	100	−25.7	−47.2		

注：N 表示喷施缩节胺时棉花的最大主茎节数

5）花铃期喷施。花铃期是棉花产量形成的关键时期，此时应用缩节胺的主要目的是终止后期无效蕾、花的发育，使更多的同化产物向产量器官中输送，从而提高铃重，防止贪青晚熟或早衰，促进结铃集中，利于集中收获等。另外，还可有效抑制赘芽生长，进而简化整枝。花铃期应用缩节胺一般选择打顶后 5～7 d 进行，对于黄河流域棉区常规种植棉田来说，用量一般为 45～75 g/hm²，兑水量 375～450 L/hm²；而对于密度较高的机采棉田，其用量则相应提高。另外，如遇到多雨年份则应适当增加缩节胺喷施次数及用量，以保证施用效果。

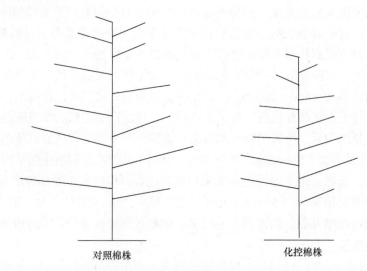

对照棉株　　　　　　　　　化控棉株

图 3-1　缩节胺化控的株型塑造（山东临清，2014）

棉花品种 'k836'，密度 6.0 株/m²，缩节胺用量，盛蕾期 60 mg/L，初花期 110 mg/L，盛花期 150 mg/L

大量研究表明，施用缩节胺后，衣分小幅下降，这是种子质量增加和种子所占比例增大的结果。Biles 和 Cothren（2001）报道指出，在现蕾期和初花期喷施 2 次缩节胺（剂量均为 24.6 g/hm²），衣分由 35.8% 下降到 34.6%（$P<0.05$），子指由 8.9 g 提高到 9.4 g。徐立华等（2006）研究指出，适量喷施缩节胺处理下，不同开花时期的平均单铃重要高于高剂量处理和不化控处理，提高幅度分别为 16.7% 和 17.7%；衣分则随着化控量的增加有降低的趋势，高剂量缩节胺、适量缩节胺和不进行化控处理分别为 37.2%、38.8% 和 40.3%；子指的结果则相反，随化控量的增加有升高的趋势，表明适量化控有利于提高棉花的铃重，衣分较之不化控的处理略有降低（表 3-5）。

表 3-5　不同缩节胺剂量对棉花铃重和衣分的影响（徐立华等，2006）

处理	取样时间（月/日）	单铃重（g）	衣分（%）	子指（g）
高剂量化控	9/27	5.76	37.88	13.41
	10/16	6.67	36.51	13.27
	平均	6.22	37.20	13.34
适量化控	9/27	6.87	39.00	12.67
	10/16	7.36	38.50	12.29
	平均	7.24	38.75	12.48
不化控	9/27	6.04	40.40	11.32
	10/16	6.26	40.09	11.65
	平均	6.15	40.25	11.49

使用缩节胺时要注意以下几点。①谨防过量使用缩节胺。缩节胺用量过大易导致起效期提前、药效期延长，极大地影响棉株的营养生长，进而严重抑制茎枝的生长，使冠层结构过分密集，顶部和外围成铃减少，单株铃数有所降低，进而影响产量。在此情况下，可采用喷施适当浓度的赤霉素来进行缓解，一般赤霉素的浓度掌握在 10～30 mg/kg，如效果仍不理想，可重复喷一次。②严防控制后生长加快。缩节胺的药效消失后，棉株体内积累的赤霉素合成的中间产物"牻牛儿基焦磷酸"和"古巴基焦磷酸"大量合成赤霉素，使得后期的营养生长反而较对照加快，这就是缩节胺的"反跳现象"。因此需要特别注意"反跳现象"发生的时间和强度，并通过合理的"系统化控"防止其发生。③正确掌握缩节胺的使用技术。缩节胺为中性化学药剂，可与杀虫剂、除草剂、杀菌剂、微肥等混合施用。为降低药液的表面张力、增加药液在棉花叶片上的附着力，可在配好的药液中添加一定量的表面活性剂，如洗衣粉、有机硅等助剂。

2. 矮壮素

矮壮素化学名为氯化-2-氯乙基三甲胺（简称CCC）。纯品为白色结晶，相对分子质量为 122.6，在 245℃分解，20℃时水中溶解度为 74%，常用的制剂类型有 18%～50% 水剂，80%可溶性粉剂，混剂产品有 30%矮壮素·烯效唑微乳剂和 18%～45%矮壮素·甲哌鎓水剂等。

矮壮素为赤霉素的拮抗剂之一，可由作物叶片、幼枝、芽、根系和种子吸收，通过抑制内源赤霉素的生物合成，阻抑贝壳杉烯的生成，阻碍内源赤霉素生物合成。矮壮素能控制作物徒长，促进生殖生长，使作物节间缩短，茎秆粗壮，根系发达，抗倒伏能力增强，叶片增厚，叶绿素含量增加，光合作用增强，具有一定的增产效用。但由于矮壮素敏感性强、安全性差，使用不当会给生产带来损失，目前矮壮素已基本被缩节胺代替。

3. 全精控

全精控为复配型固体调节剂，主要成分为甲哌鎓，由中国农业大学化控研究中心研制，并由安阳市小康农药有限责任公司生产。该调节剂能够迅速溶于水中，使用方便，易储存运输。此药剂对植物有较好的内吸作用，能够促进根系活力，促进花芽分化，抑制茎枝疯长，塑造理想株型，使株型紧凑，并且能够有效地改善群体光照条件，防止早衰，对提高伏前桃比例、提前吐絮均具有良好的效果。本药剂溶于水后喷施。依据棉花不同生育期的棉株长势，选择合适的施用量。

1）苗期喷施。主要用于移栽苗，待棉苗长出 2～3 片真叶时，取 7.5 片全精控兑水 30～45 kg 雾状喷施叶面；棉苗移栽后，每公顷用药剂 15 片，兑水 225～300 kg 喷施叶面，间隔 15 d 后再喷施一次。

2）蕾期喷施。每公顷用本品 30～60 片，兑水 225～300 kg 喷施叶面，间隔 15 d 后再喷施一次。

3）初花期喷施。每公顷用本品 60～90 片，兑水 450 kg 喷施叶面，间隔 15 d 后再喷施一次。

4）盛花期喷施。每公顷用本品 90～120 片，兑水 600～700 kg 喷施叶面，间隔 15 d 后再喷施一次。各次喷施均可与病虫草害防治合并进行。据杜玉倍等（2015）研究，在不同生育期对棉花植株喷施"全精控"，对棉花生长发育具有较好的调控作用，能够有效控制棉花的株高、果节数、果枝始节位高度及棉花中部果枝长度，使棉花株型更加紧凑，对棉花产量和纤维品质没有明显影响（表 3-6）。

表 3-6 "全精控"对棉花农艺性状的影响（杜玉倍等，2015）

处理	株高（cm）	果枝数（个）	果节数（个）	果枝始节位高度（cm）	中部果枝长度（cm）	籽棉产量（kg/hm²）	纤维整齐度指数（%）	马克隆值	断裂比强度（cN/tex）
全精控	92.6	12.9	52.8	21.4	35.7	4295	86.4	5.36	28.5
缩节胺	93.5	14.5	49.8	21.1	38.9	4270	86.3	5.28	28.0
清水对照	95.0	13.3	55.3	25.3	49.8	4003	86.4	5.36	28.3

4. 氟节胺

氟节胺又名 1-(2-氯-氟苄基)-N-乙基-α,α,α-三氯-2,6-二硝基-对-甲苯胺，纯品为黄色或橘黄色结晶固体，常温下不溶于水，制剂有 20% 和 15% 乳油，是一种接触兼局部内吸性植物生长延缓剂。氟节胺主要抑制棉花顶尖和群尖生长点细胞分裂和叶片细胞伸长，使棉花生长点停止生长，从而达到控制棉花无限生长的效果。因此，可作为化学封顶剂使用。

针对传统人工打顶用工多、效率低下的缺点，利用化学打顶剂打顶在保证不造成蕾铃损伤的前提下，能够大幅度提高打顶效率，减轻劳动强度，大大降低植棉成本，并可显著提高棉花打顶的时效性，具有广阔的应用前景。该技术已经在新疆棉区得到小范围的示范推广，效果良好。目前，主要采用花铃期喷施的方法对棉花封顶。

以新疆为例，具体的施用方法是分 2 次喷施。根据棉花长势，第一次施药时间为棉株高度在 55 cm 左右、果枝达到 5 个、6 月 15 日左右（高度、数量和时间只要其中一个达到要求即可施药），采用顶喷氟节胺 1.2～1.8 kg/hm²，兑水 450 kg/hm²，顶喷的喷头高度控制在离棉株顶部 30～40 cm，以保证药液充分喷施到棉株顶端，并可与杀虫剂等其他农药混合喷施；第二次喷药时间为株高 70～75 cm、果枝在 8 个左右，正常情况在 7 月 10～15 日，顶喷氟节胺 1.05～1.2 kg/hm²，兑水 600 kg/hm²。对于生长过旺的棉田可酌情增加药剂用量，效果更佳。先新良等（2014）通过试验发现，氟节胺对棉花打顶作用效果明显，同时能够促进棉花的生殖生长，使中下部结铃集中，随着喷施氟节胺时间推迟，对棉花铃重影响减小，且各处理间产量无明显差异（表 3-7）。

表 3-7 不同氟节胺处理对棉花生长及其产量的影响（先新良等，2014）

处理	药剂及公顷用量	施用时间	株高（cm）	叶龄（叶）	果枝数（个）	籽棉产量（kg/hm²）
1	人工打顶（对照）		66.2	15.2	9.9	6900
2	3 g 缩节胺	5 月 10 日	72.1	17.0	11.4	6615
	9 g 缩节胺	6 月 10 日				
	1500 g 甲哌鎓	6 月 15 日				
	2250 g 氟节胺	7 月 5 日				

处理	药剂及公顷用量	施用时间	株高（cm）	叶龄（叶）	果枝数（个）	籽棉产量（kg/hm²）
3	3 g 缩节胺	5 月 10 日	72.9	17.3	11.6	6735
	9 g 缩节胺	6 月 10 日				
	1500 g 甲哌鎓	6 月 20 日				
	2250 g 氟节胺	7 月 10 日				
4	3 g 缩节胺	5 月 10 日	77.0	17.7	11.5	6795
	9 g 缩节胺	6 月 10 日				
	1500 g 甲哌鎓	6 月 25 日				
	2250 g 氟节胺	7 月 10 日				

三、脱叶催熟型生长调节剂

机采棉是快乐植棉的必由之路。其中，化学脱叶催熟是机械采棉综合农艺技术中的关键环节和重要前提，脱叶催熟效果的好坏直接关系到机采棉的品质。棉花化学催熟和脱叶是指在棉花生育后期应用人工合成的化合物促进棉铃开裂和叶片脱落，以解决棉花晚熟及机械采收含杂率高的问题。用于催熟和脱叶的化合物分别称为催熟剂和脱叶剂。由于两者在化学结构和功能上无法完全分开，因此，国际上一般将这些物质统称为棉花收获辅助剂。

（一）作用机制及其效果

由于棉铃开裂和棉叶脱落均在很大程度上受到乙烯的调节，因此刺激乙烯发生的化合物往往同时具有催熟和脱叶的功能，只是两方面的功能一般不会等同。乙烯能够促进棉铃的开裂，且开裂伴随着铃壳的脱水干燥过程，因此可用干燥剂和乙烯释放剂促进棉铃吐絮，进而实施化学催熟；化学脱叶则主要通过化合物的抗生长素性能，促进乙烯发生或刺激乙烯发生而达到目的。脱叶的目的是使叶片从植株上脱落，因此，脱叶剂不能立即杀死叶片，而是使它的生命保持足够长的时间以形成离层，如果叶片干燥过快，将出现叶片枯死而不脱落的现象。从作用机制上可将催熟剂和脱叶剂分为两类，第一类为触杀型药剂，此类药剂起效快，应用时间宜偏晚；第二类为通过促进内源乙烯的生成来诱导棉铃开裂和叶柄离层的形成，该类药剂起效较慢，在生产上应用时间要早于第一类药剂。

（二）常用调节剂及其使用技术

1. 乙烯利

乙烯利又名乙烯膦，化学名为 2-氯乙基膦酸，相对分子质量为 144.5，纯品为无色针状晶体，水中溶解度为 1000 g/L，极易潮解，易溶于水、乙醚和乙醇。制剂为强酸性水剂，在常温 pH 3.0 以下比较稳定，几乎不放出乙烯。随着温度和 pH 升高，乙烯释放的速度加快。

随着机采棉在我国的快速发展，保证棉铃集中吐絮，进而提高一次采收率对提高采棉效率至关重要。另外，为实现轻简化植棉，蒜-棉、油-棉等两熟棉区的棉花种植也已倾向于油后直播和蒜后直播的栽培模式，生长季节的缩短势必会导致部分后期棉铃不能自然成熟，甚至不能开裂吐絮。因此，利用化学药剂加快棉铃吐絮进程十分必要，乙烯利恰好具有这方面的功效。乙烯利进入植物体内的主要作用方式是释放出乙烯。乙烯利虽然具有脱叶和催熟两重功效，但其催熟效果要好于脱叶效果。棉花生育后期施用乙烯利，能够明显提高棉铃内的乙烯含量，加快棉铃的发育，使棉铃开裂前出现的乙烯释放高峰提前到来，从而提早开裂、吐絮。

乙烯利主要在棉花生育后期进行喷施。喷施时间的选择至关重要，施用过早会引起减产和品质降低，施用过晚其催熟效果则大打折扣。确定乙烯利最佳施用时间主要依据以下原则：①80%以上棉铃的铃期达到45 d以上，此时的纤维干重基本稳定，采用乙烯利催熟基本不影响产量；②日最高气温尚在18℃以上，以保证乙烯利被棉株吸收后能够快速释放出乙烯；③距枯霜期（北方棉区）或拔棉柴前（复种棉区）还有15～20 d，这主要考虑药剂喷施时的气温条件和乙烯利发挥药效的时间。据作者多年试验及实践，生产中乙烯利（40%水剂）的适宜用量为1500～3000 mL/hm²，根据天气及棉株长势，其用量可酌情增减。但要注意的是，乙烯利的用量过大，虽然能够加快棉铃开裂，但会出现吐絮不畅、不易摘拾等现象。一般情况下，施药后7～10 d即可观察到吐絮铃数有所增加，施药后20 d其催熟效果表现最佳。韩碧文等（1983）研究发现，乙烯利处理后，中后期棉铃的吐絮铃数提高1倍左右，霜前花率提高25%～50%（表3-8）。另外，乙烯利还可与百草枯、噻苯隆等进行复配使用，在催熟棉铃的同时促进叶片的脱落，以利于机械辅助收获。通常使用200～300 g/hm²（乙烯利：脱叶剂=10：3），兑水450 kg进行叶面喷施，可大大促进棉铃开裂，加快吐絮进程，吐絮率一般提高15%～20%，霜前花率提高15%～30%。

表 3-8 喷施乙烯利对棉铃吐絮的影响（韩碧文等，1983）

品种	处理	乙烯利施用后天数（d）	吐絮铃数（个/100 株）	增加率（%）
'天门 1 号'	对照	30	138	
	乙烯利	30	375	171.8
'科遗 2 号'	对照	30	80	
	乙烯利	30	165	106.2
'岱 15'	对照	22	226	
	乙烯利	22	449	98.7

2. 噻苯隆

噻苯隆又名脱落宝、脱叶脲，化学名为 N-苯基-N-1,2,3-噻二唑-5-脲，无色无味晶体，常温下水中溶解度为20 mg/L，是一种具有细胞分裂素活性的新型高效植物生长调节物质。作为落叶剂使用，被棉株吸收后，可促进叶柄和茎之间的分离组织自然形成而脱落。噻苯隆处理后24 h，叶片释放的乙烯达到峰值，然后维持在一定的水平直至叶片脱落，它既可以有效脱除成熟叶片也可以有效脱除幼嫩叶片，是目前最好的抑制二次生长和脱除幼叶的收获辅助剂，但催熟效果不及脱叶效果。噻苯隆于20世纪80年代开始商业化应用，目前商品化制剂主要有50%可湿性粉剂和80%可湿性粉剂，是目前棉花脱叶最常采用的药剂之一。

当棉铃开裂60%～70%，日均温不低于18℃时，配制600～750 mg/L有效成分的药液，进行全株喷雾，每公顷用药液量 450～600 kg，喷施后 5 d，叶片外表看似青绿，但轻碰叶片即可从叶柄基部脱落，老叶一般较嫩叶的脱落速度快。10 d 后开始落叶，吐絮增加，15 d 达到峰值，20 d 后棉叶脱落率可达 90% 以上。气候条件（温度、湿度和日照时数）对棉花脱叶率和吐絮率均有显著影响，用药前后高温和充足光照能促进药剂的吸收，提高脱叶效果。噻苯隆与乙烯利混用的效果更佳，施用后 20 d 的脱叶率可达 95% 以上，吐絮率达 90% 以上，一次花率在 92% 以上，且产量受影响很小，完全能够满足机械采收对脱叶率和吐絮率的要求（表 3-9）。

表 3-9 不同浓度噻苯隆和乙烯利对棉花脱叶和吐絮及产量的影响（山东临清，2014）

噻苯隆（g/hm²）	乙烯利（mL/hm²）	脱叶率（%）	吐絮率（%）	铃重（g）	铃数（个/m²）	一次花率（%）	籽棉产量（kg/hm²）
	0	61.4	80.6	5.47	93.8	75.8	5135
0	3000	82.0	91.7	5.14	93.0	85.1	4779
	6000	88.0	93.4	4.74	93.1	92.2	4413
	0	91.9	82.7	5.12	93.0	76.4	4764
300	3000	97.8	93.4	4.79	93.9	91.9	4499
	6000	97.7	93.3	4.42	93.1	92.6	4151
	0	92.3	81.7	4.93	93.5	75.5	4607
600	3000	97.9	92.3	4.63	93.2	91.3	4296
	6000	96.5	93.8	4.22	93.1	91.7	3926

3. 噻节因

噻节因化学名为 2,3-二氢化-5,6-二甲基-1,4-二噻因-1,1,4,4-四氧化物，原药为无色结晶固体，常温下水中溶解度为 4.6 g/L。噻节因是一种植物生长调节剂，可用于棉花等作物脱叶。它主要抑制气孔调节蛋白的合成，气孔失去控制后导致叶片迅速失水，刺激乙烯生成。噻节因对成熟叶片的药效特别明显，但对嫩叶的脱除效果较差，而且无催熟和控制二次生长的作用。此外，噻节因对低温较不敏感，在低温下的活性较高。噻节因于20 世纪 80 年代开始商业化应用，目前商品化制剂主要为美国科聚亚公司生产的 22.4% 噻节因悬浮剂。

噻节因很少单独作为脱叶剂使用，常与噻苯隆、乙烯利等配合使用。棉花喷施噻节因进行脱叶的时间为收获前 7～14 d，棉铃开裂 70%～80%，噻节因用量 45～75 mg/L，每公顷药剂用量 450～660 L，进行全株喷施。处理后棉花叶片脱落迅速，脱叶率高，喷施 15～20 d 后叶片脱落率达 92% 以上，吐絮率达 90% 以上，明显提高一次花率，对产量影响较小，符合机械采收的要求。需要注意的是，噻节因为接触型脱叶剂，施药时应对棉花植株各部位的叶片均匀喷雾，使每个叶片都能够充分着药，以达到预期的脱叶效果；施药后 24 h 内降雨会影响药效，需要重喷。另外，使用噻节因时每公顷添加 1500～2250 mL 40% 乙烯利水剂效果更佳。

（代建龙）

第二节　缓控释肥和水溶性肥及使用技术

棉花是生育期长、需肥量较大的经济作物，也是营养生长与生殖生长重叠并进时间长、矛盾大的大田作物。过去多采用有机土杂肥与化学速效肥配施的方法，依靠基施有机肥的长肥效加上追施速效肥的快速供肥能力，较好地满足了棉花生长发育和产量品质形成的需要。但近些年来，随着城市化进程的加快，有机土杂肥在棉田的使用越来越少，农村劳动力的减少使得多次追施速效化肥的传统施肥方法越来越难以被接受。在此背景下，一类通过物理、化学、生物等手段，延缓肥料养分在土壤中的释放速率，使其养分按照设定的释放率和释放期缓慢或控制释放的肥料，即缓控释肥，以及可满足叶面施肥、微灌施肥的水溶性肥料的研制和应用得到重视，成为减少施肥次数、提高肥料利用率的有效手段。

一、缓控释肥及使用技术

（一）缓控释肥的概念和类型

广义而言，缓控释肥料是指肥料养分释放速率缓慢，释放期较长，在作物的整个生长期都可以满足作物生长需求的肥料。但狭义而言，缓释肥和控释肥又有其各自不同的定义。

缓释肥料（slow release fertilizer，SRF）又称长效肥料，是指通过养分的化学复合或物理作用，使其施入土壤后转变为植物有效养分的速率远小于速溶性肥料施入土壤后转变为植物有效养分的速率的肥料。

控释肥料（controlled release fertilizer，CRF）是指以各种调控机制使养分释放按照设定的释放模式（释放速率和释放时间）与作物吸收养分的规律相吻合的肥料。

缓释肥和控释肥都是比速效肥具有更长肥效的肥料，从这个意义上来说缓释肥与控释肥之间没有严格的区别。但从控制养分释放速率的机制和效果来看，缓释肥和控释肥还是有明显区别的。缓释肥在养分释放时受土壤 pH、微生物活动、土壤中水分含量、土壤类型及灌溉水量等许多外界因素的影响，因此肥料释放不均匀，养分释放速率和作物的营养需求很难完全同步，而且大部分为单体肥，以氮肥为主。而控释肥施入土壤后，养分释放速率主要受土壤温度的影响。土壤温度升高，控释肥的释放速率加快，由于土壤温度升高也会显著促进植物生长，植物生长速率加快，对肥料的需求也增加，因此养分释放速率和作物的营养需求能够比较好地吻合起来，而且控释肥多是 N-P-K 复合肥或再加上微量元素的全营养肥。

按照缓控释肥所用材料、生产工艺和机制的不同分为以下类型。

1. 物理型缓控释肥（包膜或包裹型肥料）

物理型缓控释肥料就是通过简单的物理过程处理，使肥料具有缓控性。物理型缓控释肥料大多为包膜肥料，主要有无机物包膜肥料（硫包膜、金属氧化物和金属盐包膜、肥料包膜/包裹）、有机化合物及聚合物包膜肥料（蜡包膜、不饱和油包膜、改性天然橡胶包膜、热固性树脂包膜、热塑性树脂包膜)、复合包膜肥料(硫磺加树脂包膜、多聚物包膜等)、扩散控制基质型包膜肥料和营养吸附(替代)基质型包膜肥料。

2. 化学型缓控释肥

化学型缓控释肥是指化学合成法(尿醛法、异丁叉二脲、草酰胺等)、其他化学法(长效硅酸钾肥、聚磷酸盐)生产的缓控释肥。

3. 生物化学型缓控释肥

生物化学型缓控释肥是指添加脲酶抑制剂、硝化抑制剂生产的缓控释肥。

4. 生物化学-物理结合型缓控释肥

生物化学-物理结合型缓控释肥是指以上几种方法结合生产的缓控释肥。

胡树文(2014)将缓控释肥分为化学合成有机氮、稳定性氮肥和包膜(裹)肥料三大类(图3-2)。不过,赵秉强(2013)认为铵态氮肥本身也可以快速被植物吸收利用,单纯添加脲酶抑制剂、硝化抑制剂不能延缓肥料的养分释放,更不能控制肥料的养分释放,因此,这类肥料不能称为缓控释肥料。

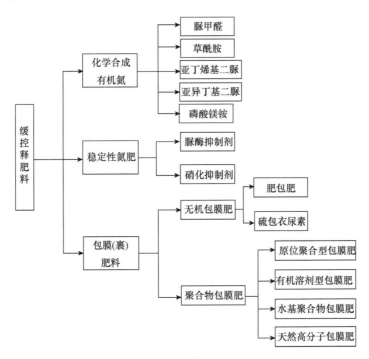

图 3-2 缓控释肥料主要类型(胡树文,2014)

(二)棉田施用缓控释肥的背景和现状

1. 棉田使用缓控释肥的意义

棉花具有生育期长,营养生长与生殖生长重叠时间长、矛盾大等生物学特性,为满足棉花生长发育和产量品质形成的需求,通常采用多次施用速效肥的方法,施肥技术烦琐复杂。棉花生产中常规肥料和施肥技术存在如下难题。

一是施肥次数多,除需在播种或移栽时施用基肥外,还需多次追肥,如送嫁肥(移栽肥)、苗肥(平衡肥)、蕾肥、花铃肥(当家肥)、盖顶肥等,需要花费大量劳动力。

二是施肥工序和技术复杂,每次施肥需要开沟或打洞、施肥、盖土等,特别是棉花生长中后期,操作非常不便。如果不同时期施肥量掌握不好,往往会造成棉花脱肥或疯长,蕾铃脱落增加,影响棉花产量,对施肥技术要求严格。

三是肥料用量大、利用率低,施肥受天气影响大,若遇干旱,肥料难以发挥作用,施肥后遇雨涝灾害,容易造成肥害,因此一方面施肥量难以精确掌握,另一方面不得不加大用量,极易造成肥料损失和对环境的污染。

四是农村劳动力大量转移,导致了从事农业生产的劳动力相对不足,许多农民已不愿意在追肥等农艺操作上花费太多的时间和精力,棉花生产迫切要求减少劳动力投入。

而缓控释肥可以根据作物养分需求,控制养分释放速率和释放量,具有提高化肥利用率、减少使用量与施肥次数、降低生产成本、减少环境污染等优点,可以较好地解决以上问题,具有重要意义(胡树文,2014)。

2. 缓控释肥的发展历程

为了解决肥料养分释放速率与植物养分吸收速率不吻合的问题,20世纪初国际上提出了缓释肥料的概念。1955年,微溶性脲醛化合物(UF)商品化合成,缓释肥料才开始真正意义地用于农业生产;1961年,美国研制出硫包膜尿素。20世纪80年代是缓控释氮肥研发突飞猛进的年代,缓控释氮肥开始走多元化道路,其研究方向也随之扩大,主要是对硫磺、聚乙烯、磷酸镁铵等作为包裹肥料膜材料方面开展研究,并对包裹缓释肥料的理论模型开展了研究。到20世纪90年代缓释肥趋于成熟,各方面的研究不断完善细化,并对有机高分子聚合物包裹膜分解过程、吸附缓释肥料等新领域开展研究。目前,国际上缓控释肥料的研究主要集中在包膜新材料的研发、新型化学合成缓释肥料合成工艺方法的研究及新型缓控释肥料长期应用对环境影响方面的研究等。

在中国,早在20世纪60年代末,中国科学院南京土壤研究所就开始长效氮肥的研究,在国内首先研制成功了包膜长效碳酸氢铵。目前中国农业科学院、中国农业大学、山东农业大学、华南农业大学、郑州大学、北京市农林科学院等单位正在开展不同类型缓控释肥料的开发和应用研究,并取得了一系列实质性进展,部分产品及肥料生产设备已经面世并用于农业生产。

近年来,山东农业大学连同山东金正大生态股份有限公司推出了棉花专用缓控释肥,取得了较好效果(Geng et al.,2015)。安徽省农业科学院棉花研究所、安徽省司尔特肥业股份有限公司和合肥工业大学在农业部公益性行业(农业)科研专项、安徽省科技攻关计划和科技部农业科技成果转化资金等项目支持下,研究了主栽棉花品种营养特征,开发了系列棉花专用配方,研制出多种易降解缓释包膜新材料,创建了以配方造粒、尿素料浆涂层、缓释剂两步喷涂包裹等为关键技术的棉花缓释肥生产工艺,通过调整原料配比控制产品各养分含量,采用控制缓释剂种类和投入量实现养分释放与需求的匹配,研制出了棉花专用缓控释肥(郑曙峰,2010)。施用该肥料,棉花施肥次数由施常规肥料的3~5次,减少为1~2次,实现了棉花"苗肥同下、种肥同播",与等养分普通复合肥相比，肥料利用率提高 10% 以上；在维持同等产量情况下，单位面积施肥量减少 15% 以上，节省施肥用工 50%，节省施肥成本 20% 以上。施用棉花专用缓控释肥大大简化了棉花施肥技术，解决了常规技术中施肥期与干旱雨涝等灾害高发期重叠导致的无法追肥或肥害而减产的重大难题，提高了肥效，减少了肥料的污染，是一种节本、省工、安全、高效、环境友好型肥料，符合肥料的发展方向，满足了棉花轻简化栽培的需求。

3. 缓控释肥料和稳定性肥料的评价标准

我国涉及缓控释肥料和稳定性肥料评价的现行标准主要有如下几项。

《缓控释肥料》（HG/T 3931—2007）：主要适用于聚合物包膜缓控释肥料，2009 年，该标准已经上升为国家标准《缓释肥料》（GB/T 23348—2009），原标准（HG/T 3931—2007）已废止。

《硫包衣尿素》（HG/T 3997—2008）：适合于以硫磺为主要包裹材料对颗粒尿素进行包裹的肥料。

《无机包裹型复混肥料（复合肥料）》（HG/T 4217—2011）：适合于包裹肥料。包裹肥料是一种或多种植物营养物质包裹另一种植物营养物质而形成的植物营养复合体。标准中规定的包裹肥料产品分为 2 种类型：Ⅰ型产品以钙镁磷肥或磷酸氢钙为主要包裹层，产品有适度缓释性；Ⅱ型产品以二价金属磷酸铵钾盐为主要包裹层，通过包裹层的物理作用，实现核心氮肥的缓释作用，其中的部分磷、钾以微溶性无机化合物的形态存在，而具有缓释性能。

《脲醛缓释肥料》（HG/T 4137—2010）：适用于由尿素和醛类反应制得的合成有机微溶性氮缓释肥料，主要品种有脲甲醛（UF/MU）、异丁叉二脲（IBDU）和丁烯叉二脲（CDU），也适用于含脲醛缓释肥料的复混肥料或掺混肥料。

《稳定性肥料》（HG/T 4135—2010）：适用于加入脲酶抑制剂、硝化抑制剂的稳定性肥料的评价。在该标准发布之前，含有脲酶抑制剂、硝化抑制剂的肥料称为长效缓释肥或长效肥。

（三）缓控释肥在棉花上的应用效果

1. 对棉花生长发育的影响

李学刚等（2009）报道，等氮条件下与常规氮肥相比，施用控释氮肥对棉花前期生长具有一定的不利影响，表现为苗期单株叶面积、倒四叶叶面积、地上部干重和现蕾时的株高均显著降低，这说明控释氮肥前期养分释放慢，不能完全满足需要，但中后期棉花株高与常规施肥的对照无显著差异。进一步研究发现，等氮量树脂包膜尿素和棉花控释专用肥均提高了植株上部 45 d 和 60 d 叶龄叶片的叶绿素含量、PSⅡ的活性（Fv/Fo）、光化学最大效率（Fv/Fm）、PSⅡ实际光化学效率（ΦPSⅡ）和光化学猝灭系数（qP），从而使叶片保持了较高的净光合速率（李学刚等，2010）。李伶俐等（2007）在大田条件下以普通尿素为对照，研究了控释氮肥对棉花光合特性和产量的影响及其肥效特点，结果表明，等氮量（150 kg/hm^2）条件下，控释氮肥和对照相比，在棉花开花结铃期可有效增加叶面积，提高棉叶 Fv/Fm、ΦPSⅡ 和 Fv/Fo，改善叶肉细胞的光合能力，提高棉株叶片光合效率，增加单株结铃数和铃重。李国锋等（2003）研究表明，基施棉花专用包裹配方肥并在后期使用尿素叶面喷施,可有效增加棉花盛铃期以后的叶面积指数和功能叶中叶绿素含量,使棉株一生中干物质和氮素积累量明显增加,且在各器官间的分配较合理。陈宏坤和李博(2012)研究表明,不同比例控释尿素与普通尿素配合施用与全部基施普通尿素处理的苗期棉花地上部干物质积累量相比无显著差异。

2. 对棉花产量及其构成要素的影响

从目前各地开展的缓控释肥或棉花专用缓控释肥的试验结果来看,均表现出一定的增产效应。王浩等(2004)研究表明,施用缓控释包膜复合肥,皮棉产量平均比对照增加 413.7 kg/hm², 增产率为 29.54%。何循宏等(2001)在江苏试验,一次基施(1500 kg/hm²)棉花专用缓释包裹复合肥和一基两喷(基施 1500 kg/hm² 缓释包裹复合肥,结合盛花期和打顶后各喷尿素 15 kg/hm²),伏桃与早秋桃比例较大,均占单株总成铃数的 84.3%,比常规施肥提高 4.4 个百分点,分别比常规施肥增产 11.4% 和 10.4%。据阚画春等(2009)在安徽试验,施用缓控释复合肥能有效地促进棉花株高的增长,增加前期铃重,提高单株果节数及单株节枝比与单株成铃率,籽棉增产率为 5.7%~6.1%。张教海等(2009)在湖北试验,施用棉花缓控释肥能增加伏桃、秋桃及总桃数,提高单株结铃性,棉花后劲足,不易早衰,籽棉增产率 7.2%~11.0%。李景龙等(2008)在湖南试验,籽棉增产 5.6%~13.8%。

3. 对纤维品质的影响

棉花专用缓控释肥对棉花纤维品质也有一定的影响。何循宏等(2001)及张教海等(2009)等认为棉花专用缓释肥可有效地增加优质铃比例,对棉花纤维品质有一定程度的正面影响。李学刚等(2011)在山东的研究表明,与等施氮量的普通尿素相比,100%施用比例树脂包膜尿素处理的 7 月下旬棉铃纤维断裂比强度和 8 月中、下旬棉铃纤维马克隆值显著增加,7 月下旬棉铃纤维成熟度显著提高,籽棉产量和皮棉产量分别提高6.2% 和 6.4%,氮肥偏生产力和农学效率差异均达极显著水平;棉花控释专用肥处理,棉花生育中、后期棉纤维长度、断裂比强度和马克隆值显著提高,成熟度显著增加,籽棉产量和皮棉产量分别提高了 5.0% 和 4.3%,氮肥偏生产力和农学效率差异达显著或极显著水平;而 50% 施用比例普通尿素+ 50% 施用比例树脂包膜尿素处理的 7 月下旬棉铃纤维断裂比强度和 8 月中旬棉铃纤维马克隆值显著提高,8 月中旬棉铃纤维成熟度显著增加;与普通尿素处理相比,不同比例控释掺混肥处理均显著提高了上部果枝 1~5 果节棉铃纤维马克隆值;此外,控释尿素处理增多了基部和中部果枝数,提高了 3~5 果节棉铃纤维断裂比强度,增加了基部果枝 3~5 果节棉铃纤维成熟度。总体来看,施用控释氮肥有助于棉花的光合作用,而充足的光合产物则促进棉花中后期棉铃的成熟,从而提高了铃重,改良了棉纤维品质(杨修一等,2015)。

4. 对肥料利用率的影响

李国锋等(2003)研究表明,施用棉花专用包裹配方肥可使氮素利用率提高 13.7%~18%,有效减少了养分流失,减轻了对环境的污染。胡伟等(2010)的研究结果显示,控释尿素的氮肥利用率、农学利用率分别比普通尿素提高 1.04 kg/kg 和 2.56 kg/kg,同时控释尿素处理的氮肥当季利用率分别比普通尿素提高了 18.9%和 12.9%，控释尿素处理的棉花氮、磷养分吸收量两年均高于普通尿素。100%施用比例控释尿素处理较 100%施用比例普通尿素处理增产效果显著,氮素利用率最高(李学刚等,2011)。胡伟等(2011)进一步研究发现,第一季控释尿素处理植株氮素吸收量和吸收速率在苗期和蕾期小于普通尿素处理,但花铃期以后超过后者,并维持较高水平;而第二季控释尿素处理的氮素吸收量始终高于普通尿素处理,同时,控释尿素处理不同程度地增加了氮素表观利用率。施氮量 220 kg/hm^2 的控释尿素处理较施氮量 300 kg/hm^2 的普通尿素处理棉花产量无显著差异;施氮量 120 kg/hm^2 的控释尿素处理与施氮量 150 kg/hm^2 的普通尿素处理籽棉产量持平,但其肥效提高了 29%。这些都表明了控释尿素显著提高了肥料利用效率(杨修一等,2015)。总体来看,控释肥与普通肥料相比,其养分的释放规律与棉花的需肥规律吻合程度好,能够促使棉花营养生长与生殖生长更加协调,从而提高了肥料利用率。

（四）棉花专用缓控释肥施用技术

1. 缓控释肥应用中存在的问题

（1）不能客观评价缓控释肥的效果

根据目前我国科技工作者和企业在各地的多数研究报道,施用缓控释肥能够显著增产。据杨修一等（2015）的总结评述,控释尿素较施用普通尿素提高了棉花产量,增产效果因棉花品种、栽培条件等有所差异,但总体维持在 5%～31%,甚至在减少施用量20%时还能够保证棉花高产稳产。事实上,某些研究结果和结论有一定的夸大,需要客观对待。中国农业科学院棉花研究所 2008～2011 年组织全国棉花科研力量开展的公益性行业（农业）科研专项研究表明,棉花产量的形成过程十分复杂,施肥的增产效果因生态区、地力、品种、栽培条件等而有很大差异,在黄河流域棉区多数棉田不施肥当年并不表现减产,施肥也不是一定表现增产;使用包膜尿素和棉花专用缓控释肥,与等量速效肥多次使用相比没有表现出明显的产量优势,使用不当时还会减产。山东棉花研究中心 2010～2013 年开展的一系列研究也得出基本相同的结果和结论。这启示我们,目前棉田施用缓控释肥的主要意义和目标并不在于增产,而在于提高肥效、减少施肥次数和用工。据何循宏等（2001）研究,施用不同用量的包膜控释肥,尽管肥料成本比常规肥料多 150～1020 元/hm^2,但由于用工节约 450～675 元/hm^2（按当年价）,比常规施肥增效 4.7%～13.3%。李伶俐等（2007）研究表明,施等量氮（150 kg/hm^2）控释氮肥和常规肥相比,肥效提高 10.2%。事实上,施用等量缓控释肥只要不减产,依靠其肥料利用率的提高和施肥次数的减少,就具有显著的竞争优势,表现出广阔的推广前景。

（2）盲目跟从,不加选择

从目前缓控释肥的应用情况来看,农民盲目跟从心理强烈,不分品种、不分地块、不分时机,一哄而上的现象较严重。不同品种、不同土壤条件下作物的需肥特点有所差异,不充分考虑地域差异、气候差异、土壤条件差异等,一哄而上,结果往往导致缓控释效果降低,达不到增产效果,农民还以为买到了假化肥。

另外,目前缓控释肥价格较高,产品鱼目混杂。普通肥料养分释放迅速,苗期施用后使植物处在烧根、烧苗、后期缺肥的危险之中。而缓控释肥能根据作物不同生长发育阶段对养分的需求，控制肥料养分的释放速率和释放量，持续不断地供给养分达 3～9 个月，而且对植物安全，不会造成烧根、烧苗问题，养分利用率高，不会造成浪费，更不会残留在土壤中造成污染。但缓控释肥生产工艺复杂，生产成本较高，价格较普通肥料要高些。由于各个厂家使用的包膜不同，养分含量不同，价格悬殊，农民受生产成本的影响，往往选择价廉的缓控释肥，施用后也没有达到预期的效果。

（3）施用方法不当

农民还遵循普通肥料的施肥方法，对缓控释肥料不分时期乱施用，施肥量随意加大，有时不仅达不到缓控释的效果，还会造成作物减产。主要表现在，在作物生长中后期追施缓控释肥或将缓控释肥进行撒施、冲施，使其不能充分发挥肥效，达不到增产效果；种肥混施或种（根）肥距离植株太近，造成烧根和烧苗现象等。

2. 科学认识和使用缓控释肥

（1）正确认识缓控释肥

常规速效化肥具有养分释放集中、肥料利用率低等不足之处，其大量施用所造成的土壤、水体及大气污染已日益受到人们的重视。缓释、控释肥则可缓慢释放养分，满足作物在不同时期对养分的需求，肥料利用率高，并可减轻环境污染、节约劳力、提高工效，缓控释肥代替速效肥是大势所趋。这种认识虽然被越来越普遍认可，但并不完全科学。这是因为，棉花生产是在开放的大田中进行的，缓控释肥养分在大田土壤中的释放受多种因素的影响，我国目前生产的缓控释肥料品种还难以做到释放与作物需要完全吻合，因此增产通常达不到宣传的效果，肥效提高也十分有限。另外，发展缓控释肥的目的并不是为了完全替代速效肥料，而是为了相互补充、相得益彰。要把缓控释肥的宣传重点放在节本增效和生态环保上，而不是增产上。

生产厂家应从包膜材料选择、改进生产工艺流程和设备、节能降耗等角度出发，降低生产成本，减少流通环节，缩减与传统肥料之间的价格差距，通过技物结合的推广模式，加快示范应用推广范围，通过加大培训力度，让农民愿意用、科学用，用得放心、安心。同时，农业、质检、工商等部门要联合起来，加大农资市场执法力度，严厉打击生产、经营假冒伪劣农资坑农害农的行为，整顿规范农业生产及农资经营秩序，确保市场有序竞争，切实保护农民合法权益。

（2）科学施用缓控释肥

棉花专用配方缓控释肥的施用技术，在一定程度上取决于其产品本身的养分释放性能和加工质量，还受气候、土壤、地理位置等自然条件的限制。根据试验示范结果看，在现有的缓控释肥技术水平下，棉花专用配方缓控释肥在黄河流域棉区可采用一次性基施的方法，而在长江流域，需根据情况采用"一次性基施"、"一基一追"或"一基多喷"的办法，以"一基一追"为主。

黄河流域棉区的一次性基施是指将全部缓控释肥料作为基肥使用。

长江流域棉区"一基一追"或"一基多喷"是指将总施肥的 80%～90%缓控释肥作基肥或移栽肥一次施下，中后期补施少量速效氮肥。一般每公顷棉花施专用配方缓控释肥 1200～1500 kg（作基肥或移栽肥一次沟施），盛花期（7 月底至 8 月初）每公顷加施 75～150 kg 尿素，或多次喷施叶面肥，适于偏旱年份、地势较高排水较好的棉田（图版 V-5，6）。

需要注意的是，缓控释肥不得穴施或满田撒施，要求集中深施，开沟深 15～20 cm，与棉株间隔距离 30～35 cm。肥料均匀撒在沟底，再覆土。作基肥（或移栽肥）足量早施，中后期不宜施用。低洼、渍涝和排水不畅的棉田不宜施用。

二、水溶性肥及使用技术

水溶性肥料是指能够完全溶解于水的多元素复合型肥料，被视为"绿色肥料"和"环保型肥料"，具有肥效高、易吸收、施用简便迅速，可以实现水肥一体化等优点，水溶性肥料在棉花轻简化栽培中具有广阔的应用前景。

（一）水溶性肥料的概念和类型

1. 水溶性肥料的概念

水溶性肥料（water soluble fertilizer，WSF），是指经水完全溶解或稀释，用于灌溉施肥、叶面施肥、无土栽培、浸种蘸根等用途的液体或固体肥料（熊思健等，2013）。

水溶性肥料可以含有作物生长所需要的全部营养元素，如大量元素 N、P、K 及 Ca、Mg、S、Zn、B 等中微量元素等，也可以加入溶于水的有机物质（如腐植酸、氨基酸、植物生长调节剂等），而且可以根据土壤养分丰缺状况与供肥水平，以及作物对营养元素的需求来确定养分的种类和配比，配方灵活多变，肥料类型也多种多样。

对于复合型水溶肥料，为了识别其不同组成成分，一般用 $N-P_2O_5-K_2O+TE$ 或 ME 来表示水溶性肥料中的不同配比，其中 TE（trace element）、ME（micronutrient element）表示肥料中含有微量元素，如 20-20-20+TE，则表示这个配方的水溶性肥料中的总氮含量是 20%，P_2O_5 20%，K_2O 20%，并含有微量元素，或者用具体的中、微量元素符号和含量来表示含某种中、微量元素及其量。由于中、微量元素的溶解性能低且易与其他养分形成沉淀，一般采用螯合态，既可以提高中、微量元素的浓度，又利于提高作物对中、微量元素的吸收和利用，还可以提高水溶性肥料的混配性，避免与其他养分混配时出现沉淀反应。

2. 水溶性肥料的类型及评价管理标准

我国水溶性肥料不实行生产许可证管理，但对不同类型水溶性肥料的养分元素含量均有相应的标准规定，根据农业部《肥料登记管理办法》的规定，实行登记管理，由农业部审批、发放登记证。

从剂型上，水溶性肥料主要分为液态水溶性肥料和固态水溶性肥料 2 种。

从含有的主要营养物质和管理标准上，可分为如下 3 类。

第一大类：对经农田长期使用、采用国家或行业标准的产品免予登记，主要是一些传统的单质肥料和部分含两种养分的化学肥料，如硫酸铵（含氮、硫）、尿素（含氮）、硝酸铵（含氮）、氰氨化钙（含氮、钙）、磷酸铵（包括磷酸一铵、磷酸二铵）（含氮、磷）、氯化钾（含钾、氯）、硫酸钾（含钾、硫）、硝酸钾（含氮、钾）、氯化铵（含氮、氯）、碳酸氢铵（含氮）、磷酸二氢钾（含磷、钾），以及具有国家标准的单一微量元素肥等肥料不需要登记，达到国家标准即可以销售，供农业生产应用；而其他产品及改变剂型的单质微量元素水溶性肥料则需要登记。

第二大类：为农业部审批的水溶性肥料品种，执行强制性标准，主要有《大量元素水溶肥料》（NY 1107—2010）、《微量元素水溶肥料》（NY 1428—2010）、《中量元素水溶肥料》（NY 2266—2012）、《含氨基酸水溶肥料》（NY 1429—2010）和《含腐植酸水溶性肥料》（NY 1106—2010）。

第三大类：其他，如有机水溶性肥料等，实行采用企业标准、农业部评审的制度。

（二）水溶性肥料的优点

与常规肥料相比，水溶性肥料具有如下优点。

1. 养分吸收快，肥效高

水溶性肥料完全溶解于水中，养分呈离子态，作物可以直接吸收利用，而且通过叶面喷施或滴灌施肥，养分直接施于作物叶片或根部，被叶片和根系直接吸收利用，减少了养分在土壤中的吸附固定、淋溶和生物降解等的损失浪费，提高了养分利用率，可显著降低肥料使用量。生产实践证明，利用水溶性肥料施肥，是目前最高效的施肥方法，可以成倍地提高肥料利用率，一般常规土壤施肥当季肥料利用率平均为 30%～40%，而灌溉施肥肥料利用率可达到 60%～70%，叶面喷施则可高达 80%～90%。

2. 满足作物特殊性需肥

为解决作物某种生理性营养问题或对某种肥料的特殊需要，可施用水溶性肥料。根据土壤养分丰缺状况、土壤供肥水平及作物对营养元素的需求来确定养分的种类和配方。通过叶面喷施或灌溉施肥及时补充作物缺乏的养分，可有效改善或矫正作物的缺素症状，特别是微量元素缺素症，叶面喷施补充微量元素具有一些根部施肥无法比拟的优点。

3. 实现水肥一体化

水肥一体化是将灌溉与施肥融为一体的新技术。由于水溶性肥料完全溶解于水中，不会堵塞灌溉设备的过滤器和滴头，可保障灌溉系统安全运行，是最适宜灌溉施肥的肥料。通过不同灌溉方式将肥料和灌溉水一起施到根系周围土壤，采用水、肥同施，以水带肥，发挥肥水协同效应，使肥料和水分的利用效率都明显提高。利用水溶性肥料与喷灌、滴灌相结合，可以做到只给作物施肥、喝水，而不给土壤，不仅实现了水肥一体化，而且可以做到施肥少量多次，还可以结合防治病虫害与化学药剂混合施用，既可以提高施肥效率，又可以减少施肥总量、降低环境污染的风险、节约劳动力、促进作物高产优质，一举多得。因此，施用水溶性肥料具有节水、节肥、省工、高效、环保、高产、优质的优点，是一种高效、节能、环保的施肥方式。

4. 个性化设计，施用简便

水溶性肥料可以含有作物生长所需要的全部营养元素，如大量元素、中量元素及微量元素，而且这些元素养分的种类、配比及浓度可以根据土壤养分供应状况、作物生长的需肥规律与营养需求特点，以及作物不同长势及不同生育期对各种营养的不同需求来设计，根据实际需要随时进行调整，因此，水溶性肥料配方非常灵活。利用水溶性肥料实施水肥一体化，随水施肥，在作物整个生育期的任何时期都可以实施，尤其是在作物植株封行后，或遭遇干旱或雨涝等灾害性气候时，传统的根部土壤施肥十分不便，而叶面喷施和滴灌施肥基本不受植株高度、密度或气候等的影响，施肥方便。

（三）水溶性肥料在棉花上的使用技术

1. 叶面施肥

虽然叶片与根系吸收的养分在利用上是一样的，但毕竟叶片的主要功能不是吸收养分，不是养分的主要吸收器官，其在养分吸收特性上与根系是不同的。在进行叶面施肥时应结合叶片的特点科学合理地进行养分喷施，这样才能更好地实现水溶性肥料的喷施效果。

（1）水溶性肥料叶面喷施浓度

利用水溶性肥料进行叶面喷施，由于养分是直接喷施于作物茎叶部的表面，与根部施肥不同，土壤的缓冲作用没有了，因此，一定要掌握好肥料的喷施浓度。不同的水溶性肥料有不同的使用浓度，在一定浓度范围内，喷施养分浓度越高，叶面吸收效果越好，但养分浓度过高往往会灼伤叶片而造成肥害，尤其是微量元素肥料。各种作物能忍受的养分浓度也不同，不同作物对不同肥料具有不同的浓度要求，即使同一种肥料在不同的作物上喷施浓度也不尽相同，不同的生育期作物对养分的要求也不一样，因此，应根据作物种类和作物生育期而确定养分的喷施浓度，浓度过高，易灼伤叶片造成肥害，浓度过低，既增加了工作量，又达不到补充作物营养的要求。因此，在棉花叶片正常不受肥害的情况下，适当增大养分浓度可以提高叶面施肥的效果，但温度较高时，在适宜浓度范围内，原则上应把握"就低不就高"。一般来说，大量元素浓度以 0.5%～1.0%为宜，微量元素则以 0.1%～0.2%为宜。

需要特别指出的是，对于含有生长调节物质的水溶性肥料，使用适宜的浓度会对作物生长有促进作用，但浓度过高则会抑制作物的生长。例如，浓度为 0.5～1.0 mL/L 的三十烷醇能促进种子萌发，但浓度超过 1.0 mL/L 时就会对种子发芽产生抑制作用。

不同作物，在不同生育时期，对不同肥料耐受能力有很大差别。一般棉花等双子叶植物，叶面积较大，角质层较薄，溶液中的养分易通过叶表面被植物吸收。因此，对于同一种肥料，在允许浓度范围内，双子叶植物喷施的浓度要适当低些。在棉花的不同生育期养分喷施浓度也不一样，苗期叶片组织幼嫩，一般苗期喷施的浓度要适当低些，生育中、后期喷施的浓度可适当高些。

（2）水溶性肥料叶面喷施时期和次数

棉花不同生育阶段对肥料的吸收和利用不同，为了发挥肥料叶面喷施的最大效益，应根据棉花的生长关键时期，如现蕾期、初花期、盛花期等进行肥料叶面喷施，以达到最佳施用效果。在作物营养临界期和最大效率期这两个关键时期进行叶面喷施肥料，将起到很好的作用。例如，在作物生长后期，根系衰老，吸收功能下降，此时正是棉铃充实阶段，及时叶面施肥，能提高产量，改善品质。另外，当根系受到伤害时，吸收力下降，及时叶面施肥，可以起到良好的作用。硼肥和锌肥在棉花初花期前喷施效果最好，可防止"蕾而不花"和"花而不实"。

叶面施肥喷施次数要适当，不应过少，且应有间隔。作物叶面施肥的浓度一般都较低，每次的吸收量是很少的，与作物的需求量相比要低得多。因此，棉花叶面施肥的次数一般不应少于 3 次。在同一生育期内连续喷施，每次应间隔 5～7 d。微量元素水溶性肥料喷施次数不宜过多，浓度不宜过大，否则，不仅起不到增产效果，反而会造成植物微量元素中毒。

（3）水溶性肥料叶面施肥要与土壤施肥相结合

因为根部比叶部有更大更完善的吸收系统，据测定，对量大的营养元素，如氮、磷、钾等，要进行 10 次以上叶面施肥才能达到根部吸收养分的总量。因此，叶面施肥不能完全替代作物的根部施肥，必须与根部施肥相结合。

2. 灌溉施肥（水肥一体化）

由于水溶性肥料的施用方法是随水灌溉，水肥同时施用，水分和养分同时输送到作物根部，作物根系可以同时吸收水分和养分，不仅施肥极为均匀，而且水肥利用率都得到大幅度提高。水溶性肥料的配方可以根据作物的生育时期、养分需求及土壤的养分供应状况而灵活调节，可以做到养分均衡供应，而且水溶性肥料一般杂质较少，电导率低，使用浓度也十分方便调节，所以水溶性肥料对幼嫩的幼苗也是安全的，不用担心引起烧苗等不良后果，这些都为提高作物的产量和品质奠定了坚实的基础。水溶性肥料与节水灌溉相结合的水肥一体化技术是目前生产中最节水节肥且高效环保的农业措施。

（1）灌溉施肥的优势

与传统的施肥、灌水浇地方式相比较，利用水溶性肥料与节水灌溉（喷灌、滴灌）相结合实现水肥一体化具有一些独特的优势。

一是显著提高水肥利用效率。平均节水 70%以上，节肥 30%左右，大大提高了水肥利用效率。目前，我国在棉花、马铃薯、玉米、柑橘等作物上应用水肥一体化技术面积较小。实践证明，棉花应用水肥一体化技术增产达到 10%～20%。

二是配方灵活，养分均衡，施肥均匀。随水施肥时，可以根据棉花不同生育期的养分需求特点和土壤养分供应状况，灵活调整水溶性肥料配方，控制养分浓度和形态，实现按需施肥，做到养分均衡供应，为提高棉花的产量和品质奠定了良好基础。

三是施肥时间灵活掌握。采用喷施和滴灌施肥，不受棉花生育期的限制，在作物生长的任何时期都可以随水施肥，做到少量多次，满足棉花整个生长期对水肥的持续需求。

四是综合效益显著。水肥一体化，可以做到施肥、浇水、用药相结合一次完成，减少劳动力和能源投入，省水、省肥、省工。利用滴灌施肥，一方面，将水肥直接输送到棉花根部，水肥不接触作物地上部，使棉花地上枝叶保持干爽，减少病虫害的发生，减少了农药的应用；另一方面，水肥只限量供应到棉花根部周围土壤的有限空间，而棉花行间因为缺少水肥的供应，杂草难以生长，所以减少了除草剂的使用。

（2）灌溉施肥的基本原则

尽管利用水溶性肥料实现水肥一体化有诸多优点和优势，但在实际应用中，只有充分发挥了这些优点和优势，才能获得好的应用效果。应掌握好以下几个原则。

一是采取二次稀释法。由于水溶性肥料有别于一般的复合肥料，因此应用时就不能够按常规施肥方法，否则，容易造成施肥不均匀，出现烧苗伤根，苗小苗弱等现象，采用二次稀释，保证水溶性肥料完全溶解和安全施用浓度，随水喷施或灌溉，保证水溶性肥料施肥均匀，提高肥料利用率。

二是严格控制施肥量。水溶性肥料比一般复合肥养分含量高，用量相对较少。而且其速效性强，难以在土壤中长期存留，所以要严格控制施肥量。如果单次使用稍多，就会造成肥料流失，既降低施肥的经济效益、达不到高产优质高效的目的，又会造成水环境污染，不利于可持续发展。因此，施用水溶性肥料要采用少量多次施肥法，以满足植物不间断吸收养分的特点，避免肥料流失，提高施肥经济效益，实现高产、优质、高效。

三是注意防止喷 / 滴头堵塞。水溶性肥料与节水灌溉相结合实现水肥一体化，推广应用面临的最大问题就是喷 / 滴头堵塞，尤其是在采用物理混配工艺生产的水溶性肥料产品中，由于肥料原料中含有不同程度的钙镁杂质，再加上各应用地区水的硬度不同，硬度高的地区水中的钙镁物质含量很高，产品溶解在水中后，水溶液 pH 的改变将会产生沉淀，因此，水溶性肥料产品的酸碱度及钙镁等杂质含量的多少是影响节水灌溉系统是否易于堵塞的关键因素之一。

（3）新疆棉花膜下滴灌施肥技术

棉花膜下滴灌随水施肥是一项综合性的技术措施，滴肥数量应综合考虑棉花生长发育情况、目标产量、土壤肥力等级、灌水次数及施基肥数量等因素进行确定。一般情况下，滴灌追肥采取"少吃多餐"的方法，从棉花初蕾期（5 月 25 日至 6 月 10 日）开始到花铃期（8 月 25 日至 9 月 10 日）结束（李雪源，2013）。以下几种施肥方案可在实际生产中参考。

方案一

施肥量：沙壤土每公顷施农家肥 30～45 t 或油渣 1500 kg，磷酸二铵或重过磷酸钙 300～375 kg，尿素 75～180 kg，钾肥 75～120 kg 作基肥，在此基础上每公顷追施尿素 450～600 kg。壤土每公顷施农家肥 22.5～30 t 或油渣 1500 kg，磷酸二铵或重过磷酸钙 270～345 kg，尿素 75～180 kg 作基肥，每公顷追施尿素 375～525 kg（张忠，2015）。

施肥方法：有机肥、磷肥、钾肥和 20% 的氮肥作为基肥播种前深翻施入；剩余 80% 氮肥结合生育期滴灌施入。第 1 次，始蕾期：30～45 kg/hm^2。第 2 次，盛蕾-初花期：45～60 kg/hm^2。第 3 次，初花-盛花期：60～75 kg/hm^2。第 4 次，花铃期：60～75 kg/hm^2。第 5 次，盛花结铃期：75～90 kg/hm^2。第 6 次，结铃期：60～75 kg/hm^2。第 7 次，铃期：30～45 kg/hm^2。第 8 次，铃期：15～30 kg/hm^2。

方案二

不施基肥，全部滴灌追肥，全生育期每公顷共滴施 N 150～160 kg、P_2O_5 53～68 kg、K_2O 68～90 kg，折合尿素 330～450 kg、KH_2PO_4 105～135 kg，或滴灌专用肥 450～675 kg（王冀川等，2013）。具体如下。

每公顷滴灌出苗水时配施尿素 30 kg、KH_2PO_4 15 kg，或滴灌专用肥 45 kg；蕾期随水滴施肥 2 次，每公顷施 N 22.5～37.5 kg、P_2O_5 9～10.5 kg、K_2O 12～16 kg；花铃期随水滴施肥 3～4 次，每公顷施 N 90～120 kg、P_2O_5 30～45 kg、K_2O 45～60 kg；吐絮期随水滴施肥 1～2 次，每公顷施 N 3～4.5 kg、P_2O_5 6～9 kg、K_2O 9～10.5 kg。

方案三

夏金平（2015）在新疆石河子试验，采用尿素和高塔硝硫基复合肥，11%作基施，89%滴灌追施（表3-10），比尿素693 kg/hm^2（40%作基施）、磷酸二铵734 kg/hm^2（40%作基施）、硫酸钾405 kg/hm^2（40%作基施）的常规施肥增产26.0%，比全部基施处理增产11.8%。

表3-10　滴灌追肥量

日期（日/月）	施肥时期	尿素（kg/hm^2）	高塔硝硫基复合肥（kg/hm^2）*	施肥方式
20/6	现蕾期	25.2	24.0	滴施
30/6	初花期	32.4	47.4	滴施
10/7	盛花期	28.8	95.4	滴施
20/7	花铃期	28.8	87.6	滴施
30/7	花铃期	28.8	87.6	滴施
10/8	花铃期	19.8	87.6	滴施
20/8	花铃期	6.6	47.4	滴施
30/8	始絮期	—	—	—
合计	—	170.4	477.0	

注：*高塔硝硫基复合肥含N、P$_2$O$_5$、K$_2$O分别为15%、15%和15%

另据李青军等（2015）在新疆昌吉试验，总施肥量N 240 kg/hm^2、P$_2$O$_5$ 102 kg/hm^2、K$_2$O 75 kg/hm^2，在滴灌施肥条件下，氮是当地棉花产量的主要限制因子，其次为磷和钾。氮肥全部滴施，磷肥65%基施、35%滴施，钾肥50%基施、50%滴施，显著增加了棉花干物质和产量，提高了肥料利用率。

3. 水溶性肥料混配使用

将两种或两种以上的水溶性肥料进行合理混用，可节省施肥时间和用工，其施肥效果也会更加显著。但混用时要遵循肥料混合后必须无不良反应或不降低肥效的原则，否则达不到混用目的。另外，肥料混合时要注意不同混配溶液的浓度和酸碱度，防止沉淀、絮凝和离子拮抗。

在发生病虫害时，根据作物的需肥规律和害虫发生情况，将农药和肥料科学配制巧施在叶面上，不但能有效杀灭或抑制害虫，还能起到追肥作用，促进作物生长发育，提高产量。而且还由于药、肥由分次使用变为一次使用，减少了用工、降低了药肥成本，在一定程度上也有利于保护环境。

水溶性肥料之间及肥料与农药的混配能起到一施多效的作用，但混配要注意肥料之间或肥料与农药混配不能产生肥害或药害。由于大多数农药是复杂的有机化合物，与肥料混合必然带来一系列化学的、物理的、生物的反应和变化问题，因此也并不是所有肥料和农药都能混合施用的。进行混配前应先弄清楚肥料的性质和农药的性质，若性质相反，决不可混配。酸碱不同的农药和肥料不可混用，如各种微肥不能与草木灰、石灰等碱性肥药混合；锌肥不能与过磷酸钙混配；尿素为中性肥料，则可以和多种农药混施。

采用混配这一技术要掌握三个原则：一是不能因混合而降低药效或肥效；二是对作物无毒害；三是农药要适宜叶面喷施或水溶灌溉。因此，肥药混用时，必须注意二者是否可以混用。在以下 4 种情况下不可药、肥混用。

1）碱性肥料（如氨水、石灰氮、草木灰等）不能与敌百虫、乐果、甲胺磷、速灭威、托布津、井冈霉素、多菌灵、叶蝉散、菊酯类杀虫剂等农药混用，混用会降低药效。

2）碱性农药（如石硫合剂、波尔多液、松脂合剂等）不能与碳酸氢铵、硫酸铵、硝酸铵、氯化铵等铵态氮肥和过磷酸钙等化肥混用，混用会使氨挥发损失，降低肥效。

3）含砷的农药（如砷酸钙、砷酸铝等）不能与钾盐、钠盐类化肥混用，会产生可溶性砷而发生药害。

4）化学肥料不能与微生物农药混用。化学肥料挥发性、腐蚀性都很强。若与微生物农药（如杀螟杆菌、青虫菌等）混用，易杀死微生物，降低防治效果。肥料与农药混用前先将肥药各取少量溶液放入同一容器中，若无混浊、沉淀、冒气泡等现象产生，即表明可以混用，否则不能混用。肥-肥或肥-药混配时，一定要搅拌均匀，现配现用，一般先将一种肥料配成水溶液，再把其他肥料或农药按用量直接加入配好的肥料溶液中，溶液摇匀后再喷。

（郑曙峰　董合忠）

第三节　棉花轻简化生产的主要农机装备

机械化是棉花轻简化生产的重要保障和支撑。当前，虽然棉花耕整地、播种、中耕、植保、灌溉等作业环节已基本实现机械化，但棉花放苗定苗、整枝打顶、采摘等作业环节还主要依赖于人工完成。与粮食作物相比，棉花生产手段落后，机械化生产水平低，劳动强度大，耗费人工多，生产成本高，成为棉花轻简化生产的瓶颈和产业发展的重要障碍。因此加快发展棉花生产机械化，提高棉花生产作业效率，降低生产成本，增强棉花产业的国际竞争力显得十分迫切。本节介绍我国现行的主要农业机械装备，基于各地棉花机械化程度不一，对机械要求也不尽一致的现状，分别介绍西北内陆棉区和黄河流域棉区的主要机械装备，长江流域棉区机械化水平较低，不作专门介绍，具体可参考对西北内陆和黄河流域棉区农机装备的介绍。

一、黄河流域棉区主要农机装备

（一）耕整地机械装备

机械化耕整地主要包括机械深耕或深松、旋耕耙地整平等技术，目的是为棉花播种准备苗床，为后期生长提供优质的土壤条件。棉田由于多年旋耕形成了坚硬的犁底层，造成根系不能深扎，极易引起后期早衰。机械深耕和深松能打破犁底层，疏松土壤，增加土壤的通透性，积蓄秋冬的雨雪，既利于作物根系深扎，又能消灭越冬害虫，促进作物增产增收。

棉花生产常用的耕整地机械主要包括铧式犁、深松机、旋耕机、圆盘耙、联合整地机等。随着动力机械不断向大型化发展，耕整地配套动力机械由原来的小拖、中拖发展为大拖，一般为 58.8～110.3 kW 的拖拉机。铧式犁不断朝大型液压翻转双向犁发展，深松机、旋耕机、圆盘耙、联合整地及其配套动力也趋向于大型化，作业效率高、作业质量好。

1. 铧式犁

（1）铧式犁类型

①单向铧式犁：铧式犁以悬挂铧式犁应用较多，随着动力机械的大型化，牵引犁和半悬挂犁应用越来越少。悬挂犁结构如图 3-3 所示。工作部件主要由犁体、犁架、悬挂架、调节机构和限深轮等组成。犁体是铧式犁的主要工作部件。它的作用是切割、破碎和翻转土垡，犁体曲面的形状决定着翻垡和覆盖的质量。棉田应深耕，一般选用深耕犁，深耕犁是在传统铧式犁的基础上加高了犁柱和犁体，可以加深耕作层。②双向铧式犁：双向铧式犁就是在一台犁上有两套犁体，在单向铧式犁的基础上增加一套犁体和翻转架构，在耕地来回两个行程中分别使用上下犁体，实现左右翻垡，能保证土壤垡体始终向一个方向翻倒，地表平整、不留沟垄。双向犁的这一优势，使其不断替代单向铧式犁。翻转机构有杠杆式、气动式和液压式三种形式，目前以液压式为主。工作时，双向翻转犁到达地头，抬起和落下犁体的过程实现犁铧翻转，一般与原犁体翻转 180°。图 3-4 为一台 4 铧双向液压翻转犁，在主犁体前有小前犁，有助于破碎垡体，提高耕后碎土平整质量。

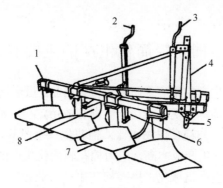

图 3-3　悬挂犁结构示意图

1. 犁架；2. 限深轮调节手柄；3. 悬挂轴调节手柄；4. 悬挂架；5. 悬挂轴；6. 限深轮；7. 犁体；8. 圆犁刀

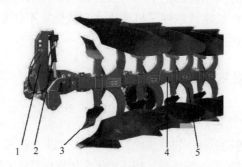

图 3-4　双向液压翻转犁

1. 悬挂架；2. 液压油缸；3. 小前犁；4. 犁架；5. 犁柱

（2）使用调整与耕翻技术要求

铧式犁一般与拖拉机三点悬挂配套使用，使用时应调节左右悬挂臂和中央拉杆长度，使犁铧耕作时左右、前后水平。通过液压手柄调节耕深，通过改变下悬挂点与犁架的相对位置调整耕幅，实现耕宽要求。耕作时应保证两次耕幅衔接正确，避免重耕、漏耕。棉田深耕应在上一种植周期作物收获后，深秋初冬前进行。要求耕前采用残膜回收机回收上一种植周期的残膜，撒施基肥，耕深应大于 25 cm。耕后打破犁底层，地表平整，无残茬，无重耕和漏耕现象。深耕与深松可交错进行，一般每隔 2～3 年深松一次，中间年份深耕或者旋耕即可。

2. 深松机

深松机是一种与拖拉机配套使用的耕地机械，主要用于行间或全方位深松土壤。深松机主要由机架、深松铲和悬挂架等组成，振动深松机还有传动机构和振动机构。有些深松机还带有镇压辊、碎土辊等。深松机按结构原理可分为凿式深松机、翼铲式深松机、箭（鹅掌）式深松机、振动深松机和镇压深松机等；按深松效果可分为间隔深松机和全方位深松机。深松有利于改善土壤耕层结构，打破犁底层，提高蓄水保墒能力，促进棉花根系下扎，实现棉花增产。不同深松机因结构特点不一，作业性能也有一定差异，适用的土壤及耕地类型也有一定的变化。一般来讲，棉田深松以打破犁底层、蓄水保墒为目的，应选择作业阻力小的凿形铲间隔深松机对应播种行深松（王志强和曹军，2014）。

（1）深松机的类型和结构

①间隔深松机：间隔深松机一般采用凿形深松铲、箭形（鸭掌）深松铲、翼铲式深松铲、异形铲等型式，用于露地间隔深松或行间间隔深松。图 3-5 为常见的箭形铲镇压碎土深松机，图 3-6 为曲面异形铲镇压碎土深松机。其共同特点是能够实现间隔深松，并带镇压碎土辊，有效压实、破碎、平整土壤。异形铲镇压碎土深松机由于铲形弯曲，可使土壤侧向挤压松动，动土范围大。②全方位深松机：如图 3-7 所示，全方位深松机采用 V 形铲，能够较大范围地扰动土壤，使耕层内土壤松动，形成虚实共存的土壤结构，有利于土壤养分储蓄和转化，并能在底部形成鼠道，使土壤中所储纳水分互通互济，旱涝调节。

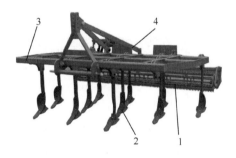

图 3-5　箭形铲镇压碎土深松机
1. 镇压辊；2. 深松产；3. 机架；4. 悬挂架

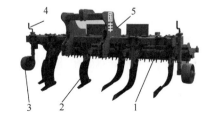

图 3-6　异形铲镇压碎土深松机
1. 镇压辊；2. 异形铲；3. 限深轮；4. 深度调节手柄；5. 机架

图 3-7　全方位深松机

1. 悬挂架；2. 机架；3. 限深轮；4. V 形铲

（2）使用技术

①安装与调整：深松机与拖拉机三点悬挂连接，应做好入土角度和深松深度调整。一是纵向及水平调整。使用时，将深松机的悬挂装置与拖拉机的上下拉杆相连接，通过调整拖拉机的上拉杆（中央拉杆长度）和悬挂板孔位，使得深松机在入土时有 3°～5° 的入土倾角，到达预定耕深后应使深松机前后保持水平。二是水平调整。通过改变左右拉杆的调整螺栓长度调整水平。最终使作业时前后左右水平，保持松土深度一致。三是深度调整。大多数深松机使用限深轮来控制作业深度，部分小型深松机用拖拉机后悬挂液压系统控制深度。②深松技术要求：棉田深松一般在秋后冬前进行，以松后积蓄雨雪。深松深度应大于 25 cm，松后镇压。一般 3 年左右深松一次，第二次深松应错行进行。深耕或深松后应再一次用残膜回收机回收残膜，播前用圆盘耙、旋耕机或联合整地机整平，以备播种作业。

3. 旋耕机

旋耕机是以旋转刀齿为工作部件的耕作机械，主要用于浅耕和深耕后平整土地。按刀轴位置可分为卧式和立式两种主要形式，在黄河流域棉区以卧式旋耕机应用较多。

（1）旋耕机的结构特点

如图 3-8 所示，常见的卧式旋耕机主要由旋耕刀轴、旋耕刀、传动装置、挡泥板、机架和悬挂架等部件组成。耕地时，拖拉机动力通过万向节传至变速箱，再经中央传动或侧边传动带动刀轴旋转，旋转刀齿连续切削土壤，并抛至后方与挡泥板碰撞，达到碎土的目的。旋耕机碎土能力强，耕后地表细碎平整，土肥掺和均匀，可一次完成耕耙平整等项作业。

（2）使用调整与作业要求

①安装与调整：旋耕机与拖拉机的挂接除万向节的安装外，与悬挂铧式犁基本相同。旋耕机使用前应进行调整，保证作业时左右前后水平，耕深符合要求。一是水平调整。通过调节左右拉杆和中央拉杆，使旋耕机作业时前后左右水平，保证耕后地表平整。二是耕深调整。旋耕机的耕深一般由拖拉机液压系统来控制。严禁使用力调节，以免损坏机件。三是万向节前后夹角的调整，通过调节上拉杆长度，使万向节前后夹角最小，以减小传动阻力。②作业要求：开始作业时，应先接合动力输出轴，然后边起步边入土，

严禁机组先入土后起步，或猛放快速入土。以免损坏传动部件和刀片。倒车或转弯、田间转移或过埂坎时，应停止转动并升到最高位置，长距离运输时应卸下万向节。作业时应注意前后幅的衔接，不漏耕、重耕。

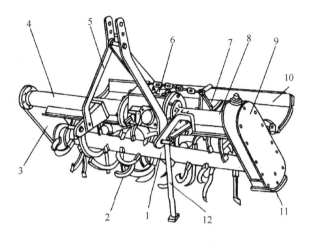

图 3-8　旋耕机总体结构

1. 刀轴；2. 刀片；3. 右支臂；4. 右主梁；5. 悬挂架；6. 齿轮箱；7. 挡土罩；8. 左主梁；
9. 传动箱；10. 平土拖板；11. 防磨板；12. 撑杆

4. 圆盘耙

圆盘耙是以凹面圆盘为工作部件的整地机械。主要用于犁耕后的碎土作业，土壤经过犁耕后，土垡往往会形成较大的坷垃，地表平整度也不能满足播种要求，需要用圆盘耙进一步碎土和平整地表。圆盘耙的类型较多，按机重与耙片直径分，可分为重型、中型和轻型三种；按耙组排列方式可分为单列耙和双列耙，双列耙又有对置式和偏置式两种。

（1）圆盘耙的结构特点

圆盘耙一般由圆盘耙组、耙架、悬挂和牵引装置及调节机构组成。图 3-9 为悬挂式偏置中型耙。耙组为圆盘耙的主要工作部件，若干个耙片通过间管保持一定的间距串

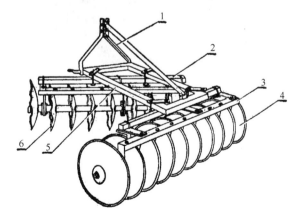

图 3-9　悬挂式偏置中型耙

1. 悬挂架；2. 横梁；3. 刮泥装置；4. 圆盘耙组；5. 耙架；6. 缺口圆盘耙组

装在方轴上组成耙组，耙片为一球面圆盘，在凸面边缘磨成刃口，有全缘和缺口两种。圆盘耙工作时，耙片刃口平面垂直于地面，并与牵引方向成一偏角向前滚动。在向前滚动中耙片刃口切碎土块、杂草和根茬，在侧向移动中碎土、翻土和覆盖地表植被。

（2）使用调整与作业要求

圆盘耙通过牵引或悬挂装置与拖拉机连接。通过调节牵引装置的垂直调节器上的孔位，或者通过摇动丝杠来改变挂接高度。为适应偏置耙的偏牵引，牵引杆可左右调节。当偏角不同时，牵引杆的位置也应不同。圆盘耙的调整，一是深浅调整。耙片的入土深度取决于机重和耙片的偏角大小，偏角增大则入土、推土、碎土和翻土作用增强，耙深增加；反之，耙深变浅。增加附重，则入土深度增加，反之入土深度变浅。二是水平调整。牵引式圆盘耙一般用吊杆上的调节孔来调节水平；悬挂式圆盘耙通过上拉杆调节前后水平，通过改变右提升臂的长度调节左右水平。三是偏置量的调整。在地边作业时，为使耙接近地边，可使前、后耙组向左移动相同的距离，为了平衡转向力矩，需要同时将前耙组偏角变小，后耙组偏角变大。

5. 联合整地机

（1）联合整地机的结构特点

联合整地机就是将两种以上的耕整地机具或部件组合在一起，一次进地完成多项作业的复式耕整地机械，如深松旋耕联合整地机、浅松耙地联合整地机、耙地镇压联合整地机等。如图 3-10 所示的破茬旋耕深松起垄联合整地机，一次进地可完成灭茬、旋耕、深松、起垄、镇压作业。如图 3-11 和图 3-12 所示的联合整地机，一次进地可以完成灭茬碎土、耕层浅松、底层深松、平整合墒或镇压碎土等项工作。

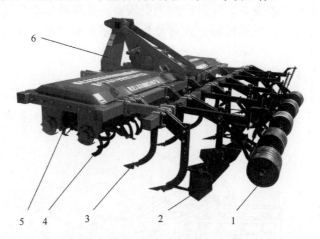

图 3-10　破茬旋耕深松起垄联合整地机
1. 镇压轮；2. 筑垄器；3. 深松铲；4. 旋耕刀；5. 破茬刀；6. 悬挂架

（2）使用与调整

联合整地机由多个（组）工作部件组成，需要综合调整，应参照所涉及的耕整地机械逐项进行调整，并最终实现各类工作部件耕深、幅宽等协调一致，耕后地表平整。联合整地机因机组庞大，一般为牵引式，应在较大地块中使用，并合理规划行进路线，使机组发挥最大效率。

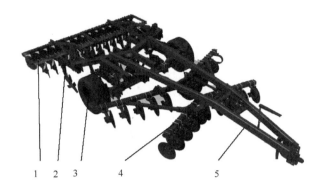

图 3-11　深松耙地联合整地机

1. 后置圆盘耙；2. 深松机构；3. 运输轮；4. 前置圆盘耙；5. 机架

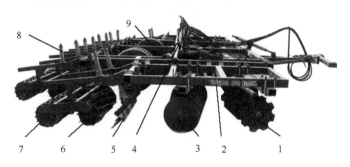

图 3-12　耙地碎土联合整地机

1. 缺口耙片；2. 机架；3. 圆盘片；4. 折叠油缸；5. 刮板；6. 碎土轮；7. 镇压碎土辊；8. 压力调节弹簧；9. 行走轮

（二）棉花播种机械装备

棉花机械化播种是利用棉花播种机代替人工完成棉花播种的过程。自 20 世纪 80 年代我国引入地膜覆盖技术以来，棉花播种机逐渐发展为棉花播种覆膜联合作业机械，能一次进地完成开沟、施肥、播种、覆土、覆膜、膜上覆土、镇压等多项作业（图版Ⅲ-1，2，3，4）。棉花机械播种包括穴播和条播，以穴播方式为主。近几年，随着农机化配套技术的发展，复式、多功能播种联合作业机得到了快速发展，深松、铺膜、施肥播种机和旋耕、施肥、铺膜播种机，以及带有铺设滴灌带功能等更多功能的播种机得到了有效应用，提高了播种效率。

根据棉花覆膜种植的农艺要求，目前的棉花播种机以播种覆膜机为主，主要由机架、悬挂机构、排种机构、排肥机构、铺膜机构等组成。如图 3-13 所示的棉花覆膜播种机，采用三点悬挂方式与轮式拖拉机挂接，一次进地即可完成苗带干土清理、开沟、施肥、播种、铺膜、压膜、覆土等多项作业，其结构主要包括牵引悬挂装置、四连杆仿形机构、地轮、肥箱、种箱、勺轮式排种器、播种开沟器、施肥开沟器、刮土板、镇压轮、铺膜开沟铲、压膜辊、压膜轮、覆土滚筒、覆土圆盘等。工作时，先将覆土滚筒抬起，再将地膜横头从膜卷上拉出，经压膜轮和覆土滚筒下方向后拉，用土埋住地膜的横头，然后放下覆土滚筒，机组开始前进，苗带刮土板将苗带表面的干土层刮向两侧，然后施肥开沟器开沟，地轮带动排肥器排肥，播种开沟器同时开沟，地轮转动带动排种器排种，位于后面的镇压轮覆土镇压，完成播种施肥过程。然后覆膜开沟铲开沟，地膜随机具行进平铺于地表，压膜轮将膜边压入开沟器开出的沟内,接着覆土圆盘覆土压实,同时,进入覆土滚筒内的土,被导土板输送到滚筒的另一端覆在地膜上,防止大风揭膜,完成整个作业过程。常见的铺膜播种机还具有喷洒除草剂的功能,在播种铺膜的同时将除草剂喷洒在地表,覆膜后盖于膜下,可以有效防除杂草。

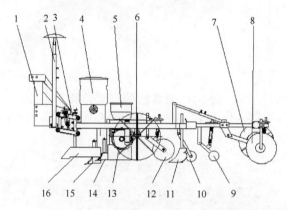

图 3-13　棉花铺膜播种机结构示意图

1. 牵引悬挂装置;2. 划行器;3. 四连杆仿形机构;4. 肥箱;5. 种箱;6. 地轮;7. 覆土滚筒;8. 覆土圆盘;9. 压膜辊;
10. 膜辊轮;11. 铺膜开沟铲;12. 镇压轮;13. 勺轮式排种器;14. 播种开沟器;15. 施肥开沟器;16. 刮土板

1. 排种器

排种器是铺膜播种机的关键部件,决定着播种作业质量。目前,国内常用的棉花排种器按播种方式可分为条播和穴播两大类。按排种器能否精确排种,分为精密排种器和非精密排种器。精密排种器主要有机械式和气力式两种。排种器型式多种多样,目前应用较多的主要有外槽轮排种器、型孔式排种器、内侧囊种式排种器、圆盘式排种器、气力式排种器、转勺式排种器、指夹式排种器等。早期的外槽轮式排种器,结构简单,使用方便,可以完成条播作业,但播种质量差。型孔式排种器、圆盘式排种器可以完成穴播作业,但是穴粒数合格率低。随着棉花半精量、精量播种和单粒播种的发展,播种质量高的转勺式、指夹式和气力式排种器应用越来越多,指夹式排种器、气力式排种器以其作业效果好、速度快的优势,得到快速推广应用,是今后的发展趋势。

1) 外槽轮式排种器:早期的棉花播种机多采用外槽轮式排种器。外槽轮式排种器结构如图 3-14 所示,由排种盒、排种轴、外槽轮、阻塞轮及排种舌等组成。地轮带动排种轴、外槽轮转动,槽轮转动时,凹槽内种子随槽轮一起转动,槽轮齿将种子排入输种管。槽轮在排种盒内的伸出长度,称为槽轮工作长度。轴向移动排种轴,可改变槽轮工作长度,以调节播量。为了适应不同作物的播种,在一个排种轴上可以装左右两个齿数不同的槽轮,通过轴向移动使其中一个工作,实现相应的播种功能。外槽轮式排种器的特点是:通用性好、播种量稳定、播量调整方便可靠。但均匀性较差。外槽轮排种器也被许多颗粒肥料施肥机用作排肥器使用。

2) 窝眼轮式排种器:窝眼轮式排种器在棉花播种上应用较多。如图 3-15 所示,其结构与外槽轮排种器的主要区别是,将外槽轮换成外缘有型孔的圆柱形排种轮,也就是窝眼轮。窝眼轮转动时,型孔进入种子箱并充种,在转出充种区时先由刮种器清除型孔

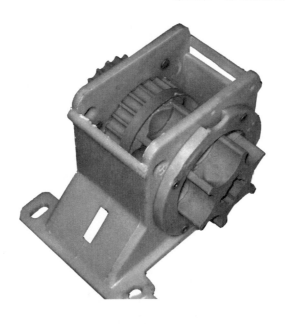

图 3-14 外槽轮排种器

上的多余种子，再由护种器盖住型孔护种，然后靠种子自重或推种器投种。窝眼轮式排种器结构简单，更换不同窝眼数量和大小的窝眼轮可实现不同大小种子和播种密度要求，但窝眼轮式排种器充种行程短，充种性能差，不适合高速作业。

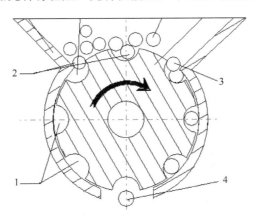

图 3-15 窝眼轮式排种器工作原理示意图
1. 种子排空后；2. 种子落入窝眼；3. 种子受剪切；4. 种子被排出

3）圆盘式排种器：圆盘式排种器主要用于穴播和单粒精量播种。按圆盘回转平面的位置可分为水平、倾斜和竖直3种形式。排种盘有周边型孔式（称为槽盘）及型孔式（称为孔盘，可为圆孔、椭圆孔或其他型孔）两类。周边型孔式对种子粒型的适应性比较好。型孔盘还可分为穴播型和单粒型。穴播型每孔可容纳几粒种子，用于穴播。单粒型每孔只能容纳一粒种子，适用于单粒精量播种。图 3-16 为倾斜圆盘排种器，由分种勺盘、隔板、投种槽轮、壳体和种子箱等构成。工作时，种箱内的种子由种箱下部的进种口流入分种腔内的充种区，分种勺盘与投种轮同步转动，中间由隔板隔开，分种勺盘带动种子由排种器的下部向上部作圆周运动，当分种勺转到一定角度时，留在分种勺中的多余种子在重力的作用下回落到排种器的充种区完成清种，当稳定存在于分种勺中的1粒或多粒种子运行到排种器的顶部时，在重力和分种勺推力的作用下，通过隔板上的开口落入投种轮中；在投种轮的带动下经护种区段到达投种口，种子脱离排种器完成投种过程。采用倾斜圆盘可降低出种口高度，但其传动比较复杂。竖直圆盘排种器投种高度小，圆盘的后向分速可部分抵消机器前进速度，降低种子到达沟底时绝对速度的水平分速，减少种子在沟底的弹跳，其传动也比较简单。但竖直圆盘型孔的充种性能稍差。在高速作业时，圆盘式排种器充种都比较困难，播种质量不易保证。由于结构相对复杂，作业性能不稳定，圆盘式排种器目前应用越来越少。

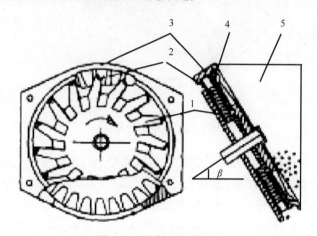

图 3-16　倾斜圆盘排种器
1. 分种勺盘；2. 投种槽轮；3. 壳体；4. 隔板；5. 种子箱

4）滚筒式内侧充种排种器：如图 3-17 所示，滚筒式内侧充种排种器采用滚筒作为排种工作元件。筒壁有型孔，种子箱与滚筒内部连通，筒内外均有护种板。滚筒回转时，

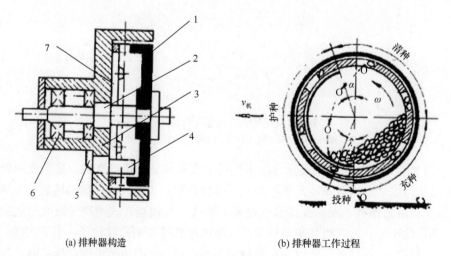

(a) 排种器构造　　　　　　　　(b) 排种器工作过程

图 3-17　滚筒式内侧充种排种器结构原理示意图
1. 排种轮；2. 排种轴；3. 排种器壳体；4. 径向护种板；5. 进种口；6. 轴承；7. 侧向挡环

种子从滚筒内部充入型孔，充种的型孔转到一定高度后清种，并在内部护种。当型孔转过一圈到最低位置时，通过外护种板上的漏种孔投种。这种穴播排种器投种高度低，投种后种子水平分速小，成穴性好，但充种性能差、穴粒数偏差大、通用性较差。常用于铺膜播种机。如改为内侧充种可提高充种性能，粒数偏差也较小；充种时型孔与种子相对速度小，因而可提高滚筒圆周线速度并相应提高机器前进速度，但使排种器结构更为复杂。

5）气吸式排种器：气力式排种器分为气吸式、气吹式、气压式，以气吸式较为常见。如图 3-18 所示，气吸式排种器是利用空气真空吸力工作的，其主要工作部件是一个带有吸孔的排种圆盘。排种盘的背面有真空室，真空室与风机吸风口相连接，使真空室内形成负压。排种盘的另一面是种子室。随排种盘回转，在真空室负压作用下，种子被吸附在吸孔上，并随排种盘一起转动。当种子转离真空室后，不再承受负压，就靠自重或在推种器作用下落到种沟内。更换不同孔径和密度的排种盘，可以播种不同规格的种子和实现不同的株距。气吸式排种器的优点是：对种子尺寸形状要求不严格，通用性好，能提高播种机作业速度。但是，气吸式排种器气密性要求高，结构较复杂，动力消耗大，使用成本高。

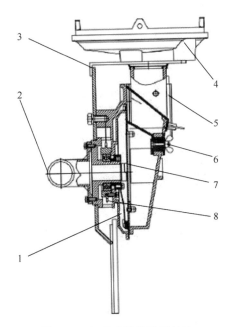

图 3-18 气吸式排种装置结构

1. 真空室；2. 进气接管；3. 排种器壳体；4. 种箱座；5. 储种器；6. 限位板；7. 吸盘；8. 排种链轮

6）勺式精密排种器：随着科学技术的不断发展，勺式排种器播种质量不断提高，被越来越多地采用。如图 3-19 所示，排种器由排种器体、导种轮、隔板、排种勺轮、排种器盖等组成。隔板安装在排种器体与排种器盖之间，三者之间相对静止不动。排种勺轮安装在导种轮上，圆环形隔板位于排种勺轮与导种轮之间，与它们各有 0.5 mm 的间隙，以保证相对转动时不发生卡滞。工作时，种子经由排种器盖的进种口限量地进入排种器底部的充种区，使勺轮充种，勺轮与导种轮一起顺时针转动，使充种区的勺轮型孔进一步充种，当种勺转过充种区进入清种区时，充入勺轮的多余种子处于不稳定状态，在重力和离心力的共同作用下，脱离种勺型孔掉落回充种区，当种勺轮转到排种器上面隔板上的递种口处时，种子在重力和离心力的作用下，掉入种勺对应的导种轮凹槽中，种勺完成向导种轮递种过程，种子进入保护区，继续转到排种器壳体下面开口处时，种子落入开沟器开好的种沟内，完成排种过程。

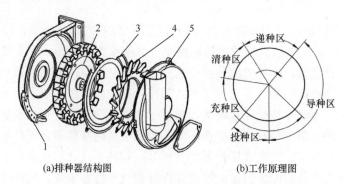

(a)排种器结构图　　　　　　(b)工作原理图

图 3-19　勺式排种器结构与工作原理图

1. 排种器体；2. 导种轮；3. 隔板；4. 排种勺轮；5. 排种器盖

7）指夹式精密排种器：指夹式排种器因播种质量好，能实现单粒精播和高速作业，是今后发展的方向。指夹式精密排种器主要由排种底座、清种毛刷、排出口、导种叶片、夹种区和指夹等组成，如图 3-20 所示。种子从种箱流入夹种区；当装有若干指夹的排种盘旋转时，每一指夹经过夹种区，在弹簧的作用下指夹板夹住一粒或几粒种子，转到清种区；由于清种区底面是凹凸不平的表面，被指夹压住的种子滑过时，受压力的变化引起颤动，并在毛刷的作用下将多余的种子清除掉，只保留夹住的一粒种子；当其转到上部排出口时，种子被推到隔室的导种链叶片上，与排种盘同步旋转的导种链叶把种子带到开沟器上方，种子靠自重经导种管落入种沟内。

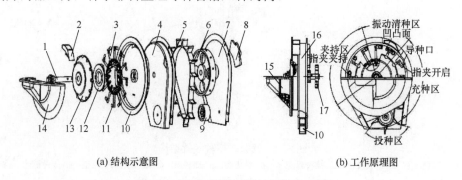

(a) 结构示意图　　　　　　(b) 工作原理图

图 3-20　指夹式排种器结构原理示意图

1. 排种轴；2. 清种毛刷；3. 微调弹簧；4. 导种端盖；5. 导种带；6. 导种带轮Ⅰ；7. 导种护罩；8. 窥视胶垫；9. 导种带轮Ⅱ；10. 排种盘；11. 取种指夹；12. 凸轮；13. 指夹压盘；14. 充种盖；15. 充种室；16. 导种室；17. 驱动链轮

2. 排种器传动与变速机构

条播机播种量和穴播机穴距的改变，除更换排种轮外，主要依靠改变排种轮的转速来实现。播种机排种器多采取链式传动和齿轮传动，常见的传动方式为地轮通过链条、链轮传动，并通过改变传动链轮的大小按要求改变速比。近几年，随着技术的发展，变速箱因传动可靠，变速操作方便，应用越来越多。如图 3-21 所示，动力由地轮经链条传递至变速箱动力输入轴，经变速箱变速后带动排种盘转动，改变变速杆位置可以得到适宜的传动比。目前有每个播种单体带一个变速箱的，也有的播种机为了节省成本，用一个变速箱带动各播种单体排种轮运转。整机结构确定后，每一个工作挡位的穴距就相应确定，根据说明书标志，确定挡位，从而决定播种穴距。

图 3-21　变速箱结构图
1. 开沟器；2. 变速杆；3. 动力输入轴；4. 链条

3. 排肥器

棉花播种机施肥以种肥的方式施入土壤中，播种与施肥分别进行，种子与肥料之间有一定的距离，一般为 3~7 cm，多施于种子侧方或正下方，以避免肥料烧种。施肥方式一般为连续的条施，排肥器类型主要有外槽轮式、离心式、滚轮式、链指式、振动式、刮刀转盘式、螺旋输送式、搅刀拨轮式、星轮式和摆抖式等，均为条施排肥器。最常用的排肥器是外槽轮式排肥器。外槽轮式排肥器的结构与排种外槽轮的结构原理一致，只是根据施肥的种类不同，外槽轮的结构尺寸不同，为防止肥料堵塞和架空，一般使齿形变大，齿数减少。机械施肥的发展趋势是变量施肥，智能化施肥机械能根据土壤肥力状况，调节施肥量和施肥种类。

4. 铺膜机构

铺膜机构是播种铺膜机的主要组成部分，如图 3-22 所示，主要由机架、开沟铲（盘）、展膜辊、压膜轮、覆土铲（盘）、镇压覆土滚筒等部分组成。铺膜机构通过机架与播种机机架刚性连接，位于播种机后部，工作时，开沟铲开沟，展膜辊将地膜平展铺放在地表，压膜轮将膜边压入沟内，覆土铲覆土压实地膜，并将一部分碎土导入镇压覆土滚筒内，镇压覆土滚筒在镇压地膜的同时，内部的导土板将土输送到出土口，成堆压在地膜上，以防止大风揭膜。在黄河流域棉区，一般采取先播种后铺膜的棉花种植方式，由播种覆膜机一次完成，出苗后及时破膜放苗。这主要是由于棉花是双子叶出土植物，种苗破膜、破土能力差，因此播种时不像花生一样在地膜上压土，花生自行破膜、破土出苗。铺膜机构一般由铺膜开沟器、展膜辊、压膜轮和覆土器等部件组成。

图 3-22　铺膜机结构图

1. 出土孔；2. 开沟圆盘；3. 展膜辊；4. 压膜轮；5. 覆土圆盘；6. 镇压覆土滚筒

棉花播种铺膜机一般与中小型四轮拖拉机配套使用，由于机型不同，使用调整略有差异，一般来讲应注意以下问题。将整机与轮式拖拉机三点悬挂连接，通过中央拉杆和左右拉杆，调整播种铺膜机作业时保持水平。调节地轮传动链条，保证张紧度适宜，传动可靠；带喷洒除草剂机构的，将药液筒气管与拖拉机气泵连接好；根据种子规格和播种密度要求，更换排种盘，添加种子时，捡出杂质，按要求兑好药液，倒入药液筒，向筒内充气使气压达到规定值，更换药液时应先将药液筒放气，放完气后再打开筒盖加药。肥料加入肥料箱前要清除杂物、破解板结；将膜卷装入挂膜架，调整膜辊转动自如；开始作业时，机组要对准、对正作业位置，抽出膜头，用土压实、压紧，起步前打开药液开关。注意起步、起落应缓慢，前进速度应均匀，作业中不得拐弯，不得倒退，随时检查各部位工作状态，发现异常及时处理。棉花播种铺膜机使用前应正确调整。黄河三角洲地区棉花播种一般采用平播：一是根据播种行距和铺膜宽度要求，改变工作部件在机架上的位置，调整合适的行距与铺膜宽度。二是调整播种与施肥开沟器的高度，使播种施肥深度符合农艺要求，并深度均匀一致。三是调整开沟器和覆土器的高度与角度，使开沟和覆土深度一致，覆土量适宜，开沟宽度和覆土量通过改变犁铲或圆盘的角度来实现，角度越大，开沟越宽、覆土量越大，反之亦然。四是调整地膜纵向拉紧度，通过调整锁紧螺母紧度，改变展膜辊松紧度，松紧度合适后，锁紧螺母。五是压膜轮的调整，压膜轮过高易造成地膜横向松弛，膜边压不到沟底，过紧易压破地膜，应调整适宜。六是膜上覆土量通过调整集土滚筒与扶土盘内侧边的距离和角度进行，距离越小、倾斜角度越大，扶土量越大，但距离太小，扶土盘容易割破两侧的地膜，且易被土块和杂草卡住，应反复调整至适宜。

（三）植保机械装备

机械化植保技术是利用机械喷洒农药、除草剂、叶面肥等，防治棉花病虫草害的生产技术。植保机械还用于喷洒植物调节剂、脱叶催熟剂等。植保机械种类繁多，按施药方法可分为喷雾机（器）、喷粉机（器）、弥雾机、超低量喷雾机、烟雾机等。按动力方式可分为背负式、担架式、牵引式、悬挂式、自走式和航空植保机械等。目前用于棉花植保、化控和脱叶催熟的常用机械主要是背负式手动和机动喷雾机、悬挂式和自走式吊杆式喷雾机、多旋翼植保飞机等。

1. 背负式手动喷雾器

背负式手动喷雾器，如图 3-23 所示，由药箱、气泵、气室、手柄、开关、喷杆、喷头和背带等部件组成。气泵为往复式活塞压力泵，气室和气泵合二为一，内置于药箱内。通过反复压动手柄为气室加压，打开手动开关，药箱底部的药液经过出水管再经喷杆，最后由喷头完成喷雾。喷雾器一般根据需要配有多个喷头，如扇形喷头、空心圆锥雾喷头等，可满足对不同作物的喷雾需要。

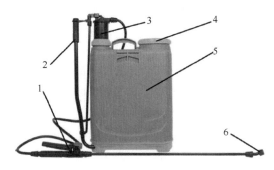

图 3-23　背负式手动喷雾器
1. 开关；2. 手柄；3. 气泵；4. 药箱盖；5. 药箱；6. 喷头

2. 背负式机动喷雾器

背负式机动喷雾机是采用汽油机（电机）动力、气压输液、气力喷雾的原理进行工作的植保机械。一般由风机、汽油机（电机）、机架、油箱（电池）、药箱和喷洒部件等组成。图 3-24 为东方红-18AC 背负式机动喷雾喷粉机，工作时，由汽油机驱动单级

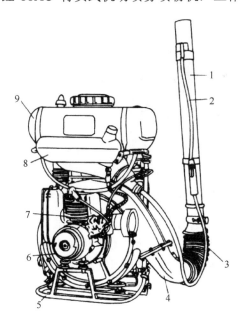

图 3-24　背负式机动喷雾喷粉机
1. 喷管；2. 药箱；3. 橡胶管；4. 弯管；5. 机架；6. 风机；7. 汽油机；8. 油箱；9. 药液管

离心风机产生具有一定压力的高速气流。药箱中的药液或药粉连续不断地输送到喷洒部件，然后依靠高速气流完成药液的雾化或粉剂与空气的均匀混合，以及雾粉的喷施。喷雾时，发动机带动风机旋转，产生高速气流，大部分高速气流进入药箱内，使药箱内形成一定的压力。药液在压力的作用下流到喷头，从喷嘴上的喷孔流出，在喷管的高速气流冲击下，弥散成细小的雾滴，被吹向远方。

3. 喷杆式喷雾机

喷杆（吊杆）式喷雾机是一种将喷头装在横向桁杆或竖立喷杆上的机动喷雾机，主要有悬挂式和自走式两种形式。图 3-25 为悬挂式喷杆喷雾机，与拖拉机后置悬挂配套使用。其主要工作部件包括液泵、药箱、喷头、防滴装置、搅拌器、喷杆桁架机构和管路控制部件等。悬挂式喷杆喷雾机一般不用液泵，而是用拖拉机上的气泵向药箱内充气加压。图 3-26 为自走式喷杆喷雾机，目前为适应不同作物行距和高秆作物植保作业，自走式喷雾机不仅轮距可调，而且离地间隙也可调，喷杆长度可根据用户需要定制。采用四轮转向减少了转弯半径，增加了作业灵活性，药箱具有自吸水功能，减少了加水的不便。

图 3-25　悬挂式喷杆喷雾剂
1. 机架；2. 药箱；3. 撑杆；4. 喷头；5. 药液管

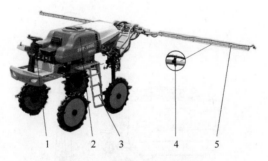

图 3-26　自走式喷杆喷雾机
1. 驾驶操作机构；2. 药箱；3. 爬梯；4. 喷头；5. 喷杆

适用于喷杆式喷雾机的喷头有狭缝喷头和空心圆锥雾喷头等几种。狭缝喷头的扁平雾流，在喷头中心部位处雾量多，向两边递减，装在喷杆上相邻喷头的雾流交错重叠，正好使整机喷幅内雾量分布趋于均匀。空心圆锥雾喷头有切向进液喷头和旋水芯喷头两种，主要用于喷洒杀虫剂、杀菌剂和作物生长调节剂。为了消除停喷时药液在残压作用下沿喷头滴漏而造成药害，喷杆式喷雾机多配有防滴装置。常见的防滴装置有膜片式防滴阀、球式防滴阀、真空回吸三通阀，均可获得满意的防滴效果。为使药箱中的药剂与水充分混合，防止药剂沉淀，保证喷出的药液具有均匀一致的浓度，喷杆式喷雾机上均配有搅拌器。搅拌器有机械式、气力式和液力式三种型式。常用的是液力式搅拌器，其工作过程是将一部分液流引入药箱，通过搅拌喷头喷出或流经加水用的射流泵的喷嘴喷射液流进行搅拌。喷杆桁架用来安装喷头，大型喷杆式喷雾机由于跨度大，为便于运输常采用折叠式桁杆结构，由液压力控制桁杆伸展或者收拢，按喷杆长度的不同，喷杆桁架可以是三节、五节或七节等，除中央喷杆外，其余的各节可以向后、向上或向两侧折叠。宽幅喷杆的两端均装有仿形环或仿形板，以免作业时由于喷杆倾斜而使最外端的喷头着地。为了克服喷杆式喷雾机在田间凹凸不平地面上行走引起喷杆端部大幅度摆动，有些产品安装了等腰梯形四连杆吊挂机构，使拖拉机不规则晃动几乎不对喷杆产生影响。喷杆式喷雾机的管路控制部件包括调压阀、安全阀、截流阀、分配阀和压力表等。

4. 风幕式喷雾机

风幕式喷雾机是采用风幕式防漂移技术，在喷杆式喷雾机上加设风机与风囊（其他结构基本一致）。作业时风囊出口形成的风幕制止了雾滴的飘失，强迫雾滴向作物冠层沉积，风幕产生的高压力风力使作物叶片来回翻动，正反两面均能喷上药液，并达到均匀一致，这不仅增强了雾滴的沉积和穿透，而且在有风的天气也能正常工作。另外，风幕的风力可使雾滴进行二次雾化，进一步提高雾化效果，达到高效节药的目的。先进的风幕式喷雾机采用电子装置自动控制调节喷杆的伸缩和升降，配有电子流量控制装置，确保每个喷头的流量和压力均匀一致，装有泡沫标识系统，可以防止重喷和漏喷。其结构如图 3-27 所示。

图 3-27　风幕式喷雾机
1. 药箱；2. 风机；3. 风道；4. 喷杆；5. 喷头

5. 植保无人机

植保无人机是无人驾驶的用于植保作业的飞行器，规范的名称是"超低空遥控飞行植保机"。植保无人机近年来发展很快，可用于病虫害防治、化学调控等作业。一般由飞行平台、GPS 飞控、喷洒机构等部分组成，通过地面遥控或 GPS 飞控，实现喷洒药剂、种子、粉剂等作业。目前的无人植保机主要有固定翼机和旋翼机，旋翼机又分为单旋翼机和多旋翼机。多旋翼电动植保无人机螺旋桨形成强大气流，作用于喷洒药雾上，增加了药雾的穿透性，提高了施药效果，防止药液飘逸，使用高压小流量喷头，雾化效果更好，雾滴落点更均匀。

棉花植保多用多旋翼无人植保机。现以四旋翼无人植保机（图 3-28）为例，介绍其结构和工作原理。旋翼对称分布在机体的前后、左右四个方向，四个旋翼处于同一高度平面，且四个旋翼的结构和半径都相同，四个电机对称地安装在飞行器的支架端，支架中间空间安放飞行控制计算机和外部设备。四旋翼飞行器通过调节四个电机转速来改变旋翼转速，实现升力的变化，从而控制飞行器的姿态和位置。四旋翼飞行器是一种六自由度的垂直升降机。目前无人植保机多采用锂电池作为驱动电动机的动力，续航时间多为 10～25 min。最大载荷量为 10 kg 左右，喷杆可折叠，喷洒头可以方便地调整喷洒角度。操纵方式采取智能遥控，操作手通过地面遥控器及 GPS 定位对其实施控制，实现半自主起降，切换到姿态模式或 GPS 姿态模式下，只需简单地操纵油门杆即可轻松操作旋翼机平稳起降。智能化无人植保机，在规划好作业路线后，可一键飞控，自动按比例规划路线起飞，喷洒，落回原地。在失去遥控信号的时候能够在原地自动悬停，等待信号的恢复。

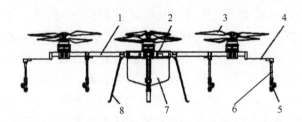

图 3-28　四旋翼无人植保机结构示意图
1. 碳纤管；2. 机架；3. 旋翼；4. 连接杆；5. 喷头；6. 吊杆；7. 药箱；8. 起落架

6. 植保机械的使用与维护

一是工作压力调整。工作压力是喷头雾化质量的基本保证，一般的喷药机与药泵都配有工作压力调节阀，按照使用说明书规定的压力进行调整。

二是喷洒高度的调整。背负式机动喷雾机由人工手持喷杆，应保持一定的距离对准植株叶片喷洒，喷杆式喷雾机应根据棉花高度确定喷杆离地高度。例如，喷洒除草剂进行封闭灭草，则将喷杆调至最低，一般喷杆离地距离为 20～40 cm；如果在棉花生长中、后期喷洒杀虫剂，则根据作物的高度确定喷杆离地表的距离，一般高于植株顶部 20 cm 左右。有风时应适当降低喷洒高度，减少药雾漂移。应尽量在无风或微风的天气作业。

三是试喷。投入正式作业前要进行试喷作业，首先检查气泵是否漏气，管路、药箱盖、喷头等工作部件是否有渗漏药液、堵塞等，如有故障应及时拆解维修。结合地块情况、喷头流量、喷幅、药桶容积、行走速度等，进行全面调整，确定流量、作业速度，固定喷头距离，保证对行作业。

四是要正确选择喷药时间。如果喷洒灭草剂，要选择在播种后出苗前的降雨前或降雨时进行作业，如果是降雨后作业，应在地表湿润时进行；如果喷洒杀虫药剂，应在晴天午后进行，以便增加熏蒸效果；喷洒杀虫和病害防治药剂、落叶剂和催熟剂应保证在喷药后 6 h 内无降雨。

五是要科学使用药量，加注药液时应先加药剂后加水，并严格按照规定的药液量添加，药液的液面不能超过安全水位线，要保证滤网无破损有效过滤，药液要充分搅拌均匀、喷洒均匀；要保持匀速行走，保证各喷头流量一致，雾化良好；规划好行走路线，对准交接行程，不重喷，不漏喷。

六是安全作业。作业时操作人员必须佩戴防护用具，如口罩、手套等，防止药液与皮肤接触或进入口中。排除故障时必须停机检查修理。

（四）中耕机与中耕施肥机

棉花用中耕施肥机主要用于中耕、培土和追施化肥。棉花中耕施肥主要采取行间中耕施肥，大多采用后悬挂式。中耕机的机架多为框架式和单梁式，普遍采用矩形钢管焊接而成，工作部件主要是中耕铲，安装在机架上，通过紧固螺栓和拖拉机悬挂调节来调节中耕深度，大型中耕机耕深调节采用液压油缸操作。

1. 中耕机

图 3-29 为最基本型的单梁式中耕机，由拖拉机三点悬挂连接，能完成中耕、除草和培土作业。该机为单梁式结构，锄铲安装在纵梁上，地轮用于调节耕深。图 3-30 为框架式弹簧中耕机，与拖拉机三点悬挂连接，主要用于完成中耕松土作业，该机采用双弹簧拉紧装置，当中耕机在工作过程中，犁尖遇到障碍物时能自动弹起，越过后迅速恢复原工作状态，从而起到保护铲尖的作用。

 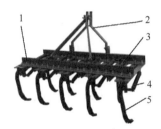

图 3-29　单梁式中耕机 | 图 3-30　框架式弹簧中耕机

1. 锄铲；2. 限深轮；3. 横梁；4. 悬挂臂；5. 纵梁 | 1. 机架；2. 牵引架；3. 压缩弹簧；4. 拉伸弹簧；5. 中耕铲

2. 中耕施肥机

图 3-31 为中耕施肥机，机架为框架式结构，在完成中耕作业的同时，可完成化肥追施作业。与中耕机相比，增加了施肥机构，肥料箱安装在机架上，地轮驱动排肥机构进行排肥，肥料经输肥管、开沟器施入土壤中（袁文胜等，2011）。

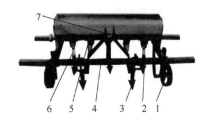

图 3-31　框架式中耕施肥机

1. 限深轮；2. 施肥开沟器；3. 锄铲；4. 机架；5. 肥箱；6. 输肥管；7. 悬挂臂

3. 中耕施肥机的使用与调整

（1）水平调整

与拖拉机挂接后，进行前后左右水平调整，保证作业时前后左右水平。

（2）行距调整

根据棉花种植行距调节深松铲的横向安装距离，与棉花行距相对应。

（3）深度调整

根据中耕深度要求，通过"U"形螺栓调节中耕铲的深度，并严格保证各行深度的一致性。

（4）施肥机构的调整

调节施肥量符合农艺要求，并调节行距和施肥深度，符合要求。

（五）棉花采摘机械装备

目前，在黄河流域棉区推广应用的采棉机主要是水平摘锭式采棉机，同时，农机部门组织力量对统收式采棉机开展了试验示范，均取得了明显的成效。山东省在黄河三角洲地区示范推广的机型主要包括约翰迪尔、凯斯等国外公司和新疆贵航、山东天鹅棉机等国内企业生产的自走式和牵引式水平摘锭采棉机；试验示范的统收式采棉机主要是农业部南京农业机械化研究所研发生产的复指杆式、刷指式和刷辊式采棉机；山东省个别农机企业借鉴新疆等地的经验，研发的半机械化气吸式采棉机也在部分地区进行了试验尝试。详见西北内陆棉区主要农业机械装备部分。

二、西北内陆棉区主要机械装备

（一）精量播种机械装备

西北内陆棉区采用膜下滴灌十分普遍，因此棉花精量播种机械都实现了苗床平整、滴灌带铺设、精量播种、种孔覆土镇压等多项工序的联合作业，有的播种机械还增加了施肥、铺膜等功能。通过精量播种复式作业，减少了作业层次，节省了生产成本，降低了劳动强度，增加了农民的效益。采用机械精量播种，一方面省种，用传统穴播机播种，每穴粒数一般在 2～5 粒，每公顷用种 60～90 kg，精量播种每穴 1 粒，仅需 25～30 kg，省种 30～60 kg；另一方面省定（间）苗劳动力，采用精量播种机播种棉花，每公顷可节约定（间）苗用工 15 个。此外，棉花苗匀、苗壮，分布均匀，群体合理。

1. 2BMJ 系列气吸式铺管铺膜精量播种机

（1）产品主要特点

气吸式铺管铺膜精量播种机是近年来为适应膜下滴灌、精准施肥、精量播种发展起来的新机具。针对不同的生产和市场需求，按配套动力的大小，相继开发出了 1 膜 2 行、1 膜 4 行、3 膜 6 行、4 膜 8 行、3 膜 12 行（图版III-1）、2 膜 16 行（图版III-2）、3 膜 18 行、5 膜 20 行等全套机具。近年来，随着我国西部干旱地区精准农业发展需求，精播的作物种类也从棉花发展到玉米、甜菜、瓜类、番茄等，相应的气吸式铺管铺膜精量播种机也同时开发成功，形成了气吸式铺管铺膜精量播种机系列产品。该系列机具的大规模推广应用将地膜覆盖栽培的水平提高到了新的高度。

气吸式铺管铺膜精量播种机在棉花上应用最广泛，播种行距可调整，最小行距可调到 9 cm，适应棉花机械采收 66 cm +10 cm 带状种植模式。系列机具均为悬挂式，在适播期内，可进行棉花、甜菜、玉米等作物的铺管铺膜精密播种联合作业，一次完成畦面整型、开膜沟、铺管、铺膜、膜边覆土、打孔精密播种、种孔盖土、种行镇压等项作业。按用户要求可配置 5~16 穴等不同规格的穴播器。当配置的穴播器为 16 穴时，理论株距达到 9 cm；配置的穴播器为 15 穴时，理论株距达 9.6 cm；配置的穴播器为 6 穴时，理论株距达 23 cm。该机可进行单粒精播、双粒精播、1∶2∶1 粒精播。当单粒精播时，穴粒数合格率≥90%，空穴率≤3%。影响播种深度最关键的因素是穴播器鸭嘴高度，不同播深要求的作物应选择不同鸭嘴高度的穴播器。播种深度的调控也可通过调节种孔盖土厚度来实现。

（2）主要工作部件

1）气吸式排种器：主要由铸造挡盘、压盘、腰带总成、挡种盘、中空穴播器轴、气吸式取种盘、刷种器、分种盘、断气装置、刮种器、穴播器壳体、吸气口、进种口等部件组成（图 3-32）。铸造挡盘是气吸滚筒式精量穴播器主要零部件的支撑，构造功能带有气室，中空穴播器轴通过轴承支撑安装在铸造挡盘上，与铸造挡盘同轴。中空穴播器轴上在固定的角度装有断气板，断气板主要用于安装断气块，断气块浮动安装在断气板上，弹簧加压。气吸式取种盘内孔与接盘相连接，接盘通过轴承安装在中空穴播器轴上，取种盘外侧平面通过分种盘压紧安装在铸造挡盘气室位置，背面正对气室，与穴播器气室之间由 "O" 形胶圈密封。挡种盘装在分种盘与铸造挡盘间。气吸式取种盘上铆有 6 根搅拌齿。锯齿形状刷种器、刮种器、进种口等部件均安装在穴播器壳体上。穴播器壳体通过平键与中空穴播器轴相连接，穴播器壳体上带有视窗口和清种口。吸气口通过弯

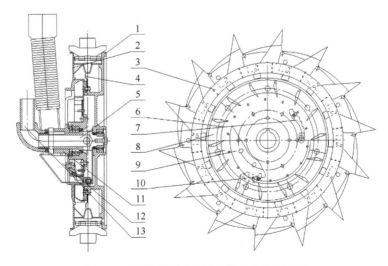

图 3-32 气吸滚筒式精量穴播器结构示意图

1. 铸造挡盘；2. 压盘；3. 腰带总成；4. 挡种盘；5. 中空穴播器轴；6. 气吸式取种盘；7. 刷种器；8. 分种盘；9. 刮种器；10. 断气装置；11. 穴播器壳体；12. 进种口；13. 吸气口

头安装在中空穴播器轴上，与中空穴播器轴、穴播器气室、取种盘共同组合成为气吸滚筒式精量穴播器气路系统。腰带总成由进种道组合、腰带、固定鸭嘴、活动鸭嘴、鸭嘴开启弹簧等组成。腰带总成定位安装在铸造挡盘上，压盘通过联结螺栓将铸造挡盘、腰带总成可靠联结，组成气吸式精量穴播器。

排种工作过程是，中空穴播器轴刚性连接在穴播器牵引臂上，工作中随牵引臂上下浮动，精量穴播器铸造挡盘组件连同腰带总成件围绕中空穴播器轴转动，穴播器壳体固定在中空穴播器轴上。吸气口在风机作用下，通过中空穴播器轴将滚筒穴播器气室形成负压。取种盘随精量穴播器同步转动，从种子层通过，取种盘上的搅拌齿疏松种层，吸种孔在气室形成的负压作用下吸附种子。随着精量穴播器同步转动过程向上移动，当吸种孔吸附种子到达刷种器位置时，带锯齿形状的刷种器碰撞吸种孔吸附的种子，锯齿形工作面与吸种孔上的种子忽近忽远，若即若离，产生一定频率和振幅的振动，使吸种孔上的多粒种子的平衡状态遭到破坏，其中吸附不牢的种子落回种层，余下的一粒种子则被更稳定地吸附。每个吸种孔吸附的一粒种子，随精量穴播器同步转动过程继续移动。当吸种孔吸附的种子到达投种位置时，断气块平面在弹簧作用力作用下紧贴取种盘，切断吸种孔的负压气源而使吸种孔断气，安装在穴播器壳体上的刮种器将种子刮离吸种孔，投入到分种盘中，刮种器上的毛刷自动清理种孔。进入分种盘的种子继续移动，当种子到达二次投种位置时，种子在重力作用下投入进种道。进入种道的种子随精量穴播器的转动进入鸭嘴端部，当鸭嘴运动到穴播器入土最深位置时，活动嘴在精量穴播器重力作用下打开，动、定鸭嘴组成的成穴器切割土壤形成种穴，种子落入穴中，完成工作全过程。

2）铺膜机构：由开沟圆片、膜卷架、导膜杆、展膜辊、压膜轮、膜边覆土圆盘和框架等部件组成（图3-33）。开沟圆片刚性固定在单组框架上。单组框架在平行四杆机构仿形作用下，保持单组框架对地面高度的一致性，镇压辊保持对畦面进行良好镇压，使开沟圆片

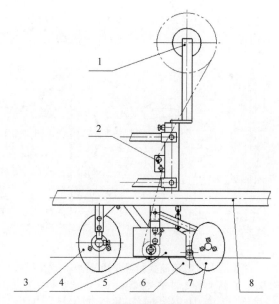

图 3-33　铺膜机构结构示意图

1. 膜卷架；2. 导膜杆；3. 开沟圆片；4. 展膜辊；5. 档土板；6. 压膜轮；7. 膜边覆土圆盘；8. 框架

开出的膜沟深浅稳定。展膜辊、压膜轮、膜边覆土圆盘在工作中均可单体随地仿形。工作原理：将地膜卷安装在地膜支架上，地膜通过导膜杆、展膜辊等部件拉向后方。工作时，随着机组的行走，开沟圆片在待铺膜畦面上开出两道压膜沟，地膜从膜卷上拉出，经过导膜杆，由在地面滚动的展膜辊平铺在经镇压辊整形后的畦面上，然后由压膜轮将膜边压入开沟圆片开出的膜沟内，靠压膜轮的圆弧面在膜沟内滚动，对地膜产生一个横向拉伸力，使地膜紧紧贴于地表，紧接着由覆土圆盘取土压牢膜边。

3）膜上覆土装置：膜上覆土装置由膜上覆土圆盘、种孔覆土滚筒、覆土滚筒框架、击打器、框架牵引臂、种行镇压轮等部件组成（图 3-34）。膜上覆土圆盘通过肖轴安装在单组框架圆盘座上，与圆盘座绞结，弹簧加压。覆土滚筒刚性安装在覆土滚筒框架上，工作时由框架牵引臂牵引。覆土滚筒可随地仿形，驱动爪运行在膜沟内，带动覆土滚筒转动，同时驱动爪是覆土滚筒重量的主要支撑，托起覆土滚筒稍微离开膜面或明显减轻覆土滚筒体对膜面的压力，减少地膜与种孔错位。覆土滚筒击打器周期性击打滚筒，减轻土壤粘连在滚筒内臂和导土叶片上。种行镇压轮与滚筒框架活动铰链绞结，单体仿形，依靠自重对种行进行镇压。膜上覆土装置结构示意见图 3-34。

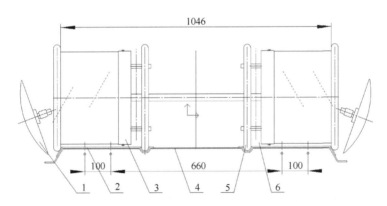

图 3-34 窄膜覆土装置示意图（单位：mm）

1. 覆土圆盘；2. 窄膜（上层）；3. 土带调整圈；4. 宽膜（下层）；5. 压膜圈；6. 漏土带

（3）滴灌带铺设机构

滴灌带铺设机构由滴灌带卷支撑装置、引导环、开沟浅埋铺设装置等组成。工作中滴灌带在拖拉机牵引力作用下不断从滴灌带管卷拉出，通过限位环，经过导向轮及引导轮铺设到开沟浅埋装置开出的小沟中，并在滴灌带上覆盖 1～2 cm 厚的土层，完成滴灌带铺设全过程。

1）滴灌带卷支撑及铺设引导环：滴灌带卷支撑架刚柔固定在主梁架上，是滴灌管卷的支撑架。由"U"形卡子、支撑架、滴灌管卷支撑轴、支撑套、滴灌管卷挡盘、引导环等组成（图 3-35）。

2）滴灌管开沟浅埋铺设装置：滑刀式开沟铺管装置组合主要由开沟器固定架、滑刀式开沟器组合、滴灌带引导环等组成。该装置具有通过性能强，工作中不堵塞，滴灌带铺设深浅一致，铺设位置准确，不划伤滴灌带等特点。结构示意图见图 3-36。

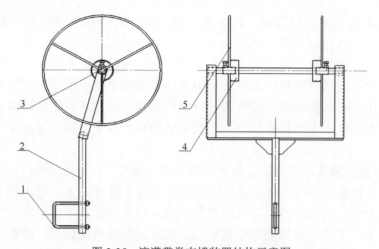

图 3-35　滴灌带卷支撑装置结构示意图

1. "U"形卡子；2. 支撑架；3. 固定架管支撑；4. 支撑套；5. 滴灌管卷挡盘

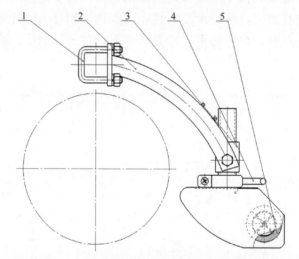

图 3-36　滴灌管开沟浅埋铺设装置结构示意图

1. 固定卡子；2. 开沟器固定架；3. 开沟器组合；4. 引导环；5. 引导轮

3）对开沟浅埋铺设装置的技术要求：安装于开沟器内的铺管轮转动灵活、光滑、无毛刺，即便在拉伸率大的状态下也不易划伤滴灌管。开沟器两边侧板能有效护住铺管轮不接触到土壤，保持铺管轮转动灵活性，铺管轮内孔应耐磨，铺管轮轴应光滑。开沟器宽度要窄，安装后刚性要好，受外力作用后不变形，开沟器过去后土壤能自动向沟内回流，保持畦面平整，不影响铺膜质量。

4）滴灌带铺设质量要求：滴灌管（膜）纵向拉伸率≤1%；滴灌管（膜）与种行行距一致性变异系数≤8.0%；滴灌管（膜）铺设应无破损、打折或打结扭曲。提高铺膜作业质量要注意以下几点。

一是地膜宽度与畦面宽之间的关系。畦面宽度是根据地膜宽度来确定的，合适的畦面宽度是铺好膜的关键，一般畦面宽度为膜的名义宽 B 减 15 cm（图 3-37）。

二是开沟圆片调整对铺膜质量提高的影响。开沟圆片调整分为角度调整和高度调整，开沟质量对铺膜质量的影响较大。提高铺膜质量的基本条件是膜沟明显。一般膜沟深度应达到 5～7 cm，膜沟的宽度应达到 6～8 cm。开沟圆片的角度应调整到 20°～25°。也可将开沟圆片的角度设计为固定值，一般为 23°，工作中只作高低位置调整，不作角度调整。

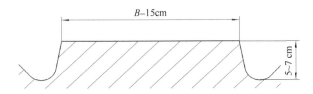

图 3-37　地膜宽度与畦面宽之间的关系示意图

三是主要工作部件与提高铺膜质量的关系。主要工作部件与提高铺膜质量密切相关，各部件安装位置，达到的作业性能，均对铺膜质量有重大影响。概括起来讲，膜卷支撑装置应转动灵活，无卡滞，地膜能顺利被拉出。顺膜杆光洁无毛刺，展膜辊、压膜轮转动灵活，无卡滞。一般设计中压膜轮中心与膜边覆土圆盘中心应靠近，拉开 6～9 cm 的距离。压膜轮在前，膜边覆土圆盘靠后，让压膜轮同时起到挡土板的作用，但又能使膜边覆土厚度不受影响。

5）提高铺膜作业质量的要点有以下几方面。

膜沟明显，这是铺好膜的最关键问题之一。如果膜沟开不出来或开出来后又让展膜辊回填了，那么铺膜质量就上不去了，膜沟深度一般应达到 5～7 cm。

地膜纵向拉伸适中。拉伸太大，种孔易错位。拉伸太小易造成地膜铺得松，鸭嘴打不透地膜的比例增多。同时浪费地膜，成本增加。

压膜轮应随地仿形，转动灵活，无卡滞；压膜轮应具有一定的重量，一般应达到 3.6～4 kg，压膜轮圆弧面应调整到紧贴内侧沟边的位置。

覆土轮应随地仿形，转动灵活，无卡滞；整体式覆土轮的两端带有驱动爪，覆土轮轮体工作中应稍离开膜面，防止轮体辗压膜面而造成种孔错位。

2. 双膜覆盖精量播种机

2006 年以前新疆生产建设兵团棉花铺膜播种采用的大多是膜上点播，也有少部分是膜下点播。这两种播种方式各有自己的优点和缺点。膜下点播这种播种方式具有保墒、增温的好处，不怕天灾。但要进行放苗、封土、定苗等工作，费工费时。膜上点播的优点是可以免去放苗、封土两大作业工序，可大幅度减少田管劳力，节约大量的生产成本费用。主要缺点：一是防冻害能力差；二是出苗前如遇降雨，一方面使种穴内形成高湿低温，极易造成烂种、烂芽，另一方面是表面土壤板结，影响出苗。采取机械进行双膜覆盖则可以解决膜上点播不足的问题。

（1）双膜覆盖精量播种机的主要特点

双膜覆盖精量播种机就是一次完成畦面整形、铺滴灌管、开膜沟、铺设宽膜、宽膜膜边覆土、膜上打孔、精量播种、种孔覆土、铺设窄膜、窄膜膜边覆土等多项工序的联合作业播种机具（图 3-38）。

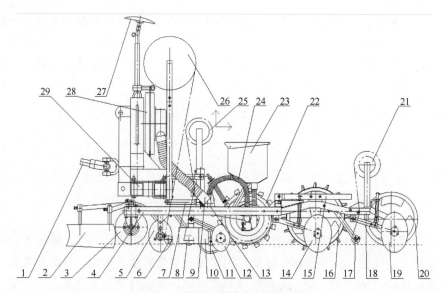

图 3-38 棉花双膜覆盖精量播种机

1. 传动轴；2. 整形器；3. 镇压辊；4. 铺膜框架；5. 开沟圆片；6. 铺管机构；7. 四杆机构；8. 展膜辊 1；9. 吸气管；
10. 挡土板；11. 压膜轮；12. 覆土圆盘 1；13. 点种器牵引梁；14. 覆土圆盘 2；15. 覆土滚筒 1 框架；16. 覆土滚筒 1；
17. 展膜辊 2；18. 铺膜框架 2；19. 覆土圆盘 3；20. 覆土滚筒 2；21. 窄膜支架；22. 点种器；23. 种箱；24. 气吸管 2；
25. 宽膜支架；26. 滴灌支管；27. 划行器；28. 风机；29. 大梁总成

双膜覆盖精量播种栽培模式，是在膜上点播后的种行上再覆盖一层地膜。这样当播后碰上雨天时，由于雨水淋不到种行上，不会造成土壤板结，同时增温保墒效果更好。出苗后将上层地膜揭除，即完成放苗作业，方便快捷，省时省力。由于双膜覆盖能使苗床内形成一个小温室，明显提高了棉花出苗期对不良气候环境（低温、霜冻、降雨）的抵御能力，一般较常规膜上穴播出苗早 2～3 d，提高了出苗率，缩短了出苗时间。双膜覆盖同时还能抑制膜下水分通过种孔蒸发而引起的种孔附近盐碱度上升，充分发挥增温、保墒、防碱壳、防病虫害的作用。因此，双膜覆盖精量播种栽培模式既克服了膜上穴播和膜下穴播的缺点，又保持了膜上穴播和膜下穴播的优点，是又一种先进的播种栽培技术。

（2）工作原理

1）第一层地膜（宽膜）覆盖过程：首先由开沟圆片在种床的两侧开出膜沟，地膜通过展膜辊展开，并通过膜边两侧的压膜轮进一步使地膜拉紧、展平。随后由膜边覆土圆盘在地膜两侧覆盖碎土，完成整个铺膜过程。

2）播种过程：由拖拉机动力输出轴通过万向节及皮带轮带动风机转动，产生一定的真空度，通过气吸道传递到气吸室。排种盘上的吸种孔产生吸力，存种室内部分种子被吸附在吸种孔上。种子随排种盘旋转至刮种器部位，由刮种器刮去多余的种子。在气吸盘背面断气、正面刮籽双重作用下，种子落入取种勺，经过鸭嘴的开启将种子播入地中。

3）种孔覆土：通过膜上覆土圆盘取土并送入种孔覆土滚筒，通过覆土滚筒的间隙土落到种孔表面。

4）第二层地膜（窄膜）覆盖过程：地膜通过展膜辊展开，并通过窄膜覆土滚筒两侧自带压槽装置进一步使地膜拉紧、展平。随后由窄膜膜边覆土圆盘取土在地膜两侧覆盖碎土，完成整个工作过程。

（3）双覆膜双覆土精量播种机作业中的注意点

对整地作业质量要求较高。要求整地前后都要进行机械和人工辅助清田作业，整地后要达到地表平整，表层土壤松碎，上虚下实，地表无杂草残膜，无大土块。播种机工作时一级覆土量要控制稳定。随着土壤质地、墒情的变化覆土量要随时调控。覆土量过大会直接影响出苗率。出苗期如遇到高温天气，应及时打开上层地膜。否则膜内高温高湿易造成表层土壤湿度过大，引起苗期立枯病的发生。部件多、铺膜覆土的工序多。安装地膜卷、滴灌带和作业调整时要严格精细。双膜覆盖精量播种机日作业量较常规播种机少。

3. 2BMZJ-12 超窄行精量铺膜播种机

自新疆生产建设兵团推行棉花机械化采收以来，广大农业科技工作者进行了多次探索和大量试验，根据进口采棉机采收行距的配置要求，综合考虑了脱叶、采净率及高产等因素，采取了 66 cm+10 cm 的种植行距，为新疆生产建设兵团大面积推广棉花机械化采收技术奠定了基础。针对机采棉种植模式中脱叶催熟剂不易均匀喷施在两窄行间的中下部叶片上，导致脱叶效果差，以及两窄行间距较大，影响采棉机对棉花植株下部的采净率等问题，研究开发了 2BMZJ-12 新型超窄行铺管铺膜精量播种机（图版Ⅲ-4）。该播种机与目前大面积推广的各类播种机不同之处在于：最小行距可调至 4 cm，2 行株距成三角形配置，可增大棉花生长空间，播种后相当于棉花单行种植，该模式更利于棉花的生长发育和脱叶。

（1）产品的主要特点

株行距配置，宽行 72 cm，窄行 4 cm，三角留苗带状播种模式。超窄行精量穴播器及其构成的播种机一次作业完成 9 道作业程序，解决了行距超窄配置播种技术难题，提高了机采棉花的采净率。

以机采棉 76 cm 行距（小双行）为例，由原来的 66 cm+10 cm 改为 72 cm+4 cm，宽行由 66 cm 增加至 72 cm，窄行由 10 cm 缩为 4 cm，提高了棉花的透光性（图 3-39）。

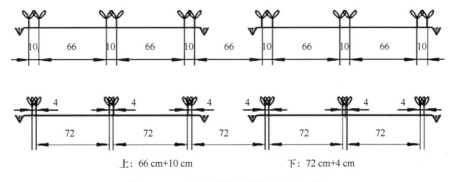

上：66 cm+10 cm　　　　　　下：72 cm+4 cm

图 3-39　两种机采棉种植模式效果对比

穴播器采用 11 穴或 12 穴，当采用 11 穴时，直线株距约为 13 cm，斜向较近的两株棉花距离为 7.6 cm，每公顷理论株数 20.25 万株；当采用 12 穴时，直线株距约为 12 cm，斜向较近的两株棉花距离为 7.2 cm，每公顷理论株数 21.93 万株。棉株空间分布合理，有利于个体更好地发育，见图 3-40。

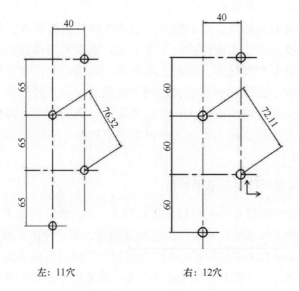

左：11穴　　　　　　　右：12穴

图 3-40　双苗带、三角形株距效果（单位：mm）

（2）新型穴播器的特殊结构

窄行行距缩小到 4 cm（相当于单行播种），作业时相邻两穴播器同步运转，两株穴距成三角形配置。覆土滚筒行距设计成 66 cm+10 cm 与 72 cm+4 cm 行距可调，这样既满足了超窄行距播种要求，又实现了常规机采棉的 66 cm+10 cm 行距要求。当行距调至 10 cm 时，鸭嘴活动压板间隔达 7 cm，不会损伤滴灌带，出现特殊情况需重播时，行距调整到 13 cm，播行偏 5 cm 对滴灌带也无损伤。超窄行穴播器在功能和结构上均优于常规穴播器。技术性能参数见表 3-11。

表 3-11　2BMZJ-12 播种机技术性能

项目	设计和标准值
作业膜幅数（幅）	2
播种行数（行）	12
作业幅宽（mm）	4560
配套动力（kW）	≥41.03
适应的单幅膜宽（mm）	2050
采光面宽度（mm）	1650～1710
行距（mm）	720+40
膜下播深（mm）	26～42 可调
穴粒数（粒/穴）	2±1
膜边覆土宽度（mm）	≥35
膜边覆土厚度（mm）	≥25
机具挂结型式	三点悬挂

（二）棉花打顶机械

棉花机械打顶就是用机械完成棉花打顶的作业过程（图版 I-5）。棉花打顶机械正在研发示范过程中。目前主要有地面仿形打顶机、整体仿形打顶机和单株仿形打顶机三种类型。前两种基本上是采用一刀切的方式，不能按农艺要求实现切割高度，会造成过切或漏切；智能化单株仿形棉花打顶机单独检测各行中每株棉花的高度，据此调节打顶装置高度，力求对不同高度的棉花切除几乎相同长度的顶端。

1. 地面单株仿形棉花打顶机

新疆农业科学院农业机械化研究所等单位研发的地面单株仿形的滚筒式棉花打顶机，由悬挂架、传动系统、机架、行走系统、升降油缸、单体仿形部件、扶禾器、滚筒式切割装置等组成（图 3-41），与中型拖拉机后置悬挂配套使用。工作时，拖拉机动力输出轴经过变速器带动主轴旋转，主轴通过皮带轮分别带动滚筒切割装置旋转，均匀分布在滚筒切割装置上的动刀随其一起旋转，动刀与定刀（安装在机架上的细钢丝绳）相对运动完成对棉花顶心的剪切。每一组滚筒式切割装置、仿形部件可根据植棉的不同模式进行调整，从而增加了机具的适应性。悬挂滚筒式棉花打顶机的切割装置的高度控制分为两部分，一是采用升降油缸对机架整体控制，二是采用地轮对地面实现单体仿形，可满足不同高度的棉株打顶。该打顶机依靠地面单体仿形和液压控制整体仿形进行打顶，未顾及棉花植株生长的高度差异，因此易造成过切和漏切，打顶准确性差。

2. 单株高度仿形棉花打顶机

近几年，新疆农业科学院农业机械化研究所与石河子大学机械电气工程学院、南京农业机械化研究所均着手研发智能型单株仿形打顶机，与地面单株仿形打顶机相比，智能型单株仿形打顶机能够顾及单株棉花实际高度，根据对棉花顶心实际高度的判断，控制打顶刀的高度，实现准确仿形打顶。如图 3-42 所示，棉花打顶机主要由组合式机架、液压系统、电气系统、仿形平台、切割器和传动系统组成。其中，传动系统可实现切割器的旋转和垂直升降；仿形平台位于组合式机架下部，可在升降油缸与可拆卸导向器作用下实现垂直升降。棉花打顶机以三点悬挂方式与拖拉机连接，拖拉机动力输出轴通过万向节、变速器、皮带传动系统，传递与分配动力，带动切割器产生旋转运动。伸缩套筒上的导向槽既能保证动力的传递，又能保证切割器垂直升降。当棉花比较低时，仿形板下降，并将信号传递到电磁阀，电磁阀控制升降油缸带动仿形平台下降，切割器随之下降；当棉花高时，仿形板上升，电磁阀控制升降油缸带动仿形平台上升，与仿形平台连接的切割器随之上升；当棉花高度稳定不变时，仿形平台连接的切割器工作高度不变。从而实现单体棉花的随即仿形，切割器根据棉花高度垂直升降，旋转切除棉花顶尖，完成打顶作业。

3. 智能化单株仿形棉花打顶机

智能化单株仿形棉花打顶机不仅根据棉花株高改变切割刀的高度，而且根据拖拉机的前进速度改变切刀的升降速度。采用固定在打顶机构前端的高度传感器采集棉株高度信号，固定在拖拉机轮子上的测速器采集前进速度信号，高度与速度信号输入控制中心，控制中心指挥升降装置驱动打顶刀升降。目前，智能化单株仿形打顶机是今后发展的方向，但是，棉株高度测量精度和仿形执行速度等方面的技术问题未能有效解决。

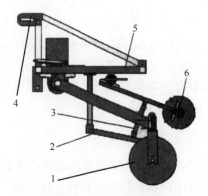

图 3-41　滚筒式棉花打顶机
1. 仿形轮；2. 伸缩拉杆；3. 四杆机构；4. 悬挂架；
5. 机架；6. 滚筒式切割装置

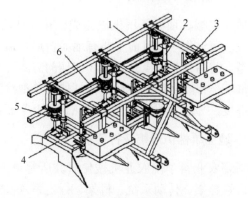

图 3-42　单体仿形棉花打顶机
1. 组合式机架；2. 液压系统；3. 电气系统；
4. 仿形平台；5. 切割器；6. 传动系统

棉花打顶时间应根据棉花的长势、株高和果枝数等因素来确定，掌握"枝到不等时，时到不等枝"的原则，单株果枝数在 10～12 时打顶，机械打顶一般要求切掉距离顶尖 3～7 cm（距顶心 3 cm）的芽尖。打顶时间不得晚于 7 月 25 日。

（三）棉花采摘机械装备

棉花机械化采摘就是用采棉机械替代人工完成棉花采摘、输送、集箱工序的收获过程。

1. 滚筒式水平摘锭采棉机

该机的采摘部件（工作单体）主要由水平摘锭滚筒、采摘室、脱棉器、淋洗器、集棉室、扶导器及传动系统等构成，如图 3-43 所示。每组工作单体 2 个滚筒，前后相对排列；其摘锭成组安装在摘锭座管体上，摘锭座管体总成在滚筒圆周均匀配置，一般每个滚筒上配置 12 个摘锭座管总成，在每个摘锭座管上端装有带滚轮的曲拐。采棉滚筒作旋转运动时，每个摘锭座管与滚筒"公转"，同时每组摘锭又"自转"。工作时，由

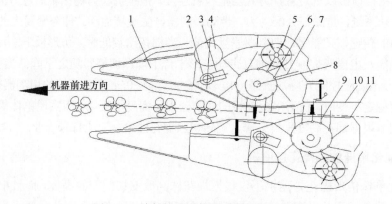

图 3-43　滚筒式水平摘锭采棉部件示意图
1. 棉株扶导器；2. 湿润器供水管；3. 湿润器垫板；4. 气流输棉管；5. 脱棉器；6. 导向槽；7. 摘锭；8. 采棉滚筒；9. 曲柄滚轮；10. 压紧板；11. 栅板

于摘锭座管上的曲拐滚轮嵌入滚筒上方的导向槽，因此在滚筒旋转时，拐轴滚轮按其轨道曲线运动，而摘锭座管总成完成旋转、摆动的运动，使成组摘锭均在棉行成直角的状态进出采摘室，并以适当的角度通过脱棉器和淋洗器。在采摘室内，摘锭上下、左右间距一般为 38 mm，呈正方形排列，以包围着棉铃，由栅板与挤压板形成采摘室。脱棉器的工作面带有凸起的橡胶圆盘，并高速与摘锭反向旋转。淋洗器是长方形工程塑料软垫板，可滴水淋洗摘锭。采棉机的采棉工作单体设在驾驶室前方，棉箱及发动机在其后部，通常情况下采棉机采用后轮导向且大部分为自走型。

其工作过程是：采棉机沿着棉行前进时，扶导器压缩棉株，送入工作室，摘锭插入被挤压的棉株，钩齿抓住籽棉，把棉絮从棉铃中拉出来，缠绕在摘锭上，高速旋转的脱棉器把棉絮脱下，由气流管道送入集棉箱，摘锭从湿润器下边通过，涂上一层水，清除掉绿色汁液和泥土后，重新进入采棉区。

2. 垂直摘锭式采棉机

垂直摘锭式采棉机的采棉部件主要由垂直摘锭滚筒、扶导器、摘锭、脱棉刷辊及传动机构等组成（图 3-44）。每一个采棉工作单体（采收一行棉花所需部件总成）有 4 个滚筒，前、后成对排列，通常每个滚筒上有 15 根摘锭，摘锭为圆柱形，直径约 24 mm（长绒棉摘锭直径 30 mm），摘锭上有 4 排齿。每对滚筒的相邻摘锭呈交错相间排列，摘锭上端有传动皮带槽轮，在采棉室，由外侧固定皮带摩擦传动，摘锭旋转方向与滚筒回转方向相反，摘锭齿迎着棉株转动采棉。在每对滚筒之间留有 26～30 mm 的工作间隙，从而形成采摘区。在脱棉区内，摘锭上端槽轮由内侧固定皮带摩擦传动而使摘锭反转，迫使摘锭上的锭齿抛松籽棉瓣，实现脱棉。其工作过程与水平摘锭式采棉机基本相同，所不同的是这种采棉机配置了一个气流式落地棉捡拾器，在采摘的同时，将棉铃中落下的籽棉由气流捡拾器拾起，送入另一棉箱。与水平摘锭式采棉机相比，垂直摘锭采棉机摘锭少，结构简单，制造容易，价格低，但采净率低，落地棉多，适应性差，籽棉杂率高。主要是苏联使用。

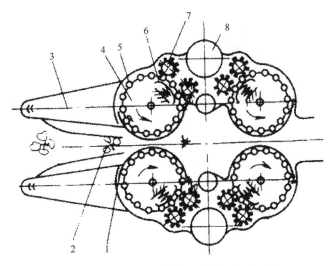

图 3-44　垂直摘锭采棉机采棉部件示意图

1. 工作区摩擦带；2. 棉行；3. 扶导器；4. 采棉滚筒；5. 摘锭；6. 脱棉区摩擦带；7. 脱棉刷辊；8. 输棉风管

3. 摘棉铃机

该机能在棉田中一次采摘全部开裂（吐絮）棉铃、半开裂棉铃及青铃等，故也称一次采棉机（图 3-45）。此机一般配有剥铃壳、果枝、碎叶分离及预清理装置，其采摘工作部件主要分为梳齿式、流指式、摘辊式。机具结构简单，作业成本较低。由于工作部件为梳齿式、流指式、摘辊式，采摘后的籽棉中含有大量的铃壳、果枝、碎叶片和未成熟棉及僵瓣棉，造成籽棉等级降低。因此，此类机器仅适用于棉铃吐絮集中、棉株密集、棉行窄、吐絮不畅、且抗风性较强的棉花。可用于其他采棉机采收后的二次采棉作业。

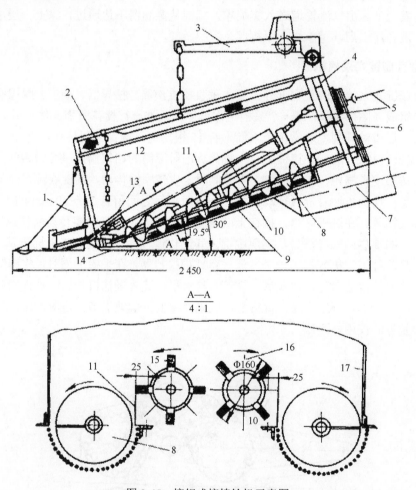

图 3-45　摘辊式摘棉铃机示意图

上为原图，下为从 A 方向的剖视图。剖视图是原图比例 4 倍。1. 扶导器；2. 网罩；3. 升降吊臂；4. 采棉部件吊架；5. 万向节；6. 传动胶带；7. 集棉螺旋；8. 输棉螺旋；9. 格条筛式包壳；10. 摘辊；11. 脱棉板；12. 挡帘；13. 低棉桃采摘器；14. 滑撑；15. 尼龙丝刷；16. 橡胶叶片；17. 侧壁

4. 小型水平摘锭采棉机

（1）约翰迪尔 7260 型牵引式采棉机（2 行）

约翰迪尔 7260 型牵引式摘棉机是为小户经营的棉农和家庭农场设计的一种小型棉

花采摘机械（图版III-7）。这种拖拉机牵引的采棉机是由一个牵引式的底盘和约翰迪尔PRO-12™采摘头组成的。该机要求牵引拖拉机的发动机额定功率最小为588 kW、后悬挂连接、后动力输出轴转速540 r/min和一组液压后输出阀。最高采摘行走速度可达到5.8 km/h。7260牵引式采棉机具有以下结构和特点。

1）底盘：在牵引拖拉机和采棉机之间，实现了可转向的联结。该装置允许驾驶员在拖拉机驾驶室进行道路运输状态（正牵引模式）和田间采摘作业（右置侧牵引模式）两种模式下的牵引状态转换操作。此外，该装置还可以减小转弯半径。

2）在道路行走时，使用道路运输牵引模式：这种牵引模式也被用来在棉田首次采摘开路时使用。当棉田采摘通路被打开后，将牵引方式转换成田间采摘作业模式，使两个采摘头始终在拖拉机的右侧工作。7260型摘棉机与牵引拖拉机之间的悬挂连接和分离非常方便快捷。从牵引拖拉机上分离采棉机时，驾驶员先放下停车支架，卸掉动力输出轴，从液压输出阀上拔出液压管，从拖拉机后部断开电线插头和断开拖拉机牵引杆，3个人在1 min之内就可以完成悬挂连接或分离。

3）采摘头：配备了2个约翰迪尔PRO-12™采摘头。每个采摘头有2个采摘滚筒，2个采摘滚筒前后"一"字形排列，前后滚筒各有12根座管，每根座管18排摘锭。每个采摘头有432根摘锭，整机共有864根摘锭。

采用与约翰迪尔自走式采棉机相同的采摘原理，保持了同样的高采净率。同时，采摘头上的零配件与约翰迪尔自走式采棉机完全相同，可以互换使用。

借助于约翰迪尔曲柄和滚轮装置，可以在瞬间手动调整采摘行距，保持了采摘头维修保养方便的特点。适应的棉花采摘行距有6种，分别为70 cm、76 cm、80 cm、90 cm、96 cm和100 cm。

4）润滑系统：采摘头上的齿轮箱全部使用液压系统的液压油来润滑。每个齿轮箱上都有一个液压油面检查孔，随时可以检查液压油是否短缺。

采摘头摘锭润滑时，驾驶员操作采棉机侧面的一个控制手柄，接合线控润滑系统，将采摘头从采摘状态转换到润滑状态。通过操作采摘头线控润滑系统控制采摘头的旋转，就可以安全高效地检查采摘头。

5）湿润系统：配备了200 L的清洗液箱，允许采棉机连续采摘作业8 h。湿润系统由拖拉机后动力输出轴提供动力。机载的湿润系统能够提供与约翰迪尔自走式采棉机一样的摘锭清洗功能。

6）输送系统：7260型采棉机使用了在约翰迪尔自走式采棉机上验证多年的JET-AIR-TROL棉花输送系统，确保进入棉箱的籽棉干净。棉花输送系统由一个风机和两个输棉管组成，每个采摘头都有一个单独通向棉箱的输棉管。即使在最小动力输出时，棉花输送系统也能够保证籽棉输送效率。此外，棉花输送系统使采摘头被阻塞的可能性降为最低。棉花输送系统由牵引拖拉机的后动力输出轴提供动力。

7）棉箱：棉箱容积为13 m³，最大籽棉装载量约1000 kg。棉箱的升起和下降是通过在拖拉机驾驶室内操作液压输出阀手柄完成的。棉箱系统包含一个手动接合的棉箱油缸锁。当棉箱在升起并锁定的情况下，这个装置保证可以安全地完成各项维修保养工作。棉箱后部有一个梯子，棉箱上有安全扶手，为清理棉箱顶部提供了便利。

8）控制系统：仅需要使用牵引拖拉机的一个液压输出阀手柄、一个拖拉机后动力输出轴手柄、一个多功能的操作手柄和一根连接电缆，即可完成对采棉机的控制操作。多功能操作手柄的功能有，控制棉箱升降、转向和采摘头的线控润滑；控制采摘头的升降和地面高度感应；控制采摘头的大水冲洗系统；提供与约翰迪尔自走式采棉机相同的声音报警和摘棉头监控功能。

9）其他：闭心式压力补偿液压系统，液压油箱容积 32.4 L；轮胎规格为 320/85R28；整机的外形尺寸为长 6.49 m、宽 3.5 m、高 3.5 m，最小地隙 0.27 m；整机重量（棉箱、液体箱空时）4500 kg。

（2）贵航平水牌 4MZ-3 型采棉机（3 行）

贵航平水牌 4MZ-3 型采棉机是石河子贵航农机装备有限责任公司为小户经营的棉农和家庭农场设计的一种轻型棉花采摘机械。4MZ-3 型自走式采棉机在秉承 4MZ-5A 型自走式采棉机先进技术的基础上，具有体积小、灵活机动、价格优惠等优点，更好地满足了中小块棉田机械化采收的需求。目前已累计生产 12 台，在黄河流域及长江流域棉区累计作业面积 2000 余公顷。贵航平水牌 4MZ-3 型采棉机（图版Ⅲ-6）具有以下结构和特点。

1）发动机：贵航平水牌 4MZ-3 自走式采棉机配备了德国道依茨 1015 发动机，具有 6 个缸，涡轮增压、水冷，额定功率为 93 kW，转速 2200 r/min，符合欧Ⅱ环保，并且节油。作业速度为 0～3 km/h，运输速度 0～25 km/h，作业效率为 35 t/h。

2）变速箱：4MZ-3 自走式采棉机采用技术成熟、性能稳定、结构合理的德国 CLASS 公司生产的变速箱，可提供三级变速，性能稳定，质量可靠。

3）液压驱动：4MZ-3 自走式采棉机配置了从美国伊顿公司进口的液压泵、马达、阀站等关键部件，有效保证了液压系统的高效可靠驱动能力。液压泵同时驱动采棉头，使采摘速度与行走速度之比恒定。

4）采棉头：4MZ-3 自走式采棉机采用水平摘锭进行采摘，共有 3 个采棉头，6 个采棉滚筒。每个采棉滚筒上装有 12 根摘锭座管，每根摘锭座管 18 只摘锭。适应采摘行距为 76 cm（68 cm+8 cm、66 cm+10 cm、72 cm+4 cm），行距适应性强，棉花采净率≥94%，含杂率≤10%。采棉头移动方便，且成"一"字排列，为清理和保养提供了较大空间。

5）双风机：4MZ-3 自走式采棉机配置了双风机结构。风机叶片采用高强度铝合金材料，航空技术的设计、加工与测试手段使系统风力更为强劲。

6）驾驶室：置身于 4MZ-3 自走式采棉机驾驶室首先是舒适。倾斜的伸缩式方向盘及个人坐姿椅使操作人员既舒适，又能得到有力支持，注意力集中。简单的前进控制，大多数按钮控制开关都装在座椅右手扶手旁，操作方便。还装有监视装置，可保证全部的采摘控制。

7）液体箱容积：4MZ-3 自走式采棉机燃料油箱容积为 150 L。

8）底盘和轮胎：4MZ-3 自走式采棉机采用了高地隙底盘，最小离地间隙为 425 mm。使驾驶员更容易接近底盘下的发动机舱进行日常保养和维修。4MZ-3 自走式采棉机驱动轮的轮胎型号为 18.4-38，导向轮的型号为 11-20。采摘轮距：前轮可调轮距 0～0.7 m，后轮可调轮距 0～0.62 m。

9）自动控制和保护系统：4MZ-3 自走式采棉机的采摘头可实现自动润滑，并安装采摘头液压地面仿形系统，自动高度探测。接触式采棉头堵塞传感器，可防止采摘部件意外损坏。整机的外形尺寸 9358 mm×2550 mm×3460 mm；整机重量（棉箱、液体箱空时）8450 kg；坡度工作条件横向水平度 14%，纵向水平度 24%。

5. 采棉机的使用与调整

（1）机采棉一般农艺技术要求

1）品种要求：应选择果枝短、株型紧凑、抗病抗倒伏、吐絮集中、含絮力适中、纤维强度高、对脱叶剂比较敏感等适合机械化作业的棉花品种。

2）行距要求：摘锭式采棉机和通收式采棉机的指刷式、刷辊式采棉机，由于对行作业，因此要求棉花必须等行距种植，现有机械都是按 76 cm 等行距设计，因此，应按 76 cm 等行距种植，采取 66 cm+10 cm 等大小行种植也能符合收获作业要求。复指杆式采棉机、气吸式采棉机由于不要求对行作业，能适应大小行种植。

3）化控与脱叶催熟要求：机采棉对棉花株型有一定要求，应进行合理化控，塑造适合机采棉要求的株型，使棉花的高度控制在 80～120 cm 为好，最高不超过 150 cm，棉株过高会影响采棉质量。在采收前 18～25 d，应喷施脱叶催熟剂，使采收前棉花的脱叶率达到 90% 以上、吐絮率 95% 以上，以提高一次性采摘的采净率、减少含杂率。

（2）采棉机作业前准备

1）地块准备与路线规划：机采棉田作业前 5～7 d 应进行田间调查，勘察行走道路、规划作业路线，清理田间障碍，清除、捡净棉株上的残膜、滴灌带、杂草及木棍等。

2）作业机械的技术检查：采棉机作业前应检查轮胎气压，发动机机油、柴油、冷却液及各传动部件间隙，各系统仪表、液压系统、风送系统，采摘头的前倾角度和压紧板的间隙等是否正常，并予以保养、调整和维修。

（3）采棉机作业前调整

以凯斯水平摘锭式采棉机为例。一是采棉头的水平与前倾调整，保证左右采头高度一致，喂入口和地面保持垂直；采棉头在正常采收时前倾 50 mm。二是扶禾器调整，使正常采摘时滑靴比扶禾器底部低约 50 mm，扶禾器尖部轻轻掠过地表而植株导向杆不会将杂物带进采摘头。三是仿形控制系统的调整，使正常采摘时采棉头尽可能地低，以便采摘底部的棉桃，同时又能避免将地面的杂物带入采棉头。四是压紧板调整，压紧板调整是采棉头调整中保证高采净率和采摘棉花质量最重要的一项调整，如果压紧板弹簧压力太小，棉株在采摘区域将不能被很好地压缩，导致采净率下降，如果压紧板弹簧压力太大，虽然植株被很好地压缩使得采净率提高，但是植株和绿桃的损伤大。在初始调整时，将压紧板间隙调整到 6～13 mm。在实际作业时，根据不同的棉田状况调整合适的压紧板压力，以保证作业质量。千万不要使得压紧板与摘锭尖部接触，以防碰撞产生火花，引起火灾，应始终将压紧板上下部与摘锭的间隙保持在 6 mm 以上。五是湿润系统调整，湿润系统是保证采棉头高性能的关键，首先选择高质量的清洗液，其次要调整湿润刷柱使得湿润刷的边缘与摘锭的根部（摘锭的锥套处）接触，并将系统压力设置到 20 psi（138 kPa），应在保证保持摘锭清洁光亮的同时，保证采棉头内部没有积水。六是脱棉盘间隙的调整，将摘锭座管放置在正常采收时刚要离开脱棉盘的位置，检查每个摘锭都应该在一个脱棉盘凸台下部，上下调整脱棉盘使得凸台与摘锭的间隙为 0.1 mm。

（4）采收作业要求

采棉机驾驶操作人员必须经过专业技术培训，持有驾驶证、操作证方可上岗，采收时应对行作业，升降采摘台高度适宜，保证既能采收离地面 18 cm 高度的棉花，又不至于过多的杂草进入采棉头。作业速度要控制在 3～5 km/h，不得高于 5 km/h。驾驶操作要领，一是发动机启动时，应保持各档位在空档位置；二是发动机启动后，将采棉头驱动杆向前推至结合位，使采棉头开始运转，然后打开风机开关，将湿润器开关调至中位（自动位）、拧转旋钮调节湿润系统水压，将绞龙/压实器开关置于自动位（A），绞龙开始运转，压实器根据需要进行循环，将变速杆推至 1 档进行采棉，分离驻车制动，按下（采棉头/棉箱）开关至采棉头位置，将油门控制杆推至最前位，将推进杆向前推，使采棉头开始运转，同时机器前行。三是当分禾器到达棉行时，按下采棉头提升主控开关的上部落下采棉头，开始正常作业，应注意采收作业时，始终保持油门在最大位置，用推进杆控制地面行进速度。四是到达地头或地头拐弯处，最后一株棉花通过采棉头后，用采棉头提升主控开关提起采棉头，此时风送系统的正常运转，使棉花全部输送到集棉箱后，将油门控制杆拉回低怠速位置，再关闭风机开关，分离风机驱动。过沟坎时保证采摘台不接触地面，集棉箱满时及时卸花，卸花时应保持运花车与采棉机 0.6 m 距离，根据运花车的高度，集棉箱升降到一定高度时，打开棉门，启动卸棉链耙卸棉。

（5）安全注意事项

棉花极易燃烧，应做好防火，运输拖拉机排气管应安装防火罩、采棉机、运输车等应配备灭火器。机具检修时必须熄火，保证各部位停止运转，起步前鸣喇叭。

（陈传强　何　磊）

第四节　生物降解地膜和易回收地膜

地膜是我国棉花生产中不可或缺的生产资料之一。地膜覆盖具有显著的增温保墒、增产增收作用。但随着地膜投入量的不断增加，越来越多的残膜留在了土壤中。由于普通地膜使用的聚乙烯原料是一种人工合成的高分子化合物，在自然条件下需要近百年的时间才能完全降解。大量的地膜残留给农业生产及农田生态环境带来了严重的负面影响，造成土壤结构破坏、耕地质量下降、作物减产及农事操作受阻、次生环境污染等一系列问题。因此发展绿色环保的降解地膜和易回收地膜是解决棉田残膜污染的理想途径。

一、发展降解地膜和易回收地膜的意义

（一）地膜覆盖现状与问题

地膜覆盖种植已成为作物高产、优质、高效的重要手段。我国地膜使用量从 1982 年的 0.6 万 t 增加到 2014 年的 142 万 t，增加了 200 多倍（图 3-46）；地膜覆盖的作物已经超过 50 余种，覆盖面积约有 2000 万 hm²，地膜使用总量和覆盖面积均居世界第一（表 3-12）。其中，蔬菜的地膜覆盖栽培面积最大，达到 570 万 hm²，棉花的地膜覆

盖栽培面积列第 2 位，达到 412.1 万 hm² （陈东城，2014）。地膜覆盖栽培为我国的农业现代化、国家粮棉安全和丰富人们的菜篮子作出了重要贡献。

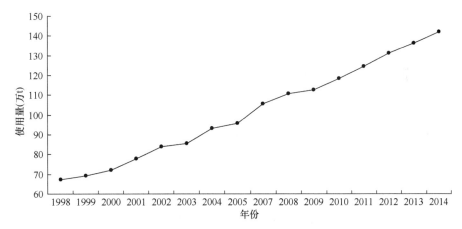

图 3-46　1998～2014 年全国地膜使用量增长曲线

资料来源于《中国农业年鉴》

表 3-12　2011 年我国地膜覆盖栽培作物及覆盖面积

作物	面积（万 hm²）
蔬菜	570.0
棉花	412.1
花生	407.4
玉米	325.0
薯类	157.5
西瓜	145.0
烟叶	121.0
水稻	65.7
甜瓜	31.5
其他	126.2
合计	2361.4

随着地膜覆盖使用年限的增长，也暴露出了一些问题。有些地区连续多年使用地膜覆盖，特别是很多农田大量使用厚度 0.008 mm 以下的超薄地膜，且基本没有回收，逐年积累的残留地膜造成了土壤和环境的污染（表 3-13，表 3-14），在田间地头、沟渠河道、房前屋后到处都是破碎的地膜，破坏了乡村美丽的生态环境。

表 3-13　典型省长期覆膜农区地膜使用及农田残留情况（严昌荣等，2014）

调查省（自治区）	覆膜年限（年）	地膜投入量（kg/hm²）	覆膜比例（%）	地膜厚度（μm）	地膜宽度（cm）	残膜量（kg/hm²）
河北	10	33	46.4	4～6	90	80.5
新疆	20	61.4	84.8	6～8	205	259.1
陕西	15	39	81.0	6～8	70/80	110.2
甘肃	15	75	90.0	8	120	136.7
湖北	10	52.5	53.15	6～8	90	71.9

表 3-14　华北地区棉田不同深度土壤中残膜数量分布（马辉等，2008）

土壤深度（cm）	2 年		5 年		10 年	
	数量（百万片/hm²）	比例（%）	数量（百万片/hm²）	比例（%）	数量（百万片/hm²）	比例（%）
0～10	2.63	67.0	4.16	76.4	5.64	58.4
10～20	1.13	28.7	1.21	22.3	3.38	35.1
20～30	0.17	4.3	0.07	1.3	0.63	6.5
合计	3.93	100	5.44	100	9.65	100

地膜残留在土壤中影响种子发芽、阻碍作物根系的自然伸展、阻断水分和养分的传输，最终导致作物减产。残留地膜还会影响农机作业，损坏农机具，影响作业效率。动物误食以后还会导致死亡。

王序俭等（2013）通过对新疆生产建设兵团农田残膜污染情况的调查，明确了该地区棉田的地膜残留状况，残膜对棉花生长、产量及品质的影响情况。研究结果显示，新疆生产建设兵团农田地膜残留污染十分严重，土壤中地膜平均残留量高达（261.1±117.8）kg/hm²。残膜在土壤 0～30 cm 耕作层中都有分布，3 个土层（0～10 cm、10～20 cm、20～30 cm）中的残膜量依次约占总量的 37.2%、34.9% 和 27.9%。土壤中残膜量与覆膜年限呈正相关，覆膜年限越久，残留量越高。残膜主要以 4～25 cm² 的大小存在于土壤中。新疆生产建设兵团目前的地膜残留水平平均造成棉花减产约 11.5%，棉花纤维长度短 0.47 mm，整齐度降低 4.37%，比强度降低 3%（王序俭等，2013）。

（二）解决残膜污染的技术途径

地膜残留引起了国家的高度重视，国家已经采取了积极有效的应对措施。我国已将残膜污染治理作为今后一段时间农业环境治理的重要内容之一。对防治地膜污染，中央及各级政府也加大了政策和资金支持的力度。要解决地膜的残留污染，目前可行的解决办法有两种：一是使用可降解地膜，解决传统地膜不能自行降解的弊端；二是使用易回收地膜，使用后进行回收，减少对土壤环境的污染。

二、生物降解地膜

（一）可降解地膜的分类

可降解地膜按照其降解机制可分为光降解地膜、生物降解地膜和光氧化—生物降解地膜。光降解地膜是在传统塑料地膜中添加促降解剂，利用光的能量来促进地膜的老化降解。其缺点是裸露在地面的部分能够降解，埋土部分因为见不到光而不能降解。降解后碎片不易继续粉化或被土壤同化，污染土壤问题仍未得到根本解决。光氧化生物降解地膜是在传统塑料中添加促降解剂、生物酶、酵素等以加速和促进聚乙烯材料的降解。目前，光氧化生物降解地膜由于缺乏充分的实验数据证明能够完全降解和无污染残留，因此存在较多的争议。生物降解地膜可在自然条件下最终代谢为二氧化碳和水，不对环境造成危害，因此是传统地膜的最佳替代品。

（二）生物降解地膜的定义和分类

生物降解地膜是指一类在自然环境条件下可被微生物作用而引起降解的塑料地膜。由微生物引起的降解，尤其是酶的作用可引起材料的化学结构发生显著变化。由于材料被微生物作为营养源而逐步消解，导致材料质量损失、某些性能（如物理性能）下降等，最终被分解为成分较为简单的化合物或单质，如二氧化碳（CO_2）、甲烷（CH_4）、水（H_2O）及其所含元素的矿化无机盐，所有分解形成的物质无毒无害，并最终被环境所消纳。生物降解地膜目前可分为两类：一类是不完全生物降解地膜；一类是完全生物降解地膜。不完全生物降解地膜是将通用塑料通过共混或直接混入一定量的具有生物降解特性的物质，其典型的品种为聚乙烯淀粉可生物降解地膜。这种地膜在自然环境下不能完全降解，其通用塑料部分依然维持高分子化合物的特性，这种地膜降解后变成细小的碎片，既不利于回收，也不能为环境所消纳，其导致的污染危害还难以界定。完全生物降解地膜具有与普通塑料地膜相近的物理力学性能，在自然环境下能够被微生物、酶或者水解反应等分解成低分子化合物，并最终分解成水、CO_2及其他生物质，理论上对土壤和环境无害。

（三）完全生物降解地膜的分类

完全生物降解地膜采用完全生物降解塑料制成。完全生物降解塑料的制备方法可分为三类：微生物发酵法、化学合成法和天然高分子共混。

微生物发酵法是利用可再生的植物资源（如玉米），通过微生物发酵而得到生物降解塑料，如聚乳酸（PLA）、聚羟基脂肪酸酯（PHA）。这种方法不依赖于石油资源，以可再生的有机物为原料，发展前景良好。

化学合成法生物降解塑料大多是在高分子结构中引入能被微生物降解的含酯基结构的脂肪族聚酯，目前已经工业化的产品有：聚己内酯（PCL）、聚丁二酸丁二醇酯（PBS）等。化学合成法依赖于石油资源。

天然高分子共混是利用化学合成高分子生物降解材料，混入具有生物降解性的天然高分子材料（如淀粉、甲壳素、木质素、纤维素等）。这种方法可以改进单一材料的缺陷，提高材料的性能。

（四）完全生物降解地膜的研发与应用

我国目前已有多家科研机构和企业对完全生物降解地膜进行研究开发，农业部牵头在全国范围内建立了多个实验基地，取得了初步的试验应用效果。从当前试验结果来看，与普通地膜相比，完全生物降解地膜还存在着降解过程不够稳定、降解时间可控性差、成本太高、物理力学性能指标低导致农机作业适应性差等具体问题。

唐薇等（2016）以金发科技股份有限公司生产的4种完全生物降解地膜1#（8 μm白色）、2#（10 μm白色）、3#(10 μm 黑色)、4#（12 μm白色）为供试材料，以普通聚乙烯地膜（8 μm白色）为对照，在山东临清市覆盖栽培抗虫棉品种'K836'，对4种生物降解膜的降解特性和覆盖效果进行了试验评价。结果表明，不同生物降解膜的诱导期都超过50 d，具有一定可控性。不同降解地膜的降解速率和强度不同，降解速率表现为

1#＞2#＞4#＞3#，白色地膜比黑色易降解。棉花收获期后，1#和2#地膜降解较彻底，而3#、4#还有少量残膜，但膜已无韧性，受外力则易碎，都能达到消除土壤"白色污染"的目标。与普通地膜相比，4种生物降解膜处理的棉花苗期干物质积累减少，生育期推迟，比普通地膜皆有所减产。

影响完全生物降解地膜降解的因素众多，生产过程、存储过程、铺设过程、土壤水分、微生物含量、光照条件等都会对地膜的降解造成影响（表3-15）。因此完全生物降解地膜的稳定性差，降解时间难以准确控制，大田应用中存在着提前破裂的危险。一旦提前破裂，就会失去增温保墒等作用，不能满足农作物生长的需要，将会给农业生产造成损失（表3-16）。

表3-15　不同类型生物降解膜暴露部分降解阶段记录（何文清等，2011）

试验点	降解膜阶段	品种崩裂期	诱导期阶段	阶段完全降解	破裂期阶段
河北成安县	A膜	22	32	58	90
	B膜	20	35	60	96
	C膜	30	56	71	120
	日降	46	60	90	120
新疆石河子	A膜	29	42	53	12
	B膜	26	39	58	128
	C膜	45	58	67	—
	日降	73	94	126	—

注：A膜、B膜、C膜为国产3种不同配方的完全生物降解地膜，以日本成熟的完全生物降解膜（简称"日降"）和普通聚乙烯地膜作对照。数据为覆膜后时间（d）

表3-16　不同生物降解地膜覆盖下棉花产量（何文清等，2011）

供试地膜	河北成安县			新疆石河子		
	籽棉产量（kg/km²）	增加（kg/km²）	增幅（%）	籽棉产量（kg/km²）	增加（kg/km²）	增幅（%）
A膜	3038	−161	−5.0	3170	−962	−23.3
B膜	3050	−149	−4.7	3297	−834	−20.2
C膜	3600	402	12.5	4176	45	1.1
日降	3506	308	9.6	4247	112	2.8
普通膜	3198	—		4131		

注：A膜、B膜、C膜为国产3种不同配方的完全生物降解地膜，以日本成熟的完全生物降解膜（简称"日降"）和普通聚乙烯地膜（简称"普通膜"）作对照

完全生物降解地膜的降解受多种因素的影响，所以选择使用时应谨慎。往往一种完全生物降解地膜在一个地区满足一种作物的生长需求，使用在另一个地区，由于环境不同，在同类作物的覆盖种植上就可能出现问题，所以完全生物降解地膜的地区适用性是个大问题。生物降解地膜降解过程受到自然因素的影响较大，在不同温度和水分条件下都会发生不同程度的降解（吴从林等，2002）。一般认为，温度越高，水分越大，降解越强烈（乔海军，2007）。气候要素决定了降解膜降解性能的差异。在选择完全生物降解地膜时应引起足够重视。完全生物降解地膜的使用必须在充分试验的基础上，遵循由

少到多的原则，先少量应用再逐步扩大使用面积，从而实现规模化应用。

随着可降解膜逐渐破裂，膜内温度将明显降低，保墒效果也明显变差；破裂期在 40 d 左右的可降解膜会导致棉花减产，最高减产达 20%，而破裂期在 60 d 及更长的可降解膜对棉花产量影响与普通地膜差异不显著，因此在选择可降解膜时要充分考虑其降解特性与棉花生长需要（李显溦等，2012）。我国幅员辽阔，各地自然条件千差万别，农作物的覆盖要求也不一样。西南地区烟草覆膜要求使用时间在 50 d 左右，而西北地区的玉米种植则需要在全生育期覆盖地膜，覆盖时间长达 130 d 以上，这就要求完全生物降解地膜的研发要根据不同地域、不同种植作物而进行细化和调整，在取得充分应用数据的基础上，科学地指导农民进行应用。在完全生物降解地膜的应用上切忌急功近利。

完全生物降解地膜的另一个特点是成本太高，完全生物降解地膜使用的原材料大多来源于石油基合成法生产的全生物降解材料，这些材料本身生产成本就高。另外，由于全生物降解塑料材料的性能特点，完全生物降解地膜要达到与普通聚乙烯地膜相同的强度，其厚度就要高于普通地膜，进一步导致使用成本升高。普通的聚乙烯材料生产的地膜厚度可以做得很薄，国家标准规定聚乙烯地膜的最小厚度为 0.008 mm，国家标准虽然没有对完全生物降解地膜的厚度作出限制，但是由于全生物降解材料的性能不及普通聚乙烯材料，同样是厚度 0.008 mm 的完全生物降解地膜，其拉伸强度低，不适合大型机械化铺膜作业，有时需要进行人工覆膜作业，增加了人工成本。为了适合机械化铺膜对地膜强度的要求，完全生物降解地膜需要相应提高厚度，从而带来使用成本的增加。

有些完全生物降解地膜的水汽透过率较高，保墒效果差，不太适合干旱地区使用。由于降解速度不一样，不同降解膜覆盖下土壤水分也不一致。在新疆对完全生物降解地膜降解特征的研究表明，在整个棉花生育期内，国内供试的 3 种降解膜由于破裂较早，保墒效果明显低于普通膜，平均低 3～5 个百分点（赵彩霞等，2011）。这就需要从原料上进行调整，在配方中添加一些阻隔水汽性能好的生物降解材料，以提高完全生物降解地膜的水汽阻隔性能，增加保墒效果，适应干旱地区使用。

虽然完全生物降解地膜的大面积推广应用还面临着诸多难题，但是使用完全生物降解地膜是解决普通地膜残留污染的最佳途径，具有极好的市场发展前景。中国巨大的市场用量及政府提供的资金支持和优惠政策，推动了各企业和研发机构竞相在生物降解地膜领域进行投资研发。完全生物降解地膜要大规模地应用于农业生产，就必须在材料和生产工艺上有新的突破，需要进一步降低材料成本，提高材料的物理机械性能指标，降低薄膜的厚度，减少使用成本。

三、易回收地膜的研发和应用

（一）研制易回收地膜的必要性

解决地膜残留污染的另一个重要途径是使用易回收地膜，使用以后进行回收。易回收地膜采用聚乙烯材料生产，要做到易回收需要具备两个条件：一是地膜使用后形态要保持相对完整，大面积破裂的地膜很难回收。二是要有足够的强度，保证残膜回收机从土壤中连续起膜和卷收，即使人工回收也能连续从土壤中将膜拉出。强度低的地膜一拉就断，很难从土壤中清理干净，费工费时，不易回收。要满足易回收的条件，通常的做法是提高地膜的厚度。我国农民多年使用厚度低于 0.008 mm 的超薄地膜，这种地膜使用后破损严重，无法进行回收，在土壤中长期积累会对作物造成危害。

为了控制地膜残留污染，提高地膜使用后的回收率，国家从 2013 年 11 月开始启动了对现有地膜国标《聚乙烯吹塑农用地面覆盖薄膜》（GB 13735—1992）的修订工作。新的地膜国标征求意见稿已经发布，将地膜的最小厚度由现行国标要求的 0.008 mm 提高到 0.01 mm，并相应提高了地膜的物理性能指标。修订地膜国标的目的就是着眼于回收，通过提高厚度来提高回收率，争取回收率达到 80% 以上。2012 年 3 月时任总理温家宝针对废弃地膜污染问题专门批示，要求做好农用地膜回收利用工作。2012 年 9 月 11 日农业部发布《地膜覆盖技术指导意见》指出：在地膜节水技术推广中，要加大残膜回收利用工作力度；积极研究开发残膜回收机具；选择效果好的机型纳入农机补贴范围；开展机械收膜技术示范、宣传和培训，提高残膜回收率。近年来，新疆对以残膜回收为重点的棉花"清洁生产"十分重视：新疆沙雅县大力推广厚度 0.01 mm 的地膜，监督人工或机械回收残膜；新疆生产建设兵团第二师 33 团 2016 年种植的 7867 hm² 棉花全部采用了厚度 0.01 mm 的地膜，同时要求在采收前压实地膜，防止地膜随风飘起混入机采棉中，采收后利用残膜回收机械和人工捡拾相结合的办法回收残膜，确保残膜回收率达到95% 以上。但是，通过提高地膜的厚度来促进地膜的回收，覆盖相同面积作物的地膜用量会相应增加，带来塑料资源的过多利用，增加了覆盖种植的成本，因此单纯靠增加地膜的厚度并不是解决地膜回收的最佳方法。因此，研发强度高、耐老化性能好的易回收地膜十分重要。

（二）易回收地膜的研发

针对农业生产需要，济南三塑历山薄膜有限公司通过调整配方，运用聚乙烯材料的防老化技术，在配方中添加光稳定剂、抗氧剂等，减轻聚乙烯地膜的老化，配合高强度的茂金属聚乙烯材料或者碳八碳六线性，研发出强度高、耐老化性能好的易回收地膜，覆盖作物使用完成以后，地膜形态完整、残留强度高。用地膜回收机回收时可以连续起膜和卷收，回收率高，土壤残留少。人工捡拾可以连续从覆土中拉出，断膜少，回收方便，省工省时。

从表 3-17 中的统计数据可以看出，相同的使用时间，配方中添加茂金属树脂的地膜破洞数量比普通地膜明显少得多。茂金属地膜由于初始强度高，能够抵御铺膜作业时田间砾石、秸秆、杂草的穿刺，有效减少浇水、施肥、喷药、中耕培土等作业环节对薄膜造成的损坏，从而保持了形态的完整（表 3-18）。

表 3-17　薄膜 10 m² 破洞及开裂点数量统计表

处理	普通地膜	茂金属地膜	C6 地膜	C8 地膜
覆膜 60 d	65	7	18	12
覆膜 150 d	已碎裂	11	37	23

从表 3-19 可以看出，易回收地膜在田间使用 7 个月后，还保留较高的物理性能指标，满足了回收对残膜强度的要求，保证了回收工作的顺利进行。因为无论哪种类型的残膜回收机，其拾膜部件都是通过对残膜的挑取来达到拾膜的目的。强度低的地膜，残

表 3-18　易回收地膜物理机械性能与普通地膜对照

样品	拉伸负荷（纵/横）	直角撕裂负荷（纵/横）	断裂伸长率（纵/横）
	测试值（N）	测试值（N）	测试值（%）
易回收地膜-1	2.65/1.93	1.21/1.14	368/564
易回收地膜-2	2.81/1.82	1.31/1.15	381/578
易回收地膜-3	3.01/1.97	1.28/1.17	421/597
易回收地膜-4	3.15/2.06	1.34/1.20	432/621
普通地膜	2.38/1.71	1.18/1.02	391/492

注：样品 1～4 为济南三塑历山薄膜有限公司生产的不同配方的易回收地膜。地膜规格为 0.01 mm×900 mm

表 3-19　大田使用后（7 个月）物理机械性能及保留率

样品	拉伸负荷（纵/横）		直角撕裂强度（纵/横）		断裂伸长率（纵/横）	
	测试值（N）	保留率（%）	测试值（N）	保留率（%）	测试值（%）	保留率（%）
易回收地膜-1	2.17/1.43	78.6/72.6	1.31/1.20	108/105	298/431	81.9/75.6
易回收地膜-2	2.23/1.45	78.8/79.2	1.49/1.18	114/103	302/453	77.6/75.0
易回收地膜-3	2.08/1.23	79.4/71.0	1.41/1.20	114/127	256/378	70.9/69.4
易回收地膜-4	2.32/1.67	80.6/80.7	1.45/1.23	109/118	354/467	91.5/76.3
普通地膜	1.34/0.89	56.3/52.1	1.22/1.11	103/109	186/205	47.6/41.7

注：样品 1～4 为济南三塑历山薄膜有限公司生产的不同配方的易回收地膜。地膜规格为 0.01 mm×900 mm

膜回收非常困难，由于回收时残膜经常发生断裂，不能连续从土壤中挑取，土壤残留率高，回收率低。因此残膜的质量就直接关系到残膜机械化回收的效果。使用易回收地膜，由于残膜还保留着较高的强度，在使用残膜回收机回收时，搂膜齿可以连续从土壤中将膜搂出，回收效率高，省时省力，收净率可以达到 95% 以上。

目前完全生物降解地膜成本高，农民难以接受，大面积推广受到制约。易回收地膜由于成本低，只比普通地膜高出 5%～10% 的价格，使用成本较普通地膜稍有增加，易为农民所接受，可以快速实现大面积推广应用。

（徐志民）

参 考 文 献

陈东城. 2014. 我国农用地膜应用现状及展望. 甘蔗糖业, (4): 50-54.

陈宏坤, 李博. 2012. 掺混型控释肥对棉花产量及氮肥利用率的影响. 中国农学通报, 28(3): 213-217.

杜玉倍, 楚宗艳, 刘克峰, 等. 2015. 新型固体生长调节剂"全精控"对棉花生长发育及产量的影响. 中国棉花, 42(5): 27-28.

韩碧文, 李丕明, 奚惠达, 等. 1983. 棉花应用乙烯利催熟技术及其原理. 北京: 农业出版社.

何文清, 赵彩霞, 刘爽, 等. 2011. 全生物降解膜田间降解特征及其对棉花产量影响. 中国农业大学学报, 16(3): 21-27.

何循宏, 李国锋, 李秀章, 等. 2001. 棉花专用缓释包裹复合肥应用效果研究. 中国棉花, 28(10): 22-24.

何钟佩, 李丕明, 奚惠达, 等. 1991. DPC 化控技术在棉花上的应用与发展——从防止徒长到系统的定向诱导. 北京农业大学学报, 17(S1): 58-63.

何钟佩, 奚惠达, 杨秉芳,等. 1984. DPC 效应的定向、定量诱导及其在棉花丰产栽培中的应用. 北京农业大学学报, 10(1): 19-28.

何钟佩. 1997. 作物激素生理及化学控制. 北京: 中国农业大学出版社: 8-12, 29-36.

贺云新, 梅正鼎, 张志刚. 2011. 植物光合作用增效剂对棉花增产效应研究. 中国棉花学会 2011 年年会论文汇编: 245-249.

胡树文. 2014. 缓控释肥料. 北京: 化学工业出版社: 24-54, 193-196.

胡伟, 张炎, 胡国智,等. 2010. 控释尿素与普通尿素对棉花生长、养分吸收和产量的影响. 新疆农业科学, 47(7): 1402-1405.

胡伟, 张炎, 胡国智,等. 2011. 控释氮肥对棉花植株 N 素吸收、土壤硝态氮累积及产量的影响. 棉花学报, 23(3): 253-258.

阚画春, 郑曙峰, 徐道青, 等. 2009. 棉花专用配方缓释复合肥应用效果研究. 中国棉花, 36(4): 15-17.

李国锋, 何循宏, 徐立华, 等. 2003. 棉花专用包裹配方肥对棉株干物质和氮素积累与分配的影响. 江苏农业学报, 19(2): 87-91.

李景龙, 郑曙峰, 张教海,等. 2008. 棉花专用配方缓控释复合肥的应用效果研究. 中国棉花学会 2008 年年会论文汇编: 299-302.

李伶俐, 马宗斌, 林同保,等. 2007. 控释氮肥对棉花的增产效应研究. 中国生态农业学报, 15(3): 45-47.

李青军, 张炎, 王金鑫,等. 2015. 施肥方式对滴灌棉花干物质积累、养分吸收和产量的影响. 新疆农业科学, (7): 1292-1298.

李显澂, 石建初, 左强. 2012. 新疆棉花膜下滴灌技术存在的问题及改进措施. 农业工程, 10(2): 29-34.

李学刚, 宋宪亮, 孙学振,等. 2010. 控释氮肥对棉花叶片光合特性及产量的影响. 植物营养与肥料学报, 16(3): 656-662.

李学刚, 宋宪亮, 孙学振,等. 2011. 控释氮肥对棉花纤维品质、产量及氮肥利用效率的影响. 作物学报, 37(10): 1910-1915.

李学刚, 孙学振, 宋宪亮,等. 2009. 控释氮肥对棉花生长发育及产量的影响. 山东农业科学, (6): 79-81, 98.

马辉, 梅旭荣, 严昌荣,等. 2008. 华北典型农区棉田土壤中地膜残留特点研究. 农业环境科学学报, 27(2): 570-573.

乔海军. 2007. 生物降解地膜的降解过程及其对玉米生长的影响. 兰州: 甘肃农业大学硕士学位论文.

唐薇, 张冬梅, 徐士振, 等. 2016. 生物降解膜降解特性及其对棉花生长发育和产量的影响. 中国棉花, 43(4): 21-24, 8

王国平, 韩迎春, 范正义, 等. 2011. 叶面喷施植物光合增效剂在棉花上应用效果. 中国棉花学会 2011 年年会论文汇编: 332-335.

王浩, 张宝昌, 杜春祥, 等. 2004. 缓释/控释包膜复合肥在地膜棉上的应用试验. 中国农村科技,(12): 63.

王冀川, 徐崇志, 高山. 2013. 新疆棉花种植技术问答. 北京:中国农业科学技术出版社: 91-96.

王序俭, 曹肆林, 王敏, 等. 2013. 农田地膜残留现状、危害及防治措施研究. 2013 中国环境科学学会学术年会论文集: 1758-1763.

王志强, 曹军. 2014. 深松机的结构特点及使用调整、操作规程. 农村牧区机械化, (1): 42-43.

吴从林, 黄介生, 沈荣开. 2002. 光生双降解膜覆盖下的夏玉米试验研究. 农业环境保护, 21(2): 137-139.

夏金平. 2015. 不同施肥方式对滴灌棉花生长及产量的影响. 新疆农垦科技, (8): 38-39.

先新良, 郑晓寒, 薛丽云, 等. 2014. 化学打顶剂氟节胺对棉花生长的影响. 农村科技, (6): 21-23.

辛承松, 姬书皋, 徐惠纯. 2000. 棉花苗床喷施缩节胺对生长发育及产量、品质的影响. 山东农业科学, 3: 28.

熊思健, 陈绍荣, 刘园园. 2013. 我国水溶性肥料的现状与市场前景探讨. 化肥工业, (6): 1-3.

徐立华, 扬长琴, 李国锋, 等. 2008. 缩节胺对高品质棉成铃和品质的影响. 棉花学报, 18(5): 294-298.

严昌荣, 刘恩科, 舒帆, 等. 2014. 我国地膜覆盖和残留污染特点与防控技术. 农业资源与环境学报, 31(2): 95-102.

杨修一, 田晓飞, 张娟, 等. 2015. 控释氮肥在棉花上的应用研究进展. 棉花学报, 27(5): 481-488.

袁文胜, 金梅, 吴崇友, 等. 2011. 国内种肥施肥机械化发展现状及思考. 农机化研究杂志, (12):1-3.

张教海, 别墅, 李景龙, 等. 2009. 棉花专用配方复合控释肥的试验示范效果. 湖北农业科学, 48(5): 1089-1091.

张西岭, 杨异超, 朱荷琴. 1994. 缩节胺(DPC)浸种浓度和时间对棉籽发芽及幼苗生长的影响. 陕西农业科学, (3): 8-10.

张忠. 2015. 新疆棉花膜下滴灌水肥管理技术. 北京农业, (6): 16.

赵秉强. 2013. 新型肥料. 北京: 科学出版社: 45, 64-95.

赵彩霞, 何文清, 刘爽, 等. 2011. 新疆地区全生物降解膜降解特征及其对棉花产量的影响. 农业资源与环境学报, 30(8): 1616-1621.

郑曙峰. 2010. 棉花科学栽培. 合肥: 安徽科学技术出版社.

中国农业科学院棉花研究所. 2013. 中国棉花栽培学. 上海:上海科学技术出版社: 664-707.

Biles SP, Cothren JT. 2001. Flowering and yield response of cotton to application of mepiquat chloride and PGR-IV. Crop Science, 41: 1834-1837.

Geng J, Ma Q, Zhang M, et al. 2015. Synchronized relationships between nitrogen release of controlled release nitrogen fertilizers and nitrogen requirements of cotton. Field Crops Research, 184: 9-16.

第四章　黄河流域棉区棉花轻简化栽培技术

黄河流域棉区是中国三大主要产棉区之一。该区种植制度和种植模式复杂多样，既有一年一熟的纯作棉花，也有一年两熟甚至多熟的套种、连种棉花，还有多种形式的间作棉花。长期以来，该区采取分散经营的方式和精耕细作的栽培管理技术生产棉花，种植管理复杂烦琐，用工多、投入大、效益低的问题日益突出。近年来，该区对棉花轻简化栽培技术的研究和应用十分重视，在种植制度与种植模式改革优化，轻简化、机械化生产技术创新与实践等方面取得很大进展。本章重点论述该区不同熟制棉花的轻简化栽培技术。

第一节　一熟制棉花轻简化栽培的关键技术

我国经济社会发展进入一个崭新的阶段，农村、农业、农民出现了一系列新情况和新需求。实现党和国家建设现代化农村的新目标，满足农民增收的新需求，解决农业面临的新问题，对规模化、机械化和轻简化等植棉技术提出了越来越迫切的要求。面对新形势、新要求，依据棉花具有无限生长习性、超强自身调节和补偿能力的生物学特性，以简化和优化传统农艺措施为途径，以农业机械等物质装备为手段，研究建立了一熟制棉花轻简化栽培的关键技术。

一、机械代替人工作业

棉田机械化作业包括机械整地、机械铺膜播种、机械植保、机械中耕施肥、机械收获、机械拔柴、秸秆还田及种子加工机械化等。在目前条件下，核心内容是播种、中耕施肥、植保和收获等环节的机械化。就目前情况来看，我国一熟制棉田的机械化水平要远远高于间套复种棉田，但由于起步晚，仍远远落后于发达植棉国家，我国棉花生产机械化正处于一个重要的发展时期，还有很长的路要走（李冉和杜珉，2012）。

（一）棉花生产机械化现状

植棉用工多、机械化程度低是当前我国实现快乐植棉的主要障碍，棉花生产全程机械化是实现快乐植棉的根本出路。随着劳动力成本的不断上升，传统人工整地、播种、灌溉、采摘等已不适应当前棉花生产的发展。与先进大国相比，我国棉花机械化水平低，且区域之间很不平衡。据周亚立和毛树春测算，2010 年全国棉花耕种收综合机械化水平为 38.3%，比同年全国农作物耕种收综合机械化水平（52.3%）低 14 个百分点（毛树春，2012）。与此同时，三大棉区机械化水平差异甚大，西北内陆棉区最高为 73.6%，其中新疆生产建设兵团高于地方 10.5 个百分点。据国家棉花产业技术体系调研数据，2012 年我国棉花综合机械化水平仅为 47.8%（表 4-1），其中，机耕为 76.8%，机播为 54.2%，机收为 2.8%，而同期小麦、大豆、玉米和水稻的综合机械化水平分别为 89.4%、68.9%、60.2% 和 55.3%，远远高于棉花。

棉花收获是劳动强度最大、耗费人力最多、投入成本最高的环节，已经成为影响我国棉花生产发展的瓶颈。据中国农业科学院棉花研究所统计，2011 年每公顷棉花生产人工费用上涨至 11 732 元，上涨 3320 元，增加 39.5%，占总成本上涨部分的 84.8%，人工费用占比超过物化成本。其中，收获环节的人工费用占了大头。2013 年，山东植棉区棉花每收获 1 kg 籽棉的人工成本约为 2.2 元，新疆植棉区每千克籽棉收获成本为 2.5 元，部分地区收获 1 kg 籽棉的人工费用已达 3 元，植棉农户的利润大部分用来支付收获费用。虽然 2014 年和 2015 年人工收获棉花的成本费用有所降低，但多数地区收获每千克籽棉的人工费用仍达 2 元左右。也由此可见，实现收获机械化多么重要，但也是一个艰巨的任务。

收获机械化水平之所以难以提高，是因为机械化采棉是一项系统工程，不仅要求突破机收环节的技术瓶颈，更是对传统棉花种植和加工模式的挑战，涉及棉花生产过程中的品种选育、种植模式、农艺栽培、棉花加工流通及棉花质量标准等各个环节，所有环节共同发展是推进机采棉技术、提高棉花机械化收获水平的必要保障条件。棉花生产要稳步发展，就必须提高棉花生产的机械化水平，特别是采收环节的机械化水平。

表 4-1 　2010 年棉花机械化水平（毛树春，2012）

区域		机械化水平	机械作业主要环节	人工作业环节
长江流域		10%	仅部分植保	免耕、畜力整地、制钵、移栽、施肥、打顶和手采
黄河流域	淮北：	20%	机整、机肥和部分植保	制钵、移栽、打顶和手采
	华北：	30%	机整、机覆、机耕、机肥和部分植保	打顶和手采
西北内陆	兵团：	80.6%	机整、机播、机覆、滴灌、植保和机采	打顶和手采
	地方：	70.1%	机整、机播、机覆和植保	打顶和手采

（二）大力发展棉花生产机械化

在当前棉花生产中，棉田耕整、播种（直播）、植保、排灌等环节装备和技术已经比较成熟，在黄河流域棉区一熟棉田基本普及。在育苗移栽和棉花秸秆还田方面，已研制出多种机型的制钵机械、移栽机械和拔棉秆及秸秆粉碎还田等设备，处于示范、推广和完善阶段。在收获机械方面，目前各地使用的机械多为进口装备，也有少量的国产采棉机。我国山东省供销合作社直属企业天鹅棉机公司及其在美国的研发中心成功研制出民族品牌的采棉机（代建龙等，2013）。此外，农业部南京农业机械化研究所研制出了复指杆式采棉机及与其配套的籽棉预处理装置，实现了采摘、清杂、轧花、打包的全程机械化。

（三）棉花生产机械化的保障

棉花生产全程机械化是今后我国棉花生产的奋斗目标，为此，需要一步一个脚印地提高棉花生产的机械化水平。实现棉田种植管理主要环节的机械化，要重视以下几个方面的工作。

一是发展规模化种植。虽然我国内地棉花规模化种植发展缓慢，但在主要产棉区已经有了很大发展，户均植棉面积越来越大是其主要体现。据统计，1996 年种植面积 3.3 hm² 以上的农户比例为 1.9%。进入 21 世纪，随着农村劳动力转移和耕地流转，植棉规模进一步扩大。2003～2007 年植棉 3.3 hm² 以上的农户比例提高到了 6.2%～9.6%；2008～2009 年进一步提高到 11.9%～12.4%，2010～2011 年达到 15% 以上（毛树春，2012）。今后应进一步加大扶持、引导力度，通过相对集中、成方连片种植来推进规模化植棉。

二是提高组织化服务。组织化服务是实现种管机械化的重要保证，规模化种植是组织化服务的基础。组织化服务的形式可以根据各地的实际情况因地制宜、多种多样，包括成立合作社、服务队、农民协会等。

三是提高机械装备水平。充分利用好国家对于机械装备的补贴政策，提高装备水平，特别是播种、植保、收获机械的水平，做到省工、高效、低耗。

二、化学除草和精简中耕

中耕除草是棉田管理的重要技术措施，过去通常由人工完成，环节多而复杂，费工费时。现代植棉技术条件下进一步精简中耕和除草次数，并提倡用化学除草剂和机械代替人工中耕除草（图版Ⅳ-8）。

（一）化学除草

当前化学除草剂的种类很多，由于应用时间不同和农药性能不一，应用方法也不一样。适宜播种前土壤处理的除草剂有氟乐灵等；播后苗前土壤处理可以选择氟乐灵、拉索、乙草胺、丁草胺、敌草隆、地乐胺等除草剂；进行茎叶除草时，可以选择稳杀得、精稳杀得、盖草能、禾耐斯、克芜踪、草甘膦等除草剂；棉花成株期定向喷雾的如龙卷风、草甘膦等（蒋建勋等，2015）。

1. 播前土壤处理

播种前用化学除草剂处理土壤是棉田最常见的除草剂施用方法。黄河流域棉区在棉花播前采取先灌溉再耕地、耙地，然后播种，除草剂应在耕地以后耙地以前喷施，可用 48% 氟乐灵乳油每公顷 1500～2250 mL 兑水 750 kg 后均匀喷雾，施药后马上耙地混土。采用先耕地再灌溉、耱地、耙地，然后播种的棉田，在耱地以前喷施除草剂，可以使用 48% 氟乐灵乳油 2250 mL/hm² 兑水 750 kg 后均匀喷雾，施药后马上耱地、耙地混土。喷除草剂时一定要注意：一是喷药时要先平好地再喷药，地头少喷，以防耙地时把药土带到地头上，造成药害。二是由于氟乐灵等除草剂具有挥发性，水溶性低，易光解，要随喷药随耙耱，不要间隔时间太长。三是不同土壤掌握不同施药量，沙质地可适当少一些，黏质土含有机质多的地块，可适当多一些。四是若灌地后不耱地而用旋耕犁旋地，除草剂应加量。氟乐灵等除草剂混土对禾本科杂草及小粒阔叶杂草有较好的防效，有效期为 50～60 d。

2. 播后苗前土壤处理

在混土的基础上，再采用播后苗前喷施，具有更好的防治杂草的效果，这种方式多用于地膜下除草。

一种方法是人工喷药后再人工或机械盖膜：播种覆土后出苗前，每公顷用90%乙草胺450～600 mL加水750 kg或用50%乙草胺乳油1500 mL加水750 kg，也可用60%丁草胺乳油1500～1600 mL加水750 kg均匀喷雾。随喷随盖膜，薄膜边要压实，以防风吹破膜，挥发了膜内的除草剂气体，盖严膜气体挥发不走，杂草萌发后遇着气体也会死亡。

另一种方法是机器喷药后机械盖膜：也用以上两种除草剂。一定注意掌握好药液流量，机器行走要均匀，不要忽快忽慢，以防喷药量不匀，停机时和地头要关上喷药开关，以防药害。

3. 苗期茎叶处理

没用除草剂处理的土壤或者除草剂使用不当，往往播种后棉田内出现杂草，特别是在放苗孔处，杂草和棉花一起生长，用锄很难除掉，一不小心就会伤棉株，可用25%盖草能900～150 mL/hm^{2}或用拿扑净4500～6000 mL/hm^2，在棉花四叶期后杂草3～5叶期茎叶喷雾，一般5 d后杂草就会死掉。

4. 成株期定向喷雾处理杂草

采用灭生性的除草剂，如龙卷风4500～6000 mL/hm^{2}或10%草甘膦900～1500 mL/hm^2，行间定向喷雾或加保护装置，压低喷头，不要让药液喷在棉叶上或嫩茎上。这样能解决全生育期的杂草。

总之，施用化学除草剂并结合中耕可以有效防除棉田杂草，是棉花轻简化栽培的重要措施。但务必注意：一是除草剂要严格按施用说明要求的剂量施用，不能随意加大用量，以防引起药害，尤其是沙地和瘦地，要采用下限剂量。若是有效成分用量的，要按有效成分含量进行换算，以防用量过小，达不到除草的目的。用药量指的是实际除草面积，如果只喷膜下，不喷膜间，应减去膜间面积来计算用量，以防超量。二是忌重喷或漏喷，如喷后有剩液，不要补喷在地头地边草多处，以防局部受害；如采用机械喷药又不够一幅宽时，余下的用人工补喷，以防重喷或漏喷。如果在播棉前已经足量用药，播种时不能再在膜下加喷除草剂，以防药害。务必使各喷头药量一致，忌各喷头药量不匀，或一个喷头两侧不匀，致使局部或隔行受害。喷药进行中停机，必须关闭喷药阀门。三是需要混土的除草剂，其喷施时间离播种期近较好，需要混土的除草剂一般有易挥发、易光解的特性，喷药耙地混土后，仍有少部分药留在表面，会因日晒而减效，所以喷除草剂的时间，离播种期近除草效果好。

（二）精简中耕

一般认为，中耕具有破除板结、疏松土壤，增温、保墒、放墒，除草、防病等作用，特别是能够为棉苗根系生长创造良好的环境条件。长期以来，中耕一直作为重要的农艺措施被广泛应用。据1983年出版的《中国棉花栽培学》总结，20世纪80年代及以前，棉花全生育期需要中耕7～10次，分别是苗期中耕4～5次，蕾期中耕2～3次，开花以后根据情况中耕1～2次（中国农业科学院棉花研究所，1983）。之所以中耕这么多次，主要有以下几个原因：一是受当时机械化程度低的影响，棉田整地质量较差，需要多次中耕予以弥补；二是没有广泛应用除草剂，需要结合中耕进行人工除草；三是当时多数棉田不进行地膜覆盖，便于中耕，加之人多地少的国情，更促进了这一技术的普及。20世纪90年代以后，随着机械化水平的提高，整地质量也随之提高，特别是化学除草剂和地膜覆盖技术的广泛应用，使棉田中耕次数大大降低，黄河流域棉区已由过去7～10次减少至3～5次，并有进一步减少的趋势。

2014年山东棉花研究中心在全省10个产棉县（区、市）开展中耕次数对棉花产量效应影响的研究，发现尽管中耕次数，特别是苗期中耕对提高地温、促进棉苗生长有一定的作用，但反映到产量上，并不一定增产。总体而言，一次不中耕比中耕2次平均减产9.1%，而中耕2次与中耕4次和6次的处理，产量差异不显著（表4-2）。这一结果说明，棉田中耕仍是必要的，但可以由现在的4～5次减少为2次左右。也就是说可以根据劳力和机械情况，将棉田中耕次数减少到2次左右，分别在苗期（2～4叶期）和盛蕾期进行，也可根据当年降雨、杂草生长情况对中耕时间和中耕次数进行调整。但是，6月中下旬盛蕾期前后的中耕最为重要，一般不要减免，可视土壤墒情和降雨情况将中耕、除草、施肥、破膜和培土合并进行，一次完成。

表4-2　中耕次数对一熟棉田棉花籽棉产量（kg/hm²）的影响（2014，山东）

中耕次数	临清	夏津	高唐	商河	无棣	惠民	沾化	利津	寿光	昌邑	平均
8	4170a	4020a	2627a	4432a	4012a	3785a	3879a	3469a	3854a	3797a	3805a
4	4425a	4011a	2458a	4289a	3902a	3686a	3902a	3423a	3921a	3824a	3791a
2	4144a	4105a	2711a	4316a	3754a	3762a	3866a	3526a	3926a	3798a	3784a
0	3852b	3792b	2682a	3605b	3572c	3544b	3521b	3033b	3278b	3521b	3440b

注：所有处理皆为地膜覆盖棉田，除草剂在播种前混土和播种后覆膜前喷施。0表示全生育期不中耕；2表示在苗期（2～4叶期）、盛蕾期各中耕1次；4表示苗期中耕2次，盛蕾期1次，开花后1次；8表示苗期中耕4次，蕾期2次，开花后2次

需要注意的是，在我们的试验中，高唐县和无棣县的试验结果不合常规（表4-2），高唐县4个处理的棉花产量间无差异，这主要是因为棉田遭受了长时间淹水，棉花产量大幅度降低，掩盖了处理间的产量差异；而无棣县主要是化学除草运用不当，棉田杂草太多，中耕2次也没能清除杂草，导致不中耕和中耕2次的处理比多次中耕处理的皆显著减产（表4-2）。

1. 苗期中耕

棉花自出苗至现蕾前为苗期，一般为30～35 d，这一阶段棉田管理的重点之一就是中耕。苗期中耕的作用：一是提高地温。4月气温和地温都是逐步上升的，但由于早晚气温低，昼夜温差大，日平均气温稍低于5 cm平均地温。到了5月，由于气温上升快，又高于地温，而且越往地下，升温越慢，因此5月地温偏低是棉苗迟发的主要原因。地膜覆盖解决了被覆盖部分土壤的升温问题，但未覆盖的行间仍然要靠中耕提高地温。二是保墒。播种前多数棉田造墒，贮墒充足。随着5月气温升高，土壤中的水分会沿毛细管蒸发到大气中。中耕可将土壤毛细管切断，阻止或减少水分蒸发。上层水分少了，下层水分却保存住了。如做得好，可缓解蕾期干旱威胁，甚至可节省一次蕾期浇水。三是破除板结。当苗期遇雨土壤板结后，可使苗期土壤环境逆转变劣，影响棉苗生长，要靠

中耕破除板结。四是促根下扎和扩展。中耕造成土壤上层干燥环境，胁迫棉根下扎来吸收下层水分，将表根划断促其多次分枝并下扎。所以，中耕是促使棉株强大根系形成的重要手段。五是防治棉苗立枯病。立枯病是威胁棉苗的主要病害，土壤不通透、低温、高湿是发病的主要诱因。在5月多雨的情况下，常造成棉苗立枯病暴发，严重时大片死苗，甚至毁种。在棉种药剂包衣的基础上再进行中耕很有效。六是促进土壤养分释放。土壤中并不缺棉株需要的大量元素和微量元素，而是缺乏能被棉根吸收利用的速效营养元素。由于中耕增加了土壤温度和透气性，能促进土壤养分释放，把本来棉株不能利用的营养转化为可利用状态，尤其是能改善钾素的供应状态。此外，中耕还可除草、预防枯萎病、利于深追肥等。

鉴于中耕有以上益处，在当前棉田管理状况下，这项苗期作业不能被完全"简化"掉。应根据劳力、降雨和杂草发生情况，在苗期行间中耕1次：若2～4叶期中耕，中耕深度5～8 cm；若5～7叶期中耕，中耕深度可达10 cm左右。为确保中耕质量，提高作业效率，最好用机械中耕，以便把握最佳作业时机，尤其是黏性地，土壤过干过湿都影响中耕质量和效果。

2. 蕾期中耕

蕾期中耕的作用很多，一是促根下扎，保证棉花稳长；二是去除杂草；三是结合中耕，去除塑料薄膜并培土防倒伏，但最重要的还是促根下扎。因此，蕾期中耕一定要深。为减少用工，提倡采用机械，于盛蕾期把深中耕、锄草和培土结合一并进行。中耕深度10 cm左右，把地膜清除，将土培到棉秆基部，利于以后排水、浇水。行距小和大小行种植的棉田可隔行进行。

3. 花铃期中耕

为使根系有一个良好的活动环境，保持根系活力，可根据情况，在花铃期雨后或浇水后及时中耕1次。但此时中耕与蕾期相反，宜浅不宜深，否则会伤根，导致后期早衰。

三、精量播种减免间苗、定苗

我国棉田机耕、机播和机盖（膜）的技术十分成熟，相应的机械也比较配套。这方面，新疆产棉区，特别是新疆生产建设兵团做得很到位，实现了机械化精量和准确定位播种，还实现了播种、施肥、喷除草剂、铺设滴灌管和地膜等多道程序的联合作业。通过精量播种，一穴播1～2粒精加工种子，出苗后不疏苗、间苗和定苗，减免了传统的间苗和定苗工序；利用机械在播种时膜上自动打孔和覆土，实现自然出苗，免除了放苗工序。在黄河流域棉区，近年来随着棉花生产机械化程度的提高，棉花播种已实现了开沟、施肥、除草、播种、覆土、覆膜机械一体化操作，仅播种用工就从传统的每公顷60～75个减少到15～30个，且播种效率大幅度提高。但是棉花出苗后，放苗、间苗、定苗及之后的整枝、收获等工序仍较烦琐，用工较多。在劳动力逐渐向城市转移的今天，减轻劳动强度、简化栽培方式、降低生产成本是迫切要求。经过近几年的试验和实践，黄河流域棉区也基本上形成了精量播种减免间苗、定苗的技术，播种工序和用工大大减少（代建龙等，2014）。

2011～2013 年山东棉花研究中心连续 3 年在山东省临清市、夏津县、惠民县和东营市东营区 4 个地点，以常规播种保苗方式为对照，研究了精量播种保苗（播量 15 kg/hm²，出苗放苗后不间苗、定苗）方式对棉花收获密度、籽棉产量和产量构成因素的影响（代建龙等，2014）。常规播种的播量为 30 kg/hm²，机械条播，播后盖膜，出苗后按照常规管理方式放苗、间苗、定苗，留苗密度 52 500 株/hm²。精量播种的播量为 15 kg/hm²，精量播种机点播，每穴 1～2 粒种子，穴距控制在 23.7 cm。出苗后正常放苗，并结合人工放苗适当控制一穴多株。

（一）播种方式对收获密度的影响

3 年 4 个地点（12 点次）试验结果表明，种植年份、种植地点和播种保苗方式对棉花收获密度有显著的互作效应（表 4-3）。精量播种减免间苗、定苗处理下，大田密度波动范围较大，为 3.53～8.32 株/m²，平均为 6.19 株/m²，比正常播种的对照高 17.2%，其中有 10 个点次的收获密度达到 4.5～8.5 株/m²，2 个点次的密度低于 4.0 株/m²（表 4-3）。说明多数情况下，精量播种能保证密度在 4.5～8.5 株/m²，符合黄河流域棉区棉花高产的要求。

表 4-3　2011～2013 年 4 个试验点不同播种保苗方式对收获密度（株/m²）的影响

年份	播种方式	临清市	夏津县	惠民县	东营区	平均
2011	常规播种	5.46b	6.03b	4.97b	5.61a	5.52b
	精量播种	7.24a	8.32a	5.95a	3.53b	6.26a
2012	常规播种	5.22a	5.63b	5.06a	5.36b	5.32a
	精量播种	5.53a	6.99a	3.63b	6.09a	5.56a
2013	常规播种	5.23b	5.34a	4.91b	4.97b	5.11b
	精量播种	7.57a	5.46a	6.03a	7.99a	6.76a

注：同年同列数字后字母不同者表示差异显著（P≤0.05）

（二）播种方式对棉花籽棉产量的影响

试验结果表明，种植年份、种植地点和播种方式对籽棉产量皆有显著影响（表 4-4）。12 个点次中，有 10 个点次精量播种与对照处理的平均产量基本相当，无显著差异；有 2 个点次比对照减产，2011 年东营区点精量播种比对照减产 14.2%，2012 年惠民县点精量播种比对照减产 5.5%（表 4-4）。这两个减产的点次，共同特点是出苗不好，密度只有 3.5 株/m² 左右，且棉苗分布极不均匀。

表 4-4　2011～2013 年 4 个试验点不同播种方式对籽棉产量（kg/hm²）的影响

年份	播种方式	临清市	夏津县	惠民县	东营区	平均
2011	常规播种	3445a	3741a	3673a	3805a	3666a
	精量播种	3403a	3720a	3665a	3264b	3513b
2012	常规播种	3295a	3877a	3845a	3639a	3664a
	精量播种	3258a	3850a	3632b	3615a	3589a
2013	常规播种	3514a	3445a	3370a	3287a	3404a
	精量播种	3490a	3366a	3328a	3232a	3354a

多年多点的试验研究表明，12 个点次中，有 10 个点次精量播种减免间苗、定苗与对照的平均籽棉产量相当，只有 2 个点次减产。该 2 个减产的点次，由于整地质量较差，出苗不好，收获密度皆低于 4.0 株/m^2，且棉苗分布极不均匀。密度低、缺苗多、棉苗分布不均匀是减产的主要原因。可见，只要提高播种质量，保证较高的密度，精量播种减免间苗、定苗完全可以实现省工节本而产量不减，在黄河流域棉区是完全可行的。

一般认为，棉花对群体密度具有较宽泛的适应性，在一定的密度范围内棉花产量是保持相对稳定的。产量的相对稳定在于棉株自身产量构成因素、生物产量与经济系数之间的调节（Dai et al., 2015）。棉花的产量构成因素由单位面积铃数、单铃重和衣分构成，其中铃数和铃重是变幅最大的两个因素，调控铃数和铃重是保持产量稳定或提高的重要途径。本研究 12 个点次中有 10 个点次精量播种减免间苗、定苗与对照的铃数相当，单铃重也无明显差异，说明精量播种减免间苗、定苗虽然密度变化较大，但由于以铃数和铃重为主的产量构成因素保持了相对稳定，因而产量不减。2011 年东营点和 2012 年惠民点的铃数比对照显著降低，而铃重变化不大，相对应的是这两个点次显著减产，且收获密度也显著低于对照。说明减产的原因在于密度过低，引起单位面积铃数减少。由此可见，精量播种减免间苗、定苗要实现产量不减，应首先确保较高的密度，保证足够的单位面积载铃量，适当提高密度也是弥补精量播种产生缺苗等不利效应的重要途径。

（三）精量播种减免间苗、定苗的技术要求

精量播种是选用精良种子，根据计划密度确定用种量，通过创造良好种床，并配置合理株行距，使播下的种子绝大多数能够成苗并形成产量的大田棉花播种技术。采用精量播种技术，不疏苗、不间苗、不定苗，保留所有成苗并形成产量。棉花精量、半精量播种可使苗匀、苗齐、苗壮，免除间苗和定苗作业，节约种子，促进种子良种化。精量播种技术已成为发展棉花生产及保持经济高质量增长的迫切的需要，也是进一步提高农业劳动生产率，实现农业现代化必须解决的关键问题。

精量播种的基本流程是，在整地、施肥、造墒的基础上，在适宜播种期，采用精量播种机，按预定行距和株距每穴播种 1～2 粒，每公顷用种 15～22.5 kg，然后喷洒除草剂，覆盖地膜。播种后及时检查。全苗后及时放苗，放苗时适当控制一穴多株。以后不再间苗、定苗，保留所有成苗形成产量（图版Ⅳ-4，5）。

综上所述，只要保证较高的收获密度，实行精量播种减免间苗、定苗可以实现产量不减，在黄河流域棉区是完全可行的（代建龙等，2014；张晓洁等，2012）。但采取该项技术必须注意以下 3 点：一是种子质量和整地质量必须要高，并有配套的精量播种机械，以确保较高的出苗率和收获密度；二是在人工放苗时可以适当控制一穴多株，以解决棉苗分布不均匀的问题；三是按照稀植稀管、密植密管的原则进行大田管理。减免间苗、定苗，通常情况下密度会有相应增加，必然导致植株群体长势增强，必须通过合理化调，控制株高和营养生长，搭建合理群体，才能实现产量不减或增产的目标。精量播种是一项先进农业技术措施，扎实做好了会给农业生产带来显著效益。但是，如果措施不当，方法不对，作业质量达不到规定要求，也会给生产带来损失。因此，要加强各项运行、管理工作，切实运用好这项措施，确保棉花一播全苗。还要注意，精量播种减免间苗、定苗只是棉花轻简化栽培的一个环节，只有和高质量种子生产加工技术、一次施肥、简化整枝、减少中耕次数及机采棉技术等有机结合起来，才能实现真正意义上的轻简化栽培。

四、合理密植与简化整枝

简化整枝的主要内容包括控制或利用叶枝，也就是用化学或机械方法控制棉花顶端生长优势，减免抹赘芽、去老叶、去空果枝等传统整枝措施。要实现简化整枝而不减产、降质，需要适宜品种、化学调控与合理密植等技术措施与物化成果的密切配合。

（一）叶枝的生长发育规律和贡献

叶枝也称营养枝或假轴分枝，一般着生在主茎基部第 3~7 片真叶之间，是不能直接着生棉铃的枝条。叶枝多少和强弱与品种有关，一般生育期长的晚熟、中熟棉品种叶枝多（强）于生育期短的短季棉，杂交棉品种多（强）于常规棉品种；叶枝多少和强弱受环境条件和栽培措施的显著影响，其中种植密度的影响最为突出，密度越高，叶枝越少、越弱（中国农业科学院棉花研究所，2013；董合忠等，2003a）。

1. 叶枝的生长发育特性

棉花植株真叶和子叶腋内皆可出生叶枝，但以真叶叶腋出生的叶枝的优势强；不整枝时，棉花植株出生的叶枝一般可达 1~6 条，以 3~5 条的概率最大。下部叶枝出生早，但长势弱，生长速率较慢，结铃率低，是劣势叶枝；上部叶枝出生虽晚，但长势旺，生长速率较快，结铃率高，是优势叶枝。

叶枝叶的比叶重小于主茎叶和果枝叶；叶枝上着生的二级果枝的单枝生长量远远低于主茎果枝。叶枝现蕾开花时间晚于主茎，但与主茎同时达到高峰期，终止时间先于主茎，这就是留叶枝棉花叶枝的打顶时间要比主茎提前 5~7 d 的原因。总体上叶枝的成铃率低于果枝，叶枝铃的铃重一般比果枝铃低 10%左右，衣分略低于果枝铃，一般低 5%左右。叶枝铃的纤维品质指标大部分与果枝铃基本相当，但纤维强力略低于果枝铃（中国农业科学院棉花研究所，2013）。

综上所述，叶枝铃虽然能够形成一定的产量，但铃小、衣分低，纤维品质也没有优势可言，因此控制叶枝生长发育是重要的栽培措施。

2. 留叶枝对叶面积指数、生物产量和经济产量的影响

据山东棉花研究中心 2013 年在临清市的大田试验结果，与去叶枝的精细整枝相比，留叶枝能够显著增加叶面积指数和生物产量，而且密度越低、提高幅度越大，在低密度（1.5 株/m^2）条件下，留叶枝比去叶枝处理的叶面积指数和生物产量分别增加了 39%和 13%；在中等密度（4.5 株/m^2）条件下，留叶枝比去叶枝处理的叶面积指数和生物产量分别增加了 18%和 26%；在高密度（13.5 株/m^2）条件下，留叶枝比去叶枝处理的叶面积指数和生物产量分别增加了 7.5%和 10%（表 4-5）。但留叶枝在增加叶面积指数和生物产量的同时，却不一定能增加经济产量，因为留叶枝总体上具有降低经济系数的作用。在低密度条件下，由于叶面积指数和生物产量不足，留营养枝具有一定的增产作用，本试验中低密度（1.5 株/m^2）条件下，留叶枝比去叶枝处理的籽棉产量增加了 4.7%，但中等及偏上密度条件下，则没有任何增产效果，反而表现出不利作用（表 4-5）。

表 4-5　种植密度对留叶枝棉干物质积累和分配的影响（2013，临清市）

处理		叶面积指数	生物产量（kg/hm²）	籽棉产量（kg/hm²）	经济系数
密度（株/m²）	整枝				
1.5	留叶枝	2.81e	6 024e	2 822c	0.468b
	去叶枝	2.02f	5 324f	2 696d	0.506a
4.5	留叶枝	3.51d	7 885d	3 346a	0.424c
	去叶枝	2.97e	6 235e	3 501a	0.562a
7.5	留叶枝	4.01c	8 796c	3 445a	0.392d
	去叶枝	3.72cd	7 245d	3 466a	0.478b
10.5	留叶枝	4.35b	9 824b	3 436a	0.350e
	去叶枝	3.98c	9 056c	3 406a	0.376d
13.5	留叶枝	4.69a	11 005a	3 303ab	0.300f
	去叶枝	4.36b	9 905b	3 273a	0.300c

注：叶面积指数为盛铃期的测定结果，生物产量为吐絮率达到60%时的测定结果。经济系数为籽棉产量与生物产量的比值

3. 种植密度对留叶枝棉干物质积累和分配的影响

叶枝对叶面积指数、生物产量和籽棉产量都有一定的贡献，受种植密度的显著调控（表 4-6）。随着种植密度升高，叶枝对它们的贡献显著减少：低密度时，叶枝叶面积指数占总叶面积指数的比例高达 48%，占生物产量比重高达 38%，占经济产量比重高达 35%；但随着密度升高，占比逐渐下降，在密度达到 13.5 株/m² 时，叶面积指数、生物产量和籽棉产量的占比分别降为 23%、17% 和 9.9%（图 4-1）。

表 4-6　不同密度下叶枝叶面积指数、生物产量和籽棉产量（2013，临清市）

密度（株/m²）	叶面积指数		生物产量（kg/hm²）		籽棉产量（kg/hm²）	
	叶枝	全株	叶枝	全株	叶枝	全株
1.5	1.35a	2.81d	2 289a	6 024e	1073a	2 822c
4.5	1.41a	3.51c	2 123b	7 885d	937b	3 346ab
7.5	1.24b	4.01b	2 012bc	8 796c	514c	3 445a
10.5	1.16bc	4.35ab	1 935c	9 824b	412d	3 436a
13.5	1.08c	4.69a	1 872d	11 005a	328e	3 303b

注：同列数值标注不同字母者为差异显著（$P \leqslant 0.05$）

研究表明，虽然保留叶枝一般不会引起减产，在密度过低、播种过晚等特殊情况下还有一定的增产效果，但留叶枝不便于棉田人工和机械化管理，也不便于收花，而且叶枝上着生的棉铃体积小，衣分低，纤维品质也较差，因此，控制叶枝是重要的栽培措施。现有研究还表明，叶枝的生长发育受种植密度的显著影响，因此，提高密度、合理密植就成为控制叶枝发生的重要技术措施。

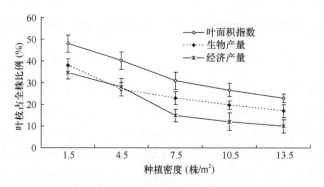

图 4-1　不同密度下叶枝叶面积指数、生物产量和经济产量的贡献率（%）（2013，临清市）

（二）叶枝利用和控制技术

叶枝控制或利用技术是棉花栽培学的重要内容，是保留叶枝还是控制叶枝生长发育不能一概而论，要因地制宜。山东棉花研究中心根据多年研究，提出了叶枝利用和控制的三条途径，即稀植条件下采用"精稀简"栽培，保留叶枝，利用叶枝"中前期增源、中后期扩库"的作用贡献部分经济产量（董合忠等，2007）；中等密度条件下采用粗整枝栽培，人工粗整枝，去掉叶枝；高密度条件下采用"晚密简"栽培，利用小个体、大群体控制叶枝生长发育，实现免整枝（董合忠等，2013a，2013b）。

1. 稀植条件下的叶枝利用技术（"精稀简"栽培）

以去叶枝为主的整枝技术是我国棉花精耕细作技术体系的重要内容之一，具有减少养分消耗、增加棉田通风透光的作用（中国农业科学院棉花研究所，1983）。2000 年以来，随着转基因抗虫棉的推广和对棉花简化栽培的青睐，各地就营养枝利用开展了较多的探索。发现在有些情况下，留叶枝具有贡献部分经济产量、就近供应根系部分同化物、促进棉株中后期对无机氮的吸收等正面效应（董合忠等，2003a，2003b），叶枝还具有"中前期增源、中后期扩库"的作用（董合忠等，2007），这些报道为保留叶枝提供了相应的根据。2005 年前后，随着化学调控技术的应用和转基因抗虫杂交棉品种的推广，以及我国内陆棉区的棉花越种越稀的趋势，国内多数学者开始倾向于保留叶枝，并证实了叶枝利用的价值和保留叶枝的可行性（董合忠等，2003b；中国农业科学院棉花研究所，2013）。

2008 年山东棉花研究中心分别在试验站农场（临清市，115°72′E，36°68′N）、山东圣丰种业有限公司试验田（嘉祥县，116°20′E，35°24′N）和山东润丰种业有限公司试验田（金乡县，116°18′E，35°04′N）开展田间试验，研究了抗虫杂交棉密度和整枝的互作效应。临清市试验田为连续植棉多年的一熟棉田，沙壤土；嘉祥县和金乡县为两熟棉田，皆为轻壤土，其中前者的前茬作物为小麦，后者的前茬作物是大蒜。三块棉田的地力为中等或偏上，有良好的排灌条件。供试棉花品种为当时主推的'鲁棉研 25 号'，是中早熟转 Bt 基因抗虫杂交棉。

各试验点均采用裂区试验设计，主区为整枝，设去叶枝的正常整枝（R）和留叶枝（M）2 个处理；副区为密度处理，设 3.0 株/m²、4.5 株/m²、6.0 株/m² 和 7.5 株/m² 4 个密度，重复 3 次。临清市点于 3 月中旬耕地，结合耕地每公顷施鸡粪 22.5 t，氮磷钾复合肥（18%N，18%P$_2$O$_5$，18%K$_2$O）600 kg 作基肥。3 月下旬浇水造墒。根据墒情和天气状况临清市于 2008 年 4 月 24 日播种，按预定株距人工点播脱绒种子 8~10 粒（发芽率 80%以上），同时在地头播种预备苗。播种后覆土，然后地膜覆盖。在棉苗第 2 片真叶展开后定苗，每穴留健壮棉苗 1 株，缺苗的地方及时移栽预备苗，使所有小区皆达到预定留苗密度。嘉祥点和金乡点采用营养钵育苗移栽，皆于 2008 年 3 月底制钵，金乡点于 4 月 3 日播种，5 月 10 日移栽到大蒜田；嘉祥点 4 月 1 日播种，5 月 5 日移栽到小麦田。前茬作物收获后追施氮磷钾复合肥（18%N，18%P$_2$O$_5$，18%K$_2$O）600 kg。

去叶枝处理的小区于现蕾后 5 d 及时去掉棉株下部的叶枝和赘芽（保留主茎叶），之后结合其他棉田管理于盛蕾期和花铃期各整枝（去叶枝和赘芽）1 次，7 月 18~20 日打顶；留叶枝的处理保留叶枝和赘芽，但于 7 月 10~15 日打掉叶枝的顶心，7 月 18~20 日打主茎顶心。根据长势情况，临清点喷施缩节胺化调 2 次，金乡点和嘉祥点喷施缩节胺化控 3 次；各点见花后每公顷追施尿素 150 kg，打顶后再追施尿素 75 kg；根据转 Bt 基因抗虫棉的要求治虫。其他管理皆按常规要求进行。

（1）不同密度下整枝对棉花经济产量的效应

在不考虑互作效应的前提下，密度和叶枝对杂交棉产量皆有影响：去叶枝的籽棉和皮棉产量分别比留叶枝的增产 6.4%和 5.1%；最低密度（3.00 株/m^2）的籽棉产量与中等密度（4.50 株/m^2）的籽棉产量差异不大，但中等密度（4.50 株/m^2）的籽棉产量分别比中高密度（6.00 株/m^2）和最高密度（7.50 株/m^{2}株）的籽棉产量增加 3.1%和 7.67%，说明去叶枝和合理密植仍有一定的增产效果（表 4-7）。

表 4-7　整枝和密度对棉花棉产量、产量构成和早熟性的影响

处理	籽棉（kg/hm^2）	皮棉（kg/hm^2）	生物产量（kg/hm^2）	棉柴比	铃数（个/m^2）	铃重（g）	霜前花率（%）
叶枝（VB）							
去叶枝	4 734a	1 779a	1 029b	0.800a	88.3a	5.37a	87.2a
留叶枝	4 448b	1 693b	1 418a	0.665b	84.1b	5.27b	83.5b
密度（PD）	（株/m^2）						
3.00	4 692a	1 727ab	10 280d	0.843a	87.0a	5.48a	88.5a
4.50	4 717a	1 785a	10 984c	0.761b	87.0a	5.38b	86.1b
6.00	4 575b	1 755a	11 561b	0.696c	85.7ab	5.26c	84.4c
7.50	4 381c	1 676b	12 068a	0.631d	85.2b	5.13d	82.5d

注：表中的皮棉产量、生物产量和棉柴比数据为临清市和嘉祥县的平均数，其余皆为 3 个试验点的平均数。不同小写字母表示差异显著 $P \leqslant 0.05$

密度与整枝对籽棉和皮棉产量有显著的互作效应。无论是籽棉还是皮棉产量，尽管不同地点间存在显著差异，但 3 个试验点密度与整枝表现出大致相同的互作效应（表 4-8）：在去叶枝情况下，都是低密度（3.00 株/m^2）和高密度（7.50 株/m^2）条件下的产量低，中高密度（4.50~6.00 株/m^2）的产量较高；在留叶枝条件下，都是以低密度（3.00 株/m^2）最高，密度 4.50~6.00 株/m^2 的产量居中，而高密度（7.5 株/m^2）处理的产量最低。3 个试验点（表 4-8），整枝条件下 4.5 株/m^2 密度处理的籽棉和皮棉产量都较高，比 3.00 株/m^2 分别增产 4.9%和 5.5%，比 7.50 株/m^2 分别增产 7.72%和 7.15%；而留叶枝条件下则以 3.0 株/m^2 的籽棉和皮棉产量较高，比最高密度（7.5 株/m^2）分别提高了 12%和 11.4%，

比 4.5 株/m² 密度处理的籽棉产量高 4%。这说明低密度下留叶枝是可行的。

表 4-8　不同试验点整枝和密度对棉花产量、产量结构和早熟性的互作效应

处理	籽棉（kg/hm²）	皮棉（kg/hm²）	生物产量（kg/hm²）	棉柴比	铃数（个/m²）	铃重（g）	霜前花率（%）
临清							
RM/3.00	4 946d	2 102d	9 834c	1.013a	83.7e	5.91b	96.0b
RM/4.50	5 293a	2 264ab	10 904b	0.943b	87.7d	6.04a	97.4a
RM/6.00	5 367a	2 299a	11 396ab	0.890c	91.7c	5.85b	94.6c
RM/7.50	5 317a	2 171c	11 575a	0.850d	98.6ab	5.40d	94.3c
RT/3.00	5 290a	2 244b	11 280ab	0.883c	95.9b	5.52c	95.8b
RT/4.50	5 226ab	2 245ab	11 601a	0.820e	96.1b	5.44cd	93.7c
RT/6.00	5 132bc	2 251ab	11 601a	0.793f	98.7ab	5.21e	92.4d
RT/7.50	5 023cd	2 048e	11 720a	0.750f	99.6a	5.05f	90.2e
嘉祥							
RM/3.00	4 407a	1 676a	9 716f	0.830a	92.4a	5.27b	84.9a
RM/4.50	4 555a	1 721a	10 801d	0.730b	87.3b	5.39a	83.9a
RM/6.00	4 507a	1 689a	11 829bc	0.617d	84.5bc	4.88d	81.6b
RM/7.50	4 195b	1 548b	12 169b	0.530e	83.7c	4.81d	78.9c
RT/3.00	4 041c	1 485c	10 291e	0.647c	78.7d	5.13c	80.7b
RT/4.50	3 771d	1 393d	10 631de	0.550e	74.0e	5.10c	73.5d
RT/6.00	3 720de	1 364de	11 417c	0.483f	73.4e	5.07c	74.1d
RT/7.50	3 615e	1 332e	12 806a	0.393g	71.1e	5.09c	71.6e
金乡							
RM/3.00	4 695bc	—	—	—	83.6c	5.62a	87.3a
RM/4.50	4 895a	—	—	—	95.0a	5.15cd	84.9b
RM/6.00	4 462d	—	—	—	88.4b	5.05de	82.8c
RM/7.50	4 174e	—	—	—	83.0c	5.03e	80.6d
RT/3.00	4 773ab	—	—	—	88.4b	5.40b	86.3a
RT/4.50	4 562cd	—	—	—	84.9c	5.19c	83.1c
RT/6.00	4 262e	—	—	—	77.2d	5.48b	81.1d
RT/7.50	3 963f	—	—	—	71.8e	5.42b	79.2e

　　注：RM 和 RT 分别表示去叶枝和留叶枝，数字 3.00 等表示密度（株/m²）。金乡县试验点的皮棉产量、生物产量和棉柴比没有数据。不同小写字母表示差异显著（$P \leqslant 0.05$）

（2）不同密度下整枝对棉花生物产量的效应

　　增密和留叶枝都可以显著提高单位面积的生物产量，密度与整枝对生物产量的互作效应也达到显著水平（表 4-7）。尽管在临清市试验点留叶枝条件下不同密度间的生物产量差异不大（表 4-8），但总体上无论密度大小都以留叶枝的生物产量高，无论叶枝是否保留都以高密度处理的生物产量高（表 4-9）。

　　密度和整枝对棉柴比没有互作效应（表 4-7）。不同处理间棉柴比的差异趋势与生物产量的差异趋势正好相反，留叶枝降低棉柴比，提高密度也可显著降低棉柴比，留叶枝 7.50 株/m² 处理组合的棉柴比比去叶枝 3.00 株/m² 处理组合降低了 37.96%（表 4-9）。

表 4-9 整枝和密度对棉花棉产量、产量结构和早熟性的互作效应

处理	籽棉（kg/hm²）	皮棉（kg/hm²）	生物产量（kg/hm²）	棉柴比	铃数（个/m²）	铃重（g）	霜前花率（%）
RM/3.00	4 683b	1 889b	9 775e	0.922a	83.6c	5.60a	89.4a
RM/4.50	4 914a	1 993a	10 853d	0.837b	89.1ab	5.53a	88.6ab
RM/6.00	4 779b	1 994a	11 613bc	0.765c	90.8a	5.26c	87.6ab
RM/7.50	4 562c	1 860bcd	11 872ab	0.753c	89.6ab	5.08d	86.5bc
RT/3.00	4 702b	1 865bc	10 785d	0.690d	87.7b	5.35b	84.8cd
RT/4.50	4 520c	1 819cd	11 116cd	0.685d	85.1c	5.24c	83.8d
RT/6.00	4 371d	1 807d	11 509bc	0.638e	83.1c	5.25c	82.9de
RT/7.50	4 200e	1 690e	12 263a	0.572f	80.8c	5.19c	81.0e

注：表中数据中的皮棉产量、生物产量和棉柴比为临清市和嘉祥县的平均数，其余皆为 3 个试验点的平均数。RM 和 RT 分别表示去叶枝和留叶枝，数字 3.00 等表示密度（株/m²）。不同小写字母表示差异显著（$P \leqslant 0.05$）

（3）不同密度下整枝对棉花产量构成的影响

整枝与密度对单位面积铃数的互作效应达到显著水平（表 4-7），三点平均来说，低密度（3.00 株/m²）下留叶枝的铃数多于去叶枝的铃数，但随密度增加（4.50 株/m² 及以上），留叶枝的铃数显著少于去叶枝的铃数（表 4-9），进一步说明了低密度下，杂交棉留叶枝起到了增加铃数的作用。

整枝与密度对铃重的互作效应也达到显著水平（表 4-7），尽管嘉祥点留叶枝条件下，随密度增加，铃重无明显差异（表 4-8），但总体来说，无论密度大小，留叶枝降低铃重；不论叶枝去否，随密度增加，铃重降低，在去叶枝处理下，3.00 株/m² 处理的铃重比 7.50 株/m² 处理的铃重高 10.2%（表 4-9）。

（4）不同密度下整枝对棉花早熟性的效应

密度与整枝之间对棉花早熟性有显著的互作效应。从各试验点来看，都表现出以下规律：不论密度大小，去叶枝的早熟性高于留叶枝的处理；不论叶枝去留，随密度增加，早熟性降低（表 4-8，表 4-9），去叶枝 3.00 株/m² 处理早熟性最好，其霜前花率比其他密度处理的高 0.90%～10.37%（表 4-9）。

（5）稀植留叶枝（"精稀简"栽培）技术要点

上述研究发现，密度和留叶枝对杂交棉产量和早熟性存在显著的互作效应。去叶枝情况下，低密度（3.0 株/m²）和高密度（7.5 株/m²）处理的产量低，中高密度（4.5～6.0 株/m²）的产量较高；留叶枝条件下，低密度（3.0 株/m²）产量最高，中高密度（4.5～6.0 株/m²）的产量居中，而高密度（7.5 株/m²）处理的产量还是最低，说明低密度下保留叶枝有显著的增产作用。不论密度大小，去叶枝的早熟性均高于留叶枝的处理；不论叶枝去留，随密度增加，早熟性降低，这一互作效应的明确对于棉花合理密植和简化整枝具有重要意义。

本研究结果提示我们，虽然棉花密度不是一成不变的，并受多种因素的影响，但是过高或过低都会引起负面效应，影响棉花产量。但是，当由于成本或其他因素不得不降低密度和群体时，可以通过保留叶枝扩大群体提高产量。当然，留叶枝的效应不仅与密度有关，还受品种和地力等因素的影响，而且留叶枝在一定程度上会影响早熟性，对棉花纤维品质形成还有一定的副作用，当受人工限制需要简化整枝（保留叶枝）减少用工时，可以通过适当降低密度，保留 2 个优势叶枝，充分发挥叶枝"中前期扩源、中后期

扩库"的作用。因此是否保留叶枝需要因地制宜。

棉花固有的生物学特性决定了低密度条件下会长出发达的叶枝，叶枝可间接结铃，贡献经济产量。在密度为 1.5 万～3.0 万株/hm² 时，叶枝结铃形成的产量占整株产量的比例可达 30%～40% 。通过稀植大棵留叶枝，充分利用叶枝"中前期增源、中后期扩库"能力是杂交棉简化栽培的重要途径，两熟和多熟制条件下采取营养钵育苗移栽或者轻简育苗移栽，稀植留叶枝栽培更加合算，因为稀植用种、用苗少，自然降低了成本。

稀植简化栽培的技术要点是：通过精量播种或育苗移栽，留苗密度每公顷 27 000～37 500 株（中等地力取上限，高肥力地块取下限），保留叶枝，打主茎顶前的 5～7 d 打叶枝顶，7 月 20 日前适时打主茎顶，其他栽培管理同常规栽培。需要注意：一是杂交棉单株产量潜力大，更适合稀植栽培；二是地力水平越高、水肥条件越好，越适合稀植栽培；三是叶枝也需要打顶，不打顶有时会减产，因此实际上与去叶枝相比也节省不了多少工。稀植简化栽培适合套种，纯作条件下风险很大，要慎用该项技术。

2. 高密度条件下的免整枝技术（"晚密简"栽培）

通过提高密度控制叶枝的生长发育是简化整枝的有效措施。过去没有化控，高密度会引起顶端生长加剧；现在依靠化控可以较好地解决这个问题。密度提高到 7.5 万～9.0 万株/hm² 甚至更高，叶枝会很弱，加之化控的协助，叶枝基本不形成产量，完全可以减免整枝。这一途径是世界各国，特别是发达植棉国家普遍采用的栽培模式，也是发展机采棉的必然要求。配合机采棉技术发展的需要，在内地棉区培育高密度栽培品种和探讨其综合技术，是今后棉花科技领域重要的研究内容。

长期以来，山东棉区一直采取以早播早发、适中密度、中等群体为标志的棉花高产栽培技术路线，并被棉区棉农普遍接受。试验研究和生产实践证明，现行栽培技术的合理性在于，通过适期早播和地膜覆盖，相应延长了棉花的生长季节，使具有无限生长习性的棉花作物的个体生长潜力得到充分发挥，同时采用中等密度、中等群体，便于管理，并能获得相对较高的产量。但是适期早播、地膜覆盖和中等密度也不可避免地带来了一系列的问题：一是早播受地温的限制，常常较难实现一播全苗，这在鲁西北和鲁北棉区，特别是盐碱地更为突出；二是受群体密度和单株载铃量的限制，单位面积的铃数较少（一般 75 万个/hm² 左右），进一步大幅度提高总铃数的难度较大，这在旱地和北部无霜期较短的地区更为突出；三是早播早发，使结铃期拖得过长，导致早桃烂、中桃脱、晚桃小，全株平均铃重不高的弊端，虽然可采用摘早蕾技术加以缓解，但此技术过于费工费时；四是早发棉田若地力不高或肥水管理不当，极易引起早衰；五是棉田需要精细管理，用工较多（Dong et al.，2006）。虽然目前山东棉区主栽棉花品种都具有较高的增产潜力，但按照这一技术路线，在产量和效益方面难以取得新突破。

（1）"晚密简"栽培的基本思路

"晚密简"栽培的基本思路是采用中早熟抗虫棉品种，通过适当晚播减少烂铃，通过提高密度、科学化控简化整枝，并促进棉花集中成铃，以群体拿产量，最终使棉花的结铃期与山东最佳结铃期自然吻合同步，使棉花多结伏桃，夺取高产。

（2）"晚密"栽培的试验效果

作者早在 2005 年前后就对适当晚播和合理密植开展了研究。在山东邹平县以中早熟抗虫棉品种'鲁棉研21'为材料所进行的不同播种期和密度的研究表明，对早发型常规抗虫棉而言，适当晚播可降低单位叶面积的载荷量，缓解库大源小的矛盾（图 4-2），使棉花早衰得到显著减轻；而且，由于密度与播期对皮棉产量的互作效应显著，提高密度可弥补晚播带来的产量损失（表 4-10）。5 月 5 日前后播种的棉花，密度增加到 7.5 株/m² 左右，其产量与正常播种和较低密度（3～4.5 株/m²）没有显著差异或者略高（Dong et al.，2006）。

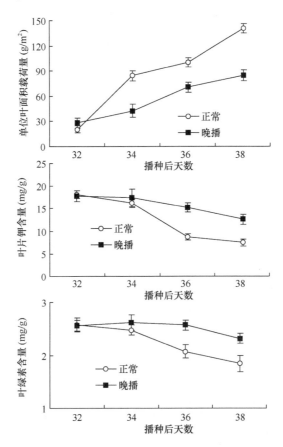

图 4-2　适时播种对棉花单位叶面积载荷量、叶片钾含量和叶绿素含量的影响
正常播种和晚播分别于 2003 年 4 月 15 日和 5 月 5 日进行

表 4-10　播种期和密度对棉花产量和产量构成的互作效应

处理		2001 年			2002 年		
播期	密度（株/m²）	皮棉产量（kg/hm²）	铃数（no./m²）	铃重（g）	皮棉产量（kg/hm²）	铃数（no./m²）	铃重（g）
正常	3.0	1185	74.0	4.41	1160	71.4	4.43
正常	4.5	1181	74.1	4.40	1142	71.0	4.38
正常	6.0	1147	73.7	4.35	1116	70.7	4.32
正常	7.5	1114	72.9	4.28	1083	69.7	4.27
晚播	3.0	1099	68.8	4.45	1068	66.0	4.44
晚播	4.5	1158	74.2	4.34	1108	70.2	4.33
晚播	6.0	1182	75.8	4.30	1143	72.8	4.29
晚播	7.5	1199	79.5	4.28	1168	75.0	4.27
LSD$_{0.05}$		18.4	1.07	0.05	20.4	0.99	0.05

注：正常播种和晚播分别于 4 月 14～15 日和 5 月 4～5 日进行

以适时播种（4 月 25 日至 5 月 5 日播种）、增加密度（5.25～6.75 株/m²）和科学化调（前轻后重、少量多次）为核心内容的晚密栽培技术（Dong et al.，2006），对控制早发型常规抗虫棉的早衰和改善品质十分有效。

（3）"晚密简"栽培的效果

在以晚播和增密为核心的"晚密"栽培基础上，配合合理化控，可以简化整枝，从而形成"晚密简"栽培。试验结果表明，采用中早熟春棉品种晚春播（5 月 5 日前后），合理密植（7.5 万株/hm²），可比常规栽培方法增产 10%左右，增幅达显著水平。综合分析晚播、密植的增产性和优质性（霜前花率都在 85%以上，烂铃较少），以及由此可能带来的生态效应（如生长期缩短，躲过了某些自然灾害的影响），可以肯定，"晚密简"栽培是一条可行的高产技术途径。

中早熟棉花品种全生育期需要≥10℃的活动积温 3800℃以上，需光照 1540 h 以上，该技术采用中早熟春棉品种于 5 月 5 日前后播种，虽然比常规栽培推迟播种 15～25 d，生长季节减少 15～25 d，但对照该区常年和近三年的积温与日照时数，仍可满足该栽培技术指标的需要。在该技术中地膜覆盖措施的继续运用，其增温保墒带来的促进生长发育的有利效应虽然比早播要小，但对缩短出苗至现蕾的时间仍有明显效果，是该技术的重要保证措施。进一步分析发现，采用"晚密简"栽培可带来一系列有利效应：一是由于晚播，气温和地温已明显升高，病害较轻，因而比较容易实现一播全苗和壮苗；二是由于播种期推迟，现蕾、开花时间相应推迟，这就使结铃盛期与该区的最佳结铃期自然地较好地吻合，伏桃和早秋桃比例加大，伏前桃大大减少，烂铃自然减少；三是由于密度加大，在化调措施的保证下，虽然单株结铃数有所减少，但单位面积的总铃数显著增加；四是棉花晚播密植，使棉花自始至终处在一个相对有利的光温条件下进行生长发育，完成产量和品质的建成过程，为棉花优质高产创造了有利条件，容易实现高产优质；五是合理密植加化学调控有效控制了叶枝的生长发育，免整枝（保留叶枝），节约了用工，不失为一熟棉田有效的高产简化栽培技术。

2013～2015 年山东棉花研究中心又分别在临清市（鲁西北棉区）和利津县（黄河三角洲棉区）进行了对比试验，发现在临清市生态条件下，3 年结果显示"晚密简"栽培与传统栽培的产量相当（表 4-11）；在利津县的结果则显示，"晚密简"栽培的产量结果有两年高于传统栽培，一年与传统栽培产量相当，显示出在合理密植、适当晚播和合

表 4-11 不同年份晚密简栽培与传统栽培籽棉产量（kg/hm²）结果比较（2012～2015 年，临清市、利津县）

地点和栽培途径	2013 年	2014 年	2015 年	平均
临清市				
传统栽培	4056a	3878a	4126a	4020a
晚密简栽培	3967a	3924a	4067a	3986a
利津县				
传统栽培	3526a	3762b	3015b	3434a
晚密简栽培	3485a	3937a	3266a	3562a

注：两地传统栽培的播种时间为 5 月 15～18 日，留苗密度 5.25 万～6.00 万株/hm²，实收 4.50 万～6.00 万株/hm²，精细整枝，株高 150 cm 左右；"晚密简"栽培播种时间为 5 月 4～8 日，留苗密度 8.25 万～9.00 万株/hm²，实收 7.50 万～8.25 万株/hm²，只在 7 月 18～20 日打顶，其他时期不再整枝，株高控制在 100～120 cm。其他管理完全相同。2013 年所用品种皆为'鲁棉研 28 号'，2014～2015 年为'K836'。不同小写字母表示差异显著（$P \leqslant 0.05$）

理化控的保证下，免整枝栽培是一条高产节本增效的栽培路子，具有较好的推广前景，特别适合在黄河三角洲棉区推广应用。

（4）"晚密简"栽培技术要点

根据试验、示范结果，并参考生产经验，制定黄河流域棉区以免整枝为目标的"晚密简"栽培技术要点。

一是品种选择。由于"矮密佳"栽培技术种植密度较大，在栽培上宜选用株型较为紧凑的棉花品种，当前常规抗虫棉品种可选用中早熟类型'鲁棉研 36 号'、'K836'等。

二是适期晚播。为使棉花结铃期与山东棉区的最佳结铃期相吻合，并适当控制伏前桃的数量，减少烂铃，播种要适当拖后 10～15 d。春棉品种于 5 月 5 日前后播种。仍然提倡覆膜栽培，但要特别注意及时放苗，高温烧苗。

三是精量播种。采用精量播种机械播种，每公顷用高质量脱绒包衣种子 15kg 左右，出苗后及时放苗，不间苗也不定苗。

四是合理密植。根据试验和示范情况，密度以每公顷 75 000～90 000 株较宜，过低起不到控制叶枝生长发育的效果，过高则给管理带来很大困难。在 75 000～90 000 株/ hm² 的密度下，控制株高 100～120 cm，以小个体组成的合理大群体夺取高产。

五是免整叶枝。不去叶枝，7 月 20 日以前打主茎顶，以后不再整枝（图IV-9）。

六是科学化控。该项技术由于密度加大，棉田管理特别是化学调控技术的难度也相应增加，在使用缩节胺调控时要严格控制株高，这是该技术能否成功的关键。在应用缩节胺时要坚持"少量多次"的原则，棉花最终株高 100～120 cm。

总之，"晚密简"模式下的免整枝栽培是指把播种期由 4 月中下旬推迟到 5 月初，把种植密度提高到 75 000～90 000 株/hm²，通过适当晚播控制烂铃和早衰，通过合理密植和化学调控，抑制叶枝生长发育，进而减免人工整枝。这一栽培模式由于减免了人工整枝，节省用工 2 个左右；通过协调库源关系，延缓了棉花早衰，一般可增产 5%～10%，节本增产明显，具有重要的推广价值。

3. 中密度条件下的粗整枝栽培

相对其他大田作物，棉花生长期长、管理烦琐费工，其中广泛应用于黄河流域棉区的整枝就包含多道烦琐的工序，费工费时。一般认为，及早去掉棉株基部的营养枝（叶枝），可减少养分消耗，协调营养生长与生殖生长的矛盾，使有限的养分更多地输送到生殖器官里去，对增加蕾铃，降低脱落和提高产量有一定作用。但近年来，由于我国城市化进程加快，农村劳动力转移，从事棉花生产的劳动力紧缺，简化整枝甚至保留叶枝的呼声很高，探索简化整枝的可行性和配套技术十分必要。为此，我们自 2011 年开始就粗整枝连续开展了 3 年研究。

试验设不整枝（除打顶外不整枝）、精细整枝（按常规精细管理，去叶枝、抹赘芽、打边心、去无效蕾等）、粗整枝（现蕾后立即将果枝以下的枝叶全部撸去，即"撸裤腿"，以后除打顶外不再整枝）3 个处理。2011～2012 年我们采用'鲁棉研 28 号'、'K638'等 5 个品种在临清市进行了小区试验研究；2013 年又在聊城市、临清市和惠民县等地进行了多点的大区研究（Dai et al., 2014）。

2011～2012 年的小区试验结果表明（表 4-12），粗整枝与精细整枝的籽棉产量相当，分别比不整枝的对照平均增产 4.6%和 5.2%；粗整枝与精细整枝的株高、生物产量、收获指数相当，但株高、收获指数皆高于不整枝的对照，生物产量低于不整枝的对照。说明不整枝虽然能够生产较多的生物产量，但转变为经济产量的比例低，也就是收获指数低，最终的经济产量并不高。

表 4-12　2011～2012 年不同整枝方式对棉花产量等性状的影响

年份	整枝处理	株高（cm）	生物产量（kg/hm^2）	收获指数	籽棉产量（kg/hm^2）	早熟性（%）	用工（工日/hm^2）
2011	不整枝	90.5b	9 658a	0.338b	3 253b	48.5a	4.5c
	精细整枝	94.0a	8 818b	0.388a	3 408a	50.2a	63a
	粗整枝	93.4a	8 850b	0.385a	3 393a	48.7a	12b
2012	不整枝	92.6b	10 243a	0.342b	3 503b	60.9a	5.1c
	精细整枝	94.1a	9 890b	0.371a	3 699a	63.4a	58.5a
	粗整枝	93.8a	10 166ab	0.368a	3 670a	61.0a	13.8b
平均	不整枝	91.6b	9 951a	0.340b	3 378b	54.7a	4.8c
	精细整枝	94.1a	9 354b	0.380a	3 554a	56.8a	60.8a
	粗整枝	93.6a	9 508ab	0.377a	3 532a	54.5a	12.9a

注：不同小写字母表示差异显著（$P \leq 0.05$）

2011～2012 年的小区试验结果（表 4-12）还表明，尽管精细整枝比不整枝的对照每公顷增产 176 kg 籽棉，按每千克 8.4 元计，价值 1478.4 元，但每公顷用工增加 56 个，按每个工日 30 元计，价值 1680 元，总体上并不合算，如果用工价格继续上涨，则更不合算。粗整枝比不整枝增产籽棉 154 kg，价值 1294 元，每公顷用工增加 8.1 个，价值 243 元。在目前生产条件下，黄河流域棉区采用粗整枝比较合算，也简便可行。

2013 年的大区试验结果进一步表明，粗整枝与精细整枝的籽棉产量相当，分别比不整枝平均增产 4.6%和 8.6%（表 4-13），进一步说明粗整枝能够实现省工不减产，值得提倡。

表 4-13　2013 年不同整枝方式对棉花产量的影响

处理	聊城市	临清市	惠民县	平均
不整枝	3832b	3902b	3642b	3792b
精细整枝	4126a	4165a	4297a	4196a
粗整枝	4014a	4167a	4177a	4119a

注：不同小写字母表示差异显著（$P \leq 0.05$）

总之，在中等密度条件下，除打顶外完全不整枝，不仅降低了光合同化产物向生殖器官的分配，降低了收获指数而有所减产，还可能因棉田郁闭，治虫不彻底，而导致棉花蕾铃脱落率高，赘芽自然长得快，营养无效消耗大，最终导致进一步减产。精细整枝虽然能增产，但用工多，增产数不能抵消用工的花费，并不合算；而粗整枝产量较高，用工又少，是目前值得提倡的措施。因此，当前情况下中等密度棉田宜采用粗整枝（图版Ⅰ-1，2，3，4）。

粗整枝的技术要点是，在 6 月中旬大部分棉株出现 1～2 个果枝时，将第 1 果枝以下的营养枝和主茎叶全部去掉，一撸到底，俗称"撸裤腿"，此法操作简便、快速，比精细整枝用工少、效率高。"撸裤腿"后一周内棉株长势会受到一定影响，但根据试验，"撸裤腿"不会降低产量，值得提倡。

（三）叶枝控制和利用技术的效果比较

与传统中等密度、精细整枝栽培途径相比，上述介绍的 3 种途径都可以较好地控制或利用叶枝，进而实现简化整枝甚至是简化栽培。为比较 3 种栽培途径的产量和效益表现，2013～2015 年在临清市开展小区试验对 3 种栽培途径进行了比较。结果发现，除稀植留叶枝栽培外，其他两套栽培途径与传统栽培的产量无显著差异，考虑到粗整枝和"晚密简"栽培皆有省工节本的作用，这两种方式较之传统栽培优势明显。至于稀植留叶枝栽培，2013 年和 2015 年的产量与对照相当，但在 2014 年比对照减产 14%，说明稳产性不如其他栽培途径，稀植具有一定的风险性。除非出于一些不得已的原因，如种子量少、棉花出苗少，尽量不要采取稀植留叶枝栽培（表 4-14）。

表 4-14　不同整枝方式对籽棉产量（kg/hm²）的效应（2013～2015 年，临清市）

栽培途径	2013 年	2014 年	2015 年	平均
传统高产栽培	4109a	3879a	4122a	4037a
粗整枝栽培	4027a	3924a	4018a	3990a
稀植留叶枝栽培	3987a	3326b	4324a	3879a
"晚密简"栽培	4037a	3924a	4055a	4005a

注：传统高产栽培为中等密度 45 000～52 500 株/hm² 并精细整枝（去叶枝、抹赘芽、打主茎顶和果枝顶等）；粗整枝栽培为中等密度 45 000～52 500 株/hm² 并粗整枝（在大部分棉株出现 1～2 个果枝时，将第 1 果枝以下的营养枝和主茎叶全部去掉，一撸到底，俗称"撸裤腿"，适时打顶，其他不再整枝）；稀植留叶枝栽培为低密度 24 000～30 000 株/hm² 并保留叶枝，在 7 月盛花期叶枝打顶，适时打主茎顶心，其他不再整枝。"晚密简"栽培为合理密植 75 000～90 000 株/hm²，只打顶，其他不再整枝。"晚密简"栽培在 5 月 4～8 日播种，其他皆为 4 月 15～25 日播种。不同小写字母表示差异显著（$P \leqslant 0.05$）

（四）简化打顶技术

棉花具有无限生长的习性，顶端优势明显。打顶是控制株高和后期无效果枝生长的一项有效措施。研究和生产实践证明，通过摘除顶心，可改善群体光照条件，调节植株体内养分分配方向，控制顶端生长优势，使养分向果枝方向输送，增加中下部内围铃的铃重，增加霜前花量（邹茜等，2014）。我国几乎所有的植棉区都毫无例外地采取打顶措施，因为不打顶或者打顶过早过晚都会引起减产。基于打顶的必要性，探索化学封顶或机械打顶等人工打顶替代技术是棉花简化栽培的重要研究内容。

1. 打顶的类型

目前，棉花打顶技术有人工打顶、化学封顶和机械打顶等 3 种。

人工打顶和机械打顶的原理一样，按照"时到不等枝，枝到看长势"的原则，于 7 月 20 日前通过手工或机械去掉主茎顶芽，破坏顶端生长优势；化学封顶是利用化学药品强制延缓或抑制棉花顶尖的生长，控制其无限生长习性，从而达到类似人工打顶调节营养生长与生殖生长的目的。黄河流域棉区目前仍以人工打顶为主。人工打顶掐掉顶芽及部分幼嫩叶片，费工费时，劳动效率低，是制约棉花生产轻简化和机械化作业的重要环节。由于棉花种植方式主要是一家一户分散经营，目前尚少见黄河流域棉区开展机械打顶的研究和示范。近年来，黄河流域棉区开始化学封顶技术的研究和示范，多数研究证实化学封顶比不打顶增产，与传统打顶产量相当或略低，展现出较好的推广利用前景。

2. 化学封顶的效果

刘富圆（2012）利用浙江禾田化工有限公司生产的25%氟节胺悬浮剂，在山东肥城市于棉花正常打顶前5 d，均匀喷雾一次，直喷顶心部分；首次施药后20 d喷施第二次，对顶心和边心均匀喷雾处理，顶心部分用药量占总施药量的70%左右。试验结果显示，药后10 d，与空白对照相比，25%氟节胺悬浮剂抑制了棉花株高和果枝的生长并增加了成铃数。其中，对棉花株高和果枝生长的抑制作用随施药量的增加而增强；对成铃数的促进作用在150 g/hm²、225 g/hm²、300 g/hm²施药剂量下依次增强；与人工打顶相比，各药剂处理对棉花株高和果枝生长的抑制作用稍差，但对成铃数的促进作用较好。与空白对照和人工打顶处理相比，25%氟节胺悬浮剂各处理剂量可以明显提高棉花的产量，施药剂量为300 g/hm²时效果最为显著，增产17%。

山东棉花研究中心于2015年以'K836'为试验材料，分别于山东棉花研究中心试验站（山东临清市）和聊城市农业科学院对化学封顶技术进行了研究。采用裂-裂区设计，主区为不同密度，设45 000株/hm²和75 000株/hm² 2个密度；裂区为整枝处理，共设去叶枝和留叶枝2个处理，再裂区为不同打顶处理，共设传统人工打顶、化学药剂打顶和不打顶3个处理（表4-15）。采用宽膜覆盖，1膜2行等距种植，行距76 cm。各处理均采用粗整枝（现蕾后5 d一次性去掉第一果枝以下的所有叶枝和主茎叶），以后不再整枝。于7月15日左右采用中国农业大学提供的化学封顶剂（用量及用法参照中国农业大学所提供的药剂使用方法）和人工进行打顶。

表4-15　化学打顶对棉花生长及其产量的影响（2015年，临清市）

种植密度（株/hm²）	打顶方式	株高（cm）	果枝数（个）	籽棉产量（kg/hm²）	铃数（个/hm²）	单铃重（g）
75 000	不打顶	155a	17a	3 395c	67 228c	5.05b
	化学封顶	127c	15ab	3 960a	76 008ab	5.21a
	人工打顶	123cd	14b	4 125a	79 480a	5.19a
45 000	不打顶	147b	16a	3 540b	72 541b	4.88c
	化学封顶	126c	14ab	3 990a	79 167a	5.04b
	人工打顶	121d	13b	4 035a	79 743a	5.06b

注：不同小写字母表示差异显著（$P<0.05$）

无论是高密度还是低密度，不打顶皆出现减产，且密度越高减产幅度越大，高密度下不打顶比人工打顶减产17.7%，低密度下减产12.3%。无论密度高低，化学封顶与人工打顶的籽棉产量基本相当，没有显著差异；化学封顶和人工打顶均降低了棉花株高及果枝数。考虑到化学封顶较人工打顶能够显著减少用工投入，提高植棉效益，值得提倡（图版Ⅰ-6，7）。但是，这一研究结果是在小区试验条件下取得的，还需要更大面积的试验或示范检验。

3. 化学封顶技术要点

就目前各地开展的化学封顶试验效果而言，多数试验证实化学封顶可以基本达到人工封顶的效果，棉花产量与人工打顶相当或略有减产，也有比人工打顶显著增产或显著减产的报道（苏成付等，2012；刘富圆，2012）。根据我们掌握的试验和示范情况来看，中低密度下化学封顶与人工打顶的产量表现还是有一定差距的，高密度下的产量与人工打顶基本相当或略低，考虑到高密度下打顶更加费工费时，采用化学封顶是合算的。根据现有研究，结合作者科研团队的研究和实践，总结化学封顶技术如下。

（1）化学药剂

当前国内外使用最多的植物生长调节剂是缩节胺和氟节胺，也有两者配合或混配使用的报道。缩节胺在我国棉花生产中作为生长延缓剂和化控栽培的关键药剂已经应用了30多年，也比较熟悉。而氟节胺（N-乙基-N-2′,6′-二硝基-4-三氟甲基苯胺）则为接触兼局部内吸性植物生长延缓剂，其作用机制是通过控制棉花顶尖幼嫩部分的细胞分裂，并抑制细胞伸长，使棉花自动封顶。

（2）时间和用量

25%氟节胺悬浮剂用药量为150～300 g/hm²，在棉花正常打顶前5 d首次喷雾处理，直喷顶心，间隔20 d进行第二次施药，顶心和边心都施药，以顶心为主。可有效控制棉花主茎和侧枝生长，降低株高，减少中上部果枝蕾花铃的脱落，提高坐铃率，加快铃的生长发育。氟节胺用量视棉花长势、天气状况酌情增、减施药量。

配合使用缩节胺可能会取得更好的化学封顶和增产效果。但是，使用化学封顶药剂时，相配套的缩节胺化控技术较难掌握，容易出现操作失误，使棉株营养生长与生殖生长不协调，进而影响棉株结铃和棉铃生长发育进程。因此，要进一步试验研究氟节胺与缩节胺配合使用的技术和要求，争取更好的封顶和增产效果。

五、简化施肥

施肥是棉花高产优质栽培的重要一环，用最低的施肥量、最少的施肥次数获得最高的棉花产量是棉花施肥的目标。要实现这一目标，必须尽可能地提高肥料利用率，特别是氮肥的利用率。棉花的生育期长、需肥量大，采用传统速效肥料一次施下，会造成肥料利用率低；多次施肥虽然可以提高肥料利用率，但费工费时。从简化施肥来看，速效肥与缓控释肥配合施用是棉花生产与简化管理的新技术方向。对于滨海盐碱地，更应提倡施用缓控释肥，以提高肥料利用率，降低成本。

（一）施肥量

李俊义在1985年前后开展的研究表明，黄河流域棉区最佳经济施氮量为75～150 kg/hm²，这是基于当时较低棉花产量条件下的研究结果。随着棉花产量水平不断提高，氮肥施用量也相应提高。中国农业科学院棉花研究所主持的公益性行业（农业）科研专项"棉花简化种植节本增效生产技术研究与应用"（3-5），2009～2011年连续开展了3年的氮肥和缓控释肥施用联合试验，为经济和简化施肥提供了科学依据和技术支持。在黄河流域棉区开展的3年25套联合试验建立的方程：

$$Y=211.848\ 9+2.710\ 2X-0.062\ 730X^2$$

根据建立的这一方程，黄河最佳施氮量为254～267 kg/hm²，籽棉产量为3450～3885 kg/hm²。平均经济最佳施氮量260 kg/hm²，籽棉产量3675 kg/hm²。

结合生产实际和化肥农药减施的要求，黄河流域棉区氮肥施用量以每公顷195～

270 kg 为宜，其中每公顷籽棉产量目标 3000～3750 kg 时，施氮量为 195～225 kg；每公顷籽棉产量目标 3750 kg 以上时，施氮量为 240～270 kg。前者 N：P_2O_5：K_2O 的比例为 1：0.6（0.5～0.7）：0.6（0.5～0.7），后者 N：P_2O_5：K_2O 的比例为 1：0.45（0.4～0.5）：0.9（董合忠，2011）。

（二）施肥方式

1. 速效肥的施用方法

黄河流域棉区棉花施肥次数最多可以达到 8～10 次，分别是基肥、种肥、提苗肥、蕾期肥各 1 次，花铃肥 2 次，以及后期叶面喷肥 2～4 次。实际上，目前生产中一般采取 3 次施肥，分别是基肥、初花肥和打顶后的盖顶肥，其中全部磷肥、钾肥（有时还有微量元素）和 40%～50% 的氮肥作基肥施用；30%～40% 的氮肥在初花期追施，剩余 10%～20% 的氮肥在打顶后作为盖顶肥施用。近年来，随着机采棉的发展，对棉花早熟的要求提高，而盖顶肥对促早熟有时会起到相反的作用，因此可以把施肥次数减少到 2 次，即基肥（全部磷钾肥和 50%～60% 的氮肥）1 次，剩余 40%～50% 氮肥在开花后一次追施。

2. 控释肥的使用方法

目前各地开展了大量控释肥效应试验，与使用等量速效化肥相比，既有增产或平产的报道，也有减产的报道（李成亮等，2014；张振兴等，2014）。从近几年在山东各地的试验和示范情况来看，只要使用量和方法到位，使用控释肥能够达到与等量速效肥基本相等的产量结果，一般不会减产，但就目前生产上应用的控释肥来看，不具备显著增产的普遍性，这可能与棉花对肥料不十分敏感且棉花产量形成过程复杂、影响因素多有关。不过利用控释肥可以把施肥次数由传统的 3～4 次降为 1 次，既简化了施肥，又避免了肥害，总体上是合算的（表 4-16），应予提倡。具体方法是，氮磷钾复合肥（含 N、P_2O_5、K_2O 各 18%）50 kg 和控释期 120 d 的树脂包膜尿素 15 kg 作基肥，播种前深施10 cm，以后不再施肥。需要指出的是，采用专门生产的控释复合肥一次施肥，在 2010 年与不施肥的处理产量相当，比速效肥减产，有些年份控释肥的养分释放与棉花吸收不吻合可能是出现这一现象的主要原因，值得重视。

表 4-16　不同施肥处理对籽棉产量（kg/hm²）的影响（2008～2011 年，惠民县）

施肥处理	2008 年	2009 年	2010 年	2011 年	平均
不施肥	3467a	3453b	3347d	2979b	3312b
复合肥+速效氮肥 2 次	3562a	3698a	3782b	3702a	3686a
复合肥+速效氮肥 1 次	3551a	3627a	3761b	3693a	3658a
复合肥+控释氮肥	3483a	3731a	3941a	3785a	3735a
控释复合肥	3447a	3483b	3635c	3729a	3573a

注：试验为定位试验。"复合肥+速效氮肥 2 次"处理为氮磷钾复合肥（含 N、P_2O_5、K_2O 各 18%）50 kg 作基肥，尿素（含 N 46%）初花追施 10 kg，打顶后追施 5 kg；"复合肥加速效氮肥 1 次"处理为氮磷钾复合肥（含 N、P_2O_5、K_2O 各 18%）50 kg 作基肥，尿素（含 N 46%）开花后 5 d 追施 15 kg；"复合肥+控释氮肥"为氮磷钾复合肥（含 N、P_2O_5、K_2O 各 18%）50 kg 和控释期 120 d 的树脂包膜尿素 15 kg 作基肥；控释复合肥为金正大生态工程集团股份有限公司生产的棉花控释专用肥（DPK 含量与上述处理相同）作基肥一次施入。基肥施肥深度为 10 cm，追肥深度 5～8 cm。不同小写字母表示差异显著（$P \leqslant 0.05$）

（三）配套措施

实行棉花秸秆还田并结合秋冬深耕是改良培肥棉田地力的重要手段。若用秸秆还田机粉碎还田，应在棉花采摘完后及时进行，作业时应注意控制车速，过快则秸秆得不到充分的粉碎，秸秆过长；过慢则影响效率。一般以秸秆长度小于 5 cm 为宜，最长不超过 10 cm ；留茬高度不大于 5 cm，但也不宜过低，以免刀片打土，增加刀片磨损和机组动力消耗。山东棉花研究中心试验站自 2000 年起每年坚持棉花秸秆还田，秋冬深耕，每 3～5 年施用一定量的有机肥，30 多公顷试验田的地力逐年提升，至 2015 年，有机质含量比 2000 年提高了 35%，碱解氮、有效磷和速效钾含量分别提高了 58%、299% 和11.7%，培肥效果十分明显（表 4-17）。

表 4-17　连续 15 年秸秆还田和培肥对 0～20 cm 土壤地力的影响（2000～2015 年，临清市）

年份	有机质（g/kg）	碱解氮（g/kg）	有效磷（mg/kg）	速效钾（mg/kg）
2000	9.9	37.3	12.8	176.1
2005	11.4	46.9	28.5	167.6
2010	12.9	50.9	32.5	187.6
2015	13.4	58.8	38.3	196.6

六、进一步发展棉花轻简栽培的对策

棉花轻简化栽培是以科技为支撑、以政策为保障、以市场为先导的规模化、机械化、轻简化和集约化棉花生产方式。总体来看，目前我国黄河流域棉区棉花生产方式、技术与轻简化的要求还相差甚远。但毫无疑问，以轻简栽培为核心内容的现代化植棉技术是未来棉花生产发展的必然方向。否则，棉花生产将难以长期发展与稳定。我国黄河流域滨海盐碱地棉区人少地多、棉田集中，植棉具有相对优势，推广规模化种植、机械化管理、轻简化栽培、集约化经营的现代化植棉技术现实中较为迫切，客观上比较可行。今后应重点做好以下几个方面的工作。

（一）推进规模化和标准化生产

规模化和标准化是实行机械化的根本保证，是棉花轻简栽培的重要内容。这方面，我国产棉区已经有了较大发展。户均植棉面积越来越大是农村劳动力转移之后出现的新情况。据毛树春课题组统计，1996 年种植面积 3.3 hm^2 以上的农户比例为 1.9%。进入21 世纪，随着劳动力转移和耕地的流转，植棉规模进一步扩大。2003～2007 年植棉 3.3 hm^2以上的农户比例提高到 6.2%～9.6%，2008～2009 年又提高到 11.9%～12.4%。在滨海盐碱地棉区，由于大量耕地流转，外来农民租地植棉，这一比例可能更高。尽管在黄河三角洲滨海盐碱地棉区棉花规模化发展很快，但标准化生产还十分落后，今后应在继续扩大规模化的基础上，努力提高标准化生产的程度。

（二）播种覆盖机械化

我国棉田机耕、机播和机盖（膜）的技术十分成熟，相应的机械也比较配套。这方面，新疆棉区做得很到位，实现了机械化精量和准确定位播种，还实现了播种、施肥、喷除草剂、铺设滴灌管和地膜等多道程序的联合作业。通过精量播种，一穴播一粒精加工种子，出苗后不疏苗、间苗和定苗，减少了传统的间苗和定苗工序；利用机械在播种时膜上自动打孔和覆土，自然出苗，不需要放苗，免除了放苗工序；滴灌技术的应用，把一播全苗技术集成组装到了极高水准，大大简化了管理程序。我国黄河流域各产棉省应向新疆学习，研究集成机械化播种技术，减少播种放苗用工，提高资源利用率。

（三）发展滴灌

我国西北内陆棉区已经基本普及膜下滴灌技术，滴灌水利用率提高到80%，并实现了肥水一体化作业。滴灌不仅高效利用了水分，简化了管理，还有效调节了棉花的均衡生长，具有高产超高产、节水节肥和简化管理的综合效应。我国滨海盐碱地棉区受盐碱和干旱的威胁大，发展滴灌当是棉花轻简栽培的重要内容。

（四）加快实现采收机械化

机采棉是现代植棉的重要内容，是最终实现棉花轻简化栽培的根本保证。新疆生产建设兵团早在1996年就引进大型采棉机，目前已有近70%多的棉田采用机械化收获。但仍存在很多问题，除了成本问题外，残膜污染籽棉导致皮棉品级下降是其中十分棘手的问题。从长远来看，研究取代塑料地膜覆盖才是治理残膜污染的根本途径。近些年，内地棉区虽然也开始尝试机采，但尚没规模化推广。显然，棉花机械化收获应列入滨海盐碱地棉花轻简栽培研究的日程。针对该区的实际情况，应把研究开发针对成熟期不集中、产量器官空间分布较大的棉株的轻型收获机为重点，逐步推进机械化收获。

（董合忠）

第二节　两熟制棉花轻简化栽培技术

棉田熟制是指同一块棉田一年内收获包括棉花在内的作物的季数。黄河流域棉区主要有棉田一熟制和两熟制，尽管也有一定面积的多熟制，但规模不大。同一块土地上一个完整的生长期间只种植一种作物的种植方式称为纯作；同一块地上一年内种植和收获二季或二季以上作物称为复种，包括套种、连种等方式，各次种植面积之和占土地面积的比例为复种指数。两种或两种以上生育季节相近的作物在同一块棉田同期或同季种植的方式称为间作，一般而言，该两种作物的共生期≥1/2；在同一块地上于前季作物生育后期在其株行间播种一季作物的种植方式称为套种，一般该两种作物的共生期≤1/3；前茬作物收获后立即种植下茬作物的接茬种植方式称为连种，如麦后棉、油后棉、蒜后棉。黄河流域棉区的两熟制棉田主要有麦棉套种、蒜棉套种、棉瓜套种、麦后移栽、蒜后移栽及蒜后接茬种棉（连种）等模式。

一、套作棉花轻简化栽培技术

黄河流域棉区套作棉花的种植模式主要有麦套棉和蒜套棉，这两种模式下套种棉花的密度通常都比较小，主要依靠棉花单株形成产量，所以通常选用杂交棉（F1）或单株产量较高的大株型常规棉品种（图版V-1，2，3，4）。杂交棉具有杂种优势，如生长发育快，营养生长旺盛，根系发达，枝叶繁茂，果节多，结铃潜力大，因而单株生产力高，与常规棉相比，稀植条件下一般增产 15% 以上。种植杂交棉，就是充分利用杂交棉的杂种优势，而这些优势在个体生长上能够得到充分体现。生产实践表明，充分发挥个体生产力来增加单位面积的生物学产量和经济产量，进而可以实现群体高产。杂交棉高产群体结构为"大个体大群体"。实践表明，要根据生长发育时期、生育特点及需要建成所需营养体的大小，进行促进和调节控制，走"精稀简"栽培的路子，即精量播种。苗期抓"早、壮、均"，以实现早苗壮苗早发，均衡生长；蕾期抓"壮株足蕾"，要稳长发棵，搭好丰产架子，实现早现蕾，早开花，保留叶枝；花铃期抓"同步生长多结桃"，提高光热水富裕期资源的利用率，增结伏桃，实现伏桃满腰。吐絮期抓后劲，既要防早衰，也要防贪青晚熟，以增秋桃，增铃重，实现秋桃盖顶，早熟而不早衰，后劲足而不旺，足而不晚。套作棉花的关键技术如下。

（一）精量播种或轻简育苗

棉麦套种和棉蒜套种是黄河流域棉区两种重要的套种模式。前者一般在麦田预留棉花套种行，后者则是满幅种植，因此前者多采用直播，后者多采用移栽。

1. 麦套棉精量播种

棉麦套种技术是一项重要的农业增效技术，它可以充分利用光、热资源，提高复种指数，提高土地产出率。麦棉套种模式下在麦田预留棉花套种行，这既是为了减少小麦对棉花生长发育的影响，也是为了播种或移栽时的方便。由于套种模式不利于机械化，特别是随着小麦机械化收获和棉花机械化播种技术的普及，麦棉套种技术的应用受到了一定限制，种植面积严重萎缩。近年来，各地农业、农机部门采取农机农艺相结合，良种良法相配套，通过改进小麦收获机械、研制麦垄棉花铺膜播种机械，在麦棉套种模式下实现了小麦机械收获、棉花机械化播种，使该技术又焕发了新的生机（李树军，2013）。以麦套棉小麦机械化收获、棉花机械化播种为核心内容的栽培技术要点如下。

（1）小麦

整地：播前可旋耕整地，旋耕深度要达到 15 cm 以上。对连续 2~3 年旋耕的地块要深松耕一次，松土深度要达到 25 cm 以上。深松耕后耙地、耢地，做到上虚下实，土地细平。结合播前整地，按照当地的农艺要求底肥深施。

播种：选用晚播早熟优质品种，播前要用杀菌剂和杀虫剂包衣或拌种。适墒播种，墒情不足时浇水造足底墒，然后进行整地播种。对于黏土地，采取先播种，播后立即浇水的方法，待出苗时进行锄划，破除板结。

规范的小麦播种模式是棉麦套种实现机械化的关键。以棉花种植模式为基础，兼顾小麦种植。一般采用一畦小麦间隔两行棉花。两畦小麦的总幅宽应小于小麦收获机的作业幅宽。为保证小麦基本苗不减少，可采用宽苗带播种，苗带宽 8 cm 左右，行距 26~27 cm。地头播 1.5~2 个小麦收获机机身长度的横头，以备小麦收获时开地头之用。横头与中间麦垄间应留出棉花铺膜播种的机耕道，宽度与棉花种植行宽度相当。

选用带施肥及镇压器的精量、半精量播种机，根据当地农艺要求适期、适量播种。播种深度为镇压后 3～5 cm 。播种时机手应控制拖拉机匀速行走，保持 2～4 km/h 的速度，确保播种均匀，深浅一致，不漏播、不重播。播后视土壤墒情，用镇压器进行镇压。

田间管理：小麦返青后应进行中耕锄划，起到增温保墒、促苗早发的作用。对播种过早、播量过大的旺长麦田，返青期及时镇压控旺。可采用机动喷杆喷雾机和风送式喷雾机防治病虫草害。

小麦收获：小麦收获也是棉麦套种的关键环节，要做到既收获了小麦，又不损伤棉苗。收获机作业幅宽应与两畦小麦的总幅宽相匹配。小麦收获时棉花已长至 30～50 cm 的高度，为不伤棉苗应将收获机割台适当抬高，并将中间部分的动刀片用薄板护住，作业时被护住的割台部分仅将棉苗推倒而不伤苗，收获机过后棉苗自动复位，其长度应大于棉花行距 15～20 cm。作业时先开出地头，再顺垄收获。收获时，收获机中心与棉垄中心对正。收获完后及时用移苗器补栽地头缺种的棉花或改种其他适宜作物。

（2）棉花

整地：无需整地的地块可直接播种，播前确需整地的地块可用田园管理机等小型机械对麦垄间的棉花种植行旋耕整地，耕深要达到 15 cm 以上，整后地表土块直径不得大于 3 cm 且地表平整，土层上虚下实。结合整地深施基肥。

播种：选用早发型中早熟棉花品种，以充实饱满、发芽率高的脱绒包衣种子为最佳（健子率 80% 以上，发芽率 80% 以上）。结合小麦春管造足底墒或棉花串种行单独造墒，确保棉花足墒播种。按照当地的农艺要求适期播种。一般棉花播种行距为两畦麦垄间小行 40 cm，宽行由两畦麦垄间的总幅宽计算得出，株距由平均行距和密度要求确定。

提高机械播种铺膜质量。机械铺膜播种可采用"先播后铺"或"先铺后播"两种方式。"先播后铺"时，膜下出苗后及时破膜放苗。铺膜播种的技术要求是，铺膜平展，紧贴地面；埋膜严实、膜边入土深度（5±1）cm，漏覆率小于 5%，破损率小于 2%，贴合度大于 85%；穴播播量每穴应在 1～2 粒；孔穴覆土厚度 1.5～2 cm，漏覆率小于 5%，要求下籽均匀，覆土良好，镇压严实；施肥要达到规定的施肥量和施肥深度，排肥均匀一致；深施种肥要求在播种的同时，将化肥施到种子下方或侧下方，肥种之间有 3～5 cm 厚度的土壤隔离层，达到种肥分层。机具作业中，人工将膜头压好后再起步。为防止大风吹起地膜，需人工在地膜表面每隔 2～3 m 压一条"土腰带"。

杂草及病虫害防治：在苗期可采用机动喷杆喷雾机，封垄后可采用风送式喷雾机。

2. 蒜套棉轻简育苗移栽

蒜棉套种模式下大蒜一般满幅种植，不为棉花预留套种行，为缩短共生期，减少大蒜对棉花生长发育的影响，棉花一般采用育苗移栽。过去采用传统营养钵育苗移栽，人工制钵和移栽，费工费时。近些年来，两熟和多熟制棉区发展起轻简育苗，有些地方甚至发展起工厂化育苗、机械化移栽，大大节省了用工成本，工作效率也大幅度提高。

轻简育苗的方式很多，比较常见的有苗床育苗裸苗移栽、穴盘育苗带土移栽、水浮育苗裸苗移栽。在黄河流域棉区，推广最多的是苗床育苗裸苗移栽和穴盘育苗带土移栽。采用基质育苗并裸苗移栽方式，一方面由于所用基质材料如蛭石、草炭、椰粉、花生壳、腐熟植物秸秆、珍珠岩等多具有体积大难运输、不可再生、价格高等缺点；另一方面裸苗移栽的缓苗期较长，使得棉花工厂化育苗技术在生产上的应用受到了很大限制，目前倾向于采用穴盘育苗带土移栽。

（1）苗床育苗并裸苗移栽

即用棉花专用的育苗基质和干净的河沙按一定的比例混合后填入苗床进行育苗，苗期配合使用棉花促根剂、保叶剂，从而育出健壮而又不带土的棉苗，然后采取裸苗移栽。该技术与营养钵育苗相比不需要人工制钵，移栽过程比较简单快速。据毛树春等的研究，促根剂、基质和保叶剂的使用使成苗率达到 91% 以上，比营养钵育苗少用种子 50%～80%，幼苗健壮无病，且防早衰效果好。采用无钵土裸苗移栽方式种植的棉苗，前期生长慢，中期生长快，后期长势旺，地下部分比地上部分生长快，现蕾前节间紧凑，果枝着生节位低，秋桃比大。

（2）穴盘育苗并带土移栽

该技术是用专用育苗穴盘，并以过筛的好土作为营养土培育棉苗并带土移栽。基本程序是，选择 532 mm×280 mm、每张具 50～300 个穴孔的育苗盘，3 月底以冷尾暖头晴好天气为适宜播期。采用机械播种生产线进行播种，用过筛的散土和精选种子，在播种生产线上依次完成装盘、镇压、播种、覆盖等工作；也可人工播种，将过筛的散土直接装盘至盘孔的 2/3 处，用另一育苗盘对准镇压后，将小麦种子和棉花种子播入同一孔穴内，覆 0.5 cm 左右厚的过筛散土后，将其放入苗床中（郭红霞等，2011）。

待棉苗长至移栽标准时，取出育苗盘，在地面上轻轻抖动摔打，之后一手轻捏穴孔底部，一手提苗茎基部即可取出带土棉苗，然后打捆包装。包装时用保鲜袋定量分装，然后装箱启运。运输时应避免阳光直射引起车厢内温度升高而导致烧苗或捂苗。

生产实践证明该技术有如下优点（郭红霞等，2011；张东林等，2013）：①育苗基质可就地取材，育苗技术简单，成本大幅降低；②两苗互作使土壤团根好，无需打钵，不散钵，钵体小，移栽轻便，且适合机械化移栽，栽后无需马上浇水；③作物根系自毒作用减弱，种苗素质得到提高，可以育成 6 片叶以上的大苗；④种苗离床可以存活 1 周多，便于工厂化育苗后种苗的储放和运输；⑤可以一家一户育苗，也可以工厂化育苗。

穴盘育苗虽然劳动强度小，但操作并不简单。棉花穴盘育苗作为一种现代化育苗技术，其省工、省力、效率高的优点主要体现在机械化育苗移栽的生产过程中。散户棉农分散种植选用这种方法虽然可以省力，但育苗成本并不低，而且技术要求高。穴盘育苗适合工厂化育苗，产业化操作，大棚穴盘育苗如果实施工厂化育苗和专业化的统一管理，可以减轻植棉者的劳动强度，比较适合农村在缺少强劳动力情况下植棉的需要。降低成本，主动适应市场，才能发展棉花工厂化育苗产业，实现其应有的经济效益。

3. 套作棉花机械化的发展

近些年来，棉田套种面积呈减少趋势，原因固然是多方面的，但是缺少能在麦林和棉林中穿行作业的成套适用机械化技术及机具是重要因素，致使适于套作的自然资源优势还远未得到充分利用；适于套作的生态环境还远未得到完善和提高；棉麦套作区的劳力结构和产业结构还远未得到合理调整，棉麦生产的最佳经济效果还远未得到充分发挥（张国强和周勇，2014）。促进棉麦套作棉花种植机械化发展要从以下几个方面入手。

一是农机与农艺相融合。一方面，农艺研究应与农机技术研究紧密结合。现阶段我国棉麦套作种植方式形式多样，黄河流域棉区麦套春棉种植方式有"3−2 式"、"4−2 式"、"6−2 式"和"3−1 式"，长江流域棉区麦套棉的模式更是多种多样。种植方式不统一使得适合棉麦套作棉花播种的机械研制方向不明确，农艺研究应对现有种植方式进行比较，保留少数几种较好的种植方式，进而针对这几种种植模式开发适合棉麦套种棉花种植的机械。另一方面，农机研究应紧密与育种、栽培和土肥研究相结合，使开发的农机具满足棉花农艺要求。例如，合理地确定株距、行距、农机具作业幅宽等技术参数，并科学地确定种、肥、水的施用量等。

二是大力发展多功能联合作业技术。棉麦套作制下的每块棉田空间有限，尤其是宽度比较小。作业机械多次进地对棉田本身和麦田种植的小麦都会产生不利影响。今后的机械可以集多种作业功能于一体，一次完成多项作业，提高作业效率，保证及时播种，提高产量；充分利用配套动力，节省能源，减少机组进地次数，使土壤免受机具的过度压实。

三是采用"产−学−研−推"运作模式。除了引进和吸收国外先进的种植机械技术和设备，加快我国棉花种植机械的研制步伐之外，还可采用政府管理部门、技术研究机构、机具生产企业、技术试验推广单位等多部门相结合的"产−学−研−推"运作模式，加快棉花生产机械化适用技术的研发和推广应用，促进农业工程技术和生物技术的结合。通过建立适合棉麦套作棉花种植机械化生产技术和装备的核心示范点，进行技术和装备的试验与示范，同时加强对各级技术人员的培训，以核心示范县为轴心，向周边地区示范和推广。

（二）合理密植

1. 麦套棉

合理密植是棉花增产增效的重要途径，稀植会带来群体生产力下降、抗逆防灾减灾能力弱等问题，但高密度下难以管理。这里以对麦套棉的研究来阐明不同密度对棉花产量及产量构成因子的影响（卢合全等，2011）。田间试验于 2009 年在山东圣丰种业科技有限公司位于嘉祥县疃里镇王集村的试验田进行。试验田中壤潮土；地力均匀、肥力中等偏上，有良好的排灌条件。供试棉花品种为当时主推的抗虫杂交棉'鲁棉研 25 号'，是中早熟转 Bt 基因抗虫棉。设 3.0 株/m^2、4.0 株/m^2、5.0 株/m^2、6.0 株/m^2 和 7.0 株/m^2 5 个密度处理，重复 3 次，随机区组排列。采取麦棉"3−2 式"套种，麦田预留套种行，重复间设 0.8 m 走道，四周有保护行。所有处理播前结合耕地每公顷施土杂肥 30 t，含 N、P、K 各 15% 的复合肥 450 kg 作基肥，4 月 18 日浇麦造墒；4 月 25 日播种，地膜覆盖，一播全苗。6 月 10 日麦收灭茬，7 月 15 日追施尿素 225 kg/hm^2，7 月 16 日打顶。根据长势情况喷施缩节胺化调 3 次，药物防治棉蚜、盲椿象等害虫，其他管理皆按常规进行。

（1）密度对麦套棉果枝数和果节数的影响

合理的果枝数和果节数是单位面积成铃数及产量形成的基础。由表 4-18 可以看出，密度对果枝数、果节数有显著影响。总体上，随着密度的升高，单株果枝数和单株果节数降低，尤其是单株果节数，高密度处理（7.0 株/m^2）比中低密度处理（3.0 株/m^2 和 4.0 株/m^2）分别减少 40.2% 和 35.4%；而单位面积的果枝数和果节数都显著升高。

表 4-18　不同种植密度对麦套棉果枝数和果节数的影响

密度（株/m²）	单株果枝数（个/株）	总果枝数（个/m²）	单株果节数（个/株）	总果节数（个/m²）
3.0	13.0a	39.0c	55.7a	167.1c
4.0	12.8b	51.2b	51.6b	206.4b
5.0	12.4c	62.0ab	47.6c	238.0a
6.0	12.1d	72.6a	40.3d	241.8a
7.0	11.0e	77.0a	33.3e	233.1a

注：同列数据后不同小写字母表示差异显著（$P<0.05$）

（2）密度对麦套棉产量和产量结构等的影响

由表 4-19 可知，无论是籽棉产量还是皮棉产量，都是随密度增加呈现先升后降的趋势，即处理 4.0 株/m² > 3.0 株/m² > 5.0 株/m² > 6.0 株/m² > 7.0 株/m²，并且随密度增加，产量下降幅度越大，5.0 株/m²、6.0 株/m² 和 7.0 株/m² 处理的籽棉产量比 4.0 株/m² 分别减产 9.5%、34.8% 和 42.9%；处理 4.0 株/m² 的皮棉产量比 5.0 株/m²、6.0 株/m² 和 7.0 株/m² 处理分别增产 10.6%、54.5% 和 76.2%。

表 4-19　密度对麦套棉产量、产量结构、经济系数和早熟性的影响

密度（株/m²）	籽棉（kg/hm²）	皮棉（kg/hm²）	衣分（%）	棉柴量（kg/hm²）	棉柴比	铃数（个/m²）	烂铃（个/株）	铃重（g）	霜前花率（%）
3.0	4642b	1856b	39.75a	7704c	0.60a	83.3b	0.7e	5.7a	96.2a
4.0	4817a	1915a	39.68a	8637a	0.55b	86.7a	1.1d	5.5ab	90.8b
5.0	4357c	1730c	39.60a	8455a	0.51c	80.3b	1.7c	5.3bc	88.9b
6.0	3140d	1239d	39.45a	8069b	0.38d	62.7b	2.1b	5.0c	80.1c
7.0	2750e	1087e	39.33a	7608c	0.36e	61.1c	2.6a	4.6d	73.7d

注：同列数据后不同小写字母表示差异显著（$P<0.05$）

密度对铃重、单位面积有效铃数和烂铃数也有显著影响（表 4-19）。随着密度升高，铃重表现出降低的趋势，3.0 株/m² 处理的铃重比中高密度处理（5.0~7.0 株/m²）的铃重提高 7.5%~23.9%，但由于其单位面积的铃数偏少，故经济产量相对 4.0 株/m² 要低。单位面积有效铃数随密度的增加呈现先升后降的趋势，即处理 4.0 株/m² > 3.0 株/m² > 5.0 株/m² > 6.0 株/m² > 7.0 株/m²，这与经济产量对密度的反应趋势一致。而烂铃数随密度增加明显增多，可见密度越大，棉花群体郁闭性增强，导致烂铃率提高（表 4-19）。

各种栽培密度下衣分差别不明显。可见麦套棉花密度在 4.0 株/m² 左右时棉花产量构成因素较协调，籽棉产量和皮棉产量均最高。

（3）密度对麦套棉经济系数和熟相的影响

由于直接测定棉花的经济系数比较困难，多采用棉柴比这一较容易测定的指标来判断经济系数的大小。本试验对棉柴比的测定发现，麦套棉的棉柴比有随着密度升高而降低的趋势（表 4-19）。密度对麦套棉的早熟性也有显著的调控效应（表 4-19），低密度处理的早熟性显著高于高密度处理，即密度越低，早熟性反而好；密度越高，早熟性则差。密度高于 5.0 株/m² 后，霜前花率太低；因此从早熟性角度考虑，麦套棉的种植密度不能高于 5.0 株/m²。

总之，合理密植是棉花增产的中心环节，密度过低，单株枝节量虽然可充分发展，但群体总量不足；密度过高，群体枝节量过大、有效率降低，产量和质量都会受到影响。密度合理的棉田，棉株生长纵横均衡发展，个体和群体枝节量适当。因此只有建立一个从苗期到成熟期都较为合理的动态群体结构，才能充分利用光热资源，实现高产优质。棉花种植密度与产量密切相关，合理密植可获较高的产量，但不同茬口密度所获得的产量又会有所不同。麦套棉由于小麦遮光，株高较矮，生育期推迟，单株性状、经济性状和产量均不如纯作棉，因此，需要比纯作棉花高一些的密度。然而，密度过高也会带来一系列不利因素，特别是产量和早熟性都会受到影响。在本试验条件下，麦套杂交棉以 4.0 株/m^2 左右时棉花产量构成因素较协调，籽棉产量和皮棉产量均最高。综合来看，高肥水田杂交棉的合理密度为 27 000～30 000 株/hm^2，中肥水田杂交棉的合理密度为 30 000～37 500 株/hm^2。若采用常规棉品种，密度宜相应提高 20%～30%。

2. 蒜套棉

蒜套棉多采用育苗移栽，因为密度越高，物化和用工成本就越高，因此在不降低棉花产量的前提下尽可能地降低密度是蒜套棉合理密植的基本原则。

（1）采用传统营养钵育苗移栽

据谢志华等（2014）报道，正常整枝条件下（去叶枝），3.3 万株/hm^2 的皮棉产量最高，其次为 3.9 万株/hm^2 的处理，分别比传统的整枝×低密度（2.7 万株/hm^2）增产 10% 和 4.3%（表 4-20）；简化整枝条件下（保留叶枝）也以 3.3 万株/hm^2 的产量最高，比传统的整枝×低密度（2.7 万株/hm^2）增产 20.4%（表 4-20）。处理组合间比较，以 3.3 万株/hm^2×不整枝皮棉产量最高，其次是 2.7 万株/hm^2×不整枝，再次是 3.3 万株/hm^2×整枝，这 3 个处理组合皆比传统的低密度（2.7 万株/hm^2）×精细整枝显著增产（9%～20%）。其余整枝和密度处理组合与传统栽培方式相比增产不大甚至减产。该研究结果表明，精细整枝条件下，蒜套棉的种植密度以 3.3 万株/hm^2 为宜；简化整枝条件下以 2.7 万～3.3 万株/hm^2 为宜，考虑到棉苗生产和移栽的成本，在简化整枝条件下以 2.7 万株/hm^2 较好。

表 4-20　简化整枝和密度对棉花产量和产量结构的互作效应

整枝方式	密度 （万株/hm^2）	籽棉 （kg/hm^2）	皮棉 （kg/hm^2）	生物产量 （kg/hm^2）	棉柴比	铃数 （个/m^2）	铃重 （g）
去叶枝	2.7	3 929e	1 605e	11 340f	0.530a	72.99c	6.47a
去叶枝	3.3	4 308b	1 766b	12 898e	0.502a	80.48b	6.32abc
去叶枝	3.9	4 167cd	1 674cd	13 916d	0.427c	79.79b	6.2bcd
去叶枝	4.5	3 714f	1 522f	14 358c	0.349e	71.36cd	6.29bcd
留叶枝	2.7	4 252bc	1 752bc	12 660e	0.506a	79.83b	6.37ab
留叶枝	3.3	4 629a	1 932a	14 492bc	0.469b	86.57a	6.22bcd
留叶枝	3.9	4 099d	1 660d	14 769b	0.384d	78.35b	6.13d
留叶枝	4.5	3 511g	1 397g	15 128a	0.302f	70.35d	5.89e

注：数据为 3 个试验点平均数。同列数据中标注不同字母者表示差异显著（P≤0.05）

　　另外，研究发现，试验点、整枝方式和种植密度对铃数、铃重和衣分没有显著的互作效应，但整枝和密度处理对铃数有互作效应，对铃重和衣分没有互作效应；衣分也不受地点、整枝和密度的效应影响（表 4-20）。这一方面说明各因子及其组合对产量构成因素的效应更为复杂多变，棉花具有很强的自我补偿调节能力和对生态环境及栽培措施的适应能力；另一方面说明在产量构成因子中衣分是相对稳定的。整枝方式和种植密度对铃数有显著的互作效应，且 3 个试验点各处理组合间的差异趋势大致相同（表 4-20）。留叶枝条件下以 3.3 万株/hm² 的铃数最多，其次为 2.7 万株/hm² 和 3.9 万株/hm²，比传统的低密度去叶枝分别提高 18.6%、9.3% 和 7.3%；去叶枝条件下 3.3 万株/hm² 和 3.9 万株/hm² 的铃数较多，比传统的低密度去叶枝分别提高 10.3% 和 9.3%。其余整枝和密度理组合与传统栽培管理方式相比，铃数上没有优势。整枝方式和种植密度对铃重没有互作效应，但两个因素都影响铃重，总体趋势是随着密度提高铃重降低，留叶枝处理的铃重低于去叶枝的铃重（表 4-20）。而且，与传统低密度去叶枝组合相比，所有其他整枝方式和密度处理组合在铃重上皆没有优势，大部分组合，包括几个显著增产的处理组合，其铃重还显著低于传统栽培管理方式。本研究中，未见整枝方式、密度对衣分的单独或互作效应，说明在 3 个产量构成因素中，衣分是相对稳定的。

（2）采用裸苗移栽

　　刘子乾等（2009）通过棉花裸苗移栽密度试验，比较了棉花裸苗移栽时不同种植密度下的生育进程与土钵育苗常规密度下的异同，探讨了棉花无土育苗、裸苗移栽时种植密度与产量的关系。通过对试验数据的计算分析，模拟出了反映棉花裸苗移栽时产量（Y）与种植密度（X）之间关系的曲线方程：

$$Y = -136.6075X^2 + 588.78X - 429.8814$$

　　当种植密度为 32 325 株/hm² 时，棉花籽棉产量最高。据此，结合在山东金乡县的实践，基质育苗裸苗移栽时的密度以 27 000～37 500 株/hm² 为宜。

　　综上所述，无论是麦套棉还是蒜套棉，合理密植都十分重要。本着产量不减、成本降低、效益最大化的原则，确定以山东为主的黄河流域棉区麦套棉的适宜密度为 27 000～37 500 株/hm²，其中高肥水田杂交棉的合理密度为 27 000～30 000 株/hm²，中肥水田杂交棉 30 000～37 500 株/hm²。传统营养钵育苗移栽条件下，蒜套杂交棉的适宜密度为 27 000～33 000 株/hm²，其中精细整枝条件下以 33 000 株/hm² 为宜，简化整枝条件下以 27 000 株/hm² 为宜；基质育苗裸苗移栽时的密度以 27 000～37 500 株/hm² 为宜。若采用常规棉品种，密度宜相应提高 20%～30%。

（三）科学配置行株距

　　种植密度=单位面积株数÷(行距×株距)，当种植密度一定时，行距与株距成反比，行距宽，株距则应缩小；反之，行距窄，株距应扩大。由于群体由个体组成，通过栽培措施可以调节个体的生长发育。

　　合理配置株行距的方法：通过研究，"宽行密株"有利于改善群体光分布，改善通透气条件，同时，田间作业操作也很方便。行宽是否合适以棉株最终高度来确定，行宽一般为自然高度的 2/3。杂交棉一般最终高度 150 cm 左右，所以，株行距一般为行距 90～100 cm，株距 40～45 cm。

（四）采用肥促化调技术

采用科学施肥促进个体发育，采用化学调控协调群体与个体的关系。

科学施肥应结合全生育期棉花的营养吸收规律，施肥技术上要掌握"底肥足、花肥重、桃肥保"的原则。

施足底肥。在棉花播种或棉苗移栽前或移栽后覆膜前，施足底肥，结合整地施复合肥或控释肥。

重施花铃肥。花铃期是棉花需肥水最多的时期，必须重施。一般每公顷施尿素300 kg。施肥时间一般在6月下旬至7月上中旬。如果施肥之后遭遇大雨冲洗、洪涝，要适当补施一些。

保施桃肥。壮桃肥是棉桃壮大成熟的必要保证，8月中下旬正是棉株中下部棉铃成熟，上部仍是花蕾累累的时候，此时花肥已被吸收完，必须补充肥料以利壮桃。结合棉株长势，每公顷施尿素150 kg左右。施肥时间一般在7月底，进入8月不能根际施肥。

灵活应用化调技术。化学调控技术要掌握"少量多次、前轻后重"的原则。一般自现蕾期开始施用，盛蕾期、初花期、盛花期各喷施1~2次，每公顷用缩节胺5~10 g、15~22 g、30~45 g至打顶，最后一次在打顶后一周内，缩节胺45 g/hm² 左右。

棉花对缩节胺的反应不是以浓度来衡量的，而是以有效成分和总量来衡量，所以各时期缩节胺加水量每公顷用10桶水（约150 kg，使用时，晶体缩节胺先用有刻度的盐水瓶稀释再使用）。

（五）适当晚拔棉柴

拔柴过早严重降低棉花产量和品质是蒜套棉生产中存在的突出问题。为此，我们于2009~2010年在金乡县的两个乡镇，从9月上旬开始设置5个拔柴时间，4个种蒜时间，以产量和效益最大化为目标，研究了拔柴、种蒜时间的效应。结果表明，拔柴时间对棉花产量的影响很大，种蒜时间对大蒜产量也有一定的影响（表4-21）。

表4-21　不同拔柴时间对棉花及大蒜产量的影响

拔柴时间（月-日）	棉 花					大 蒜			
	铃数（个/m²）	单铃重（g）	籽棉产量（kg/hm²）	吐絮率（%）	衣分（%）	冬前叶（个/株）	蒜蛆危害死亡率（%）	蒜薹产量（kg/hm²）	蒜头产量（kg/hm²）
09-10	83.0	5.73	4 176	31.03	38.60	—	—	—	—
09-20	83.3	5.67	4 422	35.83	38.67	10	81.6	450	4 050
09-30	83.2	5.73	4 728	51.53	39.40	9.4	63.3	1 163	8 160
10-10	84.6	5.87	4 824	64.20	40.20	7.4	10.1	4 272	23 265
10-20	86.2	6.20	5 058	82.37	40.87	6.5	5.3	4 182	22 635
10-30	86.3	6.23	5 082	94.20	41.07	4	1.4	2 753	20 145

从9月10日至10月30日，随着拔柴时间的推迟，棉花的吐絮率、单铃重、籽棉产量及衣分明显增加，但在10月10日以后拔柴处理间棉花产量差异不显著；不同时间拔柴种蒜，对大蒜产量也有较大影响，以10月10日拔柴种蒜的蒜薹产量及蒜头产量最高，播种过早极易引起蒜蛆的危害，产量较低，而过晚由于蒜苗冬前发育不良，产量也

显著降低（表 4-21）。综合考虑棉花和大蒜的产量及效益，本着不影响大蒜产量、尽可能减少棉花产量损失的原则，鲁西南蒜套棉拔棉柴时间应以 10 月 10~20 日为宜，比原来推迟了 15~20 d，棉花产量可减少损失 15%~20%。

二、麦后移栽短季棉轻简化栽培技术

试验于 2009 年在山东省金乡县科技示范园进行，供试品种为'中棉所 50 号'，采用中国农业科学院棉花研究所提供的育苗基质于 5 月 5 日育苗。6 月 5 日收获小麦，之后秸秆还田，旋耕整地，于 6 月 11 日移栽棉花，栽后大水漫灌，返苗期 5 d，成活率 96%。设置 6 个密度处理，分别为 2.25 万株/hm²、4.5 万株/hm²、6.75 万株/hm²、9.0 万株/hm²、11.25 万株/hm²、13.5 万株/hm²，采用随机区组排列，重复 4 次，行距 0.8 m，行长 16.68 m，5 行区，小区面积 66.7 m²。

结果表明（表 4-22），产量最高的为密度 9 万株/hm²，霜前花率随密度的增加先升高后降低。其中，6.75 万株/hm²、9.0 万株/hm² 和 11.25 万株/hm² 处理间的霜前花率相差不大，皮棉产量以 9.0 万株/hm² 的处理最高。该结果说明，在山东生态和生产条件下，麦后移栽短季棉以每公顷 9 万株左右比较适宜，这也是晚播短季棉通常采用的种植密度。

表 4-22　不同密度对麦后移栽短季棉籽棉产量的影响

密度 （万株/hm²）	霜前花率 （%）	皮棉产量 （kg/hm²）	籽棉产量 （kg/hm²）	铃数 （个/m²）	铃重 （g）	衣分 （%）
2.25	60.2c	624e	1557e	33.1d	4.71a	40.1a
4.50	73.7b	1187d	3027d	64.7c	4.68a	39.2a
6.75	78.3ab	1430bc	3620b	78.4b	4.62a	39.5a
9.00	81.2a	1571a	3957a	87.5a	4.52ab	39.7a
11.25	76.4ab	1402bc	3567bc	81.4b	4.38b	39.3a
13.50	72.4b	1334c	3413c	80.5b	4.24b	39.1a

注：同列数据后不同小写字母表示差异显著（$P<0.05$）

麦后移栽短季棉作为黄河流域棉区的一种种植模式，从品种、技术和装备上来看基本上是成熟、配套的，但是这种方式也存在严重弊端：一是与移栽套种棉相比，一般麦后移栽短季棉减产 10% 左右；二是由于密度提高，所需棉苗数量增加，成本也相应增加；三是麦后移栽若用人工，则费工费时，若用机械，则对整地、水浇条件、机械的要求较高，因此，只有符合这些条件的地方才能推广。

三、蒜后直播短季棉轻简化栽培技术

蒜套春棉是鲁西南棉区普遍采用的高效种植模式，但用工多、机械化程度低，不适合棉花轻简化、机械化生产的需求。改革传统棉花种植方式，实行棉花轻简化生产是破解当前棉花产业困境的重要技术途径。棉花轻简化是指在保证产量不减的前提下，通过机械代替人工、简化种植管理、减少作业次数、减轻劳动强度，实现棉花生产的轻便简捷、节本增效的栽培技术体系。针对轻简化、机械化生产的要求，山东省棉花科研人员协同攻关，根据鲁西南、鲁西北和黄河三角洲三大棉花产区的不同生态特点，开展了卓有成效的研究，特别是在黄河三角洲滨海盐碱地轻简化植棉研究和应用方面取得突破性进展，基本实现了种、管两个环节的轻简化、机械化，机采棉（收获机械化）示范工作也进展良好。但是，鲁西南两熟制条件下的棉花轻简化生产则推进缓慢，难寻突破。近年来，作者致力于蒜后直播短季棉的试验研究，初步建立了蒜后直播短季棉栽培技术并且进行了一定规模的示范推广（董合忠，2016）。

（一）发展蒜后直播短季棉的背景

鲁西南是山东三大产棉区之一，光热资源丰富、棉田土壤肥沃，适宜植棉，但人多地少，粮棉、棉菜争地矛盾突出。棉蒜套种是该区棉花生产的一大特色，以金乡县、鱼台县、成武县、巨野县等为主的鲁西南棉区也是全国最大的大蒜产区之一，大蒜面积常年稳定在 10 万 hm² 以上，蒜套棉连续多年占蒜田面积的 90% 以上。蒜田套种棉花，不仅可以提高土地复种指数，而且两者在生态、价格上互补。因此，蒜棉套种成为该区农民最为青睐的套作模式（卢合全等，2016）。但传统蒜棉两熟种植多采用育苗移栽和稀植大棵的栽培管理模式，主要依靠人工操作，不适宜机械化生产。随着我国经济社会的发展，劳动力转移和成本逐年增高，传统蒜套棉模式已不适应蒜、棉产业的发展。改革种植方式，实现轻简化、机械化植棉是该区蒜棉产业发展的必由之路。

（二）蒜后短季棉直播的试验示范效果

短季棉品种生育期比传统种植的春棉品种短 30 d 左右，利用短季棉生育期短、适合高密度种植、结铃集中等特性，5 月下旬大蒜收获后采用机械直接播种棉花，既不用费工费时的营养钵育苗移栽，也不用昂贵的杂交棉种子，不仅减少了物化和人工投入，而且利于提高田间管理的机械化水平；同时密植短季棉开花成铃集中，也为将来实现棉花机械化采收奠定了基础。目前，山东棉花研究中心已选育出'鲁棉研 19 号'、'鲁棉研 54 号'等适于棉蒜（麦）套及蒜后直播的抗虫短季棉新品种（系）；研究建立了蒜后短季棉直播轻简化技术体系，为实行蒜后直播短季棉提供了坚实的品种和技术保障。在试验示范的基础上，2015 年山东棉花研究中心在金乡县兴隆镇和霄云镇进行了较大面积的试验示范，取得了很好的效果。其中，金乡县兴隆镇张庙村的短季棉蒜后直播轻简化高效生产示范田，采用'鲁棉研 19 号'和'鲁 54'等短季棉品种（系），示范田面积约 6.7 hm²，5 月 25 日机械播种，行距为 66 cm，平均每公顷 9 万株左右。经实地测产，单株成铃 10.2 个，每公顷铃数 91.7 万个，平均每公顷籽棉 3975 kg，皮棉 1680 kg，棉田管理用工减少一半以上。这些新品种、新技术、新模式的成功研制及推广应用，必将为山东省棉花生产的可持续发展，特别是鲁西南地区蒜棉产业的协同发展提供有力的科技支撑。在鲁西南蒜棉产区发展蒜后直播短季棉具有良好的前景（董合忠等，2016）。

（三）蒜后直播短季棉的技术和发展对策

蒜后短季棉直播极容易出现霜前花率低，导致产量低、品质差等，因此如何科学管理、实现高产高效简化栽培十分重要。总体来说，蒜后短季棉要以促早为主，在促早的基础上实现轻简化。促早的主要手段是选用早熟品种、提早播种、提高密度、早打顶。

1. 早熟品种早播种

选用生育期短（110 d 之内）、株型紧凑、适合高密度种植的高产棉花品种，结铃性强，抗棉铃虫，抗枯萎病，耐黄萎病。选用精加工种子，播前抢晴晒种，每公顷备种 15～22.5 kg。

根据研究和实践，蒜后直播短季棉必须在 5 月底以前播种才能获得好的产量和品质，因此提倡收蒜后板茬播种，机械精量播种，每公顷用种 15～22.5 kg，播种深度 3 cm 左右，每穴下 2～3 粒，下种要均匀，播后盖土不超 2 cm，及时灌水。若大蒜收获较早，收大蒜前先浇水，然后旋耕大蒜田，再按预定行距和株距精量播种。播种时要求行距准确，播种行直。播种（灌水）后打除草剂封闭。

2. 合理密植早打顶

播种后不疏苗、不间苗也不定苗，每公顷用种 15～22.5 kg，种植密度一般可以达到每公顷 9 万～12 万株，实收 8 万～10 万株。蒜后直播棉花的突出矛盾是生长季节短，单株有效成铃率低，依靠高密度群体有效成铃数就解决了这一矛盾。

达到预留果枝数就可以打顶，一般开花后就可以考虑打顶。减免其他整枝措施，即不去叶枝、不打边心、不抹赘芽。

3. 化控肥促相结合

中等肥力棉田棉花全生育期按 N∶P∶K=(12～15)∶(6～7)∶(14～18)的比例配方和用量进行科学施肥，底肥施 450～600 kg/hm² 复合肥，播种时或出苗后施，条施或穴施，与棉株保持 20 cm 距离。一般情况下，在盛蕾期或初花期每公顷追施尿素 150～225 kg，以后不再追肥。

高密度条件下株高控制在 80～90 cm，最高不超过 100 cm。为此，掌握少量多次、前轻后重的原则，一现蕾就开始化学控制，一般需要喷施缩节胺 3～4 次。盛蕾期、盛花期及盛铃期喷施时注意横向喷药到位，在控制株高的同时充分控制叶枝、果枝横向生长，争取棉花适时"封行"。

通常情况下蒜后直播棉集中吐絮期在 10 月 15～20 日，这时就到了拔柴的时间，为了便于收获，可于 10 月初每公顷用乙烯利水剂（40%有效成分含量）2250 mL 均匀喷施，促进成熟。

在蒜棉产区发展蒜后直播短季棉要注意以下 3 个问题。

一是要促进 3 个方面的配套，即品种、机械和种植方式相配套。大蒜品种方面要选用早熟早收、优质高产的大蒜品种，棉花品种方面要选用高产优质抗逆的短季棉品种；在机械方面，要有配套的播种机械以实现棉花精量播种、减免间苗和定苗，要尽可能使用机械进行田间管理；在种植方式上，大蒜采用满幅种植，实现大蒜产量的最大化，收蒜前灌溉，收蒜后立即旋地，用机械精量播种，每公顷棉花留苗 9 万株左右，实收 7.5 万株以上，最终株高控制在 80～90 cm。

二是示范推广要循序渐进。蒜后直播短季棉对播种时间的要求十分严格。据试验，自 5 月 25 日起，棉花每推后 1 d 播种，棉花产量将减少 2%左右。这就要求大蒜最好能在 5 月 25 日以前收获，棉花要在 5 月底以前播种。受人力、物力和农民种植习惯的限制，这一种植模式不可能在短时间内被农民普遍接受，需要在继续扩大示范点和示范面的基础上，通过宣传引导、示范带动等多种形式让农民认可并加以推广。

三是要继续创新品种、技术和机械装备。配套技术和产品是实现蒜后直播短季棉的物质和技术支撑，必须继续改进、完善和创新。要继续改进短季棉品种的早熟性，在确保产量、品质和抗逆性的基础上，选育出适合 6 月初以前播种的短季棉品种；改进和完善农艺栽培技术，特别是合理密植、简化施肥、群体调控技术等，在此基础上探索棉花机械化收获的可行性。要研发新的机械装备，特别是播种和收获机械，为实现蒜后直播短季棉全程机械化生产打下基础。

（董合忠）

第三节　黄河流域棉区机采棉农艺技术

机采棉是指采用机械装备收获籽棉的现代农业生产方式，是现代化植棉的重要内容。虽然新疆生产建设兵团已有 70% 以上的棉田实现了机械化收获，但包括长江流域和黄河流域在内的内地棉区仍完全依靠人工收花，机采棉工作一直没有实质性进展。直到 2012 年，在山东棉花研究中心的配合下，滨州市农机局和东营市农机局分别在沾化县、无棣县、东营市东营区等建立了机采棉试验示范基地，并于 2012 年 10～11 月利用国产 3 行自走型摘锭式采棉机（4MZ-3）试采成功，采净率 90% 以上，达到了采棉机的规定标准要求，实现了内地棉区机采棉零的突破（图版Ⅵ-4，5，6）。同时，由山东天鹅棉业机械股份有限公司提供机采棉清选加工及附属设备，沾化县供销合作社负责土建和烘干设备，在沾化县建成了黄河流域棉区首条机采棉清理加工生产线，解决了内地机采棉的后续加工问题。据统计，2014 年山东省机采棉种植面积达 8000 hm²，实际机采面积达到 1120 hm²，拥有采棉机 8 台，机采棉花配套清杂设备 3 台。在试验示范的同时，山东棉花研究中心等单位在棉花精量播种、合理密植、简化整枝、脱叶催熟、合理化调、简化施肥等单项关键农艺措施研究方面取得了一系列进展，并相继育成了'鲁棉研 36 号'、'鲁棉研 37 号'、'鲁 6269'和'K836'等适合机采的棉花品种，为黄河流域棉区大力发展机采棉奠定了良好基础。

一、机采棉配套条件

（一）棉田要求

机采棉地块要求集中连片，面积较大，地势平坦，无沟渠、大田埂阻挡，并且要具有良好的排灌条件。棉田长度尽量不小于 100 m，以避免频繁升降采摘头，造成作业质量不稳定甚至损坏采棉机的摘锭。棉田不平整易降低采棉机的作业速度。为了便于采棉机在棉田两端转弯、检修、卸载等，要留有 8～10 m 非植棉区或人工提前采收区。

（二）品种要求

机采棉要求品种具有株型紧凑、高产、优质、抗逆性强、早熟、对脱叶剂敏感等特性。经 2012～2014 年连续 3 年筛选，'鲁棉研 36 号'、'鲁棉研 37 号'、'K836' 等一熟春棉品种较适合在黄河流域棉区作为机采棉品种应用。借鉴国外及我国西北内陆棉区的机采棉生产经验，并结合黄河流域棉区的棉花生产实际，总结出适宜该区种植的机采棉品种特性如下。

1. 性状要求

为了提高采棉机的作业效率及采净率，降低采棉成本和延长采棉期，要求棉花品种具有较高的果枝始节位，一般要求 ≥20 cm；株型紧凑，通透性好，适于密植，茎秆粗壮，抗倒伏能力强；叶枝弱且赘芽少，适合免整枝种植；结铃吐絮相对集中，吐絮畅且含絮力适中，铃壳开裂性好。

2. 抗性要求

为简化管理并保证产量的稳定，要求品种具有较强的抗枯萎病、高耐黄萎病、高抗棉铃虫的能力；并且对干旱、淹涝、低温寡照均具有较好的抗性，以防止棉花生长中前期因干旱而导致营养体发育受限，以及中后期花铃脱落严重、烂铃多。

3. 对植物生长调节剂的敏感程度

针对当前棉花品种的特性，做好化调十分重要。中前期主要依靠缩节胺（助壮素）等植物生长调节剂来调节棉株生长、塑造合理株型，因此必须要求所种植品种对缩节胺类植物生长调节剂敏感。机械采收前为提高机械化采摘的采摘率和作业效率，棉花必须实施脱叶，要求棉花叶片对脱叶剂的反应敏感，以提高化学脱叶效果。

4. 对纤维品质的要求

与手采棉相比，机械采收的棉花因需经过多道清花工序，易造成棉花纤维长度变短 1～2 mm，比强度降低 1～2 cN/tex，因此，为达到纺织企业的纺纱要求，机采棉种植过程中应选用高品质的棉花品种，正常春播棉田采用中早熟棉花品种，要求纤维长度 ≥30 mm，比强度 ≥30 cN/tex；晚春播棉田采用优质短季棉花品种，纤维长度 ≥29 mm、比强度 ≥29 cN/tex。

从表 4-23 的结果来看，现有主推品种中有一些基本符合机采棉品种要求。

表 4-23　适合机采的棉花品种（系）筛选

品种	株高 (cm)	果枝数 (个/株)	始节位高度 (cm)	赘芽干重 (g/株)	一次花率 (%)	对脱叶催熟剂敏感性	皮棉产量 (kg/hm²)
鲁棉 378	110.8	13.5	26.2	85.9	88.1	较敏感	3762
冀 141	121.8	15.5	28.4	83.2	88.4	不敏感	4076
中棉所 60	93.5	12.5	25.1	136.3	87.3	较敏感	3950
鲁棉研 37 号	106.2	13.4	26.7	80.5	90.1	敏感	4052
鲁 421	109.5	12.8	31.3	84.9	87.1	较敏感	3875

品种	株高 (cm)	果枝数 (个/株)	始节位高度 (cm)	赘芽干重 (g/株)	一次花率 (%)	对脱叶催熟剂 敏感性	皮棉产量 (kg/hm²)
冀棉 371	93.8	11.2	28.4	84.7	87.2	不敏感	3888
冀棉 278	101.7	12.8	27.4	61.0	84.8	不敏感	4062
冀棉 824	109.7	12.0	22.1	89.6	84.6	不敏感	3969
冀棉 1004	106.8	11.8	32.0	65.6	87.3	敏感	4376
鲁棉研 36 号	103.7	14.0	27.6	92.2	88.7	敏感	4131
K836	104.0	13.0	29.8	75.8	91.0	敏感	4200

注：本表由山东棉花研究中心栽培室提供并整理（2012～2014 年）

（三）采摘机械要求

提高采净率，降低含杂率是推广机采棉所面临的主要问题。针对黄河流域棉区的机采棉植棉特点，在多年试验示范的基础上，并综合考虑采净率、含杂率等各方面因素，目前主要提倡采用摘锭式采棉机，根据棉田规模选用适宜的采棉机型号。梳齿式和滚刷式采棉机也在试制阶段，经过不断完善、提升后也将有可能在生产中得以应用。

二、机采棉农艺栽培技术

（一）种植模式

对于黄河流域棉区一年一熟制棉田，主要采用 76 cm 等行距标准化种植模式，采用 130 cm 宽幅地膜 1 膜 2 行覆盖，种植密度每公顷 7 万～10 万株。对于蒜后两熟棉田，提倡采用 76 cm 等行距或（66+10）cm 配置，蒜后直播，不盖膜，种植密度每公顷 9 万～12 万株。具体的种植模式如图 4-3 所示。

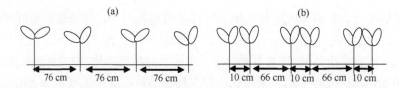

图 4-3　机采棉 76 cm 等行距种植模式（a）和（66+10）cm 种植模式（b）

通过 2014～2015 年连续 2 年试验证实，与传统大小行种植模式相比，采用 76 cm 等行距 1 膜 2 行覆盖种植不减产，甚至还略有增产（表 4-24）。

表 4-24　不同种植模式对棉花产量的影响

种植模式	2014 年		2015 年	
	籽棉（kg/hm²）	皮棉（kg/hm²）	籽棉（kg/hm²）	皮棉（kg/hm²）
（56+96）大小行种植	4611	1890	4299	1740
76 cm 等行距种植	4572	1874	4395	1781

注：本表由山东棉花研究中心栽培室提供并整理（2014～2015 年）

（二）精量播种减免间苗、定苗

在黄河流域棉区，当 5 cm 地温稳定在 15℃ 时即可播种，正常春棉一般于 4 月 20～30 日播种；短季棉晚春播一般于 5 月 15～25 日播种。选用脱绒包衣棉种，要求种子发芽率高于 80%，种子纯度在 95% 以上，一熟春播棉田用种量控制在每公顷 20～25 kg，蒜后直播短季棉用种量控制在每公顷 30～37.5 kg。皆采用精量播种机械进行播种，播种、覆膜、施肥一次完成，出苗后根据出苗情况只放出壮苗，不再进行间苗、定苗。对于条件比较成熟的地区可采用先覆膜再播种的播种方式，实现自然出苗，不放苗、不间苗、不定苗。为防止播后遭遇降雨对棉花出苗产生影响，可采用膜上打孔播种再覆膜的播种方式，待齐苗后揭掉上层膜代替人工放苗，同样可简化放苗工序。代建龙等（2014）通过多年多点的试验得出，在黄河流域棉区通过提高播种质量确保较高的收获密度，实行精量播种减免间苗、定苗能够实现省工节本、不减产。

（三）化学封顶代替人工打顶

打顶对机采棉产量及其株型塑造起着至关重要的作用。目前黄河流域棉区仍主要采用人工进行打顶，费工费时。采用机械装备进行化学调节剂打顶，能够实现与人工打顶相同的效果，且能显著减少用工。机采棉种植模式下，较高密度棉花的叶枝相对较弱，配合适时、适量的缩节胺（助壮素）化学调节剂化控，能够控制棉花的横向生长；利用氟节胺并配合缩节胺喷施棉株顶端，能够抑制棉株顶尖生长，完全能够控制棉花株高，且对产量影响不大（表 4-25）。

表 4-25 化学打顶剂对棉花株高、果枝数及产量的影响（先新良等，2014）

处理	株高（cm）	果枝数（个/株）	籽棉产量（kg/hm²）
对照（人工打顶）	66.2	9.9	7115
化学打顶剂	72.1	11.4	6921

（四）化学脱叶催熟

1. 确定需要化学脱叶和催熟的对象

脱叶的主要对象是采收前尚未脱落的主茎叶、果枝叶，以及二次生长产生的嫩叶，通过脱叶能够降低机械采收籽棉的含杂率，并且能够避免因绿色叶片染色造成的纤维品质降低。催熟的主要对象是实行机械采收前尚未完全吐絮的晚熟棉田（田晓莉等，2006），此类棉田若不进行催熟，一方面易造成机械采收时漏采，造成产量损失；另一方面青铃的存在易产生染色，降低纤维品质。

2. 化学脱叶催熟剂选择

由于不同催熟剂和脱叶剂发挥最佳活性所要求的环境条件不同，目前尚无在各种条件下既能解决脱叶问题，又能解决催熟问题的化合物。因此，将不同的催熟剂和脱叶剂复配或混用，是当前开展棉花化学脱叶催熟的主要手段（Snipes and Cathey，1992）。另外，利用不同化合物间的增效或加合作用来降低用量和成本也是催熟剂和脱叶剂复配或混用的目的之一（Supak，1995）。目前常使用的催熟剂主要为乙烯利；使用的脱叶剂主要有脱落宝 50% 可湿性粉剂、真功夫、50% 噻苯隆等，从使用成本上看，脱落宝与乙烯利的混合液较经济，但易对棉花的品质产生影响。2012～2014 年，我们在黄河流域棉区采用 50% 噻苯隆可湿性粉剂每公顷 300～600 g 和 40% 乙烯利水剂每公顷 2.25～3.0 L 混合施用效果较好，为提高药液附着性，可将表面活性剂有机硅助剂按照 0.05%～0.15% 的比例添加到脱叶催熟剂中混合喷施，效果更佳，施药 20 d 后，棉花的吐絮率达 92% 以上，脱叶率达到 97% 以上，完全满足机械采收对棉花脱叶率和吐絮率的要求（代建龙等，2013）（表 4-26）。

表 4-26   不同脱叶剂及助剂处理对棉花脱叶催熟效果、产量及一次花率的影响

处理			脱叶率（%）	吐絮率（%）	一次花率（%）	籽棉产量（kg/hm²）
脱叶剂	催熟剂	助剂				
清水	无	无	73.9	79.2	75.6	5010
		0.1%有机硅	79.7	78.3	76.1	4920
	乙烯利	无	81.4	85.2	86.1	4845
		0.1%有机硅	82.0	87.8	87.2	4890
噻苯隆	无	无	90.8	88.1	88.4	4620
		0.1%有机硅	92.6	88.9	90.8	4650
	乙烯利	无	96.2	93.3	93.2	4785
		0.1%有机硅	97.5	94.6	95.3	4800

注：本表由山东棉花研究中心栽培室提供并整理（2012～2014 年）

3. 化学脱叶催熟时间

机械采收前棉花必须实施脱叶，脱叶剂要达到最佳脱叶效果，应保证施药后 1 周内的日最高气温大于 18℃，过早施药可能导致叶片过早脱落，造成减产；施药时间过晚则气温过低，降低药效。国外对脱叶剂施用时间的研究认为，确定脱叶剂应用的最佳时间，需要考虑产量和品质的变化、不同等级皮棉的价格、脱叶剂的成本、棉花收获成本、有效的收获时间段及劳动力资源的竞争等。一般情况下，为了将产量和纤维品质的影响降到最低，脱叶剂应在 60% 的棉铃吐絮后使用（Snipes and Baskin，1994）。另外，植株的成熟度越高，诱导叶片脱落越容易；从天气条件而言，常以生理生长终止（倒数第六果枝开花）后的热量积累单位作为判断适期应用脱叶剂的标准（Larson et al.，2002）。在我国黄河流域棉区，为把握好最佳施药时间，在不减产的前提下达到最佳药效，2012～2014 年试验得出，在棉田 70% 以上棉株吐絮 60%～70% 时，喷施脱叶剂效果较好，一方面能够保证绝大部分棉铃发育完全，正常吐絮；另一方面由于气温适中，能够保证药效，脱叶剂施药 20 d 后的脱叶率可达 95% 以上，吐絮率达 90% 以上，且对产量影响不大，完全能够满足机械采收对棉花脱叶率和吐絮率的要求（表 4-27）。

表 4-27　脱叶催熟剂喷施时间对棉花脱叶催熟效果、一次花率及籽棉产量的影响

品种	喷施时间	脱叶率（%）	吐絮率（%）	一次花率（%）	籽棉产量（kg/hm²）
鲁 28	清水对照	71.6	78.4	75.0	4590
	吐絮率 40%	92.2	84.4	89.3	3120
	吐絮率 60%	98.4	92.8	96.7	4200
	吐絮率 80%	95.7	91.7	94.9	4395
鲁 37	清水对照	72.3	79.2	79.7	4290
	吐絮率 40%	91.5	86.1	90.2	3180
	吐絮率 60%	97.6	93.5	97.2	3915
	吐絮率 80%	94.5	92.2	94.6	4020

注：本表由山东棉花研究中心栽培室提供并整理（2012～2014 年）

4. 化学脱叶催熟剂剂量选择

在美国等一些发达植棉国家，脱叶催熟剂的剂量是综合环境条件、冠层大小、载铃量、水分条件及氮素营养状况而确定得出的（Reddy，1995）。就目前黄河流域的棉花种植模式、棉花长势及气候条件来说，脱叶催熟剂的用量一般为每公顷 40% 乙烯利水剂 1500～2250 mL+50%噻苯隆可湿性粉剂 300～600 g。药剂用量可根据棉花长势及其气候条件酌情进行增减，一般来说，气温较低，棉株长势较旺，晚熟棉田，可适当增加用量，反之则可以适当降低药剂用量。但需要注意的是，脱叶剂的用量和脱叶效果并不呈正比关系，脱叶催熟剂用量过大，虽然能够加快棉铃成熟，但是易导致棉花吐絮不畅，摘花不易，同时，还有叶柄迅速干枯而不易脱落的现象出现（黄继援等，1990）。

2012～2014 年的试验结果表明，在黄河流域棉区，脱叶催熟剂的用量以每公顷 300～600 g 噻苯隆+1500～2250 mL 乙烯利的效果为最佳，在保证脱叶催熟效果的前提下降低经济投入，施药 20 d 后的脱叶率达 95%以上，吐絮率达 90%以上，完全满足机械采收的要求（表 4-28）。

表 4-28　脱叶剂和催熟剂喷施剂量对棉花脱叶催熟效果、一次花率及产量的影响

噻苯隆（g/hm²）	乙烯利（mL/hm²）	脱叶率（%）	吐絮率（%）	一次花率（%）	籽棉产量（kg/hm²）
0	0	61.4f	80.6e	75.8d	5135a
	3000	82.0e	91.7bc	85.1c	4779b
	6000	88.0d	93.4ab	92.2ab	4413de
300	0	91.9c	82.7d	76.4d	4764b
	3000	97.8a	93.4ab	91.9ab	4499cd
	6000	97.7a	93.3ab	92.6a	4151f
600	0	92.3c	81.7de	75.5d	4607c
	3000	97.9a	92.3b	91.3b	4296e
	6000	96.5b	93.8a	91.7ab	3926g

注：本表由山东棉花研究中心栽培室提供并整理（2012～2014 年）。同列数据后不同小写字母表示差异显著（$P \leq 0.05$）

5. 化学脱叶催熟剂施药方法及其原则

乙烯利具有传导性能，棉花叶片吸收乙烯利后可向棉铃中运输，但为了尽快达到催熟效果和节约药剂，喷雾时要求雾滴要小，要直接均匀地喷洒在铃体上。噻苯隆的传导性能一般，因此在脱叶剂喷施过程中，如果叶片不直接接触药液，则脱叶率极低，所以在喷施脱叶剂时务必保证叶片均沾附药剂，以保证脱叶效果（李新裕等，2000）。另外，脱叶剂的施用次数可根据棉田群体大小来确定，棉株群体较小的棉田喷施一次即可，群体大的棉田，由于药液不易喷到中下部叶片，宜采用分次施药，第一次施药应比正常施药期提前 7 d 左右，采用较低剂量，待上部叶片大部分脱落后，再进行第二次施药，剂量适当增加。

正常棉田喷施脱叶剂适量偏少，过旺棉田适量偏多；早熟品种适量偏少，晚熟品种适量偏多；喷期早的棉田适量偏少，喷期晚的棉田适量偏多；密度小的棉田适量偏少，密度大的棉田适量偏多。要求最终脱叶率保证达到95%以上，吐絮率达到90%以上，棉株上无塑料残物、化纤残条等杂物。

（代建龙）

参 考 文 献

代建龙, 李维江, 辛承松, 等. 2013. 黄河流域棉区机采棉栽培技术. 中国棉花, 40(1): 35-36.
代建龙, 李振怀, 罗振, 等. 2014. 精量播种减免间定苗对棉花产量和产量构成因素的影响. 作物学报, 40(11): 2040-2045.
董合忠. 2011. 滨海盐碱地棉花轻简栽培: 现状、问题与对策. 中国棉花, 38 (12): 2-4.
董合忠. 2012. 滨海盐碱地棉花丰产栽培的理论与技术. 北京: 中国农业出版社: 36-53.
董合忠. 2013a. 棉花轻简栽培的若干技术问题分析. 山东农业科学, 45(4): 115-117.
董合忠. 2013b. 棉花重要生物学特性及其在丰产简化栽培中的应用. 中国棉花, 40(9): 1-4.
董合忠. 2016. 蒜棉两熟制棉花轻简化生产的途径——短季棉蒜后直播. 中国棉花, 43(1): 8-9.
董合忠, 李维江, 唐薇, 等. 2007. 留叶枝对抗虫杂交棉库源关系的调节效应和对叶片衰老与皮棉产量的影响. 中国农业科学, 40(5) : 909-915.
董合忠, 李振怀, 李维江, 等. 2003b. 抗虫棉保留利用营养枝的效应和技术研究. 山东农业科学, 3: 6-10.
董合忠, 李振怀, 罗振, 等. 2010. 密度和留叶枝对棉株产量的空间分布和熟相的影响. 中国农业生态学报, 18(4): 792-798.
董合忠, 毛树春, 张旺锋, 等. 2014. 棉花优化成铃栽培理论及其新发展. 中国农业科学, 47(3): 441-451.
董合忠, 李维江, 李振怀, 等. 2003a. 棉花营养枝的利用研究. 棉花学报, 15(5): 313-317.
董合忠, 李振怀, 罗振, 等. 2010. 密度和留叶枝对棉株产量的空间分布和熟相的影响. 中国农业生态学报, 18(4): 792-798.
郭红霞, 侯玉霞, 胡颖, 等. 2011. 两苗互作棉花工厂化育苗简要技术规程. 河南农业科学, 40(5): 89-90.
黄继援, 范长海, 刘忠元, 等. 1990. 棉花脱叶剂德罗普试验初报. 石河子科技, (1): 33-35.
蒋建勋, 杜明伟, 田晓莉, 等. 2015. 影响黄河流域常规除草棉田机械采收的恶性杂草调查. 中国棉花, 42(6): 8-11.
李成亮, 黄波, 孙强生, 等. 2014. 控释肥用量对棉花生长特性和土壤肥力的影响. 土壤学报, 51(2): 295-305.
李冉, 杜珉. 2012. 我国棉花生产机械化发展现状及方向. 中国农机化, (3): 7-10.

李树军. 2013. 棉麦间作套种机械化作业技术要点. 农机科技推广, (9): 48-49.

李维江, 唐薇, 李振怀, 等. 2005. 抗虫杂交棉的高产理论与栽培技术. 山东农业科学, (3): 21-24.

李新裕, 陈玉娟, 闫志顺. 2000. 棉花脱叶技术研究. 中国棉花, 27(7): 14-16.

刘富圆. 2012. 5%氟节胺悬浮剂调节棉花生长田间药效试验. 中国棉花, 39(11): 8-9, 31.

刘生荣, 张俊杰, 李葆来, 等. 2003. 我国棉田化学除草应用研究现状及展望. 西北农业学报, 12(3): 106-110.

刘子乾, 翟登玉, 杨以兵. 2009. 棉花裸苗移栽种植密度探讨. 农业科技通讯, (10): 43-44.

卢合全, 李振怀, 董合忠, 等. 2009. 杂交棉种植密度与留叶枝对产量及其构成因素的互作效应研究. 山东农业科学, (11): 11-15.

卢合全, 李振怀, 李维江, 等. 2015. 适宜轻简栽培的棉花品种 K836 的选育及高产简化栽培技术. 中国棉花, 42(6): 33-37.

卢合全, 赵洪亮, 于谦林, 等. 2011. 鲁西南麦套杂交棉适宜种植密度研究. 山东农业科学, (9): 27-29.

卢合全, 徐士振, 刘子乾, 等. 2016. 蒜套抗虫棉 K836 轻简化栽培技术. 中国棉花, 43(2): 39-40, 42.

罗振, 李维江, 董合忠, 等. 2009. 密度与整枝对抗虫杂交棉产量分布的影响. 山东农业科学, (12): 43-47.

毛树春. 2010. 我国棉花种植技术的现代化问题——兼论十二五棉花栽培相关研究. 中国棉花, 37(3): 2-5.

毛树春. 2012. 中国棉花景气报告(2012). 北京:中国农业出版社: 158-184.

毛树春. 2013. 中国棉花景气报告(2013). 北京:中国农业出版社: 272-274.

毛树春. 2014. 中国棉花景气报告(2014). 北京:中国农业出版社: 104-112.

牛巧鱼. 2013. 我国棉花机械打顶研究进展. 中国棉花, (11): 23-24.

瞿端阳, 王维新. 2012. 新疆棉花机械打顶现状及发展趋势分析. 新疆农机化, (1): 36-38.

山东棉花研究中心. 2001. 优质棉生产的理论与技术. 济南: 山东科学技术出版社.

苏成付, 邱新棉, 王世林, 等. 2012. 烟草抑芽剂氟节胺在棉花打顶上的应用. 浙江农业学报, 24(4): 545-548.

田晓莉, 李召虎, 段留生, 等. 2006. 棉花化学催熟与脱叶技术. 中国棉花, 33(1): 4-6.

王爱玉, 高明伟, 王志伟, 等. 2015. 棉花化学脱叶催熟技术应用研究进展. 农学学报, 5(4): 20-23.

王刚, 张鑫, 陈兵, 等. 2015. 化学打顶剂在新疆棉花生产中的研究与应用. 中国棉花, (10): 8-10.

王家宝, 王留明, 姜辉, 等. 2014. 高产稳产型棉花品种鲁棉研 28 号选育及其栽培生理特性研究. 棉花学报, 26(6): 569-576.

王希, 杜明伟, 田晓莉, 等. 2015. 黄河流域棉区棉花脱叶催熟剂的筛选研究. 中国棉花, 42(5): 15-21.

先新良, 郑晓寒, 薛丽云, 等. 2014. 化学打顶剂氟节胺对棉花生长的影响. 农村科技, (6): 21-23.

谢志华, 李维江, 苏敏, 等. 2014. 整枝方式与种植密度对蒜套棉产量和品质的效应. 棉花学报, 26(5): 459-465.

喻树迅, 张雷, 冯文娟. 2015. 快乐植棉——中国棉花生产的发展方向. 棉花学报, 27(3): 283-290.

张东林, 李文, 腊贵晓, 等. 2013. 工厂化两苗互作育苗麦后机械化移栽棉花的生长发育及产量特点. 河南农业科学, 42(6): 51-54.

张冬梅, 李维江, 唐薇, 等. 2010. 种植密度与留叶枝对棉花产量和早熟性的互作效应. 棉花学报, 22(3): 224-230.

张国强, 周勇. 2014. 棉麦套作棉花种植机械化现状与思考. 安徽农业科学, 42(32): 11597-11598.

张佳喜, 蒋永新, 刘晨, 等. 2012. 新疆棉花全程机械化的实施现状. 中国农机化, (3): 33-35.

张晓洁, 李浩, 王志伟. 2012. 精量播种对棉花产量结构的影响. 中国棉花, (7): 32-35.

张振兴, 赵洪亮, 于谦林, 等. 2014. 棉花控释肥试验研究总结. 中国棉花学会 2014 年年会论文汇编: 213-214.

赵洪亮, 于谦林, 卢合全, 等. 2010. 山东生态条件下纯作春棉的适宜密度研究. 山东农业科学, (12):18-21.

中国农业科学院棉花研究所. 1983. 中国棉花栽培学. 上海: 上海科学技术出版社: 50-57.

中国农业科学院棉花研究所. 2013. 中国棉花栽培学. 上海: 上海科学技术出版社: 798-811.

周亚立, 刘向新, 闫向辉. 2012. 棉花收获机械化. 乌鲁木齐: 新疆科学技术出版社.

朱德文, 陈永生, 徐立华. 2008. 我国棉花生产机械化现状与发展趋势. 农机化研究,(4): 224-227.

邹茜, 刘爱玉, 王欣悦, 等. 2014. 棉花打顶技术的研究现状与展望. 作物研究, 28(5): 570-574.

Dai JL, Li WJ, Tang W, et al. 2015. Manipulation of dry matter accumulation and partitioning with plant density in relation to yield stability of cotton under intensive management. Field Crops Research, 180: 207-215.

Dai JL, Luo Z, Li WJ, et al. 2014. A simplified pruning method for profitable cotton production in the Yellow River valley of China. Field Crops Research, 164: 22-29.

Dong HZ, Li W J, Tang W, et al. 2006. Yield, quality and leaf senescence of cotton grown at varying planting dates and plant densities in the Yellow River Valley of China. Field Crops Research, 98: 106-115.

Larson JA, Gwathmey CO, Hayes RM. 2002. Cotton defoliation and harvest timing effects on yields, quality, and net revenues. The Journal of Cotton Science, 6: 13-27.

Reddy VR. 1995. Modeling ethephone- temperature interactions in cotton. Computers and Electronics in Agriculture, 13: 27-35.

Snipes CE, Baskin CC. 1994. Influence of early defoliation on cotton yield, seed quality, and fiber properties. Field Crops Research, 37: 137-143.

Snipes CE, Cathey CW. 1992. Evaluation of defoliant mixtures in cotton. Field Crops Research, 28: 327-334.

Supak JR. 1995. Harvest aids for picker and stripper cotton. Cotton Gin Oil Mill Press, 96: 14-16.

附录 4-1　黄河流域棉区棉花轻简化栽培技术规程

1　范围

本标准规定了棉花轻简化栽培相关术语和技术措施，包括播种、田间管理和收获等的技术与措施。

本标准适用于黄河流域棉区一熟春棉，套作棉花也可参考。

2　规范性引用文件

下列文件对于本文件的应用是必不可少的。凡是注日期的引用文件，仅所注日期的版本适用于本文件。凡是不注日期的引用文件，其最新版本（包括所有的修改单）适用于本文件。

DB37/T 158　棉花灌溉技术规程

DB37/T 159　棉花病虫害防治技术规程

DB37/T 2026—2012　滨海盐碱地棉花丰产简化栽培技术规程

DB37/T 2027—2012　滨海盐碱地棉花生产技术术语

3　术语

下列术语和定义适用于本文件。

3.1　轻简化栽培

"轻"是机械代替人工，减轻劳动强度；"简"是减少作业环节和次数，简化种植管理；"化"则是农机与农艺有机融合。轻简化栽培是指采用现代农业装备代替人工作业，减轻劳动强度，简化种植管理，减少田间作业次数，农机农艺融合，实现棉花生产轻便简捷、节本增效的栽培技术体系。

3.2　精量播种

精量播种分为苗床精量播种和大田精量播种。

苗床精量播种是指选用优质种子，在营养钵、育苗基质和穴盘等人工创造的良好苗床上人工或机械进行播种和育苗的技术。

大田精量播种是指选用优质种子，精细整地，合理株行距配置，机械播种，不疏苗、不间苗、不定苗，保留所有成苗的大田棉花播种技术。

4　条件要求

4.1　土壤条件

4.1.1　棉田平整，集中连片。有机质含量在 0.8% 以上，耕作层深度 20 cm 以上，质地疏松。依照 DB37/T 2027—2012 的要求，盐碱地棉田播种时土壤 0～20 cm 表层含盐量在 0.25% 以下。

4.1.2　非盐碱地棉田冬前深耕，耕深 25～30 cm；盐碱地棉田冬前深松，深度 30～40 cm。深耕或深松每 2～3 年进行 1 次。

4.2　水浇条件

有一定的水浇条件，保证播前造墒。

4.3　热量条件

播种至吐絮大于 15℃积温不少于 3000℃。

4.4　机械装备

配备比较完备的机械装备，包括秸秆还田、整地、播种、覆膜、中耕施肥、病虫草害防治等作业机械，装备质量应符合相关标准要求。

4.5　种子质量

选用脱绒包衣棉种，种子饱满充实，发芽率高于 80%，种子纯度 95% 以上，含水量不高于 12%。播前晒种，做发芽试验，确定播种量，勿浸种。

5　化学除草

5.1　播前混土施用

棉田整平后，每公顷用 48% 氟乐灵乳油 1500～1600 mL，兑水 600～700 kg，或每公顷用 33% 二甲戊灵乳油 2250～3000 mL，兑水 225～300 kg，在地表均匀喷洒，然后通过耘地或耙耱混土，防治多年生和一年生杂草。

5.2 播后苗前施用

先播种后覆膜棉田，播种后在播种床均匀喷洒除草剂，然后盖膜；覆膜后膜上打孔播种棉田，覆膜前在播种床上均匀喷洒除草剂，然后膜上播种，并注意压土堵孔。可选用的除草剂及用量有：每公顷 50%乙草胺乳油 1800～2250 mL 兑水 450～700 kg，每公顷 33%二甲戊灵乳油 2250～3000 mL 兑水 225～300 kg，60%丁草胺乳油 1500～2000 mL 兑水 600～700 kg，或 43%拉索乳油 3000～4500 mL 兑水 600～700 kg。

6 播种

6.1 机械精量播种

采用多功能棉花精量播种机械播种，每公顷用种量在 22.5 kg 左右，将播种、喷施除草剂和覆盖地膜等程序合并作业，一次完成。

6.2 行距配置

人工收获一般采用大小行，行距分别为 90～100 cm 和 50～60 cm，用幅宽 90 cm 的地膜覆盖小行；机械收获时，要采用等行距种植，行距为 76 cm 或 66 cm+10 cm，采用幅宽 120 cm 地膜覆盖两行。

6.3 免间苗、定苗

6.3.1 先播种后盖膜的，出苗后及时人工放苗，并在放苗过程中灵活控制棉苗数量达到每公顷 60 000～90 000 株，以后不疏苗、间苗和定苗，减免间苗和定苗工序。

6.3.2 先覆膜后播种的，实行覆膜、膜上打孔播种和覆土联合作业，自然出苗，出苗后不间苗、不定苗。

7 中耕

按照 DB37/T 2026—2012 执行。其中，盛蕾期前后中耕不可减免，可采用机械将中耕、除草、追肥、破膜和培土合并进行，一次完成。

8 施肥

8.1 施肥原则

依据棉田养分特征、棉花产量目标分类施肥，速效肥与控释肥或缓释肥结合一次施肥，减少施肥次数，提高肥料利用率。

8.2 施肥方法

8.2.1 高产田施肥。在酌施土杂肥等有机肥的前提下，每公顷采用控释氮（释放期为 90 d）150 kg、速效氮 75～90 kg、P$_2$O$_5$ 90～105 kg、K$_2$O 105～120 kg 作基肥一次施用，以后不再追肥。

8.2.2　中、低产田施肥。在酌施土杂肥等有机肥的前提下，每公顷采用控释氮（释放期为 90 d）100 kg、速效氮 100 kg、P$_2$O$_5$ 75～90 kg、K$_2$O 75～90 kg 作基肥一次施用，以后不再追肥。

9　整枝

9.1　中密度条件下粗整枝

种植密度为每公顷 60 000 株左右的棉田采用粗整枝。在大部分棉株出现 1～2 个果枝时，将第 1 果枝以下的营养枝和主茎叶全部去掉（"撸裤腿"）；7 月 15～20 日人工打顶。减免其他整枝措施。

9.2　高密度条件下免整枝

种植密度在每公顷 75 000 株以上的棉田减免去叶枝（叶枝保留）环节。7 月 15～20 日，结合缩节胺化控每公顷采用 2000～3000 g 氟节胺兑水 500～600 kg 进行化学打顶，采用机械顶喷，分 2 次喷施，时间间隔一周，氟节胺用量视棉花长势、天气状况酌情增、减施药量。减免其他整枝措施。

10　化学控制株高和封行时间

10.1　中密度棉田的化控

全生育期化控 4 次左右，第 1 次在盛蕾前每公顷用缩节胺 15～22 g；第 2 次在盛蕾期至初花前，用量 22～37 g；第 3 次在开花后至盛花期，用量 37～60 g；第 4 次在盛铃期前后，用量 60 g 左右。最终株高控制在 120～150 cm，等行距时 7 月 25～30 日封行，大小行时 7 月 15～20 日封小行、8 月 5～10 日封大行。

10.2　高密度棉田的化控

按照少量多次、前轻后重的原则全程化控，全生育期化控 5 次左右，第 1 次在现蕾时每公顷用缩节胺 15～22 g；第 2 次在盛蕾期后，用量 22～30 g；第 3 次在初花期前后，用量 30～45 g；第 4 次在盛花期前后，用量 45～60 g；第 5 次在盛铃期前后，用量 60 g 左右。最终株高控制在 100～120 cm，等行距时 7 月 30 日左右封行，大小行时 7 月 20 日左右封小行、8 月 10 日左右封大行。

11　棉田浇水

按 DB37/T 158 规定执行。

12　病虫害防治

按 DB37/T 159 规定执行。

13 收花

13.1 脱叶催熟

根据棉花长势及其天气情况，于 9 月底至 10 月初且气温稳定在 20℃以上、田间吐絮率达到 60%左右、棉花上部棉铃铃期 40 d 以上时，喷施化学脱叶催熟剂。一般采用每公顷 50%噻苯隆可湿性粉剂 600～900 g 和 40%乙烯利水剂 2000～3000 mL 混合施用。

13.2 集中收花

13.2.1 脱叶催熟剂喷施 15 d 后，待棉株脱叶率达 95%以上，吐絮率达 90%以上时，进行人工集中摘拾；两周后再摘拾一次即可，能有效减少收花次数，提高收花效率，减少用工。

13.2.2 有条件的地区提倡采用机械收花。

附录 4-2　黄河流域棉区机采棉农艺技术规程

1 范围

本标准规定了机采棉相关术语及机采棉大田栽培管理技术，包括备播、播种、田间管理、脱叶催熟和收获等的技术与措施。

本标准适用于黄河流域棉区需要机械收获的一熟春棉和晚春播短季棉生产，需要机械收获的套作棉花生产也可参考。

2 规范性引用文件

下列文件对于本文件的应用是必不可少的。凡是注日期的引用文件，仅所注日期的版本适用于本文件。凡是不注日期的引用文件，其最新版本（包括所有的修改单）适用于本文件。

DB37/T 158　棉花灌溉技术规程

DB37/T 159　棉花病虫害防治技术规程

DB37/T 2026—2012　滨海盐碱地棉花丰产简化栽培技术规程

DB37/T 2027—2012　滨海盐碱地棉花生产技术术语

3 术语和定义

下列术语和定义适用于本文件。

3.1 机采棉

机采棉是指采用机械装备收获籽棉的现代农业生产方式，涉及品种培育、种植管理、脱叶催熟、机械采收、棉花清理加工等诸多环节。

3.2　含絮力

含絮力是指棉铃开裂后铃壳抱持籽棉的松紧程度。含絮力影响采棉机的采净率，过紧不易机械采摘，过松易自然脱落。

3.3　脱叶催熟

在棉花生育后期采用植物生长调节剂加速棉铃成熟吐絮、促进棉叶脱落的技术措施。

4　条件要求

4.1　棉田要求

机采棉田要求集中连片，面积较大；地势平坦，具备排灌条件，无沟渠、大田埂阻挡，便于采棉机作业。

4.2　品种要求

果枝始节位较高，株型较紧凑，抗倒伏，结铃吐絮相对集中，吐絮畅，含絮力适中，对脱叶剂敏感。正常春播棉田采用中早熟棉花品种；纤维长度≥30 mm、强度≥30 cN/tex；晚春播棉田采用优质短季棉花品种，纤维长度≥29 mm、强度≥29 cN/tex。

5　种植模式及产量结构

5.1　种植模式

一年一熟制，地膜覆盖，标准化种植。种植密度每公顷 70 000～100 000 株，行距配置为 76 cm 或 66 cm+10 cm。

5.2　产量构成

平均单株果枝 9～12 个。平均单株结铃 9～12 个，每公顷铃数 75 万～105 万个，全株平均铃重 4.5 g 以上，每公顷籽棉产量 3500～5000 kg。

6　播前准备

6.1　耕翻平地

11 月上、中旬结合秸秆还田进行耕翻，耕深 25～30 cm，翻垡均匀，扣垡平实，不露秸秆，覆盖严密，无回垄现象，不拉沟，不漏耕。播种前棉田进一步整理，达到下实上虚，虚土层厚 2.0～3.0 cm 的要求，以利于保墒、出苗。

6.2　灌水造墒

于 3 月下旬至 4 月初灌水造墒，每公顷灌水 750～900 m³；盐碱地宜把淡水压盐与造墒结合，根据盐碱程度于播种前 20 d 左右灌水压盐，轻度和中度盐碱土棉田每公顷灌水 900～1500 m³，重度盐碱棉田每公顷灌水 1500～2000 m³，一水两用。盐碱程度划分按照 DB37/T 2027—2012 执行。

6.3 施足基肥

播种前撒施基肥，一般每公顷施土杂肥 30 t，或鸡粪 15 t，或商品有机肥 3～4.5 t；复合肥（含 N、P、K 各 15% 以上）600 kg。浅翻二犁，耕深 10～12 cm，随即耙平待播。盐碱棉田春灌后，宜耕期内撒施基肥，随即翻耕，耕深 15 cm，耙透耧平后保墒待播。

6.4 播前除草

播前每公顷用 48% 氟乐灵乳油 1875～2250 mL，或 48% 地乐胺 3000～3750 mL，或 72% 都尔乳油 1500 mL，兑水 450 kg 地面喷施，或 33% 二甲戊灵乳油 2250～3000 mL 兑水 225～300 kg 地面喷施，随喷随耙，混土深度 3～5 cm，药物封闭消灭杂草。除草剂用量不可随意加大，以免产生药害。

6.5 种子准备

选用脱绒包衣棉种，种子饱满充实，发芽率高于 80%，种子纯度 95% 以上，含水量不高于 12%。播前晒种，做发芽试验，确定播种量，勿浸种。

7 播种

7.1 播种期

5 cm 地温稳定在 15℃时播种，正常春棉于 4 月 20～30 日播种；短季棉晚春播于 5 月 15～25 日播种。

7.2 播种方式与播种量

条播时每公顷用种量 30 kg 左右；点播（每穴 2 粒）时每公顷用种量 20～25 kg。采用多功能精量播种机械，播种、铺膜、覆土、喷施除草剂一次完成，播种深度 2～3 cm。地膜宽 120 cm、厚≥0.008 mm，一膜覆盖两行。

8 田间管理

8.1 放苗

出苗后及时放苗，精量播种棉田放苗时按照预定苗量只放出壮苗，不再定苗。土壤湿度较小时，放苗后待苗叶上的水干后立即堵孔；土壤湿度较大时，苗放出来后给予 1～2 d 的晾晒时间，待棉苗周围的表土晾干后堵孔。

8.2 中耕、揭膜培土

中耕按照 DB37/T 2026—2012 执行。其中，盛蕾期结合中耕视土壤墒情和降雨情况将中耕、除草、揭膜、追肥和培土合并作业，一次完成。之后结合田间作业及时捡拾田间残膜，以防残膜污染棉花。

8.3　追肥

在施足基肥的基础上，一般棉田于盛蕾至初花期每公顷追施尿素 150～225 kg，长势旺的棉田少追肥。

8.4　简化整枝

8.4.1　粗整枝或保留营养枝。粗整枝是在大部分棉株出现 1～2 个果枝时，将第 1 果枝以下的营养枝和主茎叶全部去掉，一撸到底，俗称"撸裤腿"。对于果枝始节位较低且早发（6 月 15 日前现蕾）的棉田，可同时去掉下部 1～2 个果枝。

8.4.2　打顶按照"枝到不等时，时到不等枝"的原则，于 7 月 15～20 日进行，最晚不迟于 7 月 25 日。

8.5　化学调控及其指标

8.5.1　叶面积指数指标

自现蕾开始，通过采用缩节胺或其水剂助壮素进行化学调控，使叶面积指数达到以下范围，初花期 0.6～0.7、盛花期 2.7～2.9、盛铃期 3.8～4.0、始絮期 2.5～2.7。

8.5.2　封行指标

于 7 月 25～30 日封行，达到"下封上不封、中间一条缝"的程度。

8.5.3　株高指标

种植密度每公顷 70 000～80 000 株时，控制最终株高 110～120 cm，最高不超过 130 cm；种植密度 80 000～100 000 株时，控制最终株高 90～110 cm，最高不超过 120 cm。

8.5.4　化控次数和用量

按照少量多次、前轻后重的原则，正常长势棉田全生育期化控 4 次左右，第 1 次在盛蕾前每公顷用缩节胺 15.0～22.5 g；第 2 次在盛蕾期至初花前，用量 30.0～45.0 g；第 3 次在开花后至盛花期，用量 60.0～75.0 g；第 4 次在盛铃期前后，用量 75.0～90.0 g。黄河流域雨水时空分布不均，干旱年份长势弱的棉田酌减，多雨年份长势旺的棉田酌增。

8.6　棉田浇水

按 DB37/T 158 规定执行。

8.7　病虫害防治

按 DB37/T 159 规定执行。

9　脱叶催熟

9.1　脱叶催熟时间

于 9 月底至 10 月初且气温稳定在 20℃以上、田间吐絮率达到 50%～70%、棉花上部铃的铃龄达 40 d 以上时，为脱叶剂的最佳施用期，要求施药后 5 d 气温相对稳定，日均温≥18℃。

9.2 脱叶催熟剂及施用方法

9.2.1 每公顷采用 50%噻苯隆可湿性粉剂 600～900 g 和 40%乙烯利水剂 1500～3000 mL 混合施用。为了提高药液附着性，将有机硅按照 0.05%～0.15%的浓度添加到脱叶催熟剂中混合喷施。

9.2.2 选择双层吊挂垂直水平喷头喷雾器。喷施时要求雾滴要小，喷洒均匀，保证棉株上、中、下层的叶片都能均匀喷有脱叶剂；在风大、降雨前或烈日天气禁止喷药作业；喷药后 12 h 内若降中量的雨，应当重喷。

9.3 脱叶催熟用药原则

正常棉田用药适量偏少，过旺棉田适量偏多；早熟品种适量偏少，晚熟品种适量偏多；喷期早的适量偏少，喷期晚的适量偏多；密度小的适量偏少，密度大的适量偏多。要求脱叶率达到 95%以上，吐絮率达 95%以上。棉株上无塑料残物、化纤残条等杂物。

10 机械收获

10.1 采收前准备

确定进出机采棉田的路线，确保采棉机顺利通过。棉田两端人工采摘 15 m 宽的地头，拔除棉秆，以利于采棉机转弯、调头；在田头整理出适当的位置，便于采棉机与运棉车辆交接卸花。

10.2 采收质量要求

合理制定采棉机采收行走路线，提高采收质量，达到总损失率≤9%、含杂率≤11% 的要求。

10.3 采棉机安全技术要求

严禁在采棉机和运输车上吸烟，采收作业区 100 m 内严禁吸烟；随车需配备防火设备；采棉机作业前应检查排烟管防火保护，确保安全有效；在排除故障时，应熄灭发动机，拉好手刹。

11 机采棉储存和清理

11.1 籽棉储存

回潮率超过 12%时，应随时检测棉垛温度变化情况，升温快的棉垛尽早加工；回潮率 12%以下的籽棉可起垛堆放，但垛高应低于 4 m，且不易长期大垛堆放，防止出现霉变。

11.2 籽棉清理

11.2.1 新采籽棉干湿不均,一般需起垛 5～7 d,使垛内籽棉干湿趋于一致后加工。

11.2.2 机械采收的籽棉需通过机采棉清理生产线,经过烘干、清理工序后,再进行籽棉加工。

第五章　长江流域棉区棉花轻简化栽培技术

长江流域棉区是我国实行棉田两熟或多熟制的优势区域，多采取棉花与小麦或油菜套种（栽）。受种植制度、生态条件、生产条件和种植习惯的影响，该区是我国棉花管理最烦琐、用工最多、机械化程度最低的产棉区。据统计，长江流域多熟制棉区棉花生产从种到收需 40 多道工序，每公顷用工接近 450 个，是大田作物中用工最多的。由于多采用杂交棉，植株高大，成熟期不集中、产量器官空间分布很广，不利于大型机械进行收获（别墅等，2012）。在该区推进棉花轻简化生产任重道远。根据长江流域棉区的实际，推进该区棉花轻简化栽培主要采取两条途径：一是进一步优化现行的杂交棉稀植大棵栽培途径；二是改革种植方式，逐步将棉-油（麦）套种改为油（麦）后短季棉直播，为最终实现全程机械化生产创造条件。

第一节　杂交棉轻简化栽培技术

利用杂交棉品种育苗移栽并适当稀植，不仅可以减少与间套作物的共生期，减轻相互间的不利影响，还可通过提早播种棉花，促进棉花早发早熟，延长有效开花结铃期，充分发挥杂交棉的个体优势，从而实现杂交棉高产高效。在此基础上采用轻简育苗、简化整枝、轻简施肥等关键技术，改传统营养钵育苗移栽为轻简育苗移栽，改稀植精细整枝为合理密植简化整枝，改多次施用速效肥为一次施用控释肥或减少施肥次数，在棉花产量不减或略有增加的前提下，减少用工成本，实现一定程度上的轻简化生产。

一、目标和条件要求

（一）产量和用工目标

皮棉单产 1500 kg/hm^2 以上，霜前花率 95%以上，与传统常规栽培的棉花产量相当或略高，每公顷节省用工 75～150 个。

（二）种植模式

1. 油棉两熟

油菜与棉花两熟栽培，是湖北、江苏、安徽、湖南和江西等长江流域棉区的主体种植制度。油菜与棉花两熟包括油套棉和油后棉，由于油菜植株高大，后期易倒伏，采用套种方式一方面会给栽种带来不便，另一方面油菜对棉苗的生长发育影响大，因此目前主要采用油后移栽棉的种植方式。

油后移栽棉采取双育苗移栽，即油菜选用抗倒伏中熟偏早品种，9 月上旬育苗，10月中下旬在棉行套栽；棉花选用高产早熟的杂交棉品种，轻简育苗于翌年 4 月中下旬育苗，常规营养钵育苗于翌年 4 月上中旬育苗，5 月中下旬油菜收获后移栽。油菜收割后棉花移栽前，使用 53 kW 以上拖拉机悬挂四铧或五铧犁及时深翻耕。翻耕深度一般为25 cm 左右，利于棉花生长时养分的吸收，具备防旱透气滤水的作用，该机械每天可翻耕 4.7 hm²。翻耕晒田 2~3 d 后，悬挂重耙作业 3 遍，将土块切碎、耙平，改善耕层结构和地表状态，要求不漏耙，不拖堆，不拉沟，地表平整度不超过 10 cm（别墅等，2012）。基于棉花移栽期需要抢季节、节省成本等考虑，每年都进行深翻耕的可行性和必要性不大，一般 3~4 年深翻耕一次即可。

2. 麦棉两熟

由于小麦收获晚于油菜，如果像油菜一样也是在前茬作物收获后移栽棉花则棉花晚熟低产，因此长江流域小麦收获前套栽棉花是麦棉两熟的主要方式。小麦选用抗倒伏中熟偏早品种，11 月上旬播种；棉花于翌年 4 月上旬育苗，4 月下旬或 5 月上旬移栽。麦林棉花套栽前翻耕整地，在秋冬播时，麦行预留 1 m 宽的植棉空行，用 5.9~8.8 kW 手扶拖拉机悬挂单铧翻耕 12~15 cm，要求不漏耕、不断垄、不跑岔，便于土壤冬凌冻熟，该机械每天（8 h，下同）可翻耕预留行 1 hm²，春耕时节再使用这种拖拉机悬挂旋耕机旋地，每天可耕整 1.3 hm²（别墅等，2012）。基于棉花移栽期需要抢季节、节省成本考虑，不需要每年都进行深翻耕，一般 3~4 年深翻耕一次。

（三）品种和种植密度

选用通过国家或省级审定且适合当地种植的棉花品种，尽量选用高产、优质、抗病、不早衰的中熟抗虫杂交棉品种，同一品种宜规模化种植。种子质量应符合 GB 4407.1 的规定。

油棉两熟时棉花移栽密度每公顷 22 500~27 000 株，麦棉两熟时棉花移栽密度每公顷 27 000~33 000 株。

二、轻简育苗移栽

近年来，我国棉花轻简化育苗移栽技术发展较快，形成了基质育苗、穴盘育苗和水浮育苗等轻简育苗方式，具有省工、省种、劳动强度低、便于工厂化集中育苗等优点。对于杂交棉而言，可以选择棉花基质穴盘育苗移栽，也可以选用水浮育苗移栽。

（一）基质穴盘育苗移栽

可选用小拱棚、大棚和日光温室等进行穴盘育苗，设施内温度控制在 20~35℃。建在背风向阳、排水取水方便、交通便利且不易被家畜家禽破坏之处。

单个小拱棚以长 10 m、床面宽 1.2 m、高 0.45~0.50 m 为宜；大棚以宽 6.0 m、顶高 2.0~2.5 m、侧高 1.0~1.2 m 为宜。

1. 物资准备

（1）棉种

根据种植密度确定棉种数量，如育苗 1500 株，需准备棉种 300 g。

（2）育苗基质

选用合格的棉花穴盘专育苗用基质。每育 1500 株棉苗，需育苗基质 0.05 m³。

（3）育苗穴盘

选用 100 孔育苗穴盘，每穴容积不小于 30 mL。每育 1500 株棉苗，需育苗穴盘 16～18 个。

（4）保叶剂、促根剂

保叶剂、促根剂用量根据育苗数量，按产品说明书推荐的用量计算。

2. 苗床建设

（1）床址选择

苗床建在育苗设施内，小拱棚育苗可先建苗床，播种后再建小拱棚。利用大棚和日光温室育苗应在建床前清理棚内杂物、灭除杂草及前茬等，再用杀菌剂喷雾灭菌。

（2）苗床规格

单个苗床以宽 1.2 m、深 0.2 m、长不超过 10 m、四周走道宽 0.4～0.5 m 为宜。利用大棚和日光温室进行多层育苗时，需育苗架和育苗盘，层数不宜超过 3 层，层高以第 1 层（自地面算起）0.9 m、第 2 层 0.8 m、第 3 层 0.7 m 为宜。

（3）苗床制作

单层苗床四周可用土、砖块或木板围成，清除床底石块、植物根茎等尖锐硬物，铲平夯实。床底需平整，底部和床四周铺垫薄膜，薄膜厚度以 0.006～0.01 mm 为宜。铺膜前在床底撒施少量杀虫剂，防止地下害虫破坏地膜。

（4）基质装盘

将基质装满穴盘并刮平，使各穴基质松紧一致，播种前浇足水，以基质湿透、穴盘底部渗水为宜。也可先将基质加水拌匀再装盘，基质含水量均匀达到 60%，以手握成团、指间见水不滴水为宜。

3. 播种

（1）播种时间

按育苗期 20～30 d、移栽适宜苗龄 2～3 片真叶计算，按移栽日期倒推播种时间。规模化育苗可分期分批播种，间隔 1～2 d 播 1 批，以确保适宜苗龄和移栽时间。

（2）播种方法

播种前除去不饱满或破损的种子。每穴播 1 粒棉种，种子尖头朝下或横放，用手指轻压，播种深度 1.5～2.0 cm 为宜。播后用基质覆盖，覆盖厚度为 1.5～2.0 cm，然后抹平床面并轻压。播种结束后，可喷杀菌剂防病害。

（3）穴盘摆放

播好种的穴盘可采用以下方法之一摆放。

叠放：每垛叠放 16～18 个穴盘，用农膜包裹保温，膜内温度控制在 20～30℃。待50%～60% 种子拱土出芽时，将穴盘移入苗床；用小拱棚育苗时，摆好育苗盘后应立即架小拱棚并盖膜。

平放：穴盘直接平放在苗床上，并平铺一层地膜；用小拱棚育苗时，摆好育苗盘后应立即架小拱棚并盖膜；待 50% 种子拱土出芽时，除去平铺的地膜。

4. 苗床管理

（1）浇灌促根剂

棉苗子叶平展到 1 叶 1 心期间，可用促根剂灌根 1 次，应在棉苗行间均匀浇灌到根部，不应喷施到叶面上。促根剂浓度和用量参照产品使用说明书。

（2）温度控制

棉苗从出苗到子叶平展，膜棚内温度应保持在 25～35℃，出真叶后，温度应保持在 20～30℃。可用通风、加压微喷水及加盖遮阳网等方法来降温，用保温帘、地热线等方法来增温。

（3）水分控制

苗床管理应以控水为主，以移栽时红茎比 50% 左右为宜，根据基质墒情，补水 1～3 次，第一次补水可与浇灌促根剂同时进行。

（4）虫害防治

以防治棉蚜、棉叶螨、棉蓟马、棉盲蝽等害虫为主。

（5）大苗控制

若不能按时移栽，苗龄超过 3 片真叶时应控制棉苗生长，可用如下方法。一是控制苗床水分，不浇水。二是微量化调，根据棉苗长势酌情喷施缩节胺，浓度以 1 g 缩节胺兑水 100 kg 为宜，喷湿叶面即可。

（6）栽前炼苗

移栽起苗前 7～10 d 苗床不再浇水，移栽前 5～7 d 日夜通风炼苗，如遇雨或天气寒冷仍需覆盖；大棚和日光温室应逐步打开天窗，促进炼苗。

（7）浇足"送苗水"

移栽前 3～5 d 可喷适量"送苗水"，保持基质含水量适宜，方便起苗。

（8）喷保叶剂

移栽当天或前 1 d 可喷保叶剂。保叶剂浓度和用量参照产品使用说明书。

5. 栽前大田准备

（1）造墒

若墒情不足，可灌底墒水。

（2）整地

免耕移栽前应先灭茬、喷除草剂，后打洞或开沟移栽。采用地膜覆盖时，先灭茬、整地、施肥、喷除草剂，后盖膜打穴移栽。基肥应施在离移栽穴 20～30 cm 处。机械移栽时应精细整地，应做到地面平整、土壤松爽、无残茬。

6. 起苗和运输

（1）起苗

可采用如下 2 种方法之一。一是湿起苗：起苗前 1 d 灌足水或促根剂。起苗时轻挤穴盘底部并轻提棉苗，起好后将棉苗扎成捆。二是干起苗：起苗前灌促根剂，再控水 2～

3 d。起苗时将育苗盘提起，轻轻抖落基质，将棉苗扎成捆。

（2）装苗

装苗器具应透气，底部加 1 cm 深的水，以保持根系湿润，可对棉苗喷保叶剂。苗床距大田较近时，可直接将穴盘运到田间，边起苗边移栽。棉苗起苗后应在 12 h 内栽完，不能及时移栽时，应存放在阴凉处，并保湿透气。

（3）运输

装苗的器具应平放在运输工具上，有支架时可分层码放，棉苗不应被挤压、被阳光直射。运输时应保持运输工具平稳行走。

7. 移栽

（1）基本原则

操作过程中应避免棉苗根系和叶片受损和受害；在棉苗充足的情况下，应优先选择健壮的棉苗移栽；应选择在温度较高时移栽棉苗；提倡地膜覆盖移栽。

（2）移栽条件

棉苗苗龄 30 d 左右；叶龄 2～3 片真叶；叶片无病斑，叶色深绿，子叶完整；苗高 15～20 cm；红茎比 50% 左右；根系多且粗壮。

日平均气温稳定达到 19℃以上。

机械移栽时应对操作人员进行技能培训和安全培训。

（3）移栽方法

可采用人工移栽，先用机具开沟或打穴，深 10～20 cm，再将棉苗放入移栽穴中并覆土轻压，然后浇水；更提倡机械移栽，选择合适的棉苗移栽机，调整好移栽行株距、开沟深度、浇水量和覆土量等参数，开机调节移栽机行走和放苗的速度，然后开始移栽。

移栽后，棉苗直立且根系入土深度不小于 7 cm，每株棉苗浇水不少于 250 mL。

移栽后应及时检查，扶正倒伏或被压的棉苗。发现漏浇水、漏栽时，应及时补浇、补栽。栽后如遇干旱，应及时补浇水 1～2 次。

（二）棉花水浮育苗移栽

可选用小拱棚、大棚和日光温室，设施内温度控制在 20～35℃。应建在背风向阳、排水和取水方便、交通便利的地方，应防止家畜家禽破坏。单个小拱棚以长 10 m、床面宽 1.2 m、高 0.45～0.50 m 为宜；大棚以宽 6.0 m、顶高 2.0～2.5 m、侧高 1.0～1.2 m 为宜。

1. 物资准备

（1）棉种

根据种植密度确定棉种数量，如育苗 1500 株，需准备棉种 300 g。

（2）育苗基质

选用市场销售的合格的棉花水浮育苗专用基质。每育 1500 株棉苗，需育苗基质 0.04 m³。

（3）育苗穴盘

选用200孔聚乙烯高密度硬质泡沫塑料育苗穴盘，每穴容积不小于25 mL。每育1500株棉苗，需育苗穴盘8个。

（4）专用育苗肥

每育1500株棉苗，需棉花水浮育苗专用肥400 g。

2. 苗床建设

（1）床址选择

苗床建在育苗设施内，小拱棚育苗可先建苗床，播种后再建小拱棚。利用大棚和日光温室育苗应在建床前清里棚内杂物、灭除杂草及前茬等，再用杀菌剂喷雾灭菌。

（2）苗床规格

单个苗床以宽1.2 m、深0.2 m、长不超过10 m、四周走道宽0.4~0.50 m为宜。

（3）苗床制作

单层苗床四周可用土、砖块或木板围成，清除床底石块、植物根茎等尖锐硬物，铲平夯实。床底需平整，底部和床四周铺垫薄膜，薄膜厚度以0.006~0.01 mm为宜。铺膜前在床底撒施少量杀虫剂，防止地下害虫破坏地膜。铺膜后应进行检查，如发现漏水应及时换膜，如有气泡应重铺。

（4）基质装盘

用清洁的水将基质均匀湿润，使基质含水量达到其自身重量的1.5~2.0倍（即手捏成团，指缝间不滴水，自高1 m左右处落地即散）；将配好的基质装入育苗盘，轻轻抖动育苗盘或将育苗盘置于30 cm高处自由落下，使基质上下紧实度一致。装好后基质应略低于盘面，以便播种后覆盖。

（5）配制营养液

每育1500株棉苗，用400 g专用育苗肥兑水5 kg配成母液倒入育苗池内，再加清洁的水150~300 kg，搅拌均匀，即配成了营养液。

3. 播种

（1）播种时间

苗床水温稳定通过16℃时可开始播种，播种时间可比营养钵育苗时间推后5~7 d。

（2）播种方法

播种前除去不饱满或破损的种子。每穴播1粒棉种，种子尖头朝下或横放，用手指轻压，播种深度以1.5~2.0 cm为宜。播后用基质覆盖，覆盖厚度为1.5~2.0 cm，然后抹平床面并轻压。播种结束后，可喷杀菌剂防病害。

（3）穴盘摆放

每垛叠放16~18个穴盘，用农膜包裹保温，膜内温度控制在20~30℃。待50%~60%种子拱土出芽时，将穴盘移入苗床；摆盘时交替排列，竖排放2个，横排放1个，盘间留空隙。用小拱棚育苗时，摆好育苗盘后应立即架小拱棚并盖膜。

4. 苗床管理

（1）温度控制

棉苗从出苗到子叶平展，膜棚内温度应保持在 25～35℃，出真叶后，温度应保持在 20～30℃。可用通风、加压微喷水及加盖遮阳网等方法来降温，用保温帘、地热线等方法来增温。

（2）水分控制

苗床管理应以控水为主，以移栽时红茎比 50% 左右为宜。子叶平展 3～4 d 后即可使育苗盘离开营养液炼苗，炼苗时间逐步延长，以棉苗不萎蔫为宜。

（3）化学控制

根据棉苗长势酌情喷施甲哌鎓，浓度以 1 g 98% 缩节胺兑水 100 kg 为宜，喷湿叶面即可。

（4）虫害防治

以防治棉蚜、棉叶螨、棉蓟马、棉盲蝽等害虫为主。

（5）栽前炼苗

日平均气温高于 20℃ 时可将膜全部揭开炼苗。棉苗 2 片真叶后，可在晴天将育苗盘架高使根系离开营养液，进行 1～2 h 的间断性炼苗。移栽前 5～7 d 日夜通风炼苗，如遇雨或天气寒冷仍需覆盖。大棚和日光温室应逐步打开天窗，促进炼苗。

5. 栽前大田准备

（1）造墒

若墒情不足，可灌底墒水。

（2）整地

免耕移栽前应先灭茬、喷除草剂，后打洞或开沟移栽。采用地膜覆盖时，先灭茬、整地、施肥、喷除草剂，后盖膜打穴移栽。基肥应施在离移栽穴 20～30 cm 处。机械移栽时应精细整地，应做到地面平整、土壤松爽、无残茬。

6. 起苗和运输

（1）起苗

移栽前需炼苗 24 h 以上，使水生根收缩便于起苗。起苗时用手握住棉苗茎基部，轻轻向上将棉苗连基质一起拔出。若因棉苗过小或炼苗不够造成根系不能与基质一同起出时，应推迟起苗。

（2）装苗和运输

装苗器具应透气，底部加 1 cm 深的水，以保持根系湿润，可对棉苗喷保叶剂。苗床距大田较近时，可直接将穴盘运到田间，边起苗边移栽。棉苗起苗后应在 12 h 内栽完，不能及时移栽时，应存放在阴凉处，并保湿透气。装苗的器具应平放在运输工具上，有支架时可分层码放，棉苗不应被挤压、被阳光直射。运输时应保持运输工具平稳行走。

7. 移栽

（1）基本原则

操作过程中应避免棉苗根系和叶片受损及受害；在棉苗充足的情况下，应优先选择健壮的棉苗移栽；应选择在温度较高时移栽棉苗；提倡地膜覆盖移栽。

（2）移栽条件

棉苗苗龄 30 d 左右；叶龄 2～3 片真叶；叶片无病斑，叶色深绿，子叶完整；苗高 15～20 cm；红茎比 50% 左右；根系多且粗壮。

日平均气温稳定达到 19℃ 以上。

机械移栽时应对操作人员进行技能培训和安全培训。

（3）移栽方法

可采用人工移栽，先用机具开沟或打穴，深 10～20 cm，再将棉苗放入移栽穴中并覆土轻压，然后浇水；也可用机械移栽：选择合适的棉苗移栽机，调整好移栽株行距、开沟深度、浇水量和覆土量等参数，开机调节移栽机行走和放苗的速度，然后开始移栽。

移栽后，棉苗直立且根系入土深度不小于 7 cm，每株棉苗浇水不少于 250 mL。

移栽后应及时检查，扶正倒伏或被压的棉苗。发现漏浇水、漏栽时，应及时补浇、补栽。栽后如遇干旱，应及时补浇水 1～2 次。

三、简化施肥

（一）肥料类型

缓控释肥是指通过各种机制措施将肥料吸附在颗粒表面或内部，使其在作物生长季节缓慢释放，养分释放规律与作物养分吸收基本同步，从而达到提高肥效目的的一类肥料。施用棉花专用配方缓控释肥，质量应符合 GB/T 23348 的规定（图版 V-5，6）。

（二）肥料配方

利用土壤测试和肥料田间试验得出配方和用量，也可参考如下配方：每 100 kg 棉花专用配方缓释肥含氮（N）18～30 kg、五氧化二磷（P_2O_5）3～10 kg、氧化钾（K_2O）18～30 kg、硼（B）0.05～0.15 kg、锌（Zn）0.25～0.40 kg。

（三）施肥原则

棉花专用配方缓释肥不宜撒施、穴施，宜开沟埋施，沟深 15～20 cm，距棉株或种子 20～25 cm；棉花专用配方缓释肥宜作基肥（或移栽肥）足量早施，不宜在中后期施用；低洼、渍涝和排水不畅的棉田不宜一次性大量施用棉花专用配方缓释肥。

（四）施肥方法

每公顷用棉花专用配方缓释肥 1200～1500 kg 作基肥或移栽肥一次性开沟埋施，露地移栽棉在移栽后 10 d 内施用，移栽地膜覆盖棉覆膜前施用；盛花期（7 月底至 8 月初）视苗情每公顷追施尿素 150 kg（纯氮 75 kg）左右，可用中耕开沟机施肥。

对于有早衰迹象的棉田，8 月中旬至 9 月上旬，结合治虫叶面喷施含 1%～2%尿素和 0.3%～0.5%磷酸二氢钾的溶液，每次每公顷用液量不少于 750 kg，每 7～10 d 喷一次，连喷 3～4 次。

四、棉田管理

（一）化学调控

根据苗情和天气状况进行化学调控，推荐用量和方法见表 5-1。

表 5-1　移栽棉化学调节剂推荐用量和方法

时期	缩节胺用量（g/hm²）	使用方法
初花期	15.0～30.0	全株喷雾
盛花期	30.0～45.0	全株喷雾
打顶后 5～7 d	45.0～60.0	全株喷雾

注：根据苗情和天气状况，可适当调整喷施化学调节剂的次数和各次用量

（二）化学除草

1. 移栽前化学除草

前茬作物收获后，板茬免耕移栽或翻耕前，可用草甘膦+乙草胺或精异丙甲草胺等对杂草茎叶和土壤喷雾。

2. 移栽后现蕾前化学除草

以禾本科杂草为主时，可用草甘膦+乙草胺或精异丙甲草胺等对杂草茎叶和土壤定向喷雾；在禾本科、阔叶杂草和莎草科杂草混生时，可用乙氧氟草醚等杀草谱较广的除草剂，还可选择两种或多种除草剂进行混配使用，或用氧氟·乙草胺等混剂。

3. 现蕾后化学除草

棉花现蕾后、株高 30 cm 以上且棉株下部茎秆转红变硬后，用草甘膦、百草枯等对杂草茎叶定向喷雾。

（三）病虫害防治

1. 物理防治

每 2～3 hm² 安装杀虫灯 1 台，连片安装 4 台以上为宜，两台杀虫灯间距应小于 200 m；杀虫灯在棉花全生育期均应高于棉株，安装高度距地面 1.5～2.0 m；开灯时间为当天 21：30 至次日 5：00。

2. 化学防治

1）主要虫害：苗期以地老虎、蝼蛄、蜗牛、棉蚜、棉叶螨、棉蓟马为主；蕾期以

棉铃虫、棉盲蝽、棉蚜、棉叶螨、棉蓟马等为主；花铃期以棉铃虫、伏蚜、叶螨、棉盲蝽、烟粉虱、甜菜夜蛾、斜纹夜蛾等为主。

2）主要病害：苗期以立枯病、炭疽病、红腐病、黑斑病、猝倒病、轮纹斑病、疫病、角斑病、褐斑病、茎枯病、枯萎病、黄萎病等为主；蕾期以枯萎病、黄萎病、茎枯病等为主；花铃期以枯萎病、黄萎病、红叶茎枯病、疫病、炭疽病、红腐病、红粉病、灰霉病、曲霉病、黑果病、软腐病等为主。

3）防治方式：统防统治。

3. 整枝与打顶

简化整枝：移栽棉现蕾后，应尽早整枝，密度偏低的棉田或缺株时，可保留 1～2 个叶枝。早熟品种直播时可不整枝。

当移栽棉单株果枝数达 20～22 个或时间到 8 月上旬时打顶。

4. 收获

当大部分棉株有 1～2 个棉铃吐絮时，可开始采摘，收花应选晴天露水干后进行，雨前应及时抢摘。晚熟棉花可喷催熟剂催熟。

第二节 早中熟棉直播及其机械收获技术

油菜和小麦等前茬作物收获后进行大田播种，一方面免除了营养钵育苗移栽的过程和用工，另一方面采用机械直播，机械化程度显著提高，进一步减少了用工，麦（油）后直播早熟棉成为长江流域棉区正在发展的新模式，表现出较强的生命力。麦（油）后直播方式的棉花播种期一般在 5 月底 6 月初，比移栽棉的播种期推迟了 45～60 d，有效结铃期缩短，单株结铃减少，铃重也降低，常导致减产，为弥补有效结铃期缩短带来的损失，需要选用中早熟或早熟棉品种、适当提高密度等。只要管理得当，棉花产量一般略低于移栽棉，但用工投入减少，效益并不低。

一、目标

前茬作物不减产或略有增产；棉花作物皮棉单产 1500 kg/hm² 以上，霜前花率 95% 以上，力争机械收获。

二、种植制度

（一）棉花-油菜

油菜选用抗倒伏早中熟品种，棉花收获前 10 d 左右直播油菜；5 月底播种的棉花选用春棉类的中早熟品种，6 月初播种的选用短季棉品种，于油菜收获后机械免耕直播。曹鹏等（2015）于 5 月 20 日油菜收获后免耕直播全生育期 112 d 的短季棉品种，田间实收密度为每公顷 75 960 株，平均株高 135.6 cm，第一果枝高 27.2 cm，单株成铃数为 17.3 个，单铃重 4.63 g，伏桃占 72.3%，秋桃占 27.7%，实测每公顷籽棉产量为 4758 kg。

田间长势稳健，无倒伏，枯黄萎病发生，棉桃较小，吐絮畅。

（二）棉花-小麦

小麦选用抗倒伏早中熟品种，11 月上旬播种，翌年 5 月底至 6 月初收获；5 月底播种的棉花选用春棉类的中早熟品种，6 月初播种的选用短季棉品种，于小麦收获后机械免耕直播。冯常辉等（2015）在湖北省武汉市对生育期分别为 120 d、115～120 d 和 110 d 的 3 种棉花品种进行了分期播种试验。结果表明，生育期 110 d 左右的棉花品种适于麦后直播，霜前皮棉产量较高，衣分较高，伏桃比例高，果枝始节位及高度较低。麦后直播棉在湖北省适合播期为麦收结束后 5 月底至 6 月初雨前。

（三）棉花-马铃薯

马铃薯选用早中熟品种，12 月至翌年 1 月播种，翌年 5 月中下旬收获；棉花于马铃薯收获后机械免耕直播。

（四）棉花-其他作物

于 11 月种植饲料油菜、饲料小黑麦、绿肥油菜、啤酒大麦、荷兰豆、饲用小麦等作物，翌年 5 月中下旬收获；棉花于翌年 5 月中下旬机械免耕直播。

三、棉田和品种要求

（一）棉田要求

棉田应集中连片、肥力适中、地势平坦、交通便利。采用摘锭式采棉机采收时，地块长度 100 m 以上、面积 6.7 hm² 以上为宜；采用指杆式采棉机采收时，地块长度 200 m 以上、面积 2.0 hm² 以上为宜。

（二）品种要求

选用通过国家或省级审定，株型紧凑、吐絮通畅、含絮松紧适中的抗虫早熟或中早熟棉花品种，生育期小于 120 d 为宜，同一品种宜种植 6.7 hm² 以上。种子质量应符合 GB 4407.1 的要求。

采用机械收获时，所选棉花品种株型、株高、第一果枝高度、早熟性、吐絮集中度、含絮力、纤维长度和比强度、主茎基部直径等农艺性状应满足所选用采棉机的性能要求。

周关印等（2015）选用不同类型的 4 个棉花品种进行油后直播试验，通过分析不同品种的生育进程、农艺性状、产量和产量构成、品质性状等，筛选出了适宜长江流域棉区油后直播的棉花品种。结果表明，'中棉所 50'生育期短、早熟性好、结铃性强、霜前花率最高、产量和品质表现好；'中棉所 60'结铃性强、产量和品质表现较好，但霜前花率较低；'中 ZM6302'单铃重大、衣分高、产量最高，但上半部平均长度和断裂比强度略差于其他品种；'泗抗 1 号'纤维品质最好，但早熟性和产量表现略差；综合来看，4 个参试品种均比较适合在长江流域开展油后直播。郑曙峰等（2014）采用杂交棉

'中棉所 63'F_2 油后直播和麦后高密度直播两种种植模式,种植密度分别为 54 510 株/hm^2 和 93 000 株/hm^2,籽棉单产分别达到 4713 kg/hm^2 和 3884 kg/hm^2,比种植早熟棉品种'中棉所 50'增产 32% 和 9%。由此可见,需要根据种植模式和茬口选择对路的棉花品种,并协调好品种、环境和栽培措施三者的关系,以克服油棉两熟、生态和气候条件等不利因素,充分发掘品种潜力。

四、合理密植

用免耕精量旋播机播种。机械播种质量应符合 NY/T 1143 的要求。

吴宁等（2015）研究认为, 6 月 9 日小麦收获后播种短季棉品种,密度 90 000～105 000 株/hm^2, 8 月 23 日打顶,控制株高 80 cm 左右,可获得较高的产量和效益。王维等（2015）研究表明,于 5 月下旬直播棉花,播种密度为 10.5 万～11.25 万株/hm^2 较为合理。总体来看,中早熟品种密度每公顷 6.75 万～9 万株,早熟品种密度每公顷 9 万～12 万株,采用 76 cm 等行距种植为宜。

五、简化施肥

（一）肥料类型

施用棉花专用配方缓释肥和有机肥料,缓释肥料应符合 GB/T 23348 的规定,有机肥料应符合 NY 525 的规定。

（二）肥料配方

利用土壤测试和肥料田间试验得出配方和用量,也可参考如下配方:每 100 kg 棉花专用配方缓释肥含氮（N） 18～30 kg、五氧化二磷（P_2O_5） 3～10 kg、氧化钾（K_2O） 18～30 kg、硼（B） 0.05～0.15 kg、锌（Zn） 0.25～0.40 kg。

（三）施肥量和施肥方法

王维等（2015）研究表明,播种密度为 10.5 万～11.25 万株/hm^2、DPC 用量为 180～270 g/hm^2 的情况下, N 优化用量为 180 kg/hm^2 左右。根据长江流域棉区的实际情况,每公顷用棉花专用配方缓释肥 1000～1200 kg 和有机肥料 1500～3000 kg,在棉花机械直播时同时施下。在此基础上,可于 8 月中旬至 9 月上旬,结合治虫叶面喷施 1.0%～2.0% 尿素溶液加 0.3%～0.5% 磷酸二氢钾的溶液,每次每公顷用液量不少于 750 kg,每 7～10 d 喷一次,连喷 3～4 次。

六、化学调控和早打顶

王维等（2015）研究表明,播种密度为 10.5 万～11.25 万株/hm^2、N 用量为 180 kg/hm^2 左右的情况下, DPC 用量为 180～270 g/hm^2 较为合理。综合考虑长江流域棉区的实际情况,要结合苗情和天气状况进行化学调控,推荐用量和方法见表 5-2。

表 5-2 化学调节剂推荐用量和方法

时期	缩节胺用量（g/hm²）	使用方法
4～5 叶期	7.5	对顶端喷雾
蕾期	7.5～15.0	全株喷雾
初花期	15.0～30.0	全株喷雾
盛花期	30.0～45.0	全株喷雾
打顶后 5～7 d	45.0～60.0	全株喷雾

注：根据苗情和天气状况，可适当调整喷施化学调节剂的次数和各次用量。早熟棉花品种或密度较小时，缩节胺用量按推荐用量的下限；中早熟棉花品种或密度较大时，缩节胺用量按推荐用量的上限

按照"枝到不等时，时到不等枝"的原则，当棉花单株果枝数达 10～12 个或时间到 8 月上旬时打顶，可采用化学打顶剂封顶。

七、全程化学除草

（一）播种前化学除草

前茬作物收获后，板茬免耕移栽或翻耕前，可用草甘膦+乙草胺或精异丙甲草胺等对杂草茎叶和土壤喷雾。

（二）播种后出苗前化学除草

以禾本科杂草为主的棉田，可用乙草胺、精异丙甲草胺等对土壤喷雾；禾本科杂草和阔叶杂草混生的棉田，可用乙氧氟草醚等喷雾。

（三）出苗后现蕾前化学除草

以禾本科杂草为主时，可用草甘膦+乙草胺或精异丙甲草胺等对杂草茎叶和土壤定向喷雾；在禾本科杂草、阔叶杂草和莎草科杂草混生时，可用乙氧氟草醚等杀草谱较广的除草剂，还可选择两种或多种除草剂进行混配使用，或用氧氟·乙草胺等混剂。

（四）现蕾后化学除草

棉花现蕾后、株高 30 cm 以上且棉株下部茎秆转红变硬后，用草甘膦、百草枯等对杂草茎叶定向喷雾。

八、病虫害防治

（一）物理防治

每 2～3 hm² 安装杀虫灯 1 台，连片安装 4 台以上为宜，两台杀虫灯间距应小于 200 m；杀虫灯在棉花全生育期均应高于棉株，安装高度距地面 1.5～2.0 m；开灯时间为当天21：30 至次日 5：00。

杀虫灯应符合 GB/T 24689.2 的规定。

（二）化学防治

1. 虫害主要防治对象

苗期以地老虎、蝼蛄、蜗牛、棉蚜、棉叶螨、棉蓟马为主；蕾期以棉铃虫、棉盲蝽、棉蚜、棉叶螨、棉蓟马等为主；花铃期以棉铃虫、伏蚜、叶螨、棉盲蝽、烟粉虱、甜菜夜蛾、斜纹夜蛾等为主。

2. 病害主要防治对象

苗期以立枯病、炭疽病、红腐病、黑斑病、猝倒病、轮纹斑病、疫病、角斑病、褐斑病、茎枯病、枯萎病、黄萎病等为主；蕾期以枯萎病、黄萎病、茎枯病等为主；花铃期以枯萎病、黄萎病、红叶茎枯病、疫病、炭疽病、红腐病、红粉病、灰霉病、曲霉病、黑果病、软腐病等为主。

3. 防治方式

可用无人机或大型喷药机喷药统防统治。

九、脱叶催熟

（一）脱叶催熟目标

在喷施脱叶催熟剂 20 d 后，棉株脱叶率达 90% 以上、吐絮率达 95% 以上。

（二）喷药时间

棉花自然吐絮率达到 40%～60%，棉花上部铃的铃龄达 40 d 以上；采收前 18～25 d，连续 7～10 d 平均气温在 20℃ 以上，最低气温不得低于 14℃。对晚熟、生长势旺、秋桃多的棉田，可适当推迟施药期并适当增加用药量，反之则可提前施药并减少用药量。

（三）脱叶催熟剂及用量

每公顷用 50% 噻苯隆可湿性粉剂 300～600 g 加 40% 乙烯利 1500～3000 mL 兑水 900 kg 喷施。应选择带有双层吊挂垂直水平喷头的喷雾器。

十、机械采收

（一）采棉机要求

应符合 NY/T 2201 的要求。

（二）收获条件

吐絮率大于 90%、脱叶率大于 90%；棉花行距和田块等适合采棉机作业条件；品种株型、株高、第一果枝高度、早熟性、吐絮集中度、含絮力、主茎基部直径等农艺性状应满足所选用采棉机的性能要求。

（三）采收质量要求

应符合 NY/T 1133 的要求。

（郑曙峰）

参 考 文 献

别墅, 王孝纲, 张教海, 等. 2012. 长江中游棉花轻简化栽培技术规范. 湖北农业科学,(24): 5605-5603.

曹鹏, 羿国香, 杨艳斌, 等. 2015. 短季棉油后直播高产栽培技术试验. 中国农技推广, (5): 36-37.

冯常辉, 孟艳艳, 张胜昔, 等. 2015. 麦后直播棉生育特征及其在湖北省的适宜播种时期研究. 中国棉花, 2: 27-29.

王维, 郑曙峰, 路曦结, 等. 2014. 转基因抗虫杂交棉皖杂棉 11 号轻简化栽培技术规程. 农学学报, 4(10): 15-18.

王维, 郑曙峰, 徐道青, 等. 2015. 安徽沿江棉区机采棉优化栽培技术研究. 农学学报, 5(9): 50-56.

吴宁, 朱烨倩, 王优旭. 2015. 麦(油)后直播棉轻简化栽培试验. 安徽农学通报, 21(14): 63-66.

郑曙峰. 2007. 棉花优质高效栽培新技术. 合肥: 安徽科学技术出版社.

郑曙峰. 2010. 栽培科学栽培. 合肥: 安徽科学技术出版社.

郑曙峰, 周晓箭, 路曦结, 等. 2014. 安徽省发展机采棉的探讨. 安徽农学通报, 20(6): 118-120.

中华人民共和国农业部. 2014. 中华人民共和国农业行业标准《NY/T 2633-2013 长江流域棉花轻简化栽培技术规程》. 北京:中国农业出版社.

周关印, 王维, 郑曙峰, 等. 2015. 长江流域棉区油后直播棉品种筛选试验. 中国种业, (11): 41-43.

第六章 西北内陆棉区棉花轻简化栽培技术

西北内陆棉区包括新疆、甘肃河西走廊和内蒙古西端的黑河灌区,主要有新疆南疆、北疆、东疆和河西走廊4个亚区,其中河西走廊与新疆北疆亚区热量资源接近。该区棉花主要分布在新疆。由于地广人稀,土地平整,适合规模化、机械化植棉,加之新疆生产建设兵团和植棉大户的带动,西北内陆棉区棉花轻简化栽培已经进入一个很高的阶段和层次,并形成区域特色,在棉花轻简化、机械化植棉方面走在全国前列。本章以新疆地方和生产建设兵团为主,论述西北内陆棉区棉花高产轻简化栽培的途径和技术。

第一节 新疆棉花高产简化栽培途径和关键技术

新疆棉花轻简化栽培在规模化植棉的基础上,通过机械代替人工,大幅度减少人工投入,膜上精量播种免除间苗、定苗,合理密植配合化学调控实现简化整枝与集中收花,节水灌溉与水肥一体化实现节本增产增效,这些关键农艺技术与物质装备的有机结合和综合运用,既保证了高产和超高产,又实现了轻简化,较好地解决了高产与轻简化的矛盾,使得新疆棉花轻简化栽培进入了一个很高的层次。总结起来,新疆棉花轻简化高产栽培的技术途径是"促早栽培,向'温'要棉;密植矮化,向'光'要棉;水肥一体化,向'水肥'要棉;农机农艺融合,向'轻简化'要效益"。当然,新疆棉花生产发展的最终目标是实现质量效益型的轻简化栽培。为实现更高层次的轻简化栽培,棉花生产全程机械化、信息智能化是必然发展方向。

一、促早栽培,向"温"要棉

新疆产棉区的热量条件较差,尤其是北疆棉区,苗期和吐絮期热量严重不足:第一,无霜期短,前期易遭受冷害和终霜冻危害;第二,后期降温快,秋季易遭受霜冻危害。南疆初霜冻一般出现在10月初和10月中旬,北疆则出现在9月底至10月初。热量条件差、积温不足是新疆棉花生产的主要限制因素之一(表6-1)。

表6-1 主要产棉亚区自然条件比较

产棉亚区	≥10℃活动积温持续有效天数(d)	≥10℃活动积温(℃)	年日照时数(h)	年降水量(mm)	主要灾害天气
新疆南疆	190~210	3800~4400	2600~3100	25~98	春寒缺水、夏季干热风
新疆北疆	160~180	3100~4100	2600~3000	100~200	春季冻害、秋季冷害
淮北平原	210~230	4600~4900	2100~2200	700~1000	春旱、夏涝、秋雨
华北平原	180~220	3800~4800	2600~2900	550~800	春寒、夏涝、秋季低温
长江中游	240~280	5100~5800	1700~1900	1200~1400	梅雨、伏旱、极端高温
长江下游	220~250	4600~5400	2000~2400	1000~1200	梅雨、秋雨渍涝、台风

注:根据《中国棉花栽培学》(2013)有关资料整理

针对新疆棉区无霜期短、热量资源相对不足的气候特点，必须采取系列"促早"措施，加快棉花生育进程，达到"4月苗、5月蕾、6月花、7月铃，北疆8月絮、南疆9月絮"生育进程的要求。新疆产棉区促早栽培的主要措施有：选择熟期适宜的配套棉花品种，适期早播；地膜覆盖，特别是宽膜覆盖，充分发挥地膜的增温保墒和抑盐的作用，加快棉花生长发育进程；适当密植，通过稳定成铃数，减少单株成铃数，促进早熟；适当早打顶。通过这些促早措施，充分利用该区的热量资源，向有限的积温要棉。

（一）选择熟性对路的棉花品种

新疆棉花轻简化栽培适宜品种的选择，首先应该考虑生育期和早熟性，一般南疆要求生育期135 d左右，北疆125 d左右，正常年份霜前花率≥85%。生育期过短，棉花产量潜力小，还容易早衰，不易获得高产；过长则易受早霜的影响，风险大。在此基础上再综合考虑产量、品质、抗逆性和易管性等因素。北疆和其他特早熟棉区可以种植'新陆早50号'、'新陆早45号'、'新陆早57号'、'新陆早41号'、'新陆早62号'，北疆光热资源较好的地区，如博乐部分棉区可种植'新陆中42号'、'新陆中30号'等；南疆和东疆陆地棉产区选择种植'新陆中27号'、'新陆中42号'、'新陆中46号'、'新陆中47号'、'新陆中54号'、'新陆中64号'、'新陆中68号'等，南疆长绒棉主产区选择种植'新海21号'、'新海24号'、'新海36号'、'新海43号'、'新海45'号等品种。

为适合棉花轻简化栽培，特别是适宜机械采收要求，还必须考虑以下性状：①果枝始节及第一成铃位高度较高，至少≥18 cm，株型相对紧凑、不倒伏，叶片中等偏小，叶片尽可能硬朗上举，确保高密度条件下棉田透光性好，避免群体郁闭；植株生长发育稳健，营养器官不过于发达；②结铃和吐絮比较集中，含絮力适中；③2.5%跨长≥30 mm、比强度≥30.0 cN/tex、马克隆值4.8以下；④对脱叶剂敏感，确保脱叶催熟效果。

为有利于机械采收并提高一致性，应避免盲目引种，坚决杜绝棉花品种"多、乱、杂"现象。每台采棉机当年采摘的棉花品种以1～2个为宜，为方便采棉机不同时段采摘，同一区域应注意品种熟性搭配，但品种不宜太多。

（二）适期早播种

新疆棉区无霜期短、热量资源相对不足，而且春季气温多变，秋季降温快，要达到"4月苗、5月蕾、6月花、7月铃，北疆8月絮、南疆9月絮"生育进程的要求，必须要适期早播。

一是抢时播种。一般当地表或膜下5 cm土层温度稳定达到12～14℃时即可播种。播期一般在4月底以前，具体根据当地、当时情况予以确定。南疆棉区播种期一般4月5～15日，建议在4月20日之前播种结束；北疆棉区播种期一般4月10～20日，建议在4月25日之前播种结束。抓好播种质量，做到苗齐、苗匀、苗壮，为棉花高产优质奠定基础。2016年新疆生产建设兵团第二师33团采用双膜覆盖技术，自3月23日开始播种，4月8日全部结束，实现了一播全苗，在抢时播种上实现了新突破。

二是做好种子处理。要选用精加工的棉种，并用含有杀虫剂、杀菌剂的种衣剂包衣，在播种前晾晒2～3 d，后装袋待播，确保发芽率达到90%以上。

三是合理应用干播湿出、滴水出苗技术。北疆棉区大部分棉田均须通过滴水以促出苗，因而应及时安装滴灌设施，做到边播种边铺设管带，及时滴出苗水。根据墒情确定滴水量，滴水量一般约 225 m³/hm²，但墒情较好或前期播种的棉田滴水量可适量减少。

南疆棉区严重缺水地区春灌也可采用膜下播前滴出苗水技术，考虑到不同土壤质地滴水量不同，铺膜后一般壤土类滴水量为 750～900 m³/hm²，砂壤性和砂性土壤滴水量 1050～1200 m³/hm²。为防止地表径流，并起到好的排盐效果，滴水常分 2 次进行，每次滴水量在 450～600 m³/hm²，中间间隔 2～3 d。为使土壤耕作层充分吸收水分，一般于膜下播前滴出苗水 7～10 d 后，时间在 3 月底或 4 月上旬，且膜内 5 cm 地温稳定通过 14℃、膜内地表土壤含水量达到种子发芽所需土壤含水量，气温相对稳定，合墒后即开始播种。膜下播前滴出苗水时一定要"匀、足、快"，并使薄膜覆盖整齐、严实。滴出苗水时可滴施 22.5～30.0 kg/hm² 腐植酸肥料加 15 kg/hm² 磷酸二氢钾（含量 98%），起到压盐碱，促苗早发，达到苗壮苗匀，雨后膜上封土板结时，滴水 8～10 min，种孔见水即可，也可进行人工破除硬壳或机械破壳等措施辅助放苗，晴天放苗要避开中午高温，从而为高产优质奠定基础，也可参照北疆棉区试验示范"干播湿出"技术。

（三）地膜覆盖

地膜覆盖具有显著的增温、保墒、抑盐和控草等效应，不仅保证了棉花早播，在一定程度上延长了棉花的生长期，而且促进了棉花出苗、成苗和生长发育，使棉花根系生理功能强，现蕾开花早 7～15 d，从而实现了棉花开花结铃期与当地光、热最佳时段高度吻合的目标，为早结伏前桃、多结伏桃创造了条件。地膜覆盖是实现"一播全苗、促早发争早熟"的关键技术，新疆主产棉区已全部普及地膜覆盖技术，在没有其他成熟替代技术之前，地膜覆盖是新疆棉花高产必不可少的关键技术之一。

据新疆农垦科学院 1982～1984 年在新疆莎车、墨玉、库车等地的测定（田笑明等，2000），4 月中旬至 5 月下旬，5 cm 处地膜棉田地温比露地棉田高 2.50～3.29℃；4 月中旬至 6 月中旬，5 cm 和 10 cm 的地积温分别比露地棉田高 239℃和 162℃。地膜覆盖度越大，地温越高，地积温也越高。地膜覆盖棉田的棉株在较高的地温条件下，主茎叶的出叶速度加快，现蕾比露地棉株提前 7～10 d。

新疆棉田采用地膜覆盖栽培，有 1 膜 4 行（即 1 幅地膜种植 4 行棉花）、5 行、6 行、8 行等多种种植方式，现生产中推广应用的地膜膜宽有 120 cm、140 cm、145 cm、150 cm、160 cm、180 cm、184 cm 和 230 cm 等，其中 120 cm、145 cm、180 cm、230 cm 宽膜使用较多，膜厚皆是 0.008 mm 以上。为便于回收，提倡棉农使用厚 0.01 mm 以上、抗拉强度高的地膜。

针对近年新疆春季风沙大的特点，要做好护膜防风工作。4 月下旬正是棉花播种和出苗期间，为防大风，播种后及时压膜封洞，在膜上每隔 10～15 m 压一条土带；同时注意加强棉田地边、地角补种和压膜等工作。

（四）密植促早

针对新疆干旱气候和无霜期短的特点，通过培育密度较高、分布均匀、生长整齐的高产群体，可确保棉田能较早达到较高的叶面积指数，从而充分利用棉花生长前中期光能，为群体早结铃、多结铃奠定基础。合理密植是促进新疆棉花早熟的重要途径之一，通常新疆南疆棉区收获株数为 16.5 万～21.0 万株/hm²，北疆棉区（早熟棉亚区）收获株数为 18.75 万～22.5 万株/hm²。棉田密度设置还要遵循土壤沙性越重、光热资源及肥水供应条件越差，密度越大，反之密度宜小些的原则。

合理密植虽然能够促进早熟，但并不是越密越好，过密反而不利于早熟。根据试验和实践，当密度超过 22.5 万株/hm² 以后，中下部结铃受到严重抑制，烂铃和脱落严重，更多地靠上部成铃形成产量，棉花反而不早熟、不高产。加之，密度越大，株高就会控制得越低，也不利于优化群体结构和机械采收。随着滴灌节水和机采棉技术的不断普及，目前新疆产棉区棉花种植密度呈现出回落的趋势。在现有平均收获密度 21.0 万株/hm² 的基础上普降 2 万株/hm² 左右，平均达到 19.5 万株/hm² 左右是完全可行的。

（五）其他促早措施

一是早中耕。播完种立即进行浅中耕，不仅提高地温和土壤通气状况，还可清除田间杂草，促进早出苗与壮苗早发。

二是早追肥。5 月底至 6 月初，配合化调，常规灌棉田一水前重施化铃肥，滴灌棉田随头水滴肥，确保棉田土壤供肥充足。

三是早浇水。6 月中旬，甚至 5 月底至 6 月初即对棉田开始浇头水，尤其是保水保肥差的沙性棉田，浇头水时间应早些，主要棉区滴灌棉田生育期第一次滴水时间普遍在盛蕾期开始，从而有利于确保丰产架子的尽早构建。

四是早打顶。南疆在 7 月 15 日前完成，北疆较南疆约早 10 d，减少无效花蕾，避免养分浪费。

五是适时喷催熟剂乙烯利，对晚熟棉田，南疆 9 月 20 日左右喷，北疆喷施时间较南疆早 10 d 左右，从而促进晚发育铃成熟。

六是适时停水、早收获，确保霜前花率达 85% 以上。

另外，坚持"早查、早采取措施"的病虫防治原则，有些病虫防治措施应安排在播种前落实完成。

二、塑造合理群体，向"光"要棉

密植是促早的重要手段，是向"温"要棉的重要途径。但是，密植条件下，个体间相互影响、相互竞争程度加剧，个体发育自然会受到严重不利影响，进而导致群体结构不合理，则会严重影响光能的利用，因此必须在早发早熟、用好有限积温的基础上，通过塑造合理群体，达到利用好光能的目的（陈冠文等，2014a）。

（一）合理密植奠定丰产基础群体

光合面积是影响作物光合作用的主要因素。增加密度可以加快棉田前期叶面积指数的增长速度，从而更充分地利用新疆丰富的光能。据对不同种植密度棉花的测定，在棉花苗期至蕾期阶段，叶面积指数随密度的增加而增大。但当叶面积指数超过 1 后，叶面积指数与密度间的正相关关系逐渐减弱（陈冠文等，2014a）。通常新疆南疆棉区收获株数为 16.5 万～21.0 万株/hm^2，北疆棉区（早熟棉亚区）收获株数为 18.75 万～22.5 万株/hm^2，平均株距控制在 9.5～12.0 cm。

适宜机采棉田行距主要采用 66 cm+10 cm 或 64 cm+12 cm 或 68 cm+8 cm 带状种植模式，近年新疆还积极探索 72 cm+4 cm 的三角留苗带状种植模式，从而确保棉田充分密植和棉花的高采净率，76 cm 的等行距也在试验示范中。目前新疆大部分机采棉田采用 66 cm+10 cm 或 64 cm+12 cm 种植模式。合理密植能确保棉田较早达到较高的叶面积指数，奠定丰产的基础群体。在新疆降雨少、淡水资源又十分有限的生态和生产条件下，尽早建立较大的基础群体是充分利用光能的根本保障。

（二）促控结合，塑造高光效群体结构

叶片是作物进行光合作用的主要器官，叶片在群体内的空间分布及其受光态势直接影响叶片光合速率，而群体结构决定着叶片在群体内的空间分布及其受光态势。仅通过合理密植，使棉田有了较大的基础群体，不足以保证光能有效利用，还必须通过一系列促控措施，使群体结构合理。建立高光效群体，进而进一步提高光能利用率，是实现"向光要棉"的核心。构建棉花高光效群体，就是要通过合理密植，采用科学的株行距配置和水、肥、药等促控措施，使叶面积的时空分布能最大限度地利用光能，增加光合产物总量的同时，确保其呼吸消耗最小（陈冠文等，2014a）。

1. 高光效群体结构指标要求

（1）适宜的叶面积指数

适宜叶面积指数是指群体获得最大 CGR（单位时间单位土地面积上干物质积累量）所需要的最小叶面积指数。低于适宜叶面积指数范围，棉田叶面积指数过小，制造的光合产物少，产量低；而超过该范围，则会引起冠层中下部荫蔽，光合有效面积减小，群体光合速率降低而导致减产（张旺锋等，1999；杜明伟等，2009）。密度与叶面积指数的关系密切，合理密植群体的叶面积指数增长较快，可以较早达到适宜叶面积指数，为充分利用生育前期的光能，增加早期结铃奠定基础，尤其在热量资源有限的棉区是极其重要的（张旺锋等，2004）。不同群体结构类型因其利用空间的不同，其适宜叶面积指数范围不同。新疆产棉区采用的密植小株类型叶面积指数为 3.7～4.0，黄河流域棉区中密壮株类型叶面积指数为 3.5～3.8，长江流域棉区稀植大株类型叶面积指数为 3.7～4.3。

（2）适宜叶面积指数动态

苗期以营养生长为主，为达到壮苗早发，要促进叶面积指数增长适当快些，但不能过快，否则会形成旺苗；现蕾之后，特别是盛蕾至初花阶段，要注意控制，促使叶面积指数平稳增长；盛花期是营养生长和生殖生长的并茂时期，既要防止增长过快，形成旺长，又要防止生长不足，导致后期早衰，叶面积指数仍要求平稳增长。最大适宜叶面积指数出现在盛铃期前后，之后棉花生长趋向衰退，此时则要采取水肥稳定供给，结合缩节胺调控，使叶面积指数平稳下降，绝不能发生陡降（表 6-2）。

表 6-2　不同群体结构类型适宜叶面积指数动态（谈春松，1992）

群体结构类型	现蕾期	盛蕾期	初花期	盛花期	盛铃前期	盛铃后期	盛絮期
密植小株类型	0.25～0.6	1.0～2.0	1.3～3.3	2.8～4.4	3.5～5.1	3.0～3.8	2.0～3.3
中密壮株类型	0.25～0.3	0.4～0.56	1.33～1.68	2.3～3.19	3.5～3.8	2.71～3.23	1.8～2.5
稀植大株类型	0.3～0.8	1.0～1.2	2.4～2.6	3.3～3.5	4.0～4.3	3.0～3.3	2.5～2.7

（3）株高适宜

新疆产棉区属典型的"大群体小个体"田间结构，皮棉产量 1875 kg/hm² 以上，株高通常控制在 85 cm 以下，单株果枝数 8～12 台，主茎节间长度 4～6 cm。据报道，北疆皮棉产量 2250 kg/hm² 的棉田，种植密度 14.6 万株/hm²，株高 80.1 cm，单株果枝数 11.3 台，单株结铃 7.4 个，单铃籽棉重 5.6 g，衣分 38%，实收皮棉 2292 kg/hm²；在北疆 13 万～16.2 万株/hm² 的高产棉田，收获期株高 75 cm。株高日增长量是衡量生长发育是否适宜的另一重要指标，盛蕾期、开花期和盛花期分别为 0.83 cm/d、1.26 cm/d 和 1.11 cm/d 比较适宜（张旺锋等，1998）。

（4）适宜的节枝比

建成高光效群体结构的核心是通过控制群体适宜总果节数来控制适宜的最大叶面积指数（LAI），在适宜 LAI 基础上，通过提高群体光合功能来提高结铃率和铃重，从而实现优质高产。节枝比是棉株的果节数与果枝数之比（总果节数与总果枝数之比），能反映棉株的纵横向生长状况。在密度相同或果枝数相同的情况下，节枝比较低，说明各果枝上的果节太少，棉株细瘦，不利于形成高产株型。当节枝比过高时，由于各果枝上果节太多，表明横向生长过强，造成棉株群体严重荫蔽，产量也难以提高。只有在节枝比适宜时，棉株纵横向伸展比较协调，才有利于群体干物质生产与积累。种植密度低，单株留果枝数多的，节枝比指标值高，种植密度高单株留果枝数少的，节枝比指标值低。例如，新疆产棉区密植小株类型群体结构，适宜节枝比为 2.5 左右；山东棉区中密壮株类型群体结构，适宜节枝比为 3.5 左右；江苏棉区稀植大株类型群体结构，适宜节枝比为 5～5.5（陈德华等，2005）。

（5）果枝及叶片角度分布

光合作用和干物质生产与冠层光截获和分布状况密切相关。不同产量水平棉花光分布和冠层光合分布两者之间均存在极显著正相关关系（杜明伟等，2009），产量水平高的棉花，光分布和冠层两者的分布相对较均匀，有利于提高光能利用率和群体光合生产能力。在 LAI 相同的条件下，叶角大小是影响群体内部光照强度的一个重要因素，据观察，随着冠层叶片夹角的变小，叶片的透光率增强，叶片角度分布大小与透光率之间呈极显著的负相关。新疆超高产棉花群体冠层叶倾角，随 LAI 变化由小变大，再由大变小。在盛铃吐絮期冠层由上至下，叶丛倾角由大到小，上部 61°～76°，分别比中部、下部大 12°～17°和 25°～36°。散射光透过系数，盛蕾期最高，盛花期开始减弱，盛铃后期下降到最低值，吐絮期又有增加。直射光透过系数变化趋势与散射光相似（李蒙春等，1999）。

冠层顶部叶倾角较大，底部较小，有利于增加冠层透光率，而与棉铃着生部位邻近的叶片面积大且趋于水平，可提高同化物的吸收效率，增加透过冠层的光合有效辐射，能增加光合作用（Peng and Krieg，1991；Heitholt，1994；Heitholt et al.，1992）。果枝的角度分布直接影响到叶角的分布，一般情况下，果枝与主茎的夹角越小，该果枝上叶片与主茎的夹角也越小，果枝着生角度与叶角分布呈显著正相关，棉花冠层的叶角几乎与果枝的夹角相当，凡是叶角小的，其冠层下方透光率和单株成铃都高，因此，要缩小叶角，应主要从缩小果枝与主茎的夹角入手。

（6）铃叶比

提高铃叶比，意味着能提高棉花群体冠层叶片光合作用潜能，促进光合强度增强，光合产物总量增多，提高干物质积累量，并能促进光合产物向外输送，调节光合产物的合理分配，最终能有效地提高棉花产量。因此，提高棉花单位叶面积对棉铃的负载能力，是棉花增产的重要途径。但是，铃叶比要控制在一定范围，过高的铃叶比会引起棉花早衰，反而不利于高产优质（Chen and Dong，2016）。适度的铃叶比、协调的库源关系是高光效群体结构十分重要的指标（中国农业科学院棉花研究所，2013）。

2. 塑造高光效群体结构的主要措施

（1）合理配置行株距

行株距配置方式是指棉株在田间的分布方式，在合理密植的基础上，合理配置行株距也十分重要，特别是在种植密度较大时，合理配置株距和行距，使棉株得到合理分布，可以在一定程度上改善田间群体的通风透光条件，有利于棉株的生长。行距过窄，容易引起过早封行，导致群体与个体矛盾激化，引起蕾铃严重脱落，造成减产；行距过宽，整个生育期不能封行，也会造成大量漏光，不能充分利用光能，产量也不高。调整行株距配置也是实现种植方式与机械化作业相结合的重要手段。在新疆推广普及的机采棉配置方式，有利于机械采收，并且生育前期叶面积指数较高，后期叶面积指数下降较缓慢，光能利用率高，有利于产量的提高。新疆生产建设兵团第七师近年来推广杂交棉健株栽培技术，76 cm 等行距，收获密度 12 万株/hm^2 左右，封行要求的果枝长度达到 35 cm，株高 80~90 cm，全株 10~11 果枝，叶面积指数 2.88~3.36，通风透光好，产量品质高（陈冠文等，2014b）。

（2）综合调控塑群体

为塑造高光效群体，应按照高光效群体指标的要求，综合运用调控手段。新疆棉花群体调控手段主要有 4 种，分别是水肥调控、耕作调控、化学调控和其他调控，生产中应在水肥调控、耕作（中耕）调控和人工调控（打顶等）的基础上，运用好化学调控技术。首先应做好合理的水肥运筹工作，如适时适量灌水、追肥，控制中后期氮素化肥用量，杜绝"大水大肥"猛攻导致营养生长过旺，生殖生长发育迟缓，形成"高、大、空"植株的现象；其次是以缩节胺进行化学调控，及时促进营养生长向生殖生长转化，最终达到株型矮化不松散、主茎间距离与果枝长度短的目的，新疆滴灌棉田株高一般控制在 85 cm 以下。最后是适时早打顶，并配合中耕等措施。通过合理的群体结构调控与优化技术，可达到新疆棉田植株矮化、群体结构合理的目的。

化学调控是使用植物生长调节剂调控棉花生长发育，协调营养生长与生殖生长关系的一项技术措施。生产中应用最为普遍的植物生长调节剂是缩节胺，根据棉花长势长相、地力水平、肥力供应、品种、生育期及气候等情况，确定具体调控量与时间。通常遵循棉花长势越弱、地力水平越低、肥力供应越差、品种对缩节胺越敏感、生育期越早、越高温干旱，缩节胺用量与次数均越少的原则，前中期应少量多次，主要发挥其调节作用，后期打顶后以大剂量喷施，发挥其严控作用，从而达到减少无效枝叶生长，协调营养生长与生殖生长的关系，塑造理想株型，促进早熟，最终提高产量和改善纤维品质的目的。

考虑到机采棉棉田第一果枝节位要求不低于 18 cm，因而其前期，特别是苗蕾期缩节胺用量应适当降低。按照这一原则，新疆南疆一般长势棉田的缩节胺化调 3～4 次，使用方法可按下列方式进行：现蕾期前后，用量 7.5～22.5 g/hm^2；一水前用量 37.5～52.5 g/hm^2；二水前 45.0～67.5 g/hm^2；打顶前后 75.0～120.0 g/hm^2。新疆北疆缩节胺化调强度明显大于南疆，一般全生育期化调 4～5 次，其中苗蕾期 1～2 次，每次缩节胺用量为 7.5～37.5 g/hm^2，花铃期 3～4 次，其中打顶前至少进行一次缩节胺化调，其用量为 37.5～60.0 g/hm^2，北疆高产棉田和长势较旺棉田打顶后一般进行两次缩节胺调控，第一次缩节胺用量 90.0～150.0 g/hm^2、第二次用量 120.0～180.0 g/hm^2，进行封顶。每次缩节胺化调时，可加入 1500 g/hm^2 磷酸二氢钾和 1500 g/hm^2 硼肥喷施。缩节胺喷施一般在滴水前 2～3 d 进行。

新疆农业科学院经济作物研究所提出了"三增二调一同"的促控技术，即"增加水肥投入次数，增加头水与尾水间隔时间，增加翻耕深度；以灌溉与密度配置为主要措施调节群体结构，以肥料投入优化为主要措施调节生育进程与成铃质量；同水肥投入时间"。滴头水一般在 5 月 25 日至 6 月 15 日。具体停水时间需结合土壤保水保肥情况、秋季气温条件和棉株长势而定，一般停水时间在 9 月 10 日左右。同时就"三增二调一同"技术，提出滴灌棉田较常规灌溉棉田密度增加 7500～15 000 株/hm^2，最大叶面积指数增加 0.3～0.4，株高增加 20～30 cm，为确保"三增二调一同"技术的保铃、增铃数与铃重效应，提出了"三增二调一同"技术配套措施："调氮、增磷、补钾"，减少基施化肥用量，适当提高有机肥投入量，明确"头水提前搭架子、尾水推迟防早衰、头水尾水间隔长、灌水周期短为宜、水肥同步效率高，杜绝旱涝务遵循"的水肥运筹原则（田立文等，2013b）。

三、节水灌溉，向"水"要棉

新疆干旱少雨，在南疆主产棉区年降水量近年仅为 70 mm 左右，而淡水资源又十分有限，因此，采用膜下滴灌，实现水肥一体化，是充分发挥有限淡水资源潜力、向"水"要棉的关键技术。由于滴灌技术的大面积推广，生产中水肥管理已实现精准化，因而可通过遵循"宁干勿湿，微量亏缺"的水肥施用原则，调节水肥投入时间、次数、用量，保持各生育期土壤适度的含水量和营养供给水平，形成棉株稳健早发、不旺不赢的生长发育状态，有效地调控棉花生长发育。

（一）膜下滴灌技术

新疆棉花现有滴灌面积 120 万 hm^2 以上，基本为有压滴灌技术，该技术与地膜覆盖技术结合，形成了新疆独具特色的棉花膜下滴灌技术。

完整的膜下滴灌系统主要由水源工程、首部枢纽、输配水管网、滴头及控制、测量和保护装置及地膜组成，该系统让灌溉水经过干管、支管和毛管上的灌水器，使之成为滴状、缓慢、均匀、定时、定量地浸润棉花根系发育区域，达到棉花根系范围内局部灌溉的目的。在滴水时，还可根据棉花长势、长相确定滴水时间与水量，同时调节投入的可溶性肥料种类与数量，使棉花主要根系区的土壤始终保持疏松和最佳供水、供肥状态，因而该技术既能提高地温、减少棵间蒸发，又能减少深层渗漏，达到一个综合节水与增产效果，具有省水、省肥、省工、压盐碱及提高棉花产量的作用。

在棉花播种时，该技术通过滴灌棉田专用播种机，在拖拉机的牵引下，实现铺滴灌带、铺膜和播种一条龙作业。通常每幅膜下铺设二带（指滴灌带）或三带，即一膜二带或一膜三带。浇头水前，人工铺设支管、辅管于地表并与干管相连接，毛管入口与相应的支管及配套设备连接。全生育期滴水 8～12 次，沙土地滴水次数可增加 1～2 次。每次用水量 225～300 m^3/hm^2，晚滴头水的棉田，其用水量可增至 300～375 m^3/hm^2，全生育期滴水量 2625～3300 m^3/hm^2（马申洁，2008）。

（二）"干播湿出"播种技术

正常棉田播种前要求通过冬灌或春灌造墒，确保适墒播种。但随着新疆农业用水越来越多，特别是主产植棉区的棉田面积不断扩大，以及因全球温度上升而导致高山雪线的不断上移，已无法提供充足的冬灌或春灌用水。针对此，新疆产棉区，特别是北疆棉区普遍应用"干播湿出"播种技术。所谓棉花"干播湿出"，即在棉花播种前既不冬灌也不春灌，而是直接整地后铺设地膜、滴灌带和下种，待达到出苗温度时通过膜下滴灌方式少量滴水，使膜下土壤墒情达到棉花种子出苗的要求（陈绪兰，2011）。

1. "干播湿出"播种的关键技术

（1）高标准整地

"干播湿出"对整地要求较高，要求达到土壤瓷实、种床瓷实、表土墒小、地面平整、田间清洁的标准，表层有 2～3 cm 的松土层即可，整地后播种前要适当晾晒，使土壤表层干湿适宜方可铺膜播种。

（2）铺设滴灌带和地膜

"干播湿出"棉田宜采用"一管二"滴灌模式，即一条滴灌带满足两行棉花生长发育用水，因此 1 膜 4 行种植模式膜下铺设两条滴灌带，行距配置 [20+55+20+（45～55）] cm 或者机采棉模式（10+66+10+66）cm，滴管带和地膜一次性铺入，其铺设方法与其他滴灌棉田相同（曹健，2013）。

（3）及时播种与安装调试滴灌设施

"干播湿出"棉田播种深度通常较非"干播湿出"棉田浅约 0.5 cm，最低播深仅 1.5 cm，种行膜面覆土厚度也较非"干播湿出"棉田薄些，最低只有 1.0 cm，严把压膜质量，适当加密防风腰带。播完种后，及时安装好地面管，包括安装支管，接通毛管，将所有滴灌设施全部铺设安装调试到位，调试好滴灌系统达到待启用滴水引墒状态。

（4）适时滴水

待地温上升到适宜棉花出苗的温度时，棉田开始膜下滴水。在棉花苗期因地因苗适时掌握滴水引墒时间和次数，滴水期间严把滴水次数和时间，确保滴灌压力，严禁跑冒滴漏及串灌现象。通常北疆当膜下 5 cm 地温连续 3 d 达到 14℃以上，且离终霜期≤7 d 时，可及时滴出苗水，南疆播后 30 h 内滴水引墒。"一管二"方式棉田滴水量为 225～300 m³/hm²（肖让和姚宝林，2013）。

（5）及时化控

考虑"干播湿出"棉田高脚苗现象较严重，应注重苗期缩节胺化调，一般在棉花出苗达 2 片真叶展平期第 5～7 d，苗期缩节胺用量 37.5～52.5 g/hm²。

总之，"干播湿出"技术要严格遵循"平、实、浅、快、大、匀、早、重"的"八字"方针。"平"指地要平；"实"指地要上实下虚；"浅"指浅耙、浅播、浅覆土；"快"指连接管道、滴灌带要快、要及时；"大"指滴水压力大，必须达到 0.08 MPa 以上；"匀"指滴水要均匀；"早"指化调要早；"重"指重化调（曹健，2013）。

2. 技术优点

（1）节水

"干播湿出"棉田不进行冬、春灌，只是在棉花播种后滴水补墒，北疆绝大部分棉田用水量约 150 m³/hm²，南疆用水量为 225～300 m³/hm²，而常规播种棉田需要通过冬、春灌对棉田进行蓄水保墒和压盐碱，冬、春灌用量通常高达 2250 m³/hm² 以上。由于新疆水资源，特别是春、冬季匮乏已相当严重，传统的冬、春灌已使新疆季节性缺水更加严重，因而"干播湿出"技术节水效果十分显著，对缓解新疆水资源季节性紧张作用明显（王久生和王毅，2006）。

（2）节约成本

节约土地用水成本，同时提高水资源利用率，使农业走上可持续发展之路。新疆生产建设兵团第一师 8 团的调查表明，"干播湿出"棉田可减工节效 900 元/hm² 以上。

（3）增产增收

可实现早犁地、早播种、早拾花，因而可提前农时，使棉花提前收获 15 d 左右，另外，"干播湿出"棉田保苗率较其他常规棉田高 8～18 个百分点，因而有利于实现一播全苗，最终为棉花高产优质和棉农增产增收奠定基础。

（4）减灾

为躲过早春终霜冻等灾害性天气过程对棉花的危害，"干播湿出"技术能做到按照预定的时间出苗落实滴水补墒，从而掌握"霜前播种，霜后出苗"的主动权，因而防风灾、防沙害效果明显，可实现灾害天气的有效预防。

（三）水肥一体化技术

我国水肥一体化技术主要有滴灌水肥一体化技术、微喷灌水肥一体化技术和膜下滴灌水肥一体化技术。在新疆地区，基于特殊的气候环境与农业特色，棉花膜下滴灌水肥一体化技术已成为该棉区大面积推广的棉花标准化生产技术（梁静，2015；马莉，2015）。

基施与随水滴灌施肥相结合是当前新疆棉花施肥的主要方式。其中随水滴灌施肥就是典型的水肥一体化技术，它将可溶性固体或液体肥料，溶解于施肥罐水中，借助可控有压力的管道系统供水、供肥，通过管道和滴头实现均匀、定时、定量的滴灌，浸润棉花根系发育生长区域，使棉花根系所在局部区域土壤始终保持疏松和适宜的含水量和适宜的土壤供肥能力。由于能严格按土壤养分含量和棉花需肥规律及特点，定时定量进行水肥运筹，较好地满足了棉花不同生育期对不同类型肥料的需求。目前新疆高产滴灌棉田已普遍推广应用灌溉与追肥融为一体的"一水一肥"策略，因而实现了"少量多次"的水肥精准管理（梁静，2015）。

水肥一体化的优点是实现了合理追肥，可以避免肥料施在较干的表土层易引起的挥发损失、溶解慢，最终肥效发挥慢的问题，减少了肥料挥发和流失，以及养分过剩造成的损失，尤其有效避免了铵态和尿素态氮肥施在地表挥发损失的问题，能及时供肥，且易于棉花吸收，避免常规水肥运筹条件下产生不同程度的"大水大肥"现象带来的负面作用，大大提高了水肥利用率。该技术不仅具有施肥简便、节水、省肥、省工、显著增产及改善棉花纤维品质的特点，还有利于环境保护。目前在新疆棉花水肥一体化技术的基础上，正在探索"水肥药"三位一体技术。

（四）调亏灌溉技术

西北内陆棉区淡水资源的日益紧缺成为该区棉花生产可持续发展的重要障碍，必须最大限度地节约农业灌溉用水，以保证该区农业的可持续发展，但传统的灌溉方法在减少用水的同时也会导致产量明显降低；理想的灌溉方法应是在大幅度减少灌溉水量的情况下保持产量基本不减或略有增加。调亏灌溉（RDI）正是基于该思路建立的一种节水灌溉新技术，它能根据作物的生理需水特性，在作物生长发育的某些时期人为施加一定程度的水分胁迫，以达到节水不减产或增产的目的。

基于多年研究和实践，新疆南疆探索形成的"宽膜覆盖、膜下滴管、中等密度、'少量多次'灌溉"技术得到广泛应用，该技术普遍采用的种植密度平均 18 万株/hm² 左右，生育期内滴水 3500 m³/hm² 左右，滴水 12 次（马晓利和孙晓锋，2013；申孝军等，2010）。山东棉花研究中心与新疆生产建设兵团第三师农业科学研究所的研究发现，在正常灌溉条件下，采用 18 万～24 万株/hm² 的密度能够获得较高的产量；增加灌溉量，实现饱和灌溉，无论种植密度如何调整，其经济产量并没有提高，反而在中、高密度下出现显著减产；采用调亏灌溉，在灌水量减少 20% 的情况下，尽管中、低密度下经济产量不高，但在高密度条件下，经济产量与正常灌溉的产量相当（表 6-3）。从节约用水、提高水分利用效率角度分析，采用调亏灌溉并适当提高种植密度在干旱区植棉是可行的（刘素华等，2016）。

表 6-3　不同密度下调亏灌溉对棉花产量和产量构成的影响

灌水	密度（株/hm²）	铃数（个/m²）	铃重（g）	衣分（%）	籽棉产量（kg/hm²）	皮棉产量（kg/hm²）
	240 000	91.2cd	6.17d	39.28a	5 621c	2 209cd
饱和灌溉	180 000	90.0cd	6.36c	38.87a	5 721c	2 220cd
	120 000	95.6bc	6.61a	38.86a	6 325ab	2 457b
	240 000	100.6b	6.19d	39.08a	6 234b	2 437b
正常灌溉	180 000	101.2b	6.37c	40.07a	6 440ab	2 579a
	120 000	90.1cd	6.50ab	39.66a	5 852c	2 321c
	240 000	107.4a	6.20d	39.01a	6 660a	2 598a
调亏灌溉	180 000	88.8d	6.37c	39.25a	5 656c	2 219cd
	120 000	85.5d	6.45bc	38.53a	5 517c	2 125d

注：同列数据中标记不同字母表示差异显著（$P < 0.05$）

四、农机农艺融合，向"轻简化"要效益

棉花"轻简化"栽培技术中的"化"是指农艺技术与物质装备的有机融合，物质装备包括棉花品种、农业机械、肥料、植物生长调节剂等。农机农艺融合是棉花轻简化高效生产的关键，贯穿到棉花生产的全过程，包括土地整理及播前灌溉、前茬作物秸秆处理与耕前残膜回收、耕整地、种植、田间管理乃至棉花采收等诸多环节，可实现机械化作业，最大限度地减少人工操作和劳动力投入。

（一）机械精量播种

新疆棉田基本为地膜覆盖栽培，现生产中推广应用的地膜膜宽有 120 cm、140 cm、145 cm、150 cm、160 cm、180 cm、184 cm 和 230 cm 等，其中 120 cm、145 cm、180 cm、230 cm 宽膜使用较多，膜厚皆是 0.008 mm 以上。不同地区由于生产条件的差异，播种方式不同，但均采用覆膜穴式播种机，实现铺膜、压膜、打孔、播种、覆土一条龙一次完成。南疆和东疆精量播种棉田播种深度一般以 2.5 cm 为宜，沙土地略深一些，可到 3.0 cm，黏土地、双膜覆盖棉田 2.0～2.5 cm 即可。北疆"干播湿出"棉田播种深度更浅。膜面覆土厚度北疆一般为 1.5～2.0 cm，最低厚度仅 1.0 cm，南疆一般为 2.5～3.5 cm，最高可达 4.5 cm 左右。目前新疆大部分精量播种棉田每穴 1 粒，种子用量 21.0～31.5 kg/hm^2，少数棉田采用半精量播种，每穴 1～2 粒，种子用量 31.5～48.0 kg/hm^2。

新疆产棉区棉花播种出苗期间经常遇到各种逆境，如盐碱、低温、干旱、风雨等，如何实现逆境成苗十分重要，以下是几种可供选用的精量播种逆境成苗技术（陈绪兰，2011）。

1. "双膜覆盖"成苗技术

对于 3 月下旬至 4 月上旬早春气温与地温较低，且出苗成苗期间容易遭受大风、霜冻、降雨等自然灾害的地区，"双膜覆盖"成苗技术十分适宜。

已冬灌或春灌的棉田，于 3 月下旬至 4 月上旬达到适墒最佳耕期时，选用大马力联合整地机进行耕翻、耙糖、平整，随后应用"双膜覆盖"精量播种技术。该技术在常规膜上精量播种技术的基础上增加了二次铺膜和二次覆土，并且一次性能完成苗床整形镇压、开膜沟、铺膜、埋膜边、膜上打孔、投种、覆土、铺设滴灌带等作业，"小双膜"覆盖精量播种技术可实现机械一条龙作业。新疆生产建设兵团第六师曾大面积推广该技术。其要点是，下层采用膜厚 0.008 mm 以上 1.25 m 宽膜，1 膜 4 行种植模式，行距配置可采用 66 cm+10 cm 机采棉行距。在每窄行的两个播种行膜面上再覆盖 0.004 mm 厚的 40 c m 左右薄膜，从而形成"小双膜"覆盖方式，同时将宽膜边行在原有基础上再内移 3～5 cm，确保地膜两侧棉花种植行外侧可见膜宽度为 10～12 cm（边行与裸露区边缘达 10～12 cm），同时适度调节播深、调减密度。膜上膜用量为 25.5 kg/hm^2，增加成本 400 元/hm^2。推广该技术时，待田间出苗率达到 70%～80% 时，需根据天气情况人工适时揭去上面的 40 cm 窄膜，再及时辅助封洞，出苗保苗率达到 90% 以上的四月苗的目标。

该技术优点是，可以实现适墒期播种、适温期出苗，早播种、早出苗、出全苗，为棉苗提供有利的出土环境；还可以有效抵御低温、倒春寒天气、大风、大雨、霜冻等不利气候因素对棉花出苗的危害，也免除了因雨后土壤板结而需破除碱壳等工作。

但该技术存在以下不足之处：明显降低机械播种作业速度，增加机械播种作业难度，且增加了一层地膜的成本，因此，要因地制宜。2016 年新疆生产建设兵团第二师推广棉花双膜覆盖技术 2.1 万 hm^2，占该师总棉田面积的 60%，效果不错。

2. 预覆膜成苗技术

预覆膜成苗技术是指虽然棉田进行正常的春灌或冬灌，但总体墒情不足，为防止土壤地表水分大量蒸发，在播种前 10～15 d，待棉田土壤墒情适宜整地时，及时耕翻、耙糖，把地整理好，并于 3 月下旬和 4 月初用播种机械覆膜，但不打孔、不下种，起到对土壤保墒、提温的作用。于 4 月上中旬棉花最佳播期采用机械播种。该技术于 20 世纪 90 年代以前，在新疆产棉区应用面积较大，在山东黄河三角洲滨海盐碱地也经常采用。由于该技术对棉田保墒提墒、抑制返盐效果好，随着新疆棉区出现的水资源紧张，以及春季灾害面积的增加，该技术有可能会重新得到推广应用。不足之处在于，机械二次碾压易造成土壤板结，以及增加一次机械播种成本。

3. 膜下滴灌造墒成苗技术

在用水十分紧张的情况下，棉田既不按常规方式进行冬灌也不春灌，但需在当年 3 月下旬之前按正常整地要求进行翻地、耙糖、平整，将棉田整成待播状态。距离棉花播期 15 d 左右，即 3 月中下旬，开始覆膜、膜下铺设浅埋式滴灌带，但不打孔、不下种。随后立即安装滴灌系统进行滴水，播前滴水分 2 次，每次滴约 300 m^3/hm^2，间隔 3～5 d，两次总滴水量约 600 m^3/hm^2。为防止棉花出苗后不能及时滴头水造成棉田旱害，每次滴水量可增至 375～600 m^3/hm^2，两次总滴水量为 750～1200 m^3/hm^2。考虑到新疆棉区，特别是南疆棉区棉田盐碱较重，可在滴灌时，随水滴施土壤调理剂，如北京飞鹰绿地科技发展有限公司生产的"禾康"牌土壤调理剂，用量为 30 kg/hm^2，也可使用"康地宝"、"施地佳"、"帝利安"等品牌的土壤调理剂。待膜内耕作层土壤含水率达 20%左右、墒情适宜、薄膜与土壤形成离层、且 5 cm 地温稳定通过 14℃时播种。在新疆巴州地区的实践证明，该技术对缓解当地春季用水紧张及提高保苗率效果明显。

（二）化学除草技术

目前新疆棉田化学除草技术的主要方式是：在棉花播种前使用除草剂封闭土壤。生产中常用的棉田除草剂有 48%氟乐灵、60%乙草胺和 33%二甲戊灵（施田扑）3 种乳油型除草剂。具体使用方法是：48%氟乐灵 1200～1500 mL/hm^2，兑水 450 L/hm^2，或 60%乙草胺 1500～1800 mL/hm^2，兑水 450 L/hm^2，或 33%二甲戊灵 3000～6250 mL/hm^2，兑水 450 L/hm^2，兑水喷雾后，边喷边耙（耙深 8～10 cm），使药剂与土壤均匀混合。也可用草甘膦+乙草胺或精异丙甲草胺进行土壤封闭。

生产现正在试验示范棉花生育期化学除草。现蕾前，棉田出现以禾本科杂草为主时，可用草甘膦+乙草胺或精异丙甲草胺等对杂草茎叶和土壤定向喷雾。在禾本科杂草、阔叶杂草和莎草科杂草混生时，可用乙氧氟草醚等杀草较广的除草剂，还可选择两种或多种除草剂进行混配使用，或用氧氟·乙草胺等混剂。棉花现蕾后，棉株下部茎秆转红变硬后，可用草甘膦、百草枯等对杂草茎叶定向喷雾。为提高化学除草剂使用效果，注意选择无交互抗药性的低残留除草剂，轮换使用作用机制不同的除草剂，以及采取除草剂混用或与增效剂并用等（赛丽蔓·马木提和古海尔·买买提，2014）。

（三）间作增收技术

新疆林果地间作棉花可充分利用土地、光热资源，且投入少，它是棉农增收的有效途径。新疆林果地主要树种有杏子、红枣、葡萄、核桃、香梨、苹果、石榴与巴旦杏等。新疆林果地间作，特别是果树树干较小时，果树田间作棉花相当普遍。由于在枣棉间作棉田枣树对棉花遮阴少、棉田通风较好，枣棉间作是新疆最主要的果棉间作模式，其面积已达 20 万 hm^2 左右。

由于红枣适应性强，极耐旱、耐盐碱、抗寒，易于田间栽培管理，且预期效益较好，现已成为新疆种植面积最大的果树类型，面积约 37.0 万 hm^2。枣棉间作田枣树株行距主要配置为：株距 1.5～2.0 m；枣树行距一般采用等行距种植，行距为 3.0～4.0 m，理论密度为 1250～2222 株/hm^2。为保证长期可套种棉花，行距可设置 4.0 m 以上，但生产中也有行距 1.0 m、1.2 m、2.0 m 配置，行距越小，间作棉花时间越短且间作面积比例越小，甚至出现枣树田不能间作棉花的现象。在预留的果树行，按新疆单作棉田播种方法，种植 6～8 行棉花，但要确保棉花播完后，枣树苗所在行在两幅膜正中位置（田立文，1996）。

果棉间作棉田在品种选择、水肥投入、群体结构设置、病虫害防治等栽培管理技术方面有自身特点，具体措施是：果棉间作棉田棉花品种要求具有多抗（耐）性（即抗低温寒冻、抗高温、抗干热风、抗旱、耐阴等特点）、株型紧凑、发叶量少、叶片上举等特点。水肥投入频次较单作棉田多 20%左右，水肥投入总量较单作棉田多 15%以上，精量播种需选择发芽率≥90%的种子，注重整地质量，采用超宽膜边行内移方式适墒播种，有条件的地方建议采用小双膜播种，正常情况下群体密度应较单作棉田高 15 000～30 000 株/hm^2。针对果棉间作棉田发病较重，应特别注重选择抗性强的品种；针对果棉间作棉田红蜘蛛较单作棉田危害重，务必做到"早查、早发现、早防治"（田立文等，2012；徐海江等，2012）。林果地果树树干较大且果树种植密度较高时，不再间作。

（四）信息智能化技术

信息智能化技术目前主要体现在播种作业和灌溉两个方面。在棉花播种作业时，在挂有播种机械的拖拉机上安装 GPS 卫星定位和自动导航系统，就能实现无人自动驾驶操作，并确保棉田播行直，每 1000 m 播行垂直误差不超过±2.0 cm，行距统一，接行误差控制在±2.5 cm 以内，土地利用率提高 3%以上；利用 GPS 卫星定位和自动导航系统播种，解决了困扰棉农多年的棉花种植"播行不直、接茬不准"的大难题，因此不仅提高了播种精度和土地利用率，还大幅度降低了播种工人的劳动强度，节省了人力与成本。该技术还成功打破了播种必须在白天作业的常规模式，实现白天黑夜均可顺利作业，一台装载该系统的机车日播种棉花可达 10 hm^2，因而加快了播种进度，提高了播种效率。

利用 GPS 卫星定位导航自动驾驶拖拉机播种技术为后期田间中耕、植保和机械采收标准化作业奠定了基础。

近两年新疆主产棉区已开展小面积试验示范自动化智能滴灌系统工程。该系统采用先进实用的无线数据采集监控技术及滴灌自动化技术，只需使用手机或电脑终端，就能根据示范区滴灌地块位置和棉田不同层次棉农用水的实际需求，实现棉田滴水、施肥电脑自动控制，避免了人工控制所出现的浪费和失误现象，实现了精准灌溉和施肥，单位面积省水、肥 10% 以上，大大节省了人力消耗，降低了劳动强度，有效减少了跑、冒、滴、漏对土地造成的污染，不仅降低了灌溉的劳动强度，还可以节水、省肥，对改善农作物生长环境起到明显的促进作用。智能滴灌系统的广泛应用，揭开了新疆现代农田水利节水灌溉史上的新篇章，具有非常深远的意义。

（五）化学封顶技术

化学封顶是利用植物生长调节剂代替人工打顶，达到抑制棉花顶端生长的目的，该技术有良好的应用前景。化学封顶与人工打顶不同，主要体现在人工打顶只去掉主茎顶，而化学打顶则在抑制主茎顶端生长的同时，也在一定程度上抑制侧枝、叶片等的生长发育。化学封顶剂作为抑制棉花顶尖和群尖生长的一种化学制剂，其操作便捷，可逐步代替人工打顶，进而降低用工成本、提高劳动生产率。

棉花化学打顶代替人工打顶是植棉全程机械化的必然趋势和要求。目前，化学封顶技术在西北内陆棉区正在试验示范之中，详见第三章第一节。

（六）机械采收技术

由于新疆独特的自然生态条件与气候特点，新疆棉花种植规模大，产量高，因而棉花籽棉采摘工作量巨大，相应需要的拾花工多，但由于近年来拾花工的人工费标准不断上升，棉花种植者难以承受，再加上人工采摘劳动强度大，拾花工短缺已成为棉花生产中非常突出的问题，迫切需要大面积推广应用快速、高效的机采模式。近年来我国新疆产棉区特别是兵团系统先后从国外引进了采棉机、成模机等先进采收装备，保证了机采棉的快速高效采收。目前从采棉机适应性、工作效率方面来看，新疆产棉区多采用大型自走式采棉机，主要型号有约翰迪尔系列、凯斯系列、石河子贵航农机装备有限公司生产的贵航系列 3 个品牌，以约翰迪尔系列最多。为确保机械采收工作的顺利开展，机械采收前，一般需要喷施脱叶催熟剂；喷施脱叶剂 20 d 左右，待棉花脱叶率达到 90% 以上、吐絮率达 95% 以上时，进行机械采收。采棉机作业速度控制在 4～5 km/h（图版Ⅵ-4，5；图版Ⅷ-6，7）。详细机械采收技术见第三章第一节。

五、完善保障措施，充分发挥轻简化栽培技术的潜力

（一）规模化经营

新疆是我国棉花规模化经营水平最高的地区，但提升的潜力仍然很大。据对新疆植棉大县阿瓦提县近 5 年的调查，该县基本农户户均种植棉花面积仅为 1.41 hm^2，由于户均种植面积太少，因而棉花种植规模效益差，亟待以土地可流转的政策为启动子，推进

棉花规模化经营。

2013 年，新疆博乐市达勒特镇呼热布呼村启动了土地流转试点，采用"131"新型农村土地流转合作模式，其中第一个"1"指一个群众组织为中间纽带；"3"指转出、转入、企业 3 个合作者；第二个"1"指企业通过此种合作流转模式，获得稳定的生产原料，提高自身效益，采取工业反哺农业方式，给种植能手返利，进行二次分红。该村通过"131"模式流转了 55 户的 100 hm² 土地到合作社，合作社又将土地流转给 11 户种植大户，由大户统一耕作、统一管理、统一机采，将种植规模小的农户从繁重的植棉劳动中解放出来，他们可以外出务工，既降低了生产风险，又增加了家庭收入。种植大户通过土地流转不仅提高了规模化水平，还促进了轻简集约化栽培技术，包括大型农机具的推广应用。

（二）标准化管理

新疆棉花生产主要是一家一户分散经营，技术标准执行不统一，技术扩散速度慢。农民对技术的突破有难度，对技术的应用不够灵活。因此，首先，要在技术层面实现规模化培训，积极引导棉农在棉花品种选择、土地整理、农艺栽培措施、田间生产管理、化学控制管理、棉花收获等环节，按照轻简机械化要求组织生产（田立文等，2013b），尽快做到单项技术标准的执行到位。其次，对有突破性的关键新技术及时规模化示范，重点围绕良种选择、土地养护、精量播种、高效灌溉、高效施肥、机械打顶、机械残膜回收、机械采摘等关键技术环节进行示范，制订标准化操作规程。针对田间管理开展因地择种、良种良法、快速诊断、及时调控的全程技术指导。再次，通过对成本分类，对成本产生环节分析，选择高效轻简技术，减少对资源的依赖，提高资源的利用效率。最后，通过对各项技术的全面把握，实现全程机械化的高标准生产，降低对劳动力的依赖程度（林涛等，2008）。

（三）基础设施配套

做好相关基础设施配套，如土地平整，渠系、电力设施、防护林、机棚建设，田间机械作业道路修建等。为扩大机采棉种植面积，可将小块棉田整理成大条田，还需解决机采棉必须大面积种植与现有棉田规模偏小的矛盾。

改造棉田，为棉花高效种植奠定基础。2007 年博乐市启动了棉田改造工程，在农户自愿、有利耕作、保证总面积不变的前提下，将每户若干块零星和分散的承包地集中调整到一整块条田，并鼓励相邻条田不打地埂，提高了耕地使用率，便于大型农机具作业。2009 年新疆博乐市达勒特镇呼热布呼村完成了棉田改造，共清理土地 780 hm²，并在此基础上大力推广精量播种、机采棉种植模式、智能化滴灌、农田标准化作业等技术，全部耕地实施滴灌工程，全程水肥控制，实现了棉花生产的高标准化。后又在原有滴灌的基础上实施了 106.7 hm² 的自动化滴灌，为推进棉花轻简、高效奠定了良好基础（刘北桦等，2014）。

（四）病虫害防治

为有效防治病虫危害，应坚持"预防为主、综合防治"的植保方针，充分利用农艺措施，达到"增益控害"的效果。生防和化防相结合，科学用药，可有效控制危险性虫害发生。

新疆棉区主要病虫害有棉蚜、棉铃虫、红蜘蛛（又称叶螨）、苗期烂根病，另外，新疆海岛棉还存在枯萎病和叶斑病危害较重的现象。在防治各类病虫害过程中，提倡能生物防治就不化学防治，能低农药量化学防治，就不高农药量化学防治。在化学防治中提倡使用生物制剂或低毒、低残留农药，尽可能采用隐蔽施药等方式（徐海江等，2014）。

为充分发挥生物防治作用，可采取多种"增益控害、综合防治"措施，如秋翻冬灌，减少棉铃虫蛹越冬成活率；种植玉米诱杀带、安置性诱剂、频振式杀虫灯、黑光灯诱杀技术和杨树枝诱蛾及人工捕捉幼虫等方法防治棉铃虫。同时科学安排种植结构，保证适度的棉花发展规模，给天敌创造良好的憩息和营养场所，更好地发挥天敌防害虫作用。为减少虫害防治压力，注重落实"早查、早防治"措施，如在播种前落实消灭虫源，特别是棉蚜和棉铃虫等虫源。通过种植抗病品种、水旱轮作和合理倒茬解决棉田病害（曹焕，2014）。

（五）自然灾害防控

新疆早春倒春寒灾害，通过地膜覆盖和适时播种技术解决；新疆棉花生长前期的风沙袭击灾害，通过强化新疆绿洲生态防风林建设和棉田播完种后压防风土带加以解决；夏季冰雹灾害可通过雷达预报，人工消雹方式解决；棉田病虫灾害，通过贯彻"增益控害、综合防治"和种植抗病虫品种的防治技术措施加以解决；新疆棉花后期降温早，通过选择早熟品种，适时早播、早中耕等促早栽培措施加以解决。

（六）轻简化栽培与传统栽培的比较

在"高产唯上"的思想指导下，新疆棉田出现了过于精细，甚至烦琐的棉田管理技术，从而人为地加大了棉田的人力、物力投入，不利于棉农规模经营，造成产投比下降，效益低下，因此必须进行简化。目前生产上已经有不少棉田采用了简化后的技术措施，简化前与简化后的技术措施见表 6-4（田立文等，2013b）。

表 6-4 新疆棉田简化前与简化后的技术措施

序号	简化前技术措施	简化后技术措施
1	棉农迷信新品种的增产作用，1～2 年更换一次品种，品种更新过快，忽视栽培技术的增产作用，存在大面积生产用田变成为新品种试验场的现象，生产更新品种存在随意性，以及品种多、乱、杂、假（生产中种子监管不力，冒牌种子泛滥）现象严重	从现有选育的品种性状分析，在 3～5 年，甚至更长时间内，其选育的品种产量与品质没有大的突破，因而品种更换应科学谨慎，坚持种植大面积生产验证的高产、稳产品种，延长品种更换时间，同时重视栽培技术的增产作用
2	棉田基肥人工施入，投入量大，肥效低	根据土壤养分，确定不同肥料的配方比例和配方量。在耕整地时，在犁铧上加装施肥装置，实现基肥投入配方化、机械化、深层化
3	棉田规模小，基础设施不配套，生产管理欠标准化，农事作业受人为影响较大，且人工作业比例高，不同棉农技术执行到位情况差异较大，技术操作难以达到标准化水平	完善棉田配套设施，打破一家一户的小农作业模式，实现全程机械化，将播种、中耕、叶面喷施叶面肥或调节剂、棉花采摘等技术措施的人工作业方式简化为机械作业方式，同时加强棉田标准化管理
4	大播种量常规播种，棉花全部需要放苗、间苗、定苗，大多数棉田还要补苗	精量播种，一般只放苗，不再进行间苗、定苗，只在连续缺株较多或缺行断垄的少数棉田进行补苗
5	棉苗 2 片真叶未展平就喷施叶面肥，其中苗蕾期喷 2～3 次叶面肥，全生育期叶面肥喷施 5 次以上。多种叶面肥同时使用，存在明显的滥用现象，且叶面肥单独喷施	根据长势与棉田营养供求状况，盛蕾期前后喷 1 次，花铃期喷 1～2 次，全生育期喷 2～3 次。只使用 1～2 种经生产验证有增产作用的叶面肥，叶面肥与缩节胺化调合并作业

续表

序号	简化前技术措施	简化后技术措施
6	常规灌溉，棉田追肥多是人工作业方式	滴灌，棉田追肥基本改为随水滴施的方式，实现水肥一体化
7	中耕次数越多越好，中耕次数 3～4 次，中耕深度浅，质量差，且不能因地制宜地操作	因地制宜地开展中耕作业，一般仅在苗期中耕 1 次
8	主要依靠人工除草，棉田除草标准 10 m 内（即 100 m²）无一颗杂草	主要依靠化学除草，其次依靠机械除草，并结合人工除草，完成田间草害防治。主要通过播前土壤封闭或生育期使用具有选择性功能的除草剂，定向喷施除草。棉田除草标准以不得明显影响棉花生长发育，造成减产或降低拾花速度与质量为准
9	过于强调化调"量少次多"的原则，缩节胺化调次数 5～6 次，用量达 375 g/hm²，化调后植株高度 65 cm 左右	缩节胺化调用量与次数因地制宜，适可而止，一般化调 3～4 次，用量平均为 300 g/hm² 左右，株高控制在 80 cm 左右
10	病虫害预防措施落实不到位，有明显忽视生物防治和农艺措施防治作用的现象，有些地方化学防治强度偏大，病虫害防治过多地讲究新技术，忽视技术的可靠性与成熟性。"统防统治"的病虫害防治措施执行不力	坚持"综合防治和预防为主"的宗旨，加强"增益控害"生物防治和农艺防治措施落实；注重防治技术的实效性和可操作性。大面积推广应用经验证防治效果较好的新技术，坚持"统防统治"的病虫害防治策略
11	为改善群体通风透光性，有些地方大面积滥用撸裤腿、打老叶、打边心等劳动强度大的措施	主要通过水、肥、药提前综合调控，仅在少数旺长隐蔽棉田进行撸裤腿、打老叶、打边心作业，一般棉田不进行此项农事操作
12	采摘的籽棉因采摘时间不合理，且堆放场所通风透光差，而需要摊晒。棉花轧花厂收购的籽棉长期堆放，宜出现变质现象	合理安排棉花采摘时间，严禁采摘"露水花"，对已采摘的少量"露水花"可在田间地头实时摊晒，建立标准化的籽棉堆放场所；棉花轧花厂收购的籽棉应在 1 个月内加工完毕，杜绝长期堆放
13	在棉花装卸过程中，籽棉采用人工装卸方式。棉花加工厂加工籽棉时，采用人工喂花方式	在棉花装卸过程中，使用专门的籽棉装卸机进行装卸。棉花加工厂加工籽棉时，采用机械自动喂花方式

（田立文　董合忠）

第二节　西北内陆棉区棉花全程机械化生产技术

全程机械化是指从产前、产中到产后各个阶段均能较好地实行机械化，是棉花轻简化栽培的高级阶段。全程机械化生产的关键是农机与农艺有机紧密结合。棉田全程机械作业顺序一般为：土地整理→播前灌溉→施肥→翻耕→保墒整地→除草→精量播种→中耕→植保→脱叶催熟→机械采收→秸秆粉碎→残膜回收。

一、棉花备播

（一）前茬作物秸秆处理与耕前残膜回收

新疆棉田绝大多数为连作棉田，这些棉田全部采取地膜覆盖种植模式。为确保来季棉花正常播种，不仅需对前茬作物秸秆粉碎还田或回收，还需对田间残膜进行回收作业，其中残膜回收作业难度较大。

棉秆粉碎还田的机型较多，通常采用立式轴秸秆粉碎机，另外秸秆粉碎还可改善土壤物理结构。棉秆直接回收机具类型较少，主要分为拔取、铲切、粉碎后回收 3 种类型。

目前使用较多的是铲切式秸秆回收机,秸秆割茬高度 10 cm 以下,秸秆粉碎长度为 5～6 cm,做到到头到边,抛洒均匀,无集堆、无漏割现象,此种回收方式有利于减轻棉田病虫害危害。

棉田残膜回收,通常采用回收机械,结合人力等措施来消除残留地膜对耕地的污染。虽然实现残膜回收机械化是解决残膜污染的有效途径,但目前研发的多种残膜回收机械由于性能欠佳,回收率有待提高,再加上农机与农艺结合不够,性能优良的残膜回收机目前仍未全面推广。目前新疆棉花秸秆粉碎残膜回收相对较好的机械通常采用牵引式联合作业设计,该机械作业后秸秆长度不大于 8 cm,秸秆抛洒均匀,田间残膜回收率达到85%以上。新疆生产建设兵团第八师 144 团采用厚度 0.01 mm 以上的地膜植棉,机械采收前不揭膜,春季用搂膜机和扎膜辊回收田中残膜,播种前后、秋季翻地和采棉机下地前人工捡拾残膜,收到良好控制残膜污染的效果,值得提倡。

(二)土地平整及播前灌溉

以大条田建设为核心,通过铲运机、推土机、平地机,以及多工序联合的复式作业联合整地机,甚至应用新型激光平地系统整地。完整的激光平地系统主要包括大马力拖拉机、激光发射器、激光接收装置、控制器、液压动力系统、平地铲等。确保整地工效和作业质量,最终实现单块条田 10 hm² 以上,甚至 15 hm² 以上的大条田,不仅有利于田间机械,特别是大型农业机械作业,还可避免小条田埂多、沟多、地边空地多、田间杂草多,造成土地浪费和利用率小的问题,杜绝小条田无法利用现代整地机械进行平整的问题。为确保棉田播前灌溉质量,主要是冬翻或春灌,可使用机械化进行打埂,为播前小畦灌溉提供条件,还可减轻播前灌溉人工劳动强度(刘北桦等,2014)。

(三)耕整地

耕整地机械化作业的目的是使地表平整、土壤紧密度适中、保墒,以及有利于消灭杂草,为播种作业和棉花生长发育打下良好基础,因此耕整地作业是抗旱保墒、保证棉花丰产的重要农业技术措施之一。耕整地机械作业质量要求以"平、齐、松、净、碎、墒、(直)"为原则,一般包括犁地、耙地、镇压等环节,各环节做到不重不漏,到头到边,地表平整,无明显垄沟、土包和沟坑,同时拾净残膜、秸秆、残草,无土堆。目前新疆耕整地机械化程度已经达到 100%(辛存仁,2013)。

1. 犁地

犁地通常采用翻转四铧犁、五铧犁,要求耕深达 25 cm 以上、耕直 50 m 内直线的误差不超过 15 cm;垡片翻转良好,无立垡回垡,翻垡平整松碎,犁后地表平整,地表无残茬,无明显犁沟或土包等,覆盖严密,地头地边整齐,无重耕漏耕。新疆农机企业在充分吸收国内外翻转犁技术的基础上,开发出了适应新疆本土情况的翻转犁产品,其产品具有以下几个特点。①采用了液控换向阀自动换向,整机重量适中,刚性好,操作方便,性能稳定,性价比高。②犁架整体管材、板材均采用高强度合金材料。犁架整体焊合工艺,采用二氧化碳保护焊焊接,热应力小,抗疲劳,使用寿命长。③犁架回转机构采用滚柱轴承,承载力大,调整容易,润滑方便。翻转油缸上、下固定装置,均采用双点支撑定位,销轴工作可靠，不易折断。主轴采用铬钢制造，经过调质处理，两端固定，强度高，抗疲劳性能好，使用寿命长。为做好回转部位密封装置，其前端设计为金属封罩，后端采用金属骨架胶圈密封，从而有效杜绝异物进入，更好地保护润滑部位工作。④犁铧斜向间距大于900 mm，根据土壤与机力工况，耕幅可调，提高了耕地效率。犁铧、犁壁采用高耐磨材料制造，经久耐用。犁铧翻垡流畅，碎土性好，耕垡平整，并配以副犁提高灭茬效果。犁柱固定部分均采用高强度合金板，热压成型，强度高，抗变形能力好。犁柱采用专用锰钢制造，经热压成型，调质处理，整体重量轻，对脉动载荷有很好的抵抗力，工作可靠。与其他犁型通用，可配装35型、40型、库恩等型犁体，以适应不同的土壤环境。配以保险螺栓保证犁柱超载时免于变形。⑤采用加强型支臂，不变形。限深装置调节方便。行走轮采用橡胶轮，转场运输便捷，耕地时不粘土，缓冲性能好。

2. 耙地

耙地是耕整地的关键环节之一，通常根据耙地时机组的行走方向，将耙地分为横耙、顺耙、斜耙3种。横耙是指耙地方向垂直于耕地方向，碎土、平土效果好，但机组振动大；顺耙是指耙地方向与耕地方向平行，工作阻力小，但碎土作用差，适合于耙松软土地，生产中常将顺耙称为条耙；斜耙是指耙地方向与耕地成45°。目前，生产中普遍采用对角线耙法+条耙，其中对角线耙法是指棉田根据耕地方向分为多段，分段采用斜耙的方式，因而对角线耙法是斜耙的一种，其特点是碎土、平土效果好。

为确保耙地质量，不漏耙、不重耙，相邻两作业幅宽内重叠量为10～20 cm，耙地完成后，每平方米内最大尺寸5～8 cm 的土块不超过8块。黏土地湿度过大或雨后耙地一定要等地表犁后晾晒后进行，防止形成泥条，一般犁后晾晒3～5 d，通过耙耱作业对棉田进行平整保墒，尽可能缩小农田自然坡降，并消除因耕作而形成的垄沟、埂子等不平之处，一般棉田轻耙深要求8～10 cm，重耙深度12～15 cm，耙深合格率大于80%，耙耱后棉田平整，上松下紧，无明显的土包和凹坑。

3. 镇压

镇压是犁耙后用镇压机压碎土块，使表土和新土结合严密，消除大孔隙，有利于平整地面，提高播种质量和棉花出苗率。为确保犁耙作业质量，棉田通常需用镇压机镇压，生产中通常采用联合整地作业模式，为此镇压机与犁耙共同构建了大型联合整地机。

新疆现有联合整地机能实现圆盘耙、平土框、钉齿耙优化组合，一次作业即可完成松、碎、平整和镇压四道工序。整机的纵向和横向由液压系统和地轮控制，均能实现随地仿形。以新疆科神农业装备科技开发股份有限公司生产的1LZ联合整地机为例，该机主要由牵引架总成、机架液压机构组合、行走机构、耙组总成、平地齿板总成及碎土辊总成等部件构成。机具工作时，前置圆盘耙组对土壤进行松、碎作业，随后平地齿板对土壤进行平整、破碎及压实，后续碎土辊进一步对土壤进行破碎和镇压，同时使被抛起的小土块和细土粒落在地表上，从而隔断地下水蒸发，形成上虚下实的耕层结构。

为提高机械作业效率、降低损耗，要充分利用国家农机购置补贴政策，引进大马力拖拉机及配套农具整地，推广应用可进行复式作业的联合整地机，并实行连片统一作业。建议尽量选用100 kW 以上大功率轮式拖拉机配带液压翻转犁或其他大马力拖拉机配套的联合整地机，实现多工序联合作业，实现人力、畜力难以达到的耕整地质量标准。

二、棉花播种

新疆棉花已全部实现机械播种，经过多年的技术完善，现已成功地通过机械播种方式，实现种床整形、开沟、铺膜、压膜、膜边覆土、准确打孔、穴播、种行覆土、镇压、划起落线等一条龙作业任务，使用精量播种机还可实现精量穴播。

通过机械播种，实现了滴灌棉田滴灌带铺设机械化，通过对播种机的进一步改造，还实现了定量施入有利于棉花出苗和苗期生长发育的种肥，播种时对种行进行适度机械镇压，使种子与土地接触紧密，下层土壤水分迅速上升，以促进种子发芽。新疆棉花机械播种是现代棉花种植技术的重大突破，它是新疆棉花实现高产优质的关键技术之一。

为做好棉花机械播种工作，在播种前，应做好播种机组调整和机具检修。

1. 播种机组调整

如采用"单穴单粒"播种机，需做到每穴下种粒数为 1 粒，穴粒数合格率一般大于85%。穴距调整：通过改变滚筒上鸭嘴固定片数量和相对距离达到农业技术要求。平地器的调整：上下调整平地器下缘入土深度和人字平地器的夹角，从而调整推土量大小。埋膜深度和覆土量的调整：通过改变开沟圆盘或覆土圆盘入土深度和与机组前进方向的夹角大小来实现。同时准备 1.6～1.8 m（长度）的标杆 3～5 根，预备在第一行使用。

2. 播种机具检修

依照机具说明书的要求，检查各工作部件是否完好无缺，是否损坏变形，安装位置是否正确，各配件间隙与距离是否符合要求，各紧固件是否牢固，各转动件是否转动灵活，各传动机构能否可靠运转，各润滑点加注的润滑油是否充足（刘文海，2008）。

在棉花播种作业过程中，务必做到"三证齐全，两物必备"。"三证"即驾驶证、行驶证、田间作业上岗证；"两物"即标杆、划行器。播种机与拖拉机调整做到"一个中心，两个水平"，即播种机中心与拖拉机中心一条线；拖拉机作业时，播种机保持左右水平、播种机前后水平。第一行作业需插标杆，地头要划起落线。不仅要做好播种机作业前的调整，还要注意作业过程中的调整（郭新刚，2015）。

精量播种关键技术要求：下种量少，播种浅，覆土薄，足墒，边行内移，适当推迟播种期，具体是："单穴单粒"播种量控制在 27.0～34.5 kg/hm^2，播深 2.0～2.5 mm，精量播种棉田覆土厚度北疆一般为 1.5～2.0 cm，南疆一般为 1.8～2.4 cm，最高可达 3.0 cm 左右。播种精准，下籽均匀，不漏播、不重播，空穴率≤3%。播行端直，行距一致，铺膜平展，紧贴地面，埋膜严实，地膜两侧埋入土中 5～7 cm，不错位，覆土均匀，覆盖完好。铺膜到头到边，起落整齐一致（田立文等，2013a）。

三、棉田管理

（一）机械植保、化控、喷肥

通过大型高雾化机械，甚至农用无人机进行喷药、喷肥。目前新疆大型高雾化机械主要采用自走式、悬挂式或牵引式的喷施机完成作业。农药的种类有化学除草剂、植物生长调节剂、化学打顶整枝剂、防治害虫的各种农药、催熟与脱叶剂等；肥料主要是指可用于叶面喷施的各类肥料，包括磷酸二氢钾、硼肥、锰肥、尿素等，可实现化学除草、病虫防治、打顶整枝和脱叶催熟。一般来说，雾化程度越高，喷施效果越好，通常药液用量 450～750 L/hm^2。

（二）中耕

棉花苗齐后开始机械中耕，深度由浅入深，一般中耕 1 次，深度 15～20 cm，护苗带 8～10 cm。朱德明等（2000）在新疆南疆的研究表明，棉田中耕除有一定的增温效果外，还能切断表层土壤毛细管与深层的连接，减少土壤水分蒸发，具有明显的保墒和提墒效应；另外，中耕能降低土壤容重，疏松土壤。另有研究表明，上述效应不足以影响棉花生育进程和产量。中耕与免耕相比，棉花生育进程一致，产量相当，因此在南疆棉花现有宽膜覆盖栽培模式下，可以减少中耕次数甚至免除中耕。

（三）灌溉

修理灌溉用的沟渠需使用挖掘机、推土机、铲车等机械，结合人工完成。其具体的轻简化灌溉方法及相关配套设施见第二章第四节。

四、机械采收

机械采收是棉花全程机械化生产中的难点和重点，近年来我国新疆棉区特别是兵团系统为适应机采棉生产的新需求，先后从国外引进了采棉机、成模机等先进采收装备，保证了机采棉的快速采收。从采棉机适应性、工作效率方面来看，以推广大型自走式采棉机为宜。目前新疆生产中应用的采棉机主要型号有美国约翰迪尔系列、凯斯系列，我国新疆石河子贵航农机装备有限公司生产的贵航系列 3 个品牌，以约翰迪尔系列最多，贵航系列最少。新疆生产中用的采棉机主要型号有约翰迪尔公司生产的 9965、9970、9976、9996、7660、7760 和 CP690 型等。美国凯斯公司生产的 CASE 2555、CASE 2155、CASE420、CASE 620、CASE 635 等，贵航生产的 4MZ-5 等，上述采棉机根据采摘行数主要分为三行、五行、六行几种机型，其中近年购置的新型采棉机有不少已可实现采后田间快速成模。截至 2015 年，全疆采棉机保有量达到 2400 台，其中兵团采棉机保有量1550 台以上（喻树迅等，2015）。

为确保机械采收工作的顺利开展，机械采收前，一般需要喷施脱叶催熟剂，还必须做到地内无杂草，无滴灌带暴露在地面上，因而需及时清除棉田内的杂草、地桩、埂子等，并在地头拾出≥15 m 宽的地块，生产中一般拾出约 25 m 宽的地块，供采棉机田间调头作业操作。喷施脱叶剂一般 20 d 左右后，待棉花脱叶率达到 90% 以上、吐絮率达 95% 以上，进行机械采收。采棉机作业速度控制在 4～5 km/h。

由于采棉机作业的特殊性，采收作业必须按照《采棉机作业技术规范》操作，否则就有可能造成含杂率、撞落损失、含水率增加，从而降低经济效益。新疆机采作业质量要求：采净率 95% 以上，总损失率不超过 4%，其中，挂枝损失≤0.8%，遗留棉≤1.5%，撞落棉≤1.7%，含杂率≤14%，含水率≤12%。另外，采收和储运加工也要做到有序作业，提高集约化与组织化程度。

五、棉花加工

按照国际惯例，棉花加工也属棉花生产的重要环节。与其他植棉大国相比，新疆棉花加工质量总体较好，加工机械化水平已较完善，现已实现籽棉输送、籽棉清理、脱绒、皮棉清理、皮棉输送、打包机械化作业，特别是经过近5年的快速发展，新疆棉区为满足机采棉加工特点，已成功消化吸收国外先进的机采棉加工工艺，主要包括机采棉清理加工设备及工艺。为降低加工成本，提高加工效率，近年在籽棉快速喂料和异性纤维清理方面有较大的突破，其中籽棉机械喂料代替人工喂料已在生产中广泛推广应用。

综上所述，新疆已形成了一套从耕、种、管、灌到收获的全程机械化解决方案，并通过一系列技术措施，确保了农机作业质量，同时强化了全程机械化作业示范的辐射力，全面提高了新疆棉区土地利用率，在促进农业增效、农民增收方面发挥了重要作用。

虽然目前新疆棉花生产机械化技术已相当成熟，棉花生产集约化和规模化生产水平也相对较高，但不同地区、不同农户、不同生产环节发展极不平衡。具体表现为，全程机械化水平北疆较南疆高、大户较小户好，在土地整理、播种、田间中耕、追肥、喷药等方面机械化水平较强，但在棉花打顶整枝、揭膜、残膜残茬回收环节，棉花加工自动化与智能化程度较低，有些轧花设备故障率较高，仍亟待完善。因此，在棉花以上诸环节开展研究、开发与推广应用先进实用的支撑技术和装备，将成为实现新疆今后棉花生产全程机械化的关键。

（田立文）

第三节　杂交棉健株高产优质简化栽培技术

新疆生产建设兵团第七师在长期生产实践中，总结出"杂交棉稀播高产栽培技术"。经进一步总结完善，形成了"棉花健株高产简化栽培技术"。该技术的核心内容是，采用单株产量潜力大的杂交种或常规种，大幅度降低密度实现稀植，再通过健个体、强群体，建立高产、适宜机械化采收的高光效群体结构，实现高产稳产、优质高效。"棉花健株高产简化栽培技术"是在"向温要棉"的基础上，实施"向光要棉"策略的技术范例。

一、"棉花健株高产优质简化栽培技术"的产生与发展

杂交棉健株高产简化栽培技术现已被第七师广大职工认可，此项技术的推广带动了棉花栽培新技术发展。2007年该师进行杂交棉制种试验，全师种植杂交棉制种47 hm²，该师123团15连在杂交棉制种试验过程中发现，两行种植的杂交棉亲本产量与大田产量相当且易于管理。2008年进行了杂交棉稀播种植试验，面积64 hm²，当年单产较常规棉单产提高16%，引起了较大反响。2009年全师植棉团场又进行了较大面积的试验

示范并熟化此项技术，2010 年杂交棉稀植栽培技术进行推广，第七师为此还制定了技术手册。2011 年全师杂交棉稀播高产栽培技术应用面积 1.2 万 hm²，占全师棉花种植面积的 22.5%。该技术在生产实践中表现出如下特点。

（一）高产稳产

在 2007～2011 年的生产实践中，稀植直播杂交棉可实现大面积 6000 kg/hm² 左右的产量，尽管没有超高产地块，但比较稳产。主要原因，一是光温利用率高。由于行距宽（行距平均为 76 cm），株数适宜，较好地满足了棉花喜温好光、通风透光的需求，光温互补性强，利用率高。二是个体发育好，杂交棉全生育期生长稳健，苗期个体营养空间大，生长发育快、易实现壮苗早发，中后期不早衰。三是生殖器官生长发育良好，表现为现蕾早，现蕾多，蕾、花、铃脱落少，结铃多，单铃重高。四是机采性好，棉花烂铃少、脱落少、成铃集中、吐絮畅，脱叶率、采净率均好于高密度棉花。

（二）节约成本，简化劳动程序

与传统种植的常规棉相比，不仅节约劳力、机力成本高达 900 元/hm² 以上，还降低了种子成本和管理难度，简化了劳动程序，实际增收 350 元/hm² 以上，主要表现为以下几个方面。

一是化控次数少，稀植杂交棉全生育期化控只需 2～3 次，较常规棉减少化控 2 次以上，降低了物化成本和机力、人力成本。

二是降低了田管成本，定苗成本较常规棉降低 1/2，打顶成本较常规棉降低 1/4 且效率高，化控成本也显著降低，实现了降本增效。

三是杂交棉丰产性好、抗逆性强，后期不早衰，单铃重大，弥补了降密所致铃数减少带来的产量损失。

四是密度降低也相应减少了用种量，种子成本降低 900 元/hm² 左右。

五是降低了管理难度，杂交棉长势较强，过高密度种植，株间易受影响，造成空果枝或空过节，底部蕾铃发育不利，而稀植杂交棉调控实施难度低，蕾铃脱落低，易于塑造理想株型，达到高产。

总之，稀植杂交棉从种植到收获，大大降低了棉花田管难度，其配套的高产栽培技术易于掌握与落实到位，能尽快转化为现实生产力。它在种子用量、定苗、化控、打顶等方面减少了劳动程序，使棉花繁杂的田间管理简易化，体现了快乐植棉的理念。

二、棉花健株高产简化栽培技术要点

应用该技术，收获株数达 12 万株/hm² 左右，单株成铃 10～12 个，铃数 120 万～150 万个/hm²，单铃重 5～5.5 g，霜前花率 90% 以上，籽棉目标单产 6000 kg/hm² 以上。采取的关键技术：对路品种、超宽膜、机械式精量点播、机采模式、1 膜 3 管、1 管 1 行（图 6-1），适期播种、一播全苗、因苗化调、水肥运筹、综合防治、早打顶、早脱叶、机采，实现棉花丰产丰收。

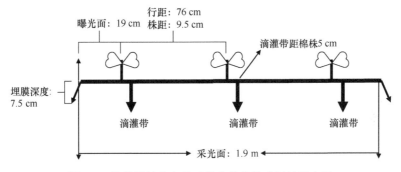

图 6-1　棉花健株高产优质简化栽培技术行株距布局

（一）选用优良品种

选择优质、丰产、抗逆、吐絮集中、个体生长优势强的杂交棉品种，也可选用一些生长势强的常规棉花品种。机采时要求棉花对脱叶剂较敏感，纤维品质指标好，种子净度≥99%，破碎率≤3%，发芽率≥90%，大小均匀。

（二）精量播种技术

1. 适期播种

膜下 5 cm 地温 3 d 内稳定通过 14℃可播种，北疆 4 月 8～18 日为最佳适播期，南疆略早，实现 100%四月苗。

2. 播种要求

精量点播、一穴一粒，地膜规格：宽 2.05 m，厚 0.008 mm 以上；1 膜 3 行，1 膜 3 带，平均行距 76 cm，采用两幅宽膜播种机，播幅 4.56 m，株距 9.5 cm，交接行 66 cm，理论密度 138 570 株/hm^2（图 6-1）。

按滴灌系统和斗渠统一播种，严格控制机车行走速度，控制在 3 km/h 左右。接行偏差＜2 cm，下籽深 2 cm，空穴率＜3%，种行覆土厚度 1 cm，膜面平展，膜边压深 5～7 cm，采光面 1.90 m，边行采光面宽度 13 cm，播种铺膜到头到边，地头地边空地宽不超过 30 cm。

需要注意的是，播后遇雨，在种行覆土尚未板结成壳时，及时用人力和机力破除板结。

（三）灌溉技术

1. 滴头流量

质地细的土壤（如黏土和黏壤土），由于基质势强大，而重力势相对较小，横向浸润有时超过垂直入渗；均匀而疏松的土壤（壤土和沙壤土），具有较大的基质势，土壤水分的水平扩散与垂直下渗深度相近；对于砂性很强的土壤，基质势比较小，重力势相对较大，垂直入渗深度较大，因而对于砂土，宜选用较大流量的滴头（2.8～3.2 L/h），以增大水分的横向扩散范围；对于黏性土壤，宜选用流量较小的滴头（1.8～2.1 L/h），以免造成地表径流；对于壤土，可选用中等流量的滴头（2.2～2.6 L/h）。

2. 灌溉制度

生育期的灌水次数和灌水量应根据苗情和土壤墒情灵活确定。根据陈冠文等（2014b）推荐的灌溉方案，北疆一般棉田全生育期滴灌灌水 10 次左右，灌水 4590～4950 m^3/hm^2。具体为，蕾期灌水 1～2 次，灌水量 915 m^3/hm^2，灌溉周期为 10 d 左右；花铃期灌水 6～8 次，灌水量 2850～3600 m^3/hm^2，灌溉周期为 7～9 d；吐絮期灌水 1 次，灌水量 360 m^3/hm^2，灌溉周期为 15 d。其中，沙土棉田灌溉周期宜短，黏土棉田灌溉周期宜长。

1）出苗水。未储水灌溉或墒不足的滴灌棉田，应滴出苗水抓全苗。技术要求：于播种后 1～3 d 内铺设滴灌带。滴水量以浸润区与底墒相接而又不造成地面径流为准。一般冬灌、茬灌棉田滴水 120～180 m^3/hm^2；未储水灌溉的棉田滴水 270～330 m^3/hm^2。地下水位较低的棉区，出苗水的浸润深度应达到 30 cm。

2）蕾期第一水。一般 6 月上、中旬开始滴头水，滴水量一般为 225～300 m^3/hm^2，浸润深度达到 40～45 cm。

3）最后一水。等行距密植棉田的单株结铃多，吐絮期长，因此，最后一水的滴水时间以防止贪青晚熟为重点，同时也要防止早衰。一般棉田在 8 月下旬停水；沙壤土和弱苗棉田可于 9 月上旬停水。

（四）施肥技术

1. 肥料分配方案

根据目标产量，按测土平衡施肥方法计算施肥量。但新疆棉区有些地方目前的土壤养分现状表现为"速效磷偏高，速效钾下降快"的特点。因此，应适当减少磷肥，增加钾肥的投入。等行距密植棉田中下部外围铃是产量的重要组成部分，因此，要加大初花期至盛花期的氮肥投入，以增加中下部果枝的果节数和果节成铃率。基肥用 N、P_2O_5 和 K_2O 分别占总量 20%～30%、75%～80% 和 45%～50%；追肥用 N、P_2O_5 和 K_2O 分别占总量 80%～70%、 25%～20% 和 55%～50%。其中，基肥 N、P_2O_5 和 K_2O 肥料比例沙壤土均取低限，黏壤土取高限（陈冠文等，2014b）。

2. 追肥技术

1）苗期、蕾期以氮肥为主，促进营养生长，增加前期叶面积，加快封行速度；花铃期适当加大磷肥、钾肥比例，防止贪青晚熟。

2）滴灌棉田少量多次，1 水 1 肥。

3）等行距稀植棉田初花期至盛花期氮肥量应比高密度棉田同期追肥量高 0.5～1.0 倍，以保证多结铃和棉铃发育。同时，要重施蕾肥，补施盖顶肥。

4）根据土壤状况，灵活施用锌、硼等微肥。参考追肥量：蕾期追肥量占 18.0%～20.0%，开花期—铃期追肥量 55%～64%，铃期—吐絮期追肥量占 18.0%～25.0%。

（五）化调技术

1. 子叶期化调

既要促进花芽分化和根系生长，又不能将下部节间控得过短。一般缩节胺用量 7.5～

12 g/hm^2。

2. 苗蕾期化调

等行距稀植棉田由于行距较宽,苗蕾期化调宜少、宜轻。化调量比高密度棉田少 1/3,次数少 1/2。

3. 花铃期化调

花铃期化调主要是控制最大叶面积,延长最大叶面积的持续时间;调节叶面积的空间分布,塑造塔形株型,以提高棉株的光合强度总量,减少呼吸消耗,增加总光合产物。化调的次数和时间根据棉田长势长相与水肥供应情况灵活确定。

4. 打顶后化调

北疆棉区一般进行 1～2 次。对于生长稳健,田间通风透光条件好的棉田,可于打顶后 1 周左右喷施缩节胺 $105 \sim 135 \text{ g/hm}^2$;对于生长势较强、中下部成铃较差的棉田,为了争取足够的盖顶桃,可分 2 次化调,打顶后 5～7 d,喷施缩节胺 $75 \sim 105 \text{ g/hm}^2$,1 周后再进行第 2 次化调,缩节胺用量为 $6 \sim 8 \text{ g/hm}^2$。

(六)整枝打顶

1. 主茎打顶

打顶时间要比高密度棉田晚 3～5 d,以争取上部铃。北疆应于 7 月 8 日前结束;南疆应于 7 月 15 日前结束。标准是打掉一心或一叶一心,棉花株高约 85 cm,果枝 10～12 台。

2. 叶枝打顶

等行距稀植棉田,叶枝对产量有一定的贡献。通过适时给叶枝打顶,以争取叶枝多结铃。棉花蕾期,当每株有 2～3 台叶枝现蕾 2～3 个时,摘去其顶心,同时抹去小叶枝。由于叶枝打顶费工费时,在较高密度下结合水肥调控和化控可以减免叶枝打顶,也可尝试使用化学封顶技术。

(七)化学脱叶

1. 脱叶剂种类与用量

生产中有多种脱叶催熟方法,棉农可根据使用效果与生产习惯,从以下 5 种方案中任选一种:每公顷 54%脱吐隆 150～195 mL+伴宝 450～750 mL+40%乙烯利 1050～1500 mL;每公顷哈威达 120 mL+乙烯利 1500 mL;每公顷脱落宝 600 mL+乙烯利 1500 mL;每公顷落叶净 525～600 g+杰效利 75～150 mL+乙烯利 1200 mL;每公顷 80%瑞脱龙 300～375 g+乙烯利 1050～1200 mL。药剂混合后兑水配成 $450 \sim 750 \text{ L/hm}^2$ 工作液喷施。

2. 施药时期

施药时期:药后 7～10 d 平均气温>18℃,夜间气温>12℃;棉田的吐絮率达到 40% 以上或顶部铃的铃期 40 d 以上;在冷尾暖头的时段(即施药后气温持续上升的时段)施药。一般北疆 9 月上旬施药;南疆 9 月中旬施药。喷布均匀,叶片着药,不重不漏,到边到角，棉株损伤少。

（董合忠　田立文　李维江）

参 考 文 献

曹焕. 2014. 陆地棉高产栽培技术. 农村科技, (10): 13-1.

曹健. 2013. 棉花干播湿出早期管理技术要点. 农村科技, (9): 6.

陈德华. 2005. 棉花群体质量及其调控//凌其鸿. 作物群体质量. 上海: 上海科学技术出版社: 293-386.

陈冠文, 杨秀理, 张国建, 等, 2014b. 论新疆棉花高产栽培理论的战略转移——机采棉田等行距密植的优越性和主要栽培技术. 新疆农垦科技, (4): 11-13.

陈冠文, 余渝, 林海. 2014a. 试论新疆棉花高产栽培理论的战略转移——从"向温要棉"到"向光要棉". 新疆农科科技, (1): 3-6.

陈绪兰. 2011. "干播湿出"技术在棉花上推广应用情况及存在的问题. 巴州科技, (4): 13-15.

陈玉龙, 孙兴冻, 李苗苗, 等. 2015. 机械式棉花精量穴播器的设计与试验. 农机化研究, (6): 124-126, 158.

杜明伟, 罗宏海, 张亚黎, 等. 2009. 新疆超高产杂交棉的光合生产特征研究. 中国农业科学, 42(6): 1952-1962.

郭新刚, 黄春辉, 李国祥. 2015. 石河子垦区棉花精量播种技术现状及应用. 新疆农垦科技, 38(10): 14-15.

杭建平. 2009. 机采棉全程机械化的生产实践. 中国棉花加工, (6): 11-13.

孔庆平, 徐建辉, 田立文, 等. 2015. 棉花高效栽培. 乌鲁木齐: 新疆科学技术出版社: 24-47.

李琴, 朱建民. 2014. 棉花机采棉高产栽培技术. 中国种业, (1): 71-72.

李蒙春, 张旺锋, 马富裕, 等. 1999. 新疆棉花超高产光合生理基础研究. 新疆农业大学学报, 22(4): 276-282.

梁静. 2015. 新疆水肥一体化技术应用现状与发展对策. 新疆农垦科技, 38(1): 38-40.

林涛, 田立文, 崔建平, 等. 2008. 新疆棉花简化种植节本增效生产技术的实现途径. 中国棉花学会年会论文汇编: 306-309.

刘北桦, 雷钧, 詹玲, 等. 2014. 全程机械化:新疆棉花产业发展的必然选择——以新疆博乐市达勒特镇呼热布呼村为例. 中国农业资源与区划, 35(1): 8-11.

刘素华, 彭延, 彭小峰, 等 2016. 调亏灌溉与合理密植对旱区棉花生长发育及产量与品质的影响. 棉花学报:28(2): 184-188.

刘文海. 2008. 棉花精播高产栽培技术规程. 农机科技推广, (6): 43-44.

马莉. 2015. 刍议新疆水肥一体化技术的应用现状及措施. 北京农业, (21): 75-76.

马申洁, 李春燕. 2006. 机采棉高产栽培技术. 新疆农垦科技, 29(1): 12-13.

马申洁. 2008. 新疆南疆棉花膜下滴灌高产栽培技术. 中国棉花, 35(1): 33.

马晓利, 孙晓锋. 2013. 哈密市棉花高产栽培技术. 新疆农业科技, (4): 21-22.

孟建文, 甄国林. 2010. 机采棉在南疆棉区的推广应用. 中国棉花, 37(10): 43-44.

赛丽蔓·马木提, 古海尔·买买提. 2014. 3种除草剂防治新疆博乐棉田杂草效果. 中国棉花, 41(6): 34-35.

申孝军, 陈红梅, 孙景生, 等. 2010. 调亏灌溉对膜下滴灌棉花生长、产量及水分利用效率的影响. 灌溉排水学报, 29: 40-43.

谈春松. 1992. 棉花优质高产栽培. 北京: 农业出版社: 43-79.

田立文, 崔建平, 郭仁松, 等. 2013a. 新疆棉花精量播种棉田保苗的方法. 中国专利: ZL 2013 10373743. 9.

田立文, 崔建平, 徐海江, 等. 2013b. 新疆棉花生产技术现状与存在的问题. 安徽农业科学, 41(34): 13164-13167, 13193.

田立文. 1996. 新疆棉花高产、优质、高效关键栽培技术对策. 中国棉花, (9): 29-30.

田笑明, 陈冠文, 李国英. 2000. 宽膜植棉早熟高产理论与实践. 北京: 中国农业出版社: 9-15, 40-42.

王久生, 王毅. 2006. 干播湿出在盐碱地棉花膜下滴灌条件下的试验效果. 塔里木大学学报, 18(1): 77-78, 81.

肖让, 姚宝林. 2013. 干播湿出膜下滴灌棉花现蕾初期地温变化规律. 西北农业学报, 22(5): 13-15.

辛存仁. 2013. 棉花全程机械化关键技术概述. 新疆农垦科技, 36(8): 8.

徐海江, 田立文, 郭仁松, 等. 2014. 南疆地区枣棉间作田棉纤维品质保优栽培技术规程. 新疆维吾尔自治区地方标准, DB65 /T3620-2014.

喻树迅, 周亚立, 何磊. 2015. 新疆兵团棉花生产机械化的发展现状及前景. 中国棉花, 42(8): 1-4, 7.

张旺锋, 勾玲, 李蒙春, 等. 1999. 北疆高产棉田群体光合速率及与产量关系的研究. 棉花学报, 11(4): 185-190.

张旺锋, 李蒙春, 张煜星, 等. 1998. 北疆高产棉花(2250 kg/hm^2)栽培生理模式探讨. 石河子大学学报(自然科学版), 增刊: 58-64.

张旺锋, 王振林, 余松烈, 等. 2004. 种植密度对新疆高产棉花群体光合作用、冠层结构及产量形成的影响. 植物生态学报, 28(2): 164-171

中国农业科学院棉花研究所. 2013. 中国棉花栽培学. 上海: 上海科学技术出版社: 884-898, 66-91.

朱德明, 周大胜, 李新萍. 2000. 南疆地区棉田中耕和免耕效应比较研究. 中国棉花. 27(10): 10-11.

Chen YZ, Dong HZ. 2016. Mechanisms and regulation of senescence and maturity performance in cotton. Field Crops Research, 189: 1-9.

Heitholt JJ, Pettigrew WT, Meredith WR. 1992. Light interception and lint yield of narrow-row cotton. Crop Sci, 32: 728-733.

Heitholt JJ. 1994. Canopy characteristics associated with deficient and excessive cotton plant population densities. Crop Sci, 34: 1291-1294.

Peng S, Krieg DR. 1991. Single leaf and canopy photosynthesis response to plant age in cotton. Agron J, 83: 704-708.

附录 6-1　新疆产棉区棉花轻简化栽培技术规程

范围

本规程适宜于≥10℃有效积温≥3450℃，全年日照时数为 2550～3500 h，日照百分率为 60%～80%，无霜期≥175 d 的新疆南疆、北疆和东疆棉区，河西走廊棉区可参考本规程。

1　目标产量与品质

目标产量：目标皮棉产量 1800～2250 kg/hm^2。

目标品质：霜前花率≥85%，三桃比例 2∶7∶1，争取在 7 月 15 日前成铃数达最终成铃数的≥60%，籽棉收购品级一、二级比例占≥70%。棉纤维主要技术指标：纤维手扯长度≥29 mm，整齐度≥85%，纤维比强度≥29 cN/tex，伸长率≥7%，马克隆值 4.3 左右，反射率 77% 以上，衣分≥40%，黄度≤7，纺纱均匀性指数≥1450。三丝均控制在≤0.39 g/t。

2　目标群体

新疆棉田适宜理论密度是 165 000～225 000 株/hm^2，具体棉田密度安排，应遵循土壤沙性越重、光热资源及肥水供应条件越差，密度越大，反之宜小的原则。通常南疆（早中熟棉亚区）收获株数为 165 000～195 000 株/hm^2，北疆（早熟棉亚区）收获株数为 180 000～

225 000 株/hm²。南疆、东疆株高 75～85 cm，果枝数 10～12 台，单株成铃 4.8～6.2 个，铃重 4.5～5.5 g，衣分 40%～43%。北疆株高 70～80 cm，果枝数 8～10 台，单株成铃 5.0～6.0 个，铃重 4.3～5.5 g，衣分 39%～42%。

3 生育进程和指标

目标：通过技术配套措施，促进棉花早长早发，确保棉铃发育盛期与光热资源充足期相吻合。

既要搭好丰产架子，防止早衰，又不能形成旺长棉田。在光温满足的条件下，包括在人为改善的光温条件下，尽可能早播种，并采取有效的促早栽培措施。

3.1 生育进程

南疆棉区：播种期为 4 月 5～20 日；出苗期为 4 月 20～30 日；现蕾期为 5 月 25～31 日；开花期为 6 月 25～30 日；吐絮期为 9 月 5～15 日。

北疆棉区：播种期为 4 月 10～25 日；出苗期为 4 月中旬至 5 月上旬；现蕾期为 5 月下旬至 6 月上旬；开花期为 6 月 10～25 日；吐絮期为 8 月下旬至 9 月上旬。

东疆棉区：播种期为 4 月 5～15 日；出苗期为 4 月 17～20 日；现蕾期为 5 月下旬；开花期为 6 月下旬；吐絮期为 9 月 5～10 日。

3.2 生育指标

3.2.1 苗期

壮苗早发，生长稳健。主茎日增长量 0.3～0.5 cm，株高 15～25 cm，主茎真叶数 5～7 片。

3.2.2 蕾期

生长健壮，根系发达。第一果枝节位 4～6 节，主茎日增长量 1～1.5 cm，株高 35～45 cm，主茎真叶数 10～12 片。

3.2.3 花铃期

初花期稳长，盛花成铃期生长势强，后期不早衰，早熟不贪青。打顶后主茎真叶数 14～17 片，棉株带桃入伏，宽行似封非封中间一条缝。

4 栽培技术管理措施

4.1 播前准备

4.1.1 土地准备

4.1.1.1 土壤基础

有效土层厚度＞1 m，地势平坦，土壤肥力水平较高（有机质含量在 10.0 g/kg 及以上，全氮＞0.6 g/kg，碱解氮＞40 mg/kg，速效磷＞10 mg/kg，速效钾＞120 mg/kg），pH 7～8，棉田杂草较少，土壤墒情适中，且排灌条件较好。

4.1.1.2　茬口准备

前茬最好是绿肥、豆类、禾本科作物等，重茬时间不宜超过 3 年。

4.1.1.3　秋耕冬灌

秋耕冬灌：秋耕（麦茬地伏耕）深度应达 25 cm 以上，耕后应及时灌水。来不及秋翻的地块，可带茬灌水蓄墒。灌水应在土壤封冻前结束，灌水量 2500～3500 m³/hm²。

4.1.1.4　春灌

南疆未冬灌地播前进行春灌，灌水量 2250～3000 m³/hm²。另外，冬灌后墒情仍较差的棉田要适量春灌补墒。春灌应在 3 月 25 日左右结束，东疆较南疆提前 7 d 以上。

4.1.1.5　播前整地

播前整地以"墒"字为中心。秋耕冬灌地早春应及时耙糖保墒。春灌地应根据灌水时间和土壤质地，适墒耕翻、耙糖。犁地深度≥25 cm，不重垡，不漏耕，犁地到边到角，无明显的墒沟、垄背。在确定犁地深度时，还应考虑不宜将过多的生土翻出地表，从而影响当年出苗。整地的同时应做好清拾残膜工作，整地质量按"墒、平、松、碎、净、齐"六字标准要求。

4.1.1.6　化学除草

在整地过程中，进行最后一遍条耙前落实除草剂土壤封闭，即喷洒 48% 的氟乐灵 1200～1800 mL/hm² 或 33% 施田补乳油 2250～2700 mL/hm² 兑水 450 L/hm²，沙壤土药量取下限，黏土地取上限，喷药作业尽量在夜间进行。要求喷布均匀，不重不漏，喷后立即混土或喷药与混土复式作业，使药剂与土壤均匀混合，但混土深度不宜超过 10 cm。为防止发生药害，喷洒完 3～5 d 后方可播种；或在播种前进行地表喷洒 90% 禾耐斯（乙草胺）乳油，用量为 800～1200 mL/hm²；国产 50% 乙草胺乳油，用量为 1950～2700 mL/hm²。在表层土壤墒足的情况下，不必耙地混土；当在表层土壤干旱的情况下，应进行浅耙混土作业，之后即刻播种。首次使用除草剂棉田，特别是沙性地，为避免发生药害，用药量可酌减 10% 左右。

4.1.2　品种和种子

4.1.2.1　主栽品种

品种选择应遵循的原则：一是熟性适宜原则，新疆棉花宜选用早中熟、早熟和特早熟类型，具体是东疆和南疆品种宜选择生育期 135～145 d，为早中熟品种，北疆和河西走廊选择生育期 125～135 d，为早熟或特早熟品种。二是优质原则，纤维比强度≥30.0 cN/tex，纤维 2.5% 跨长≥29 mm 和马克隆值 3.7～4.2。三是一致性原则，合理布局和使用新品种，最大限度地克服品种"多、乱、杂"，目前最有效的方法是以县或团为单元进行布局，即在一个县或一个团安排一个主栽品种，植棉大县或规模较大团场可安排 2 个主栽品种，再选择 1～2 个搭配品种。四是丰产性原则，丰产性是选择品种的重要目标，也是决定一个品种能否大面积、长时间种植的关键要素。五是抗病性原则，生产用品种应具有高抗枯萎病和耐黄萎病的能力。六是抗逆性原则，品种具有多抗（耐）性，即抗低温寒冻、抗高温、抗干热风、抗虫害、抗旱、耐水肥、耐瘠薄、耐盐碱等。

4.1.2.2　种子质量

纯度≥97%，净度≥95%，发芽率≥90%，健子率≥90%，含水率≤12%，精量播种棉田种子发芽率≥90%，种子破子率≤3%。上述指标不达标种子，应人工粒选。另外，精量播种棉田棉种子指建议在 9.7～11.9 g，通常 10.5 g 以上。

4.1.3 播期

一般在膜下 5 cm 地温稳定通过 14℃时开始播种。南疆棉区 4 月 5～15 日为最佳播种期，北疆 4 月 10～20 日为最佳播种期。双膜覆盖棉田，播种期可提前 5 d 左右。在播种期，注意根据天气预报情况，及时调整播种期，从而规避低温、降雨、大风等自然灾害。

4.1.4 覆膜播种

4.1.4.1 播种方式与株行距配置

新疆生产中推广应用的地膜膜宽有 120 cm、140 cm、145 cm、150 cm、160 cm、180 cm、184 cm 和 230 cm 等，其中 120 cm、145 cm、180 cm、230 cm 宽膜使用较多，膜厚皆≥0.008 mm。不同地区由于生产条件的差异，播种方式不同，但均采用覆膜穴式播种机，实现铺膜、压膜、打孔、播种、覆土一条龙一次作业完成。新疆棉田均采用宽膜（膜宽110 cm 以上的地膜）或超宽膜（膜宽 180 cm 以上的地膜）栽培。

新疆宽膜棉田有 1 膜 3 行、4 行、5 行、6 行、8 行等多种种植方式，但以 1 膜 4 行和 1 膜 6 行为主。具体田间行距配置如下。

平均行距 30 cm 田间配置：1 膜 6 行采用 18 cm+18 cm+48 cm（膜中行）+18 cm+18 cm+60 cm（裸露行）。

平均行距 33.1 cm 田间配置：1 膜 8 行采用 20 cm+40 cm+20 cm+40 cm（膜中行）+20 cm+40 cm+20 cm +65 cm（裸露行）。

平均行距 35～37.5 cm 田间配置：1 膜 4 行采用 20 cm+40 cm（膜中行）+20 cm+50 cm～60 cm（裸露行）。

平均行距 38 cm 田间配置：1 膜 4 行采用 10 cm+66 cm（膜中行）+10 cm +66 cm（裸露行）或 8 cm+68 cm（膜中行）+8 cm +68 cm（裸露行）。

平均行距 42.5 cm 田间配置：1 膜 4 行采用 32.5 cm+50 cm（膜中行）+32.5 cm+55 cm（裸露行）。

在实际生产中，考虑群体结构优化与机械作业方便，平均行距主要以 35～42.5 cm 为主，新疆棉田基本采用"宽窄行交替"种植方式，其中宽行+窄行为 76 cm 的带状种植方式为机采棉种植模式。为减少水肥竞争，优化群体，（72+4）cm 的带状种植模式采用机械三角留苗方式。

株距配置有 7.0 cm、7.5 cm、8.0 cm、9.0 cm、10.0 cm、11.0 cm、11.5 cm、12.0 cm、13.0 cm、14.0 cm 等方式，但以 9.0～12.0 cm 为主。

4.1.4.2 播种深度

南疆和东疆精量播种棉田播种深度一般以 2.5 cm 为宜,沙土地略深一些,可到 3.0 cm,黏土地、双膜覆盖棉田 2.0～2.5 cm 即可,北疆干播湿出棉田播种深度更浅,有些棉田深度仅为 1.5 cm。

膜面覆土厚度北疆一般为 1.5～2.0 cm,最低厚度仅 1.0 cm;南疆一般为 1.8～2.4 cm,

最高达 3.0 cm。

4.1.4.3 下种量

精量播种棉田每穴 1 粒，种子用量 21.0～31.5 kg/hm^2，半精量播种棉田每穴 1～2 粒，种子用量 31.5～48.0 kg/hm^2。

4.1.4.4 播种质量

地膜与地面紧贴，松紧适度；膜面干净平展，采光面大；播行笔直（100 m 内的弯度≤5cm），膜边入土 5～7 cm，压土严实；下籽均匀，错位率≤1.5%，空穴率≤3%，精量播种空穴率略高些；深浅一致，漏覆率≤3%，覆土严密，膜边压实；接行准确（误差≤±2.5 cm），不重不漏，到边到角。

4.1.4.5 护膜防风

本棉区春季多风，为防止大风掀膜应及时膜上压防风带（每 10～15 m 加一条防风带）。注意及时压膜封洞，压好膜边、膜头及膜上破孔。

4.2 苗期管理

管理目标：达到五苗，即早苗、全苗、匀苗、壮苗、齐苗，促壮苗早发。

4.2.1 滴出苗水

由于北疆棉区普遍采用"干播湿出"技术，播种后及时安装滴灌设施，根据天气状况，适时滴出苗水，水量约 150 m^3/hm^2，滴水时施磷酸二氢钾 7.5～15 kg/hm^2 或水溶性磷酸二铵 15～30 kg/hm^2，以达到压盐、早出苗、促壮苗的目的。播种后若遇雨后膜上封土板结时，补滴水 10～15 min，种孔见水即可，南疆棉区采用"干播湿出"技术，用水量 225～300 m^3/hm^2。

4.2.2 中耕除草

中耕具有提高地温，降低上层土壤水分，减少烂种、烂芽和苗期病害的作用。播后苗前中耕有两种：一种是在播种机的大梁上，对着膜间大行的部位，装上 1～2 根中耕杆尺，在播种的同时，对露地大行进行中耕，中耕深度 10～12 cm，中耕宽度根据行距确定。另一种是播种结束后，即可开始中耕，为减少沙尘暴灾害，在风口棉区或播种后有沙尘天气，中耕可适当推迟，甚至不中耕，中耕深度不少于 15 cm，护苗带留足 8～10 cm，并注意带好碎土器。

早中耕、深中耕、少中耕。要求做到中耕深度达标、表土松碎平整，中耕时不拉沟，不压苗，不埋苗，不铲苗，不损伤地膜，到头到边，镇压严实。中耕的同时注意及时人工除草。第一次中耕后，只要土壤保持疏松，原则上不再中耕。

4.3 蕾期管理

管理目标：增蕾稳长，搭好丰产架子，促多现蕾，早开花。确定以防止棉田早期受旱导致水肥供应障碍、防治病虫草危害，以及科学化调为管理中心。

4.3.1 揭膜

灌头水前揭膜。人工揭膜时应先揭边膜，然后揭中膜。揭膜后立即开沟、追肥、灌水。为更好地提高残膜拾净率，滴灌棉田可在第一次滴水前，将边膜揭去。

4.3.2 防治病虫草危害

及时查虫、治虫，特别是防治棉蚜危害，注意田间杂草，特别是揭膜后人工清除膜下杂草。

4.4 花铃期管理

管理目标：早结伏前桃，多结伏桃，争取秋桃。保铃增铃，防中空、徒长、早衰。主要是合理运筹水肥，结合进行化调、整枝和病虫害防治。

4.4.1 打顶

新疆棉区目前主要是人工打顶方式，具体将依据生态区、品种特性、产量结构和棉株长势，确定打顶时期。南疆、北疆、东疆打顶期一般在 7 月 5～10 日、7 月 1～5 日、7 月 10～15 日。打顶时每株果枝数在 8～12 个，其中南疆和东疆果枝数在 10～12 个，北疆果枝数在 8～10 个。打顶应掌握"时到不等枝，枝到看长势"的原则。打顶时打去 1 叶 1 心。

在新疆有些地方现正在试验示范化学打顶。

4.5 后期管理

管理目标：促早熟，防早衰和防贪青晚熟，增加铃重，提高纤维品质。

4.5.1 揭膜、除草

在滴灌棉田棉花收获前，人工清除田间剩余残膜，为毛管回收创造条件。在棉花收获前对棉田杂草进行一次彻底的清除。

4.5.2 化学催熟与脱叶

主要针对 3 种棉田，分别是贪青晚熟棉田、南疆棉麦倒茬棉田和棉花机械采收棉田，其化学催熟与脱叶分别如下。

贪青晚熟棉田：于终霜期前 20 d 左右，当出现天气最高温度高于 20℃，并连续数小时气温在 18℃ 左右时，使用有效成分 40% 的乙烯利 1800～2250 mL/hm^2 加水 50 L/hm^2，均匀喷洒在全株棉叶上，原则上青铃越多，长势越旺，预计霜后花越多，喷乙烯利量越大。但南疆最大量不宜超过 3700 mL/hm^2。

南疆棉麦倒茬棉田：南疆棉花地来年安排种植粮食作物小麦，为保证在 10 月下旬腾地，棉田需在 10 月 15 日前采摘完成，并留有灌水与整地时间。催熟方法参照"贪青晚熟棉田"实施。

棉花机械采收棉田催熟与脱叶方法参照"西北内陆棉区机采棉农艺技术规程"相关内容。

4.5.3 分级采收

棉铃开裂后应及时采收。人工采收时，做到分收、分晒、分运、分售，以保证棉花质量和等级。

4.5.4 秸秆还田与残膜清除

棉花收获后可机械粉碎秸秆，并还田，以增加土壤有机质含量，改善土壤性能，残膜清除用机械结合人工作业方式完成。

4.6 施肥

施肥原则：棉田肥料投入通过基施和追施完成。生产非常重施基肥和花铃期追肥。大力推广全层施肥、配方施肥和营养诊断平衡施肥，注意补施钾肥和微肥。滴灌棉田更加注重全程追肥投入。

新疆棉花全生育期化肥纯 N 用量为 390 kg/hm^2 左右，P$_2$O$_5$ 用量 270 kg/hm^2 左右，K$_2$O 用量 60.0 kg/hm^2 左右，折合磷酸二铵 454.5 kg/hm^2、尿素 618.0 kg/hm^2，硫酸钾 1208 kg/hm^2，还可投入硫酸锌 15 kg/hm^2、硼酸 15 kg/hm^2、硫酸锰 22.5 kg/ hm^2，从而补充锌、硼、锰等微肥。

4.6.1 施足基肥

结合冬前犁地施入基肥。常规灌与滴灌棉田基肥投入方法不同，通常常规灌棉田基肥投入数量与种类：有机肥全部，50%～70%的氮肥（沙性地氮肥用量取下限、黏土取上限），80%～100%的磷肥和 100%钾肥及一些锌、锰、硼等微肥。

通常滴灌棉田基肥投入数量与种类：有机肥全部，20%～40%（滴灌棉田）的氮肥（沙性地氮肥用量取下限、黏土取上限），80%～100%的磷肥和 100%钾肥及一些锌、锰等微肥。

在犁地时，在犁架上安装施肥装置，将肥料倒入施肥箱内，实现边犁地边施基肥的目的。当然也可在冬耕或春耕前，用施肥机将肥料均匀施撒于地表，然后及时耕翻。

通常南疆和东疆棉田施优质厩肥 30.0～45.0 m^3/hm^2 或油渣 1200.0～1500.0 kg/hm^2。用尿素 180.0～375.0 kg/hm^2、磷酸二铵 375.0～525.0 kg/hm^2、硫酸钾 75.0 kg/hm^2。

北疆棉田结合耕翻地时，施入磷酸二铵 300.0～375.0 kg/hm^2 或三料磷肥 375.0～450.0 kg/hm^2，硫酸钾 120.0～180.0 kg/hm^2，对于基础肥力较好的土地，可减量施用基肥。

4.6.2 重施花铃肥

常规灌棉田 30%～50%氮肥，滴灌棉田 60%～80%的氮肥（沙地取上限、黏土取下限）作追肥，滴灌棉田通常还追施磷肥。常规灌棉田通常在头水前追施，采用中耕追肥机或开沟追肥机条施，追肥行距苗行 10～12 cm 或位于宽行中间，深 10～15 cm，而一般膜下滴灌棉田滴肥总用量为：尿素或专用肥 300～375.0 kg/hm^2、磷酸二氢钾 15.0～45.0 kg/hm^2。

通常南疆滴灌棉田全生育期随水滴肥 8～9 次，苗期滴施纯氮 55.5～67.5 kg/hm^2，花铃期滴施纯氮 93.0～114.0 kg/hm^2；或苗期滴施纯氮 37.5～46.5 kg/hm^2，或专用肥 300.0～375.0 kg/hm^2、纯磷 15.0～30.0 kg/hm^2，花铃期滴施纯氮 112.5～135.0 kg/hm^2，适当增加锌、锰、硼等微肥施用量。

通常北疆滴灌棉田随水进行 6～7 次追肥，间隔期 7～10 d，第一次滴施尿素 15～30.0 kg/hm²+7.5～15.0 kg/hm² 磷酸二氢钾，第二次滴施尿素 30～37.5 kg/hm²+7.5～15.0 kg/hm² 磷酸二氢钾，第三次滴施尿素 37.5～45.0 kg/hm²+7.5～15.0 kg/hm² 磷酸二氢钾。针对长势差且营养不足的棉田，单次最大量达 105.0～120.0 kg/hm²，后期最后 1～2 次施用尿素量可根据棉花长势追施量减至 75.0～90.0 kg/hm²；原则上每次追肥均加磷酸二氢钾 15.0 kg/hm²。

4.6.3 叶面追肥

在苗期和花铃期各叶面追肥 1 次。叶面追肥以磷酸二氢钾+尿素为主，也可适当选用微肥或其他叶面肥。每次用量为 2.25～3.0 kg/hm² 磷酸二氢钾+3.0～3.75 kg/hm² 尿素，叶面追肥可与化调结合进行。原则上棉花植株越小，叶面追肥量越少，以防烧苗和肥料浪费。

4.7 灌水

南疆有常规灌和滴灌两种灌溉模式，北疆基本为滴灌灌溉模式，由于灌溉方式不同，其灌溉量及方法有较大区别。

4.7.1 南疆常规灌棉田灌溉方法

南疆常规灌棉田一般通过一次冬灌或春灌完成播前水灌溉。正常年份 12 月上中旬以前完成冬灌，灌溉定额为 2500～3500 m³/hm²。灌溉做到不跑水，不串灌，不漏灌，均匀上水。冬灌前提倡秋翻，要求深秋翻，达 25 cm 以上。为防止土壤冻结无法进行耕翻，秋翻需在 10 月下旬至 11 月中旬前后完成。

南疆未来得及冬灌或冬灌质量较差棉田，需春灌补墒，春灌量比冬灌量少，为 2000～3000 m³/hm²。春季水资源紧张棉区，原则上冬灌质量较好棉田，不再春灌。

南疆常规灌棉田除播前灌外，生育期灌水 3～4 次，沙土地可增加 1～2 次。头水一般在初花期前后，一般在 6 月中下旬，其灌水定额为 1050～1200 m³/hm²，二水与头水间隔 10 d 左右，灌水量以 900～1050 m³/hm² 为宜。以后每隔 12～18 d 灌一次水，三水、四水视棉株长势、土壤墒情而定，以棉田不受旱为原则，每次灌水量参照第二水。停水时间需结合秋季气温条件和棉株长势而定，一般在 8 月 25 日前后停水比较合适。灌水方法一般应采用小畦沟灌模式。在棉区灌水顺序安排上，按照弱苗和沙性土地棉田先灌，旺苗和黏性土壤棉田后灌的原则。

南疆常规灌棉田播前灌+生育期灌溉，其灌溉总额 6500～8500 m³/hm²。

4.7.2 南疆滴灌棉田灌溉方法

播前灌同南疆常规灌棉田，一般棉田生育期滴水 8～12 次，滴灌用水总量为 3750～4500 m³/hm²。沙土地滴水次数较其他棉田多 1～2 次。每次用水量 225～300 m³/hm²，晚滴头水棉田，其头水用水量可增至 375～450 m³/hm²。在棉区灌水顺序上，按照弱苗和沙性土地棉田先灌，旺苗和黏性土壤棉田后灌的原则。

滴头水一般在 6 月上中旬，有些地块可提前至 5 月下旬，停水时间较常规灌棉田推迟约 10 d，具体停水时间需结合土壤保水保肥情况、秋季气温条件和棉株长势而定，停水时间最晚可推迟到 9 月 10 日左右。晚停水不仅可保证铃发育所需的正常水肥供应，增加铃重，确保产量，还可明显改善棉纤维综合品质。

4.7.3　北疆滴灌棉田灌溉方法

北疆棉田目前一般不进行冬灌或春灌，棉田一般采取"干播湿出"的播种方式实现出苗。具体是：棉花播种结束后，在棉花未出苗前，及时灌出苗水，多数棉田灌溉量约 150 m³/hm²。棉花出苗后，头次滴水时间一般在 6 月上旬前后，但对出现旱相和差弱苗棉田可提前灌溉。为促苗早发、培育壮苗，原则上根据棉花长势和土壤水肥供应情况确定头水具体时间，土壤墒情越差、苗势越弱、水肥供应越不足，头次滴水时间宜越早。滴水间隔时间 7～12 d，滴水时间 8 h 左右，一般每次灌水量为 300～375 m³/hm²，滴水次数 7～8 次，北疆滴灌棉田停水时间一般控制在 8 月底至 9 月初。滴水质量要求"均匀、无跑漏、无堵塞；膜上小行湿润、大行浸润、膜间裸行阴润"的标准。针对北疆花铃期气温高，蒸腾量大，棉花自身需水量大的特点，此时应适当增加花铃期滴水频次和每次水量。

4.8　化调

原则：坚持因时、因苗分类管理，实行"水肥调控为主、化调为辅"的原则，其中确定化调具体时间、用量和次数，将依据棉花品种、棉株长势、生育期与水肥运筹情况而定。

4.8.1　南疆棉田化调方法

南疆常规灌棉田一般全生育期缩节胺化调 3～4 次。第 1 次 5 月底至 6 月初棉苗长至 5～7 片真叶时，用量 15.0～22.5 g/hm²；第 2 次在头水前，多在 6 月底，用量 37.5～52.5 g/hm²；第 3 次在二水前，多在 7 月上中旬，用量 45.0～60.0 g/hm²；第 4 次打顶后 5 d，多在 7 月中下旬，用量 75.0～120.0 g/hm²。

南疆滴灌棉田一般全生育期缩节胺化调 2～3 次，由于通过滴灌灌溉量与灌溉时间，可以较好调节棉花生长发育，南疆滴灌棉田缩节胺化调次数与缩节胺用量明显较常规灌棉田少。

4.8.2　北疆棉田化调方法

由于北疆棉区光热资源较南疆更有限，再加上自身的其他自然资源特点和种植管理要求，北疆化调强度明显高于南疆。具体是：北疆滴灌棉田苗蕾期化调 1～2 次，每次缩节胺用量 7.5～37.5 g/hm²，同时每次加入 1.5 kg/hm² 磷酸二氢钾和 1.5 kg/hm² 硼肥喷施。每次化调在滴水前 2～3 d 进行。进入花铃期，一般进行 3～4 次调控，其中打顶前每次缩节胺用量为 37.5～60.0 g/hm²，打顶后进行两次缩节胺调控，第一次缩节胺用量 90.0～150.0 g/hm²、第二次用量 120.0～180.0 g/hm²，从而达到封顶的目的。生产中每次化调均加入 1.5～2.25 kg/hm² 磷酸二氢钾和适量硼肥喷施，达到化调与叶面追肥同步的目的。

附录 6-2　西北内陆棉区机采棉农艺技术规程

1　范围

本规程适于≥10℃有效积温≥3450℃，全年日照时数 2550～3500 h，日照百分率 60%～80%，无霜期≥175 d 的新疆南疆、北疆和东疆棉区。

2　棉田选择

机采棉要求选择地势平坦、标准大条田，最好单块条田在 10 hm² 以上、棉田肥力适中、棉花长势均匀、产量较高、集中连片、道路畅通的地块，这样既便于田间管理，又便于提高机械采收工作效率。

3　品种选择

机采棉应选择早熟（因生育期太晚，不使用大量脱叶催熟剂，无法机械采收，过早过量使用脱叶催熟剂减产幅度大）、纤维长度好、纤维比强度大（可避免轧花清理过程导致纤维机械损失，从而导致皮棉无法达到优质棉标准）、衣分高（可避免籽棉杂质清理导致衣分降低较大，导致棉农与轧花厂经济效益差，从而影响其大面积推广应用）、成熟期一致、吐絮集中（提高一次性采净率，减轻清地劳动强度）、株型紧凑、棉枝相对较少、不夹壳、含絮率较好、茎秆坚韧挺拔、抗倒伏、果枝始节较高的棉花，否则容易导致漏采或增加挂枝棉或机械撞落棉，以及机采籽棉的杂质含量超标。要求品种结铃性较强，产量高，中上部结铃好，叶片硬朗上举，大小适中，营养器官不过于发达等，对棉花中后期温度变化敏感性弱，而对脱叶催熟剂反应较敏感，从而有利于后期脱叶，确保脱叶催熟效果好，加工品质较高，同时可提高采棉机的工作效率，如'新陆中 27'、'新陆中 47'、'新陆中 54'、'新陆中 68'、'新陆早 45'、'新陆早 50'、'新陆早 57'、'新陆早 62'等优良品种。

为确保机采工作有序开展，在棉花品种布局上，应至少安排 2～3 个生育期有 3～7 d 差异的品种，再结合调整播种期，合理提前或推后不同棉田吐絮期，从而实现不同棉田能在不同时间吐絮，延长棉区相应棉田最佳采摘时间，从而便于田间采摘管理，有效提前采收期，降低棉田间吐絮过于集中的风险，有利于提高机采效率与质量，大大缓解机械采收压力。通常相对早熟品种或早播品种面积应占机采棉面积的 40%以上。

适宜机采棉品种的主要技术指标：①始铃果节位高度应距离地面≥18 cm，I、Ⅱ型果枝类型，株高 70～85 cm 为宜。②单株成铃数 5～8 个，中、上部结铃性好。考虑机采棉清理加工工艺对棉花纤维长度和纤维比强度分别造成 1.0～2.0 mm、1.5～2.5 cN/tex 的下降，衣分造成 1.0～1.5 个百分点损失，要求机采棉品种 2.5%跨长≥30 mm、比强度≥30.0 cN/tex、整齐度≥84.5%、马克隆值 4.3 左右、伸长率≥6.8%、反射率≥75%、黄度≤7，且纤维白或洁白，衣分≥40%。③南疆生育期 135 d 左右，北疆 125 d 左右，正常年份霜前花率≥85%。④其他要求：抗病性好、抗枯耐黄、稳产性好，从而确保其大面积推广应用（孔庆平等，2015）。

4　行距配置模式

适宜机采棉田，其行距必须是：宽窄行种植模式时，必须做到宽行+窄行=76 cm，等行距必须是两行或一行行距为 76 cm，目前新疆应用最多的机采行距配置模式为（66+10）cm 和 64 cm+12 cm 两种，平均株距控制在 9.0～12.0 cm。

为确保行距配置满足机采要求，棉花播种时交接行距误差控制在±2.5 cm 以内，提倡推广应用 GPS 导航仪播种。

5　脱叶催熟药剂的选择与施用

5.1　脱叶催熟药剂种类与数量

生产中有多种脱叶催熟方法，棉农可根据使用效果与生产习惯，从以下 5 种方案中任选一种，这 5 种方案分别是：每公顷 54%脱吐隆 150～195 mL+ 伴宝 450～750 mL+ 40%乙烯利 1050～1500 mL、每公顷哈威达 120 mL + 乙烯利 1500 mL、每公顷脱落宝 600 mL + 乙烯利 1500 mL、每公顷落叶净 525～600 g + 杰效利 75～150 mL + 乙烯利 1200 mL 和每公顷 80%瑞脱龙 300～375 g + 乙烯利 1050～1200 mL，药剂混合后兑水配成 450～750 L/hm² 工作液喷施。前期气温较高时可适当减少剂量，后期气温下降时可适当增加剂量。具体用量，可遵循棉田越旺、越晚熟、越高密度、喷期越晚，品种对脱叶催熟药剂越不敏感，其用量越大，反之则越小的原则。

5.2　脱叶催熟药剂施用时间

脱叶催熟时间的选择主要取决于 2 个因素，即施药后 7～10 d 平均气温和施药时棉田自然吐絮率。要求施药后 7～10 d 内日平均温度不低于 18℃，施药前后 3～5 d 内最低气温不低于 12℃，施药后 24 h 无雨。施药时气温越高脱叶催熟效果越好，不宜在气温迅速下降前施药；要求棉田自然吐絮率达到 40%以上，上部棉桃铃期 40 d 以上时喷施脱叶剂，既能起到较好的脱叶、吐絮效果，又对棉花的产量和品质影响较小。根据以上要求，南疆一般年份应在 9 月 15～25 日，北疆一般年份应在 9 月 5～15 日。在生产中还要考虑施药时间与机采时间、机采速度相对应，根据播种顺序和条田情况，以条田为单位进行分批次施药，进一步降低棉田吐絮过于集中的风险，达到既满足机械采收又能适时采收的效果。

5.3　脱叶药剂喷施方法与质量要求

喷施脱叶剂要做到掌握"喷施早剂量小，喷施晚剂量大，喷施时温度高剂量小，温度低剂量大，叶量少剂量小，叶量大剂量大"的原则，要上下喷匀、喷透，喷雾最好在清晨相对湿度较高时进行。

为有效防止或减轻拖拉机牵引或悬挂喷雾机喷施脱叶剂时，因碾压棉株而导致撞落棉和杂质增加的现象，应选择使用离地间隙距离 70～80 cm 的高架喷施机械（主要指拖拉机和喷雾机)。为提高脱叶剂喷施效果，应使用吊杆式喷雾机或风幕式喷雾机，并对拖拉机行走路线进行机械分行，建议在拖拉机和牵引喷雾机的每个行走轮前安装分行器（又称分禾器）。

在喷施前，应做好吊杆式喷雾机或风幕式喷雾机检修工作，做到喷头安装可靠，间距、角度适宜，开关灵活，各连接部件畅通不漏水，喷头雾化良好。其中吊杆式喷雾机的喷杆端直且与地面平行，高度适当，喷头向下，对准窄行顶部中间位置，喷头露出吊杆外管不超过 5 mm。喷杆既有一定刚性，又有弹性。通常吊杆下部喷头升高 10 cm 时，弹力控制在 0.6～0.8 kg。弹力过小，吊杆易漂浮于棉株上；弹力过大，吊杆易挂损棉花，如挂掉棉枝或棉桃。风幕式喷雾机应保证其风幕无破损，出风量达到标称值，其风机叶轮应无损伤、松动和明显变形，转动平稳无异响。进风口处装有滤网和安全防护罩。

要求药剂喷施雾化质量好，棉株上、中、下部叶片都能喷到，叶片受药量大且较为均匀，喷后叶片受药率≥95%，不重不漏，到头到边。

每天喷药结束后，要用清水冲洗药箱、泵、管路、喷头和过滤系统。全部喷药作业完毕，喷雾机动力输出、行走等部件也要清洗干净，然后涂油保养，防止生锈和被残留药剂腐蚀。长期不用时，要按照喷雾机各部件的要求保养储存。

拖拉机和喷雾机作业时，轮胎不允许压在地膜覆盖的棉花行间，以免压破地膜，导致籽棉地膜污染。

6 采收

6.1 采收前棉田处理

在机械采收前，严格按操作说明要求及保养要求对采棉机进行作业前的技术调试，确定进出条田的路线，并及时进行道路修理，确保采棉机、运棉机车进出棉田道路及桥梁路面宽度≥6 m，且路面必须硬实，桥梁、路坡通过坡度≤30°，通过高度≥4.5 m，保证采棉机、运棉机车畅通。

明确地块坡度不影响采棉机、运棉机车的行走，对地边、地角、农渠边、树下等采棉机难以正常采收但采棉机又必须通过的地段，人工提前采摘。通常棉田两横头采摘宽度 20 m 左右，至少≥15 m，同时将两横头棉秆砍除，砍除后棉秆茬高不得≥2 cm，清理棉秆、地膜、树枝、石块等杂物、并对地头进行平整，便于采棉机地头转弯。

最后一次滴灌完成后，清除田间杂草，并及时回收滴灌棉田内的支管，但对滴灌棉田内的地膜、滴灌带等在采收前需进行掩埋压实，尤其是接头处用土压好以防滴灌带进入采棉机。目前采收前不进行揭膜和抽取滴灌带作业，但应清除田间杂草、彻底清理田间的出地桩、飘散的残膜和滴灌带及较大的残杂，包括木棍和工具等异物，避免其在采收时进入棉箱，增加机采籽棉的含杂率，影响采收质量和棉花品质。

平整、填平并压实条田内的毛渠、田埂、出地桩、湿地和坑洼，对地头地边的阴井或其他可能造成采棉机、运棉机车陷入坑内的地方做好明显标记，确保堆卸棉花及拉运棉花机车正常作业，防止误工，甚至造成采棉机工作部件的损坏，另外，还要备足拉运棉花的车辆。

机械采收的籽棉如需临时堆放在田间，需在地头清理准备好一个地头卸花场地，面积≥60 m^2。该卸花场地碎地膜、废地膜必须捡拾干净。

6.2　采收时间

喷施脱叶剂 20 d 左右，棉花脱叶率≥90%，棉铃吐絮率≥95%时即可进行机械采收。为了控制机采棉棉花含水量，要求采棉时间在无露水时采收，一般在正常晴天上午 10：00 以后至下午 10：00 前采棉作业，严禁在下雨和有露水的夜间作业。

6.3　机采安全措施

采棉机与拉运棉花机车驾驶操作人员必须经过专业技术培训，方可上岗。随机车必须配备灭火器、防火罩、阻燃篷布、蓄水罐、铁锹等消防设备，及时检查报警装置间隙及灭火器配置与正常使用情况，及时清除采棉机辊筒内的尘土和棉杂，保持采棉机电器、液压和各关键部位的清洁，定期检查作业时易发生火情的相关部件，从而排除火险隐患。每个采棉作业区域内，至少配备一台带机动高压泵的机动水罐车，水罐容量≥1 m^3，以备灭火急用。严禁任何人在作业区 100 m 内吸烟，夜间不能用明火照明。

为确保人身安全，采棉机在行走运转前必须发出行走运转信号，禁止任何人在田间、地头和机车下休息和高压线下装卸棉花，夜间工作机组必须有足够的照明设施，从而有效避免发生人员伤亡现象。

6.4　质量标准

按照中华人民共和国农业行业标准 NY/T 1133—2006《采棉机作业技术规范》进行田间机械作业，否则就有可能造成含杂率、撞落损失和含水率增加，从而降低经济效益。采棉机作业速度控制在 4～5 km/h，采净率达 95%以上，总损失率不超过 4%，其中挂枝损失≤0.8%，遗留棉≤1.5%，撞落棉≤1.7%，含杂率≤12%、回潮率≤12%。另外，采收和储运加工也要做到有序作业，提高集约和组织化程度。

7　清除残膜

一般在生育中期即可开始残膜清理，先进行边行埋入土中残膜的切割清理，其后在采摘前对剩余残膜进行揭膜清理。如未及时进行采摘前的地膜清理作业，则应在采摘结束后及时清除田间残膜，集中处理，减少白色污染，并在来年春季整地时再次回收残膜、残秆，洁净土壤，不要将残膜堆放在田边渠旁，防止二次污染。